21世纪职业院校土木建筑工程专

中国土木工程学会教育工作委员会推荐教材

北京市教委立项"职业院校土建专业实践教学研究"成果

钢结构（第2版）

吴宝瀛 编著

清华大学出版社

北京

内容简介

本书是由中国土木工程学会教育委员会推荐的21世纪职业院校土木建筑工程专业系列教材之一，是根据职业院校土木工程专业的培养目标和教学大纲编写的。

全书从钢结构的特点和设计方法入手，对钢结构的材料，钢结构的连接，轴心受力构件，受弯构件，拉弯、压弯构件等的破坏形式及一般计算方法进行了说明，并根据职业院校学生的特点，增加了课程实训、求职面试可能遇到的典型问题应对两章。

本书可作为职业及高等专科院校和普通大学专科土木工程专业的钢结构教材，也可作为高等教育自学考试房屋建筑工程的钢结构辅导教材，亦可作为在土木工程专业中从事钢结构设计、施工的技术人员的参考用书。

图书在版编目(CIP)数据

钢结构/吴宝瀛编著. --2版. --北京：清华大学出版社，2016（2019.7重印）
21世纪职业院校土木建筑工程专业系列教材
ISBN 978-7-302-42089-7

Ⅰ. ①钢…　Ⅱ. ①吴…　Ⅲ. ①钢结构－高等职业教育－教材　Ⅳ. ①TU391

中国版本图书馆CIP数据核字(2015)第263889号

责任编辑：秦　娜
封面设计：常雪影
责任校对：刘玉霞
责任印制：杨　艳

出版发行：清华大学出版社
网　址：http://www.tup.com.cn，http://www.wqbook.com
地　址：北京清华大学学研大厦A座　　邮　编：100084
社 总 机：010-62770175　　邮　购：010-62786544
投稿与读者服务：010-62776969，c-service@tup.tsinghua.edu.cn
质量反馈：010-62772015，zhiliang@tup.tsinghua.edu.cn
印 装 者：三河市君旺印务有限公司
经　销：全国新华书店
开　本：185mm×260mm　**印　张**：14.75　**插　页**：1　**字　数**：357千字
版　次：2012年6月第1版　2016年2月第2版　**印　次**：2019年7月第2次印刷
定　价：32.00元

产品编号：066647-01

21世纪职业院校土木建筑工程专业系列教材

编　委　会

PREFACE

总 序

我国中长期教育和发展规划纲要中明确提出加强职业教育、扩大院校自主权、办出专业特色，本套教材遵循规划纲要的精神编写，为土木建筑类专业的领导和任课老师提供更为准确和宽泛的自主选择空间。本套教材是北京市教委立项“职业院校土建专业实践教学研究”的成果之一，由于具有突出的针对性、实用性、实践性、应对性和兼容性，受到中国土木工程学会教育工作委员会的好评，被列为“中国土木工程学会教育工作委员会推荐教材”。

当前我国面临严峻的就业形势，主要表现为人才结构失衡：一方面职业技术人才严重不足，另一方面普通本科毕业生又出现过剩的局面，因此，职业院校得到迅猛发展。

现代职业院校既不同于师傅带徒弟的个体技艺传授，也不同于企业招工所进行的单一技能操作性短期培训，而是知识和技能的综合教育，它遵循一般教育的授业方式，以课堂教学为主，所不同的是在教学内容上必须具有鲜明的职业和专业特色，这里的首要任务是教材的编写和选取。

土木建筑业属于劳动密集型行业，我国农村 2.6 亿富余劳动力约有一半在建筑业打工，这部分劳动者技术素质偏低，迫切需要充实第一线技术指导人员，即通常简称为“施工技术员”，这就是职业院校土木建筑工程专业的培养目标。鉴于我国传统的中专和近年来兴办的高职高专培养目标大体上是一致的，本套教材兼顾了这两个层次的需要。

本套教材的编写人员是一批具有高级职称又在职业院校任教多年且具有丰富教学经验的教师。整套教材贯彻了如下的原则和要求：

(1) 突出针对性——职业院校的培养目标是生产第一线的技术人才，即“施工技术员”。因此，在编写时有针对性地删减了烦琐的理论推导和冗长的分析计算，增加生产第一线的专业知识和技能；做到既要充分体现职业院校的培养目的，又要兼顾本门课程理论上和专业上的系统性和完整性。

(2) 突出实用性——大幅度地增加“施工技术员”需要的专业知识和职业技能，特别是“照图施工”的知识和技能，解决过去那种到工地上看不懂图的问题。为此，所有专业课均增加了识图的培训。

(3) 突出实践性——大力改进实践环节，加强职业技能的培训。第一，除《土木工程概论》和《毕业综合实训指导》外，每本专业书均增加一章“课程实训”，授课时可配合必要的参观和现场讲解。第二，强化“毕业综合实训”，围绕学生毕业后到生产第一线需要的知识和技能进行综合性的实训，为此本套教材专门编写了一本《毕业综合实训指导》，供教师在最后的实训环节参考。

(4) 突出应对性——现代求职一个重要的环节是面试，面试效果对求职的成败有重要影响，因此，本套教材的每本专业书都专门讨论应对面试的内容、能力和职业素质，归纳为

“本门课程求职面试可能遇到的典型问题应对”，作为最后一章。

(5) 突出兼容性——鉴于我国当前土木建筑专业的高、中职教育在培养目标上没有明确的界定，本套教材考虑了高、中职教育两个层次的需要，在图书品种和授课内容上为学院和任课老师提供了较宽泛的选择空间。

虽然经过反复讨论和修改并经过数轮教学实践，本套教材仍不可避免地存在不足乃至错误，请广大读者和同行不吝赐教。

主编：[signature] 于清华园

FOREWORD

第2版前言

本书是编者在总结多年职业院校教学经验的基础上，根据职业院校土木工程专业的培养目标和教学大纲，专门为职业院校的人才培养而编写的。

本书按照“少而精”的原则进行编写，保持了学科体系的完整性。在删减理论推导和冗长分析的基础上，尽量做到讲清基本概念；在引进主要概念时，尽量做到简明、自然。

本书按照“学以致用”的原则，对基本理论、计算方法和例题的配置相对加强，并对典型题增加了解题后的讨论，加深了对基本概念的理解和对工程问题的认识。本书第1版是按照《钢结构设计规范》(GB 50017—2003)编写的，第2版按《钢结构设计规范》(GB 50017—2012)进行修订，使教材更具有实用性。通过本书的学习，可对国家规范、标准做到心中有底。

本书针对职业院校人才的培养特点，增加了“课程实训”和“本门课程求职面试可能遇到的典型问题应对”两章，使学生能较好地处理生产第一线可能遇到的问题，在工作中能较快地进入状态。

本书直接选用了参考文献中的部分习题，在此向文献的诸位作者表示感谢。

本书中的图表及书后附录大部分直接选自参考文献[2]，在此特向文献的两位主编陈绍蕃先生和顾强教授表示感谢。

在编写本书的过程中，得到了丛书主编的多次指导，在此表示感谢。

限于编者水平，书中的错误和不足之处，希望读者给予批评指正。

吴宝瀛

于北京建筑工程学院

2015年7月

FOREWORD

第1版前言

本书是编者在总结多年职业院校教学经验的基础上，根据职业院校土木工程专业的培养目标和教学大纲，专门为职业院校的人才培养而编写的。

本书按照“少而精”的原则进行编写，保持了学科体系的完整性。在删减理论推导和冗长分析的基础上，尽量做到讲清基本概念；在引进主要概念时，尽量做到简明、自然。

本书按照“学以致用”的原则，对基本理论、计算方法和例题的配置相对加强，并对典型题增加了解题后的讨论，加深了对基本概念的理解和对工程问题的认识。本书是按照《钢结构设计规范》(GB 50017—2003)编写的。通过本书的学习，可对国家规范、标准做到心中有底。

本书针对职业院校人才的培养特点，增加了“课程实训”和“本门课程求职面试可能遇到的典型问题应对”两章，使学生能较好地处理生产第一线可能遇到的问题，在工作中能较快地进入状态。

本书直接选用了参考文献中的部分习题，在此向文献的诸位作者表示感谢。

本书中的图表及书后附录大部分直接选自参考文献[2]，在此特向文献的两位主编陈绍蕃先生和顾强教授表示感谢。

在编写本书的过程中，得到了丛书主编的多次指导，在此表示感谢。

限于编者水平，书中肯定有错误和不足之处，希望读者给予批评指正。

吴宝瀛

于北京建筑工程学院

2012年3月

CONTENTS

目 录

第 1 章 概述 …… 1

1.1 钢结构的特点和应用 …… 1

1.1.1 钢结构的特点 …… 1

1.1.2 钢结构的应用 …… 1

1.2 钢结构的组成 …… 2

1.2.1 钢结构所受荷载 …… 2

1.2.2 钢结构的组成 …… 2

1.3 钢结构的设计方法 …… 2

1.3.1 承重结构的两种极限状态 …… 3

1.3.2 结构可靠度设计 …… 3

1.3.3 分项系数设计表达式 …… 3

1.4 钢结构的发展 …… 5

习题 …… 5

第 2 章 钢结构的材料 …… 6

2.1 钢结构用材的要求 …… 6

2.2 钢材的力学性能 …… 6

2.2.1 单向拉伸时的性能 …… 6

2.2.2 冷弯性能 …… 8

2.2.3 冲击韧性 …… 8

2.3 影响钢材性能的因素 …… 9

2.3.1 化学成分的影响 …… 9

2.3.2 成材过程的影响 …… 10

2.3.3 结构钢材的脆性破坏 …… 11

2.4 钢材的类别及选用 …… 12

2.4.1 建筑钢材分类 …… 12

2.4.2 型钢规格 …… 13

2.4.3 钢材的选择 …… 14

习题 …… 15

第3章 钢结构的连接 …… 16

3.1 概述 …… 16
3.2 焊缝连接 …… 16
3.2.1 焊缝的缺陷和级别 …… 17
3.2.2 焊缝的代号 …… 18
3.3 对接焊缝的构造和计算 …… 19
3.3.1 对接焊缝的构造要求 …… 19
3.3.2 对接焊缝的计算 …… 21
3.4 角焊缝的构造和计算 …… 22
3.4.1 角焊缝计算的基本假设和基本公式 …… 22
3.4.2 角焊缝的尺寸限制和构造要求 …… 24
3.4.3 常用连接方式的角焊缝计算 …… 25
3.5 普通螺栓连接的构造和计算 …… 32
3.5.1 普通螺栓的排列和构造要求 …… 32
3.5.2 普通螺栓连接的性能 …… 35
3.5.3 普通螺栓群连接的计算 …… 37
3.6 高强度螺栓连接的构造和计算 …… 44
3.6.1 高强度螺栓连接的性能和构造 …… 44
3.6.2 高强度螺栓连接的计算 …… 46
习题 …… 52

第4章 轴心受力构件 …… 55

4.1 概述 …… 55
4.1.1 应用和截面形式 …… 55
4.1.2 设计要求 …… 56
4.2 轴心受拉和轴心受压构件的强度和刚度 …… 56
4.2.1 轴心受拉(压)构件的强度 …… 56
4.2.2 轴心受拉(压)构件的刚度 …… 56
4.3 实腹式轴心受压构件的整体稳定和局部稳定 …… 58
4.3.1 轴心受压构件整体稳定的概念 …… 58
4.3.2 实际轴心受压构件的整体稳定 …… 59
4.3.3 单轴对称截面轴心受压柱的弯扭失稳 …… 63
4.3.4 轴心受压构件的局部稳定 …… 65
4.3.5 实腹式轴心受压柱算例 …… 67
4.4 格构式轴心受压构件 …… 76
4.4.1 格构式轴心受压构件的组成 …… 76

4.4.2 格构式轴心受压构件绕虚轴方向的整体稳定 …… 77
4.5 柱头和柱脚 …… 80
4.5.1 柱头的构造和计算 …… 80
4.5.2 柱脚的构造和计算 …… 82
习题 …… 89

第5章 梁 …… 91

5.1 概述 …… 91
5.1.1 梁的应用和截面形式 …… 91
5.1.2 梁格 …… 92
5.1.3 梁的设计要求 …… 93
5.2 梁的强度 …… 94
5.2.1 梁的抗弯强度 …… 94
5.2.2 抗剪强度 …… 98
5.2.3 局部抗压强度 …… 98
5.2.4 折算应力强度 …… 99
5.3 梁的整体稳定 …… 102
5.3.1 梁整体失稳的现象 …… 102
5.3.2 梁整体稳定性的保证 …… 103
5.3.3 简支梁的临界荷载 …… 104
5.3.4 梁的整体稳定计算公式 …… 106
5.3.5 梁的整体稳定算例 …… 108
5.4 梁的局部稳定 …… 112
5.4.1 翼缘板的容许宽厚比 …… 112
5.4.2 腹板加劲肋的设置 …… 113
5.4.3 梁的局部稳定算例 …… 118
5.5 焊接梁翼缘焊缝的计算 …… 121
5.6 梁的截面设计 …… 123
5.6.1 型钢梁的设计 …… 123
5.6.2 组合梁截面设计 …… 123
习题 …… 125

第6章 拉弯和压弯构件 …… 127

6.1 概述 …… 127
6.1.1 应用和截面形式 …… 127
6.1.2 拉弯、压弯构件的设计要求 …… 128

6.2 拉弯和压弯构件的强度计算 …… 129
6.3 实腹式压弯构件的整体稳定 …… 131
6.3.1 弯矩作用平面内的稳定 …… 131
6.3.2 弯矩作用平面外的稳定 …… 134
6.3.3 例题 …… 137
6.4 实腹式压弯构件的局部稳定 …… 143
6.4.1 压弯构件腹板内的受力状态 …… 143
6.4.2 规范规定的压弯构件腹板高厚比的限值公式 …… 144
6.4.3 算例 …… 145
6.5 柱脚 …… 147
习题 …… 149

第7章 课程实训 …… 151

7.1 屋盖和柱间支撑体系 …… 151
7.1.1 支撑体系的作用 …… 152
7.1.2 支撑体系的布置 …… 153
7.1.3 支撑和屋架连接构造及识图 …… 154
7.2 钢屋架节点设计和识图 …… 155
7.2.1 识图和构造要求 …… 155
7.2.2 节点的构造和计算 …… 157
7.2.3 节点的设计示例 …… 161
7.3 梁与梁的连接 …… 163
7.3.1 主次梁的连接 …… 163
7.3.2 梁的拼接 …… 166
7.4 多层框架梁柱的连接 …… 169
7.4.1 梁柱的连接 …… 169
7.4.2 梁柱节点的受力 …… 171
7.5 实腹式檩条、拉条的设计 …… 171
7.5.1 实腹式檩条的截面形式和放置 …… 171
7.5.2 实腹式檩条和拉条的设计 …… 172
7.6 平台设计 …… 175
7.6.1 次梁热轧工字钢型号的选择 …… 176
7.6.2 设计焊接工字形主梁截面 …… 177
7.6.3 设计柱子 …… 185

第8章 本门课程求职面试可能遇到的典型问题应对 …… 191

8.1 常识性问题 …… 191

8.2 概念性问题 …… 193
8.3 识图 …… 198

附录 …… 203

附录 A 型钢规格表 …… 203
附录 B 螺栓和锚栓规格 …… 212
附录 C 钢材、焊缝和螺栓连接的强度设计值 …… 213
附录 D 工字形截面简支梁等效弯矩系数和轧制工字钢梁的稳定系数 …… 214
附录 E 轴心受压构件的稳定系数 …… 215
附录 F 各种截面回转半径的近似值 …… 218

参考文献 …… 219

第1章

概　述

学习要点：钢结构的特点和应用；分项系数设计表达式中各项符号的含义。

1.1　钢结构的特点和应用

1.1.1　钢结构的特点

钢结构是用钢板、热轧型钢组成的承重结构，和其他材料的结构相比，有如下特点。

(1) 材料的强度高，塑性和韧性好。强度高，构件的截面积小、厚度薄(对受压等构件要进行稳定性计算，是钢结构设计中重要的内容)；塑性好，结构在一般条件下不会因超载而突然断裂；韧性好，结构具有吸收多余能量的能力，抗震性能好。

(2) 材质均匀，接近各向同性，和力学计算的假定较符合，因而其计算结果和实际情况较符合，计算可靠。

(3) 制造简便，施工质量好，工期短。大量构件可在专业化的金属结构厂制作，精度高；可在工地或地面拼装，便于改建、加固和拆迁。

(4) 密封性好。适用于制造高压容器、管道等。

(5) 质量轻。这是由于钢材的强密比比混凝土大得多，相同结构承受力情况下，相比其他结构(如混凝土结构)具有更轻的质量。这对吊装运输是有利的，对抗震也有利。但对可变荷载的变动敏感，对荷载超额的不利影响大。

(6) 钢材的耐腐蚀性差。在使用期间需定期保养。近年来出现的高性能涂料和耐候钢具有较好的抗腐性能，已逐渐得到推广和应用。

(7) 耐热但不耐火。钢材长期经受100℃辐射热，其强度变化不大，具有一定的耐热性。但钢材不耐火，在600℃时已不能承重，所以必须有防火措施。

1.1.2　钢结构的应用

1. 跨度大、高度高、荷载重的结构

(1) 大跨结构。结构跨度越大，自重在全部荷载中所占的比重就越高，所以钢结构自重轻、强度高的优点在大跨结构中得到了广泛应用。

(2) 重型厂房结构。这种厂房里吊车的起重重量大,作业繁重,并且荷载往往是动荷载,其承重结构应采用钢结构。

(3) 高层建筑物的骨架,也是钢结构的应用范围。

(4) 高耸结构。如电视塔,其高度很高,受风载及地震作用很大,也是钢结构的应用范围。

2. 密封性要求高的结构

如高压容器、储油罐、高压输水管等。

3. 需经常装拆和移动的结构

如塔式起重机、采油井架等。

4. 轻钢结构

因其具有轻便和施工快速的特点,轻钢结构也得到了广泛应用。

钢结构因其具有诸多优越性,将会得到更加广泛的应用。

1.2 钢结构的组成

1.2.1 钢结构所受荷载

大部分钢结构都是由一系列一维杆件组成的平面结构或空间结构,其所承受的荷载有竖向、横向、纵向三种。竖向荷载一般包括结构的自重、屋面荷载、吊车轮压等;横向荷载一般包括横向风载、吊车横向水平制动力等;纵向荷载一般包括山墙纵向风载、吊车纵向水平制动力等。

1.2.2 钢结构的组成

钢结构应用范围非常广泛。不同工程结构,为了更好地发挥钢材的性能,有效地承受外力,所采用的结构形式也不相同,所以钢结构的结构形式较多。如用于单层工业厂房的结构形式是由一系列平面承重结构用支撑构件连接成空间结构;大跨结构众多,常用的有平板网架、网壳、悬索结构、索膜结构等;多高层结构为适用不同高度常用的有刚架结构,刚架和抗剪桁架、剪力墙组成的结构,框筒、筒中筒、束筒等筒体结构等。桥梁和塔桅结构形式众多。

钢结构作为主要以杆件体系组成的三维空间结构,主要由三种基本受力构件组成:第一种是轴心受力构件;第二种是受弯构件;第三种是拉弯或压弯构件。本书将对这三种基本构件作较详细的介绍。

1.3 钢结构的设计方法

和其他结构一样,钢结构的设计采用以概率论为基础的极限状态设计法,并采用分项系数设计表达式进行计算。

钢结构是在钢筋混凝土结构课程结束以后开课。因为可靠度理论是一门专门的学科，本章对一次二阶矩近似概率设计法的理论不作介绍了。本节仅就这种方法的几层含义作简要说明。

1.3.1 承重结构的两种极限状态

1. 承载能力极限状态

承载能力极限状态是指构件和连接的强度破坏、疲劳破坏和因过度变形而不适于继续承载，结构和构件丧失稳定，结构转变为机动体系和结构倾覆。这包含两种情况：其一是指某一截面或连接部位的某点的应力超过材料强度、构件整体丧失稳定或在特定条件下出现低应力状态的脆性断裂；其二是指结构或构件虽未出现破坏但产生了不适于继续承载的变形。承载能力极限状态绝大多数是不可逆的，一旦发生即导致结构失效。

2. 正常使用极限状态

正常使用极限状态是指影响结构、构件和非结构构件正常使用或外观的变形，影响正常使用的振动，影响正常使用或耐久性的局部损坏(包括混凝土裂缝)。正常使用极限状态中的变形、振动的限制通常是在弹性范围内，是可逆的。

思考题：

承载能力极限状态和正常使用极限状态对变形的限制有什么不同？

1.3.2 结构可靠度设计

按照概率极限状态设计法，结构的可靠度的定义是：结构在规定的时间内、规定的条件下，完成预定功能的概率。预定功能是指结构的安全性、适用性、耐久性，或统称为可靠性。完成预定功能，就是对规定的某种功能来说结构不失效。

结构的可靠度通常受荷载、材料性能、几何参数等具有随机性的因素的影响。可靠的结构设计是指失效概率小到可以接受的程度。

思考题：

1. 什么是可靠度？
2. 什么是可靠的结构设计？

1.3.3 分项系数设计表达式

1. 承载能力极限状态表达式

$$\gamma_0\left(\gamma_G S_{Gk}+\gamma_{Q_1} S_{Q_1 k}+\sum_{i=2}^{n}\psi_{c_i}\gamma_{Q_i} S_{Q_i k}\right)\leqslant R \tag{1-1}$$

式中，$R=\dfrac{R_k}{\gamma_R}$为结构抗力的设计值，其中 R_k 是抗力的标准值，取自其概率分布的 0.05 下分位点，有 95%的保证度；γ_R 是抗力分项系数。S_{Gk}，$S_{Q_i k}$是恒荷载和可变荷载效应的标准值，取自其概率分布 0.05 上分位点，有 95%的保证度，$i=1$ 是最大的可变荷载效应。γ_G，γ_{Q_i} 分别是恒荷载分项系数、可变荷载分项系数。γ_0 为结构重要性系数,分为三级:对安全等级为一级或设计使用年限为100年以上的结构构件,不应小于1.1;对安全等级为二级或设计使用年限为50年的结构构件,不应小于1.0;对安全等级为三级或设计使用年限为25年的结构构件,不应小于0.95。一般工业与民用建筑钢结构的安全等级应取二级,其他特殊建筑钢结构的安全等级应根据具体情况另行确定。ψ_{c_i} 为第 i 个可变荷载的组合系数,其值≤1。

对于一般排架、框架结构,可采用简化规则,当只有一个可变荷载时,式(1-1)变为

$$\gamma_0(\gamma_G S_{Gk}+\gamma_{Q_1}S_{Q_1k})\leqslant R \tag{1-1a}$$

当有多个可变荷载时,式(1-1)变为

$$\gamma_0\left(\gamma_G S_{Gk}+0.9\sum_{i=1}^{n}\gamma_{Q_i}S_{Q_ik}\right)\leqslant R \tag{1-1b}$$

2. 分项系数 γ 的取值

《建筑结构可靠度设计统一标准》(GB 50068—2001)规定的目标可靠指标 β 值,是通过对原有标准作反演算,找出隐含在现有工程结构中的可靠指标 β 值。它从整体上继承了原有的可靠度水准。

一般钢结构(安全等级为二级)采用 $\beta=3.2$,相应的失效概率是 $P_f=6.87\times10^{-4}$。目标可靠指标 β 值和相应失效概率如表1-1所示。

表1-1 目标可靠指标 β 值和相应失效概率

破坏类型	安全等级		
	一级	二级	三级
延性破坏	$3.7/1.08\times10^{-4}$	$3.2/6.87\times10^{-4}$	$2.7/3.47\times10^{-3}$
脆性破坏	$4.2/1.34\times10^{-5}$	$3.7/1.08\times10^{-4}$	$3.2/6.87\times10^{-4}$

分项系数 γ 的取值和可靠指标 β 值有关,为计算简便,恒荷载和可变荷载的分项系数都取定值。一般情况下,恒荷载的分项系数 $\gamma_G=1.2$,可变荷载的分项系数 $\gamma_Q=1.4$;在 S_{Gk} 和 S_{Qk} 异号的情况下,$\gamma_G=1.0$,$\gamma_Q=1.4$。确定构件 γ_R 值的原则是与目标可靠指标 β 值的偏离最小。对Q235钢构件,$\gamma_R=1.087$;对Q345,Q390,Q420钢构件,$\gamma_R=1.111$。

3. 正常使用极限状态表达式

当验算变形是否超过规定限值时,不考虑荷载的分项系数,即用荷载的标准值计算。荷载效应的组合有短期组合(标准组合)和长期组合(准永久组合)两种。钢结构或构件只按短期组合,其表达式为

$$w=w_{Gk}+w_{Q_1k}+\sum_{i=2}^{n}\psi_{Q_i}w_{Q_ik}\leqslant[w] \tag{1-2}$$

式中,w 为结构或构件的变形值;w_{Gk} 为恒荷载标准值在结构或构件中产生的变形值;w_{Q_1k} 为最大可变荷载标准值在结构或构件中产生的变形值;w_{Q_ik} 为第 i 个可变荷载标准值在结构或构件中产生的变形值;ψ_{Q_i} 为第 i 个可变荷载组合值系数,当有风荷载参与组合时取0.6,无风荷载时取1.0,对于一般框架、排架,当有两个或两个以上荷载参与组合且有风荷载时取0.85,其他情况取1.0;$[w]$ 为规范规定的结构或构件的容许变形值。

当只有一个可变荷载时，

$$w = w_{Gk} + w_{Q_1 k} \leqslant [w] \tag{1-2a}$$

思考题：

承载能力极限状态和正常使用极限状态在计算时有什么区别？

1.4　钢结构的发展

钢结构的发展体现在以下几个主要方面。

1. 采用新的高性能钢材

高性能钢材的重要特性是强度高，并具有优良的塑性和韧性。例如，1988 年发布的《钢结构设计规范》中，强度最高的钢材是 15MnV，相当于 Q390，2002 年新修订的规范增加了 Q420 级钢。从发展趋势看，还会有强度更高的结构用钢出现。

2. 掌握结构的真实极限状态

对结构承载能力的认识越清楚，钢材的利用就越合理，计算手段的改进将为此提供有利条件。

3. 开发新的结构形式

推广高强度钢索的应用，如大跨度的索膜结构和张拉整体结构，两种不同性能的材料取长补短协同工作的钢和混凝土组合结构，索和拱配合使用的杂交结构等。

4. 提高钢结构的制造技术和工艺水平

钢结构的制造也无例外地向机电一体化发展，制造安装质量也要跟上。

习题

1.1　结构的承载能力极限状态包括哪些计算内容？正常使用极限状态包括哪些计算内容？

1.2　可靠度指标和失效概率有什么关系？

1.3　钢结构主要由哪几种基本受力构件组成？

1.4　钢结构的特点有哪些？

1.5　分项系数设计表达式中各项符号的含义是什么？

1.6　结构抗力的标准值，取自概率分布哪一个分位点作为其代表值？其保证度是多少？

第2章

钢结构的材料

学习要点：衡量材料力学性能好坏的指标；使钢材变脆的因素；型钢符号的含义；选择钢材应考虑的因素。

2.1 钢结构用材的要求

1. 两种破坏现象

塑性破坏（延性破坏）的特征是当应力超过屈服强度 f_y 后材料有明显塑性变形，当应力继续增大，断面出现颈缩，有持续的变形时间。

脆性破坏（非延性破坏）的特征是破坏前无征兆（变形很小），断口平直，破坏突然发生。

钢结构需用强度高且塑性性能好的材料制作，应当注意的是原来塑性表现极好的钢材也会因工作条件的改变而出现脆性破坏现象。

2. 钢结构对钢材的基本要求

(1) 较高的强度。即要求钢材的屈服强度 f_y 较高，这样可减少截面尺寸，减轻自重，节约钢材；要求抗拉强度 f_u 较高，可以增加安全储备。

(2) 足够的变形能力。即要求塑性好，可调整局部应力峰值，提高构件的延性和抗震能力，还可降低脆性破坏的危险；韧性好，在动荷载作用下吸收较多的能量，降低脆性破坏的危险。

(3) 良好的加工性。包含良好的冷、热加工和可焊性，不会因加工给强度、塑性、韧性带来有害影响。

钢结构规范推荐采用普通碳素钢 Q235、低合金钢 Q345、Q390 及 Q420，规范中未推荐的钢慎用。

2.2 钢材的力学性能

2.2.1 单向拉伸时的性能

钢材在常温、静载条件下一次单向均匀拉伸在拉力试验机上进行，由试验读数绘制出如图 2-1(a)所示的应力-应变（σ-ε）曲线。曲线中的直线段 Oa 的终点 a 以下的应力 σ 和应变

ε 成比例，符合胡克定律，a 点的应力记为 f_p，称为比例极限。a 点以上附近还有一点称为弹性极限，试验时不易求得，总之 a 点以上曲线开始偏离直线。到达 b 点时，荷载不增加，变形持续增大，发生塑性流动。到达 c 点，曲线接近一水平直线。b 点的应力记为 f_y，称为屈服强度。过了屈服点 b 后，σ-ε 曲线发生抖动，抖动区的最高点称为上屈服点，最低点称为下屈服点，上屈服点不太稳定，下屈服点比较稳定，能反映材料的性能，通常下屈服点的应力记为屈服强度 f_y（图 2-1(b)）。c 点以后，随着应力 σ 增加，应变 ε 继续增大，但其斜率逐渐减小，到达 d 点时，试件发生颈缩现象，如图 2-2(b)所示，σ-ε 曲线开始下降，到 e 点试件被拉断。d 点的应力记为 f_u，称为抗拉强度。

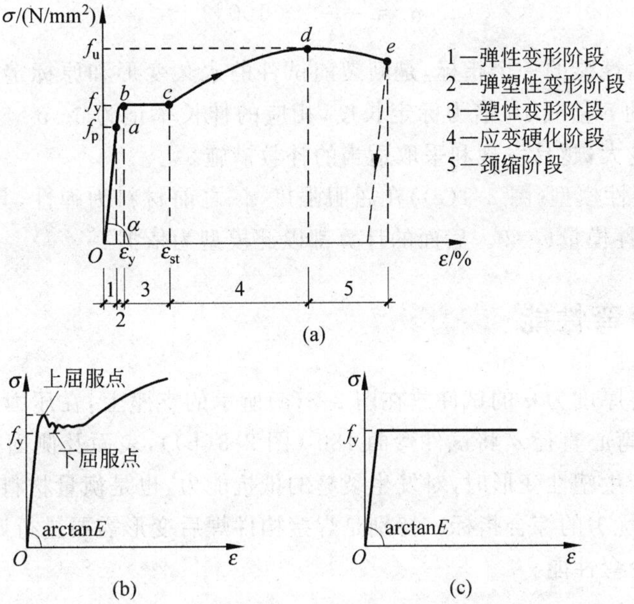

图 2-1　钢材拉伸试验所得 σ-ε 曲线(未按比例画出)

(a) 钢材 σ-ε 曲线；(b) 屈服点附近 σ-ε 曲线放大图；(c) 理想弹塑性体的 σ-ε 曲线

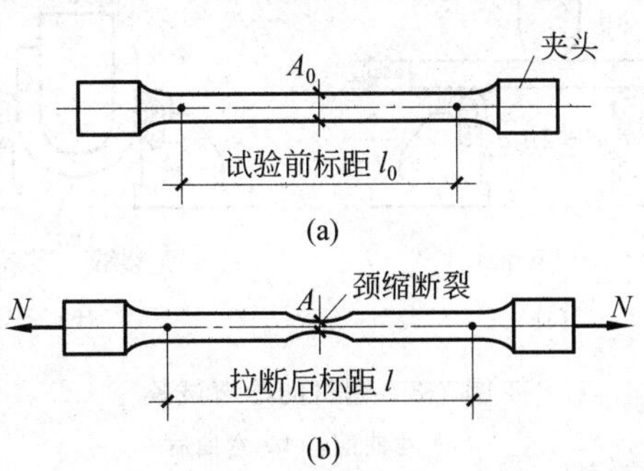

图 2-2　拉伸试验试件及拉断时的颈缩现象

(a) 拉伸试验试件；(b) 拉断时的颈缩现象

一次单向拉伸试验较易进行，且便于规定标准的试验方法来确定钢材的性能指标，由一次单向均匀拉伸的应力-应变规律示出的力学性能指标如下：

(1) 屈服强度 f_y。f_y 的应变($\varepsilon=0.15\%$)和比例极限 f_p 的应变($\varepsilon=0.1\%$)很接近，在

弹性计算时常以纤维应力达到 f_y 作为弹性设计的强度标准值,或材料抗力的标准值。屈服点后的流幅 $\varepsilon=0.15\%\sim2.5\%$,表明材料已失去承担更大荷载的能力;这也是理想弹塑性模型(图 2-1(c))的试验基础。

(2) 抗拉强度 f_u。出现屈服平台之后,材料应变硬化曲线的最高点的应力为 f_u,之后出现颈缩断裂。以 f_u 作为强度储备,规范规定钢材的强屈比 $f_u/f_y\geqslant1.2$。

(3) 弹性模量 E。E 是弹性阶段应力-应变之比,即直线 Oa 的倾角的正切值,$E=\tan\alpha$。计算时不论钢种,都取 $E=2.06\times10^5\,\mathrm{N/mm^2}$。

(4) 伸长率 δ

$$\delta=\frac{l-l_0}{l_0}\times100\% \tag{2-1}$$

它是表征材料塑性性能的一个指标,是断裂前试件的永久变形和原标定长度的百分比。取圆形试件直径 d 的 5 倍或 10 倍为标定长度,相应的伸长率记为 δ_5,δ_{10}。其值越大,构件破坏前出现的变形越大,越易发现和采取适当的补救措施。

(5) 理想弹塑性模型(图 2-1(c))在屈服强度 f_y 之前材料为弹性,其弹性模量为 E,f_y 之后为塑性,其弹性模量 $E=0$。后面的计算都以此模型为依据。

2.2.2 冷弯性能

冷弯试验是将厚度为 a 的试件放在图 2-3(a)所示的支座上,在压力机上进行。根据试件厚度,按规定的弯心直径 d 将试件弯曲 180°(图 2-3(b)),表面及侧面无裂纹或分层为合格。它表征钢材产生塑性变形时,对发生裂缝的抵抗能力,也是衡量材料塑性变形能力的指标,也是冶金质量优劣的综合指标。特别是焊接构件焊后变形需要进行调直和调平等,都要求材料有较好的冷弯性能。

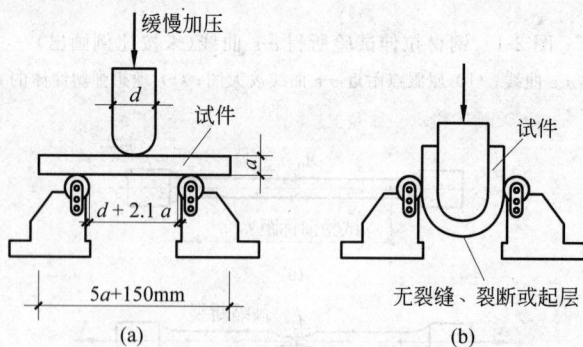

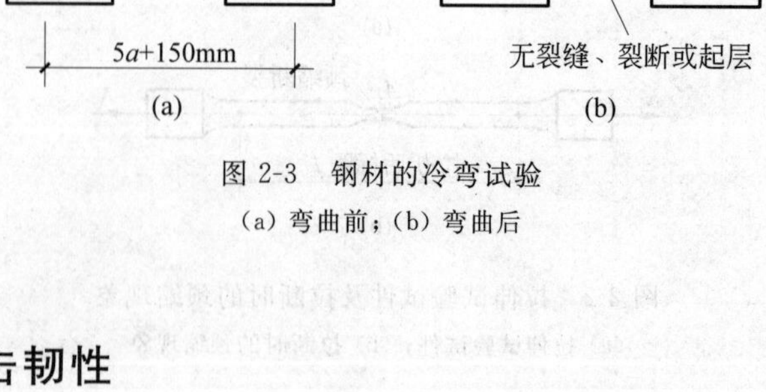

图 2-3 钢材的冷弯试验

(a) 弯曲前;(b) 弯曲后

2.2.3 冲击韧性

冲击韧性是钢材受冲击在塑性变形和断裂时吸收机械能量的量度,是强度和塑性的综合指标。吸收能量较多才断裂的钢材是韧性好的钢材。用冲击韧性来衡量钢材抗脆断的性能，脆断总发生在有缺口高峰应力的地方。因此，冲击韧性也叫做缺口韧性。图 2-4 所示为带缺口的钢材标准试件在冲击试验机上进行冲击韧性试验。

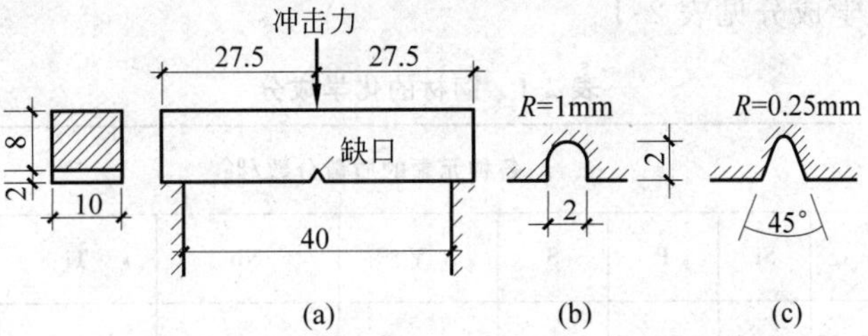

图 2-4 冲击韧性试验

(a) 冲击韧性试验；(b) 梅氏试件 U 形缺口；(c) 夏比试件 V 形缺口

梅氏试件跨中带 U 形缺口，断口处单位面积的功即为冲击韧性值，用 a_k 表示，单位 J/cm²。

夏比试件跨中带 V 形缺口，缺口高峰应力处常呈三向受拉应力状态，更能反映实际结构的缺陷。夏比缺口韧性用 A_{kv} 或 C_V 表示，单位是 J(1J＝1N·m)。

应注意，钢材的冲击韧性随温度变化，低温时冲击韧性与高温时相比明显下降。对于受动荷载作用的结构，应提出常温(20℃±5℃)冲击韧性、0℃冲击韧性和负温(－20℃或－40℃)冲击韧性。

2.3 影响钢材性能的因素

2.3.1 化学成分的影响

1. 碳(C)

碳素钢主要是铁碳的合金，其含碳量小于 2%。按含碳量划分为低碳钢(其含碳量小于 0.25%)、中碳钢(其含碳量大于 0.25%，小于 0.6%)和高碳钢(其含碳量大于 0.6%)。含碳量越高其可焊性越差，含碳量在 0.12%～0.20%范围内，可焊性最好。

2. 锰(Mn)

锰能显著提高钢材的强度且不过多降低塑性和冲击韧性，但锰会使钢材的可焊性下降。

3. 硅(Si)

硅是强脱氧剂，能提高钢的强度而不显著影响塑性、韧性、冷弯性、可焊性，但过量会恶化钢的可焊性、抗锈蚀性。

4. 钒(V)、铌(Nb)、钛(Ti)

钒、铌、钛能使钢材晶粒细化，在提高强度的同时可保持良好的塑性、韧性。

5. 铝(Al)、铬(Cr)、镍(Ni)

铝是强脱氧剂，能减少钢中有害氧化物，且能细化晶粒提高钢材的塑性和冲击韧性。低合金钢的 C、D 及 E 级都规定含铝量不低于 0.015%，以保证低温冲击韧性。

6. 硫(S)、磷(P)、氧(O)、氮(N)

硫、磷、氧、氮都是有害杂质,会引起钢材的冷脆、热脆裂纹,应严格控制其含量。

钢结构用钢化学成分见表 2-1。

表 2-1 钢材的化学成分

牌号	质量等级	各种元素的质量分数/%										
		C	Mn	Si	P	S	V	Nb	Ti	Al	Cr	Ni
Q235	A	0.14~0.22	0.30~0.65	≤0.30	≤0.045	≤0.050						
	B	0.12~0.20	0.30~0.70	≤0.30	≤0.045	≤0.045	—	—	—	—	—	—
	C	≤0.18	0.35~0.80	≤0.30	≤0.040	≤0.040						
	D	≤0.17	0.35~0.80	≤0.30	≤0.035	≤0.035						
Q345	A	≤0.20	1.00~1.60	≤0.55	≤0.045	≤0.045	0.02~0.15	0.015~0.060	0.02~0.20	—		
	B	≤0.20	1.00~1.60	≤0.55	≤0.040	≤0.040	0.02~0.15	0.015~0.060	0.02~0.20			
	C	≤0.20	1.00~1.60	≤0.55	≤0.035	≤0.035	0.02~0.15	0.015~0.060	0.02~0.20	≥0.015	—	—
	D	≤0.18	1.00~1.60	≤0.55	≤0.030	≤0.030	0.02~0.15	0.015~0.060	0.02~0.20	≥0.015		
	E	≤0.18	1.00~1.60	≤0.55	≤0.025	≤0.025	0.02~0.15	0.015~0.060	0.02~0.20	≥0.015		
Q390	A	≤0.20	1.00~1.60	≤0.55	≤0.045	≤0.045	0.02~0.20	0.015~0.060	0.02~0.20	—	≤0.30	≤0.70
	B	≤0.20	1.00~1.60	≤0.55	≤0.040	≤0.040	0.02~0.20	0.015~0.060	0.02~0.20	—	≤0.30	≤0.70
	C	≤0.20	1.00~1.60	≤0.55	≤0.035	≤0.035	0.02~0.20	0.015~0.060	0.02~0.20	≥0.015	≤0.30	≤0.70
	D	≤0.20	1.00~1.60	≤0.55	≤0.030	≤0.030	0.02~0.20	0.015~0.060	0.02~0.20	≥0.015	≤0.30	≤0.70
	E	≤0.20	1.00~1.60	≤0.55	≤0.025	≤0.025	0.02~0.20	0.015~0.060	0.02~0.20	≥0.015	≤0.30	≤0.70
Q420	A	≤0.20	1.00~1.70	≤0.55	≤0.045	≤0.045	0.02~0.20	0.015~0.060	0.02~0.20	—	≤0.40	≤0.70
	B	≤0.20	1.00~1.70	≤0.55	≤0.040	≤0.040	0.02~0.20	0.015~0.060	0.02~0.20	—	≤0.40	≤0.70
	C	≤0.20	1.00~1.70	≤0.55	≤0.035	≤0.035	0.02~0.20	0.015~0.060	0.02~0.20	≥0.015	≤0.40	≤0.70
	D	≤0.20	1.00~1.70	≤0.55	≤0.030	≤0.030	0.02~0.20	0.015~0.060	0.02~0.20	≥0.015	≤0.40	≤0.70
	E	≤0.20	1.00~1.70	≤0.55	≤0.025	≤0.025	0.02~0.20	0.015~0.060	0.02~0.20	≥0.015	≤0.40	≤0.70

2.3.2 成材过程的影响

1. 冶炼

冶炼的过程形成钢的化学成分及其含量,钢的金相组织结构及其缺陷,从而确定了不同的钢种、钢号和相应的力学性能。

2. 浇铸

浇铸铸锭的过程中,因脱氧不同而形成镇静钢、半镇静钢和沸腾钢。

3. 轧制

钢材的轧制使金属晶粒细化,使气泡、裂纹等焊合。因薄板辊轧次数多,所以其力学性能比厚板好,如表 2-2 所示,其屈服强度的高低都由板厚决定。沿辊轧方向的力学性能比垂直于辊轧方向的力学性能好,所以要尽量避免拉力垂直于板面,以防层间撕裂。

4. 热处理

热处理使钢材取得高强度的同时能保持良好的塑性、韧性。

钢结构用钢的机械性能见表 2-2。

表 2-2 钢材的机械性能

牌号	拉伸试验 钢材厚度 /mm	拉伸试验 抗拉强度 /(N/mm²)	拉伸试验 屈服强度 /(N/mm²)	伸长率 δ_5 /%		冷弯试验 d 为弯心直径 a 为试样厚度	冲击试验 钢材等级及温度	冲击试验 V形冲击功(纵向)/J
Q235	≤16	375~460	≥235		≥26	纵向试样 $d=a$ 横向试样 $d=1.5a$	A	—
	>16~40		≥225		≥25		B(20℃)	≥27
	>40~60		≥215		≥24		C(0℃)	≥27
	>60~100		≥205		≥23	纵向 $d=2a$ 横向 $d=2.5a$	D(−20℃)	≥27
	>100~150		≥195		≥22	纵向 $d=2.5a$		
	>150		≥185		≥21	横向 $d=3a$		
Q345	≤16	470~630	≥345	质量等级 A	≥21	$d=2a$	A	—
	>16~35		≥325	B	≥21	$d=3a$	B(20℃)	≥34
	>35~50		≥295	C	≥22	$d=3a$	C(0℃)	≥34
	>50~100		≥275	D	≥22	$d=3a$	D(−20℃)	≥34
				E	≥22	$d=3a$	E(−40℃)	≥27
Q390	≤16	490~650	≥390	质量等级 A	≥19	$d=2a$	A	—
	>16~35		≥370	B	≥19	$d=3a$	B(20℃)	≥34
	>35~50		≥350	C	≥20	$d=3a$	C(0℃)	≥34
	>50~100		≥330	D	≥20	$d=3a$	D(−20℃)	≥34
				E	≥20	$d=3a$	E(−40℃)	≥27
Q420	≤16	520~680	≥420	质量等级 A	≥18	$d=2a$	A	—
	>16~35		≥400	B	≥18	$d=3a$	B(20℃)	≥34
	>35~50		≥380	C	≥19	$d=3a$	C(0℃)	≥34
	>50~100		≥360	D	≥19	$d=3a$	D(−20℃)	≥34
				E	≥19	$d=3a$	E(−40℃)	≥27

2.3.3 结构钢材的脆性破坏

在一般情况下钢材是弹塑性材料，在制造和使用中可能产生脆性破坏。

1. 冷加工硬化

在常温下的加工称为冷加工。拉、弯、冲孔、机械剪切会使钢材产生很大的塑性变形，加载时屈服点提高，塑性、韧性降低。重要结构应把硬化的边缘部分刨去。

2. 时效硬化

钢材随时间的增长而变脆。重要结构应对钢材进行人工时效，然后测定其冲击韧性，保证结构有长期抗脆性破坏的能力。

3. 负温影响

在负温区强度增高，塑性变形减少，材料变脆，对冲击韧性影响特别突出。结构设计中要避免完全脆性破坏。

4. 在低温区应注意焊缝质量

焊缝布置不当可使焊接残余应力增大，焊缝区产生三向同号应力使材质变脆，焊接缺陷、微裂纹都将导致钢材脆断。

5. 应力集中

当截面完整性遭到破坏，如有裂纹、孔洞、刻槽、凹角及截面厚度或宽度突变时，都将产生高峰应力，即应力集中现象，高峰应力处将产生双向或三向应力，材料的变形受限制，将造成脆性断裂。对厚钢板应有更高的韧性要求。

6. 结构突然受力

加载速度越大，脆性断裂的可能性就越大。减小荷载的冲击，减缓加载的速度，降低应力水平，是防止脆性断裂的措施。

2.4 钢材的类别及选用

2.4.1 建筑钢材分类

1. 碳素结构钢

碳素结构钢的牌号(钢号)由表示屈服点的字母Q、屈服点数值、质量等级符号和脱氧方法符号四个部分顺序组成。

钢板厚度(直径)≤16mm时屈服强度 f_y 的数值分为Q195，Q215，Q235，Q255，Q275，强度由低到高排列，也代表了含碳量由低到高排列。Q195，Q215的强度比较低，Q255，Q275含碳量分别接近和超出低碳钢含碳量的上限，钢结构在碳素结构钢中只用Q235，即 $f_y=235\mathrm{N/mm^2}$ 这一种钢。

质量等级分为A，B，C，D四级，质量由低到高排列，A级质量最差，D级质量最好。主要是根据冲击韧性(夏比V形缺口试验)的要求区分的，其化学成分、脱氧要求及冷弯性能的要求也有区别，但是钢材的屈服强度 f_y、抗拉强度 f_u、伸长率 δ 和钢材的质量等级无关，钢材的屈服强度 f_y 随钢材厚度而变。例如Q235钢，当厚度(直径)≤16mm时，其屈服强度 $f_y=235\mathrm{N/mm^2}$；当厚度＞16～40mm时，其屈服强度 $f_y=225\mathrm{N/mm^2}$；当厚度＞40～60mm时，$f_y=215\mathrm{N/mm^2}$。Q235A对冲击韧性无要求；Q235B要求在常温(20℃)下作冲击韧性试验；Q235C要求在0℃作冲击韧性试验；Q235D要求在－20℃作冲击韧性试验。各级钢都要求 $A_{kv}\geqslant27\mathrm{J}$，B，C，D级都要求冷弯试验合格，如表2-2所示。

脱氧方法符号为F，b，Z，TZ，分别表示沸腾钢、半镇静钢、镇静钢、特殊镇静钢。牌号表示方法中，符号Z，TZ可以省略。A，B两级的脱氧方法可以是F，b，Z；对C级只能是Z；D级只能是TZ。

例如Q235A表示屈服强度 $f_y=235\mathrm{N/mm^2}$，A级镇静钢；Q235A・b表示屈服强度 $f_y=235\mathrm{N/mm^2}$，A级半镇静钢；Q235B・F表示屈服强度 $f_y=235\mathrm{N/mm^2}$，B级沸腾钢；Q235C表示屈服强度 $f_y=235\mathrm{N/mm^2}$，C级镇静钢；Q235D表示屈服强度 $f_y=235\mathrm{N/mm^2}$，D级特殊镇静钢。

2. 低合金高强度结构钢

钢结构设计规范采用的钢种是 Q345，Q390，Q420，这三种钢种都分为 A，B，C，D，E 五个质量等级。按对冲击韧性(夏比 V 形缺口试验)的要求区分，A 级无冲击要求；B 级提供 20℃冲击功 $A_{kv}\geqslant 34$J；C 级提供 0℃冲击功 $A_{kv}\geqslant 34$J；D 级提供－20℃冲击功 $A_{kv}\geqslant 34$J；E 级提供－40℃冲击功 $A_{kv}\geqslant 27$J。不同质量等级对碳、硫、磷、铝等含量要求也有区别，如表 2-1 所示。A，B 级属镇静钢，C，D，E 级属特殊镇静钢。结构钢的发展趋势是进一步提高强度而又能保持较好的塑性。

2.4.2　型钢规格

型钢有热轧、焊接和冷弯成形三种。

1. 热轧钢板(图 2-5(a))

钢板厚度为 4.5～60mm，是节点板、加劲肋、支座底板、柱头顶板及各种组合截面的板件；钢板厚度为 0.35～4mm，称为薄钢板，是冷弯薄壁型钢的原料。钢板的符号是"—厚度×宽度×长度"，例如—6×300×1000，单位是 mm，常不加注明。

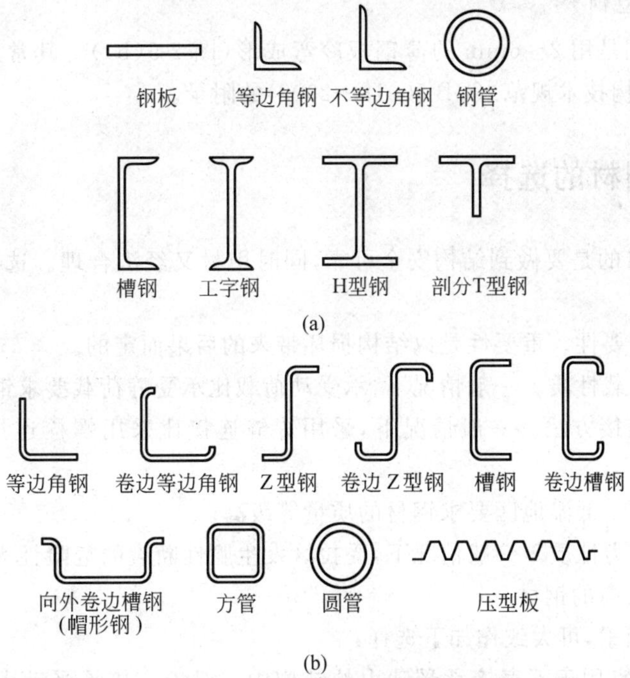

图 2-5　型钢截面

(a) 热轧型材截面；(b) 冷弯型钢的截面形式

2. 热轧型钢(图 2-5(a))

热轧型钢有等边角钢、不等边角钢、工字钢、槽钢、钢管、H 型钢、剖分 T 型钢。等边角钢的符号是"∟边长×厚度"，例如∟100×8，单位 mm 不必注明。不等边角钢的符号是"∟长边×短边×厚度"，例如∟100×80×8，单位 mm 不必注明。

工字钢的符号是“I型号”,例如I32a,表示工字钢高度为320mm,a表示腹板厚度较薄的一种;I40b,表示工字钢高度为400mm,腹板厚度居中的一种;I45c,表示工字钢高度为450mm,腹板厚度最厚的一种。

槽钢的符号是“[型号”,用a,b,c来区别腹板的厚度,a是较薄的,b居中,c是最厚的。例如[28a,[28b,[28c三种截面高度都是280mm,腹板厚度分别是7.5mm,9.5mm,11.5mm。

钢管的符号是“ϕ外径×厚度”,例如ϕ42×3,表示钢管外径为42mm,壁厚为3mm。

H型钢的符号是“H高度×宽度×腹板厚度×翼缘厚度”,例如H200×200×8×12,单位mm不必注明,高宽相近属于宽翼缘类(HW);H194×150×6×9,属于中翼缘类(HM);H125×60×6×8,属于窄翼缘类(HN)。

剖分T型钢是上述H型钢在腹板中部一剖为二而成,符号是“T高度×宽度×腹板厚度×翼缘厚度”,例如T150×300×10×15,单位mm,不必注明,属于宽翼缘类(TW);T170×250×9×14,属于中翼缘类(TM);T125×125×6×9,属于窄翼缘类(TN)。

3. 焊接H型钢和T型钢

焊接H和T型钢是由钢板用高频焊接而成,其截面型式受力更合理,多用于高层建筑和大、轻型工业厂房。

4. 冷弯薄壁型钢

冷弯薄壁型钢是用2～6mm的薄钢板冷弯成形(图2-5(b))。其常用型号及截面特性见《冷弯薄壁钢结构技术规范》(GB 50018—2002)的附录。

2.4.3 钢材的选择

选择钢材的目的是要做到结构安全可靠,同时用材又经济合理。选择钢材应考虑下述5个因素:

(1) 结构的重要性。重要性是以结构损坏带来的后果而定的。

(2) 结构的荷载性质。一般情况下,承受动荷载比承受静荷载要求钢材的质量等级高。

(3) 结构的连接方法。一般情况下,采用焊缝连接比采用螺栓连接要求钢材的质量等级高。

(4) 工作条件。低温地区要求钢材的质量等级高。

(5) 结构的受力性质。一般情况下,受拉区发生脆性断裂的危险性大,经常受拉力的构件应选择质量等级高的钢材。

由上述5个因素,可大致作如下选择:

Q235-A钢只宜用于不直接承受动力的结构中。对于直接承受动力的结构,不能选择A级钢。工作温度在−20～0℃,Q235,Q345应选用具有0℃冲击韧性的C级钢,Q390,Q420则应选−20℃冲击韧性合格的D级钢。如果工作温度≤−20℃,则钢材的质量级别还要提高一级,Q235和Q345选用D级钢,Q390和Q420选用E级钢。

非焊接构件发生脆性断裂的可能性比焊接构件小,对钢材的要求可适当放宽,如工作温度≤−20℃时,Q235和Q345选用C级钢,Q390和Q420选用D级钢。

习题

2.1　简述建筑钢结构对钢材的要求及指标和规范推荐使用的几种钢材。

2.2　衡量材料力学性能的好坏，常用哪些指标？它们的作用如何？

2.3　哪些因素可使钢材变脆，从设计角度防止构件脆断的措施有哪些？

2.4　碳、硫、磷对钢材的性能有哪些影响？

2.5　什么是钢材的可焊性？影响钢材可焊性的化学元素有哪些？

2.6　钢材的力学性能为何要按厚度（直径）进行划分？

2.7　钢材中常见的冶金缺陷有哪些？

2.8　随着温度的变化，钢材的力学性能有何变化？

2.9　什么情况下会产生应力集中？应力集中对材料性质有何影响？

2.10　在弹性计算中为什么以 f_y 作为弹性设计的标准值？

2.11　选择钢材应考虑哪些因素？

2.12　什么是冷加工硬化？什么是时效硬化？

2.13　各型钢符号的含义是什么？如I28a。

第3章

钢结构的连接

学习要点：连接是本课程的基本知识和基本计算技能。掌握焊缝的构造、内力的传力过程和计算方法；掌握普通螺栓连接的破坏形式，高强度螺栓的工作性能及其计算方法；能识别焊缝的标注符号和螺栓的标注符号。

3.1 概述

钢结构是由钢板、型钢通过连接组成构件的，各构件再通过安装连接组成结构。选定合理的连接方案是钢结构设计中的重要环节，其合理与否直接影响结构的造价、安全、寿命。

对连接部位（节点）的基本要求是：有足够的强度、刚度和延性；传力应直接可靠，各部分受力明确，尽可能避免严重的应力集中；构造简单，便于制作和安装。

钢结构的连接方法主要有焊缝连接、普通螺栓连接和高强度螺栓连接等。

焊缝连接的优点是构造简单，不削弱构件截面，省材，加工方便，易于实现自动化，密封性好，刚度大；缺点是焊缝附近材质变脆，存在残余应力和残余变形，局部裂缝一经发生便容易扩展到整体，焊接结构冷脆性突出。

普通C级螺栓目前广泛应用于承拉连接、不重要的连接和安装时的临时固定。它的主要优点是施工简单、拆装方便、价格便宜；缺点是受剪连接时变形太大。

高强度螺栓连接分为：摩擦型连接，它的优点是连接紧密，受力良好，耐疲劳，可拆换，安装简单，动力性能好；缺点是价格比普通螺栓昂贵。承压型连接，它的优点是承载力比摩擦型连接高，节省钢材，连接紧密，可拆换，安装简单；缺点是受剪切变形大，规范规定承压型高强度螺栓不得用于直接承受动力荷载的结构。

3.2 焊缝连接

常用的焊接方法有电弧焊、电渣焊、气体保护焊和电阻焊等。电弧焊的质量比较可靠，是钢结构最常用的焊接方法。电弧焊分为手工电弧焊和自动或半自动电弧焊。

手工电弧焊，焊条应与焊件金属的强度相适应，例如Q235钢焊件用E43系列焊条；

Q345 钢焊件用 E50 系列焊条；Q390 钢用 E55 系列焊条。两种不同钢材连接时，宜采用低强度钢材所适用的焊条，例如 Q235 和 Q345 焊接，应采用 E43 系列焊条。手工焊的缺点是工作环境恶劣，焊缝质量波动大。

自动或半自动电弧焊，是焊丝埋在焊剂层下(埋弧焊)，焊缝不和外界空气接触，焊缝质量均匀，塑性好，冲击韧性高。对焊丝、焊剂的要求是保证熔敷金属的抗拉强度不低于相应手工焊条的数值，例如对 Q235 钢焊件，用 H08，H08A 焊丝配合高锰、高硅型焊剂，对 Q345 焊件，用 H80A，H80E 焊丝配合高锰焊剂等。

3.2.1　焊缝的缺陷和级别

1. 焊缝的缺陷(图 3-1)

裂纹是最危险的缺陷，产生裂纹的因素很多。采用合理的施焊次序，可以减少焊接应力，避免出现裂纹；焊前对焊件预热等也可以减少裂纹出现的几率。气孔是由空气入侵等形成的；其他缺陷有烧穿、夹渣、未焊透、咬边、焊瘤等。

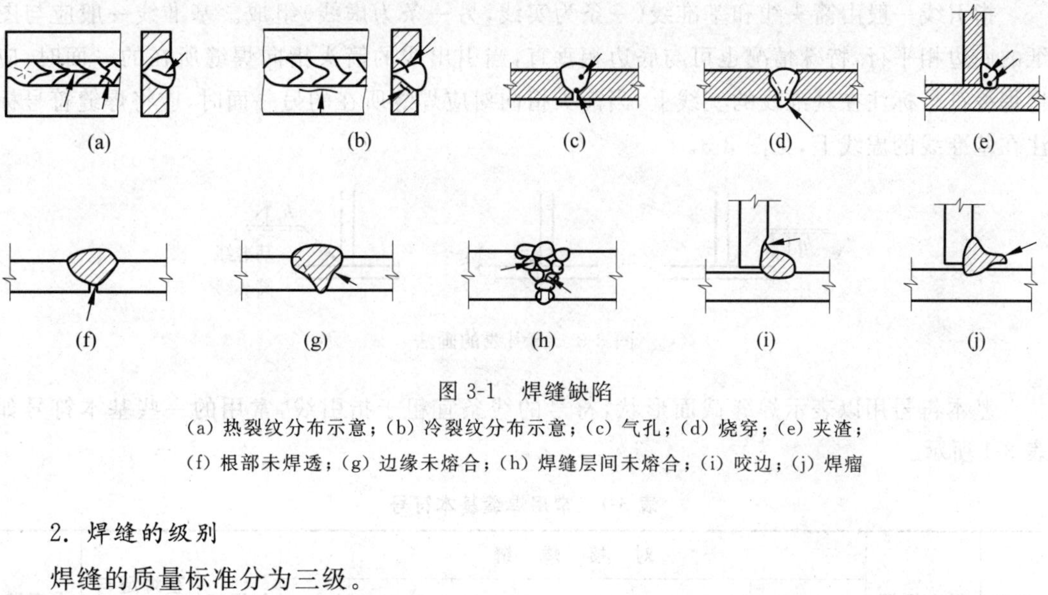

图 3-1　焊缝缺陷

(a) 热裂纹分布示意；(b) 冷裂纹分布示意；(c) 气孔；(d) 烧穿；(e) 夹渣；(f) 根部未焊透；(g) 边缘未熔合；(h) 焊缝层间未熔合；(i) 咬边；(j) 焊瘤

2. 焊缝的级别

焊缝的质量标准分为三级。

第三级通过外观检查，即焊缝尺寸符合设计要求，肉眼观察无可见的裂纹、咬边等缺陷；

第二级通过外观检查后，用超声波检验每条焊缝 20%的长度，看内部缺陷情况；

第一级通过外观检查，用超声波检验每条焊缝的全部长度，看内部缺陷。

对施焊条件较差的高空安装焊缝，其强度设计值应乘以 0.9 的折减系数。

3. 焊缝施焊方位

施焊方位有俯焊(平焊)、立焊、横焊、仰焊，如图 3-2 所示。其中俯焊施焊方便，质量易保证；仰焊操作条件最差，焊缝质量不易保证，应尽量避免。

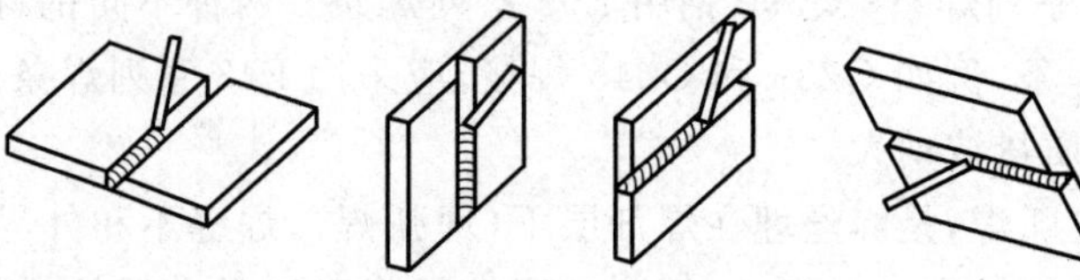

图 3-2 焊缝施焊位置

(a) 俯焊；(b) 立焊；(c) 横焊；(d) 仰焊

3.2.2 焊缝的代号

在钢结构施工图上要用焊缝代号标明焊缝形式、尺寸和辅助要求。《焊缝符号表示方法》(GB 324—1988)规定：焊缝符号由指引线和表示焊缝截面形状的基本符号组成，必要时可加上辅助符号、补充符号和焊缝尺寸符号。

指引线一般由箭头线和基准线(一条为实线，另一条为虚线)组成。基准线一般应与图纸的底边相平行，特殊情况也可与底边相垂直，当引出线的箭头指向焊缝所在的一面时，应将焊缝符号标注在基准线的实线上，当箭头指向对应焊缝所在的另一面时，应将焊缝符号标注在基准线的虚线上，见图 3-3。

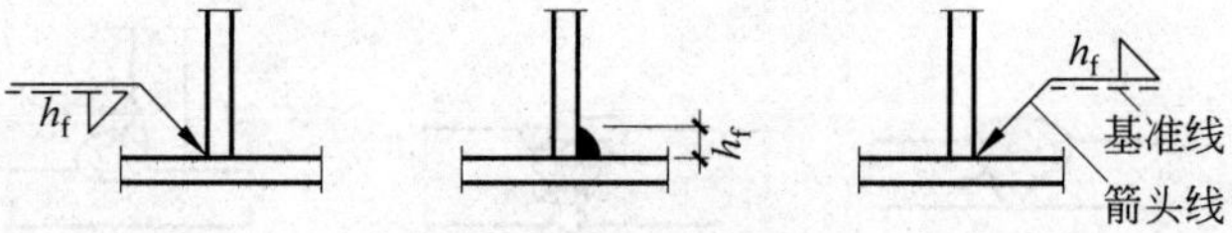

图 3-3 指引线的画法

基本符号用以表示焊缝截面形状，符号的线条宜粗于指引线，常用的一些基本符号如表 3-1 所示。

表 3-1 常用焊缝基本符号

名称	封底焊缝	对接焊缝					角焊缝	塞焊缝与槽焊缝	点焊缝
		I 形焊缝	V 形焊缝	单边 V 形焊缝	带钝边的 V 形焊缝	带钝边的 U 形焊缝			
符号	⌓	‖	V	V	Y	Y	◺	⊓	○

注：单边 V 形与角焊缝的竖边画在符号的左边。

辅助符号用以表示焊缝表面的形状特征，如对接焊缝表面余高部分需加工使之与焊件表面齐平，则需在基本符号上加一短画，此短画即为辅助符号，见表 3-2。

补充符号是为了补充说明焊缝的某些特征而采用的符号，如带有垫板、三面或四面围焊及工地施焊等。钢结构中常用的辅助符号和补充符号摘录于表 3-2。

表 3-2　焊缝符号中的辅助符号和补充符号

名　称		焊缝示意图	符号	示　例
辅助符号	平面符号		—	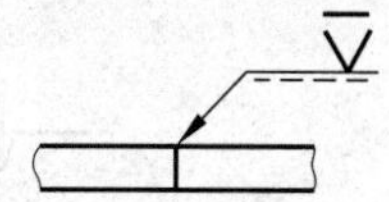
	凹面符号	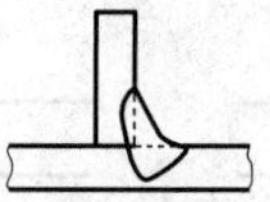	◡	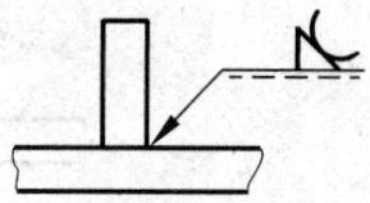
补充符号	三面围焊符号	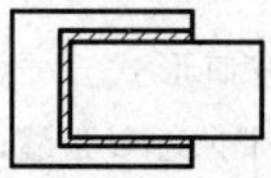	⊏	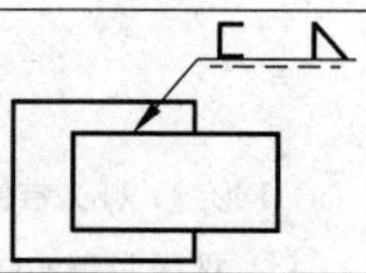
	周边围焊符号	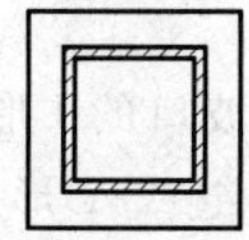	○	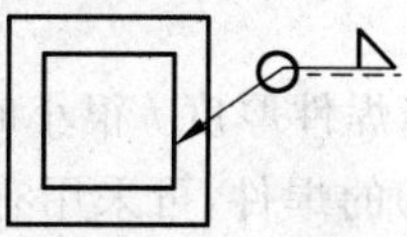
	现场焊符号			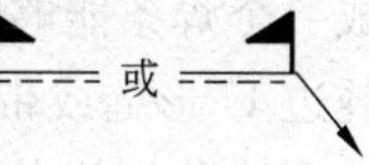
	焊缝底部有垫板的符号		▭	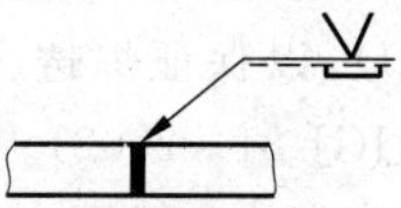
	尾部符号		<	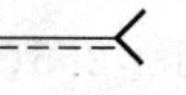

注：① 现场焊的旗尖指向基准线的尾部；

② 尾部符号用以标注需说明的焊接工艺方法和相同焊缝数量。

当焊缝分布比较复杂或用上述标注方法不能表达清楚时，在标注焊缝代号的同时，可在图形上加栅线表示(图 3-4)。

《建筑结构制图标准》(GB/T 50105—2001)规定的焊缝标注方法，基准线只含一条实线，其他规定和《焊缝符号表示法》(GB 324—2008)一致。

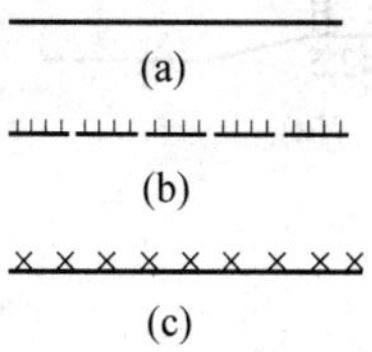

图 3-4　栅线表示

(a) 正面焊缝；(b) 背面焊缝；(c) 安装焊缝

3.3　对接焊缝的构造和计算

3.3.1　对接焊缝的构造要求

对接焊缝按坡口形式分为 I 形缝、V 形缝、带钝边单边 V 形缝、带钝边 V 形缝(也叫 Y 形缝)、带钝边 U 形缝、带钝边双单边 V 形缝和双 Y 形缝等，后二者过去分别称为 K 形缝和

X形缝(图 3-5)。

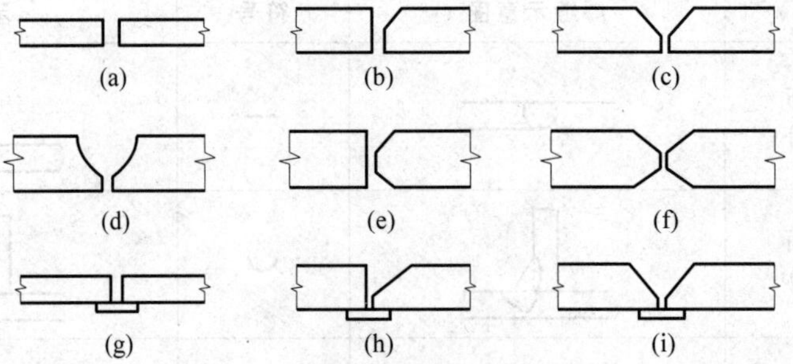

图 3-5　对接焊缝坡口形式

(a) I形缝；(b) 带钝边单边 V形缝；(c) Y形缝；(d) 带钝边 U形缝；(e) 带钝边双单边 V形缝；(f) 双Y形缝；(g) 加垫板的I形缝；(h) 加垫板的带钝边单边 V形缝；(i) 加垫板的 Y形缝

当焊件厚度 t 很小时($t\leqslant 10$mm)，可采用不切坡口的 I形缝。对于一般厚度($t=10\sim 20$mm)的焊件，可采用有斜坡口的带钝边单边 V形缝或 Y形缝，以便斜坡口和焊缝根部共同形成一个焊条能够运转的施焊空间，使焊缝易于焊透。对于较厚的焊件($t>20$mm)，应采用带钝边 U形缝或带钝边双单边 V形缝，或双 Y形缝。对于 Y形缝和带钝边 U形缝的根部还需要清除焊根并进行补焊。对于没有条件清根和补焊者，要事先加垫板(图 3-5(g)、(h)、(i))，以保证焊透。关于坡口的形式与尺寸可参看行业标准《建筑钢结构焊接技术规程》(JGJ 81—2002)。

在钢板宽度或厚度有变化的连接中，为了减少应力集中，应从板的一侧或两侧做成坡度不大于 1∶2.5(承受静力荷载者)或 1∶4(需要计算疲劳者)的斜坡(图 3-6)，形成平缓过渡。如板厚相差不大于 4mm 时，可不做斜坡(图 3-6(d))。焊缝的计算厚度取较薄板的厚度。

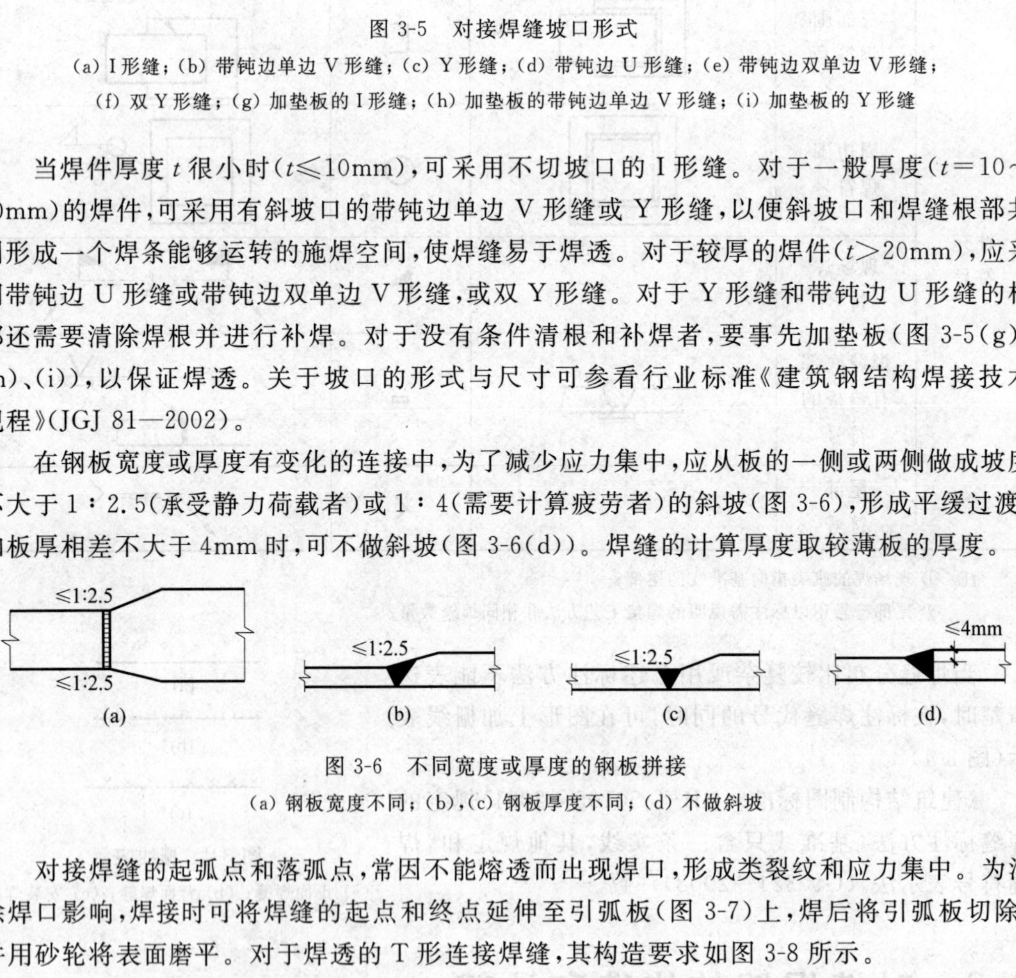

图 3-6　不同宽度或厚度的钢板拼接

(a) 钢板宽度不同；(b)，(c) 钢板厚度不同；(d) 不做斜坡

对接焊缝的起弧点和落弧点，常因不能熔透而出现焊口，形成类裂纹和应力集中。为消除焊口影响，焊接时可将焊缝的起点和终点延伸至引弧板(图 3-7)上，焊后将引弧板切除，并用砂轮将表面磨平。对于焊透的 T形连接焊缝，其构造要求如图 3-8 所示。

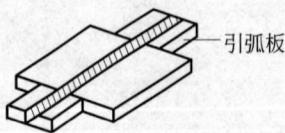

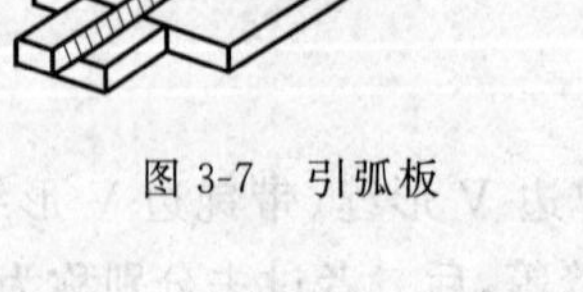

图 3-7　引弧板

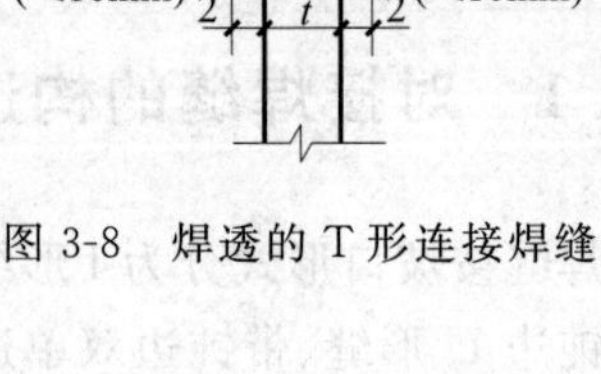

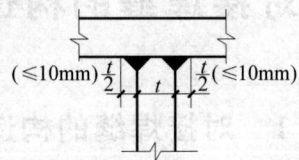

图 3-8　焊透的 T形连接焊缝

钢板的拼接采用对接焊缝时，纵横两方向的对接焊缝，可采用十字形交叉或T形交叉。当为T形交叉时，交叉点间的距离不得小于200mm，且拼接料的长度和宽度均不得小于300mm(图3-9)。

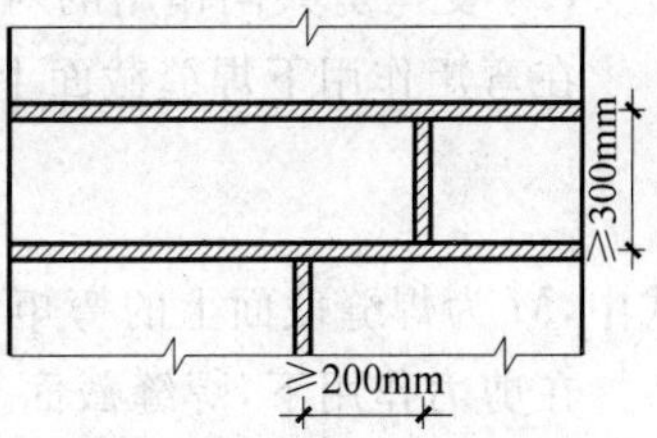

图3-9　钢板拼接焊缝示意图

在直接承受动载的结构中，为提高疲劳强度，应将对接焊缝的表面磨平，打磨方向应与应力方向平行。垂直于受力方向的焊缝应采用焊透的对接焊缝，不宜采用部分焊透的对接焊缝。

3.3.2　对接焊缝的计算

对接焊缝形成了对接构件截面的一部分，焊缝中的应力分布情况和原焊件基本相同，对一、二级焊缝，其焊缝强度不低于构件材料的强度，可不必计算。根据焊缝的受力情况，焊缝的计算可利用材料力学中的强度公式计算。

(1) 如图3-10(a)所示，对接焊缝轴心受力。其计算公式为

$$\sigma = N/l_w t \leqslant f_t^w \text{或} f_c^w \tag{3-1}$$

式中，N为轴心拉力或压力的设计值；l_w为焊缝计算长度，当采用引弧板施焊时，取焊缝实际长度，当未采用引弧板时，每条焊缝取实际长度减去$2t$；t为对接连接中连接件的较小厚度，不考虑焊缝的余高，在T形连接中为腹板厚度；f_t^w，f_c^w为对接焊缝的抗拉、抗压强度设计值，抗压焊缝和一、二级抗拉焊缝同母材，三级抗拉焊缝为母材的85%，可由表C-2查得。

当焊缝强度低于构件强度时，可采用图3-10(b)所示斜焊缝。其计算公式为

$$\sigma = \frac{N\sin\theta}{l_w t} \leqslant f_t^w \text{或} f_c^w \tag{3-2}$$

$$\tau = \frac{N\cos\theta}{l_w t} \leqslant f_v^w \tag{3-3}$$

式中，θ为焊缝轴向和力作用线方向的夹角；l_w为斜焊缝的计算长度，不采用引弧板时，$l_w = \frac{L}{\sin\theta} - 2t$，$L$为构件的宽度；$f_t^w$，$f_c^w$，$f_v^w$分别为对接焊缝的抗拉、抗压、抗剪强度的设计值，可由表C-2查得。

这样分别按正应力、剪应力验算是近似的。当$\tan\theta \leqslant 1.5$时，焊缝强度可不必验算。

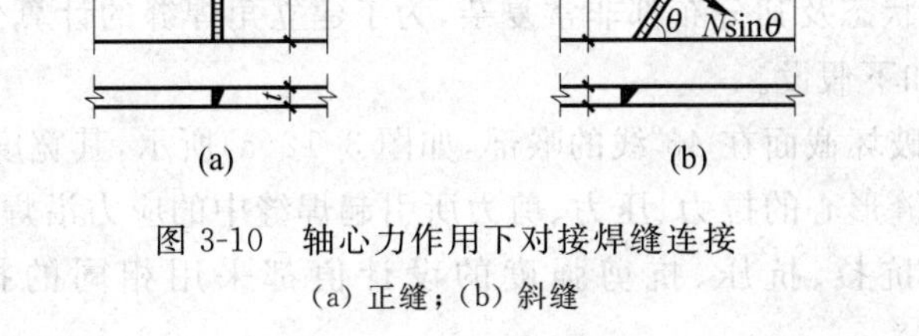

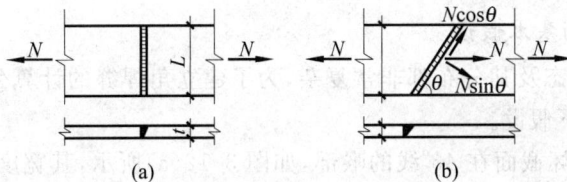

图3-10　轴心力作用下对接焊缝连接

(a) 正缝；(b) 斜缝

(2) 受弯剪共同作用的对接焊缝的计算(图 3-11)

在弯矩作用下焊缝截面上 1 点产生最大正应力,其计算公式为

$$\sigma_1 = \frac{M}{W_w} \leqslant f_t^w \text{或} f_c^w \tag{3-4}$$

式中,M 为焊缝截面上的弯矩设计值;W_w 为焊缝计算截面的抗弯截面模量。

在剪力作用下,焊缝截面上 3 点产生最大剪应力,其计算公式为

$$\tau_3 = \frac{VS_3}{I_w t_w} \leqslant f_v^w \tag{3-5}$$

式中,V 为焊缝截面上的剪力设计值;I_w 为焊缝计算截面对其中性轴的惯性矩;S_3 为 3 点以上(或以下)面积对中性轴的面积矩;t_w 为腹板的厚度。

在腹板和翼缘交接处的 2 点,有最大的折算应力,据第四强度理论,计算公式为

$$\sigma_{r_4} = \sqrt{\sigma_2^2 + 3\tau_2^2} \leqslant f_t^w \text{或} f_c^w \tag{3-6}$$

式中,$\sigma_2 = \dfrac{M}{W_w} \cdot \dfrac{h_0}{h}$,$h_0$,$h$ 分别为腹板高和截面总高,如图 3-11 所示;$\tau_2 = \dfrac{VS_2}{I_w t_w}$,$S_2$ 为 2 点以上(或以下)面积对中性轴的面积矩。

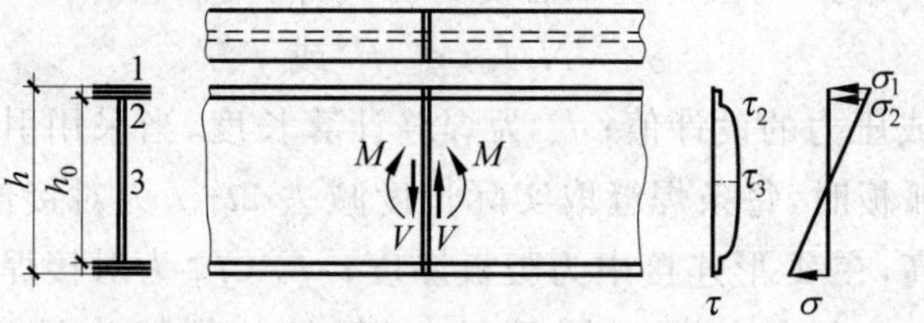

图 3-11 弯剪共同作用下的对接焊缝

3.4 角焊缝的构造和计算

3.4.1 角焊缝计算的基本假设和基本公式

图 3-12 所示分别为角焊缝的截面形式和焊脚尺寸 h_f。图 3-12(a)、(b)、(c)、(d)为直角角焊缝,可作为受力焊缝;图 3-12(e)、(f)、(g)除钢管结构外,不宜作为受力焊缝。

1. 角焊缝计算的基本假设

角焊缝的应力状态及其分布都非常复杂,为了建立角焊缝的计算公式,在做大量试验分析的基础上,做出如下假设。

(1) 角焊缝的破坏截面在 45°线的喉部,如图 3-12(a)所示,其宽度为 $h_e = 0.7h_f$;

(2) 通过角焊缝形心的拉力、压力、剪力所引起焊缝中的应力沿焊缝长度均匀分布;

(3) 角焊缝的抗拉、抗压、抗剪强度的设计值都采用相同的指标 f_f^w(可由表 C-2 查得)。

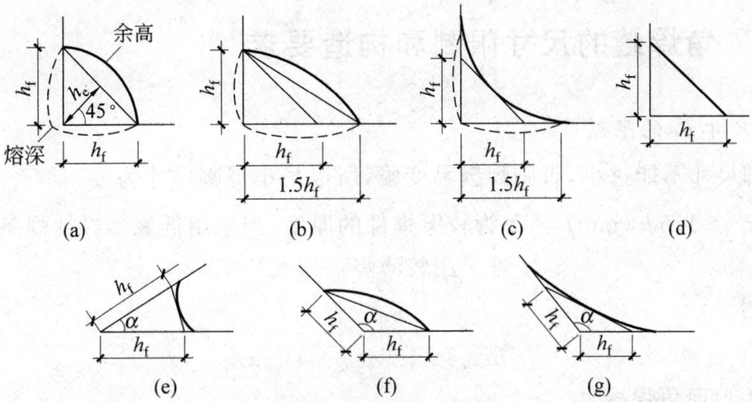

图 3-12 焊缝的截面形式

2. 角焊缝计算的基本公式

当轴心力的作用线和焊缝长度平行时，称这种焊缝为侧焊缝，如图 3-13(a)所示，其破坏截面上的应力为 τ_f，计算公式为

$$\tau_f = \frac{N}{h_e \sum l_w} \leqslant f_f^w \tag{3-7}$$

当轴心力作用线垂直于焊缝长度时，称这种焊缝为端焊缝或正面焊缝，其破坏截面上的应力为 σ_f，如图 3-13(b)所示，计算公式为

$$\sigma_f = \frac{N}{h_e \sum l_w} \leqslant \beta_f f_f^w \tag{3-8}$$

当焊缝上同时存在 τ_f 和 σ_f 时，其计算公式为

$$\sqrt{\left(\frac{\sigma_f}{\beta_f}\right)^2 + \tau_f^2} \leqslant f_f^w \tag{3-9}$$

上二式中，N 为轴心力的设计值；β_f 为端焊缝强度增大系数，承受静荷载时 $\beta_f = 1.22$，承受动荷载时 $\beta_f = 1$；h_e 为焊缝的有效宽度，对直角角焊缝 $h_e = 0.7h_f$；$\sum l_w$ 为角焊缝的计算长度总和，考虑到起落弧的影响，每条焊缝的计算长度 $l_w = l - 2h_f$，l 为每条角焊缝的几何长度；σ_f，τ_f 分别是角焊缝有效截面上垂直焊缝长度和平行于焊缝长度方向上的应力；f_f^w 为角焊缝的强度设计值，可由表 C-2 查出。

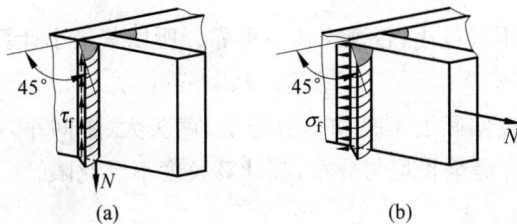

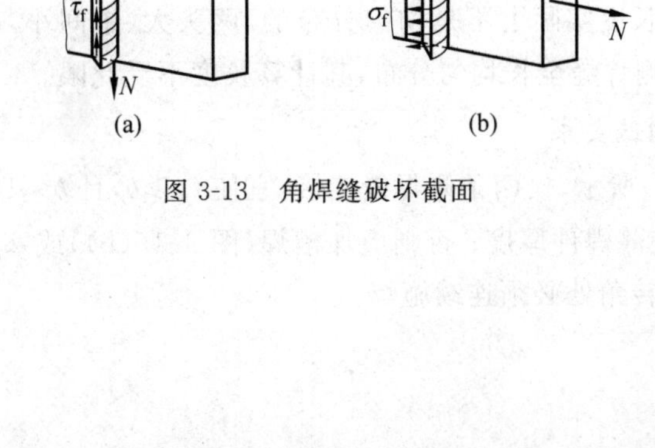

图 3-13 角焊缝破坏截面

3.4.2 角焊缝的尺寸限制和构造要求

1. 焊脚尺寸 h_f 的限制

(1) 焊脚尺寸不能过小，否则焊缝易变脆，所以最小焊脚尺寸为

$h_{fmin} \geqslant 1.5\sqrt{t}$(mm) （$t$ 为较厚焊件的厚度，当采用低氢型碱性焊条时，t 可采用较薄焊件厚度）

自动焊时

$$h_{fmin} \geqslant 1.5\sqrt{t} - 1(\text{mm})$$

T 形接头单面角焊缝时

$h_{fmin} \geqslant 1.5\sqrt{t} + 1$ (mm) （当焊件厚度小于或等于 4mm 时，最小焊角尺寸 h_{fmin} 应与焊件厚度相同）

(2) 焊脚尺寸不能过大，否则可能烧穿，所以最大焊脚尺寸应满足

$h_{fmax} \leqslant 1.2t$ （t 为较薄焊件的厚度）

当 $t \leqslant 6$mm 时

$$h_{fmax} \leqslant t$$

当 $t > 6$mm 时

$$h_{fmax} = t - (1 \sim 2)(\text{mm})$$

分别如图 3-14(a)、(c)、(b)所示。

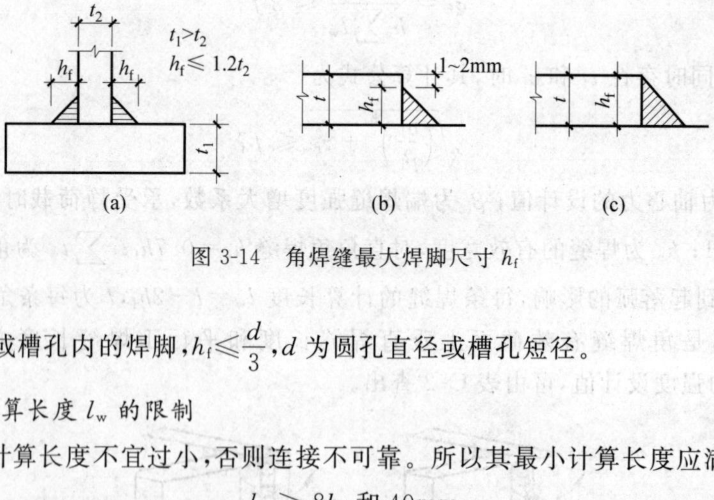

图 3-14 角焊缝最大焊脚尺寸 h_f

对于圆孔或槽孔内的焊脚，$h_f \leqslant \dfrac{d}{3}$，$d$ 为圆孔直径或槽孔短径。

2. 焊缝计算长度 l_w 的限制

(1) 焊缝计算长度不宜过小，否则连接不可靠。所以其最小计算长度应满足

$$l_w \geqslant 8h_f \text{ 和 } 40\text{mm}$$

(2) 应力沿焊缝长度实际上不是均匀分布的，两头大、中间小，所以焊缝最大计算长度 $l_w \leqslant 60h_f$。若内力沿侧焊缝全长均匀分布，其计算长度不受此限。

3. 角焊缝其他构造要求

(1) 如图 3-15(a)所示，仅两条侧焊缝连接，宜使 $l_w \geqslant b$，且 $b \leqslant 16t$($t > 12$mm)或 190mm(当 $t \leqslant 12$mm)，t 为较薄焊件厚度；否则应加槽焊(图 3-15(b))或塞焊(图 3-15(c))。

(2) 用围焊缝时转角处必须连续施焊。

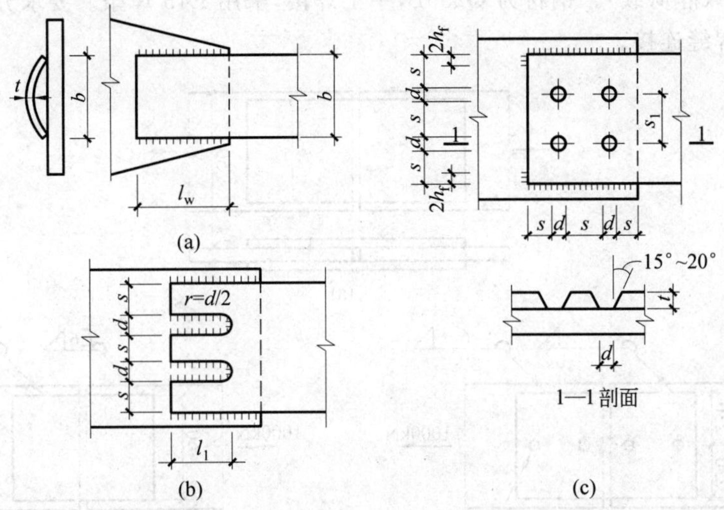

图 3-15　由槽焊、塞焊防止板件拱曲

(a) 两板用两条侧焊缝搭接，因间距过大引起较薄板弯曲示意图；(b) $d>1.5t$，$s=(1.5\sim2.5)t$ 且$\leqslant$200mm，t—开槽板厚度，l_1—开槽长度，由设计确定；(c) $d\leqslant2.5t$，$s\leqslant$200mm，$s_1>4d$

(3) 角焊缝的端部在构件转角处可连续作长度为 $2h_f$ 的绕角焊(图 3-15(c))。

(4) 在搭接连接中，不得采用一条正面角焊缝连接，且搭接长度不得小于焊件较小厚度的 5 倍，并不得小于 25mm。

3.4.3　常用连接方式的角焊缝计算

1. 受轴心力钢板拼接焊缝的计算

当轴心力通过连接焊缝群形心时，可认为焊缝有效截面上的应力是均匀分布的。

(1) 矩形板只用侧面角焊缝连接时，外力和焊缝长度方向平行，计算公式为

$$\tau_f = \frac{N}{\sum l_w h_e} \leqslant f_f^w$$

(2) 矩形板采用三面围焊缝连接时，先算出正面角焊缝承担的力 N_1，其计算公式为

$$N_1 = \sum b h_e \beta_f f_f^w$$

式中，b 为矩形盖板的宽度，和外力垂直。

再按下式计算

$$\tau_f = \frac{N - N_1}{\sum l_w h_e} \leqslant f_f^w$$

(3) 塞焊缝计算公式

$$\frac{4N}{n\pi d^2} \leqslant f_f^w \tag{3-10}$$

式中，n 为塞焊缝的点数；d 为孔径。

例 3-1　设计一个双盖板角焊缝连接接头(图 3-16)。主板—500×14，承受轴向力设计

值 N=1000kN(静荷载)。钢材为 Q235B,手工焊接,采用 E43 焊条。要求分别用侧焊缝连接,用三面围焊缝连接。

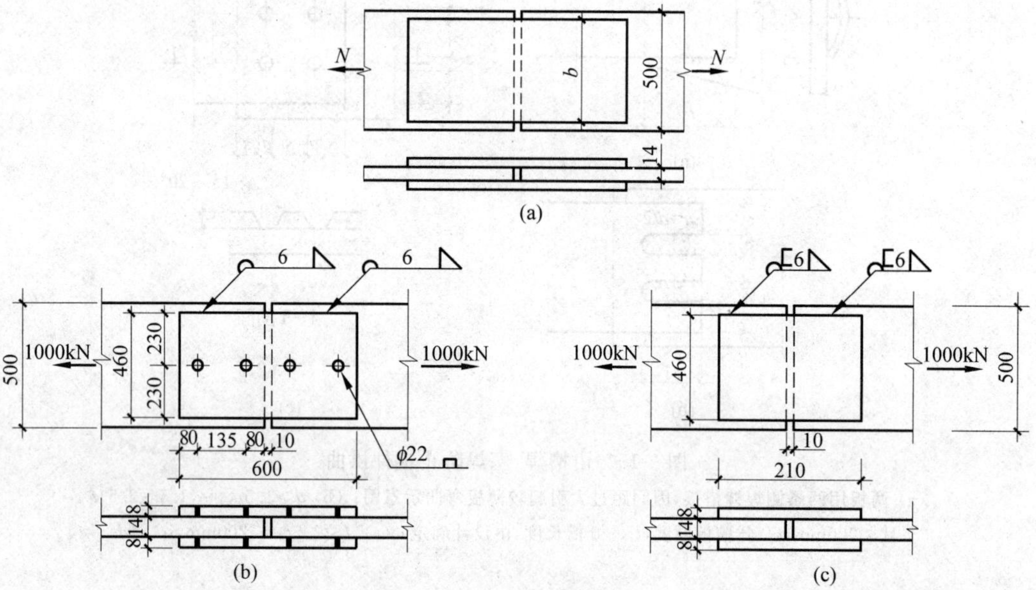

图 3-16　例 3-1 附图及施工图

(a) 例 3-1 附图；(b) 侧焊缝施工图；(c) 围焊缝施工图

解　(1) 根据等强度原则选择拼接盖板。选两块 Q235B 钢板—460×8,盖板总横截面面积 2×460×8≥500×14,拼接钢板的长度由连接焊缝长度决定。

(2) 根据构造要求选择焊脚尺寸 h_f

$$h_{fmax} = 8 - (1 \sim 2) = 7 \sim 6(\text{mm})$$

$$h_{fmin} \geqslant 1.5\sqrt{14} \approx 5.6(\text{mm})$$

选 h_f=6mm。

根据 Q235 和 E43 焊条,由表 C-2 查得 f_f^w=160N/mm²。

(3) 根据题目要求先用侧焊缝连接

因为板宽 b=460>200mm,故每侧每面加两个直径为 22mm 的塞焊点,塞焊点承担的力

$$N' = 4 \times \frac{\pi d^2}{4} \times f_f^w = 3.14 \times 22^2 \times 160 \times 10^{-3} \approx 243(\text{kN})$$

一侧一条侧焊缝的几何长度

$$l = \frac{N - N'}{4 \times 0.7 h_f f_f^w} + 2h_f = \frac{(1000 - 243) \times 10^3}{4 \times 0.7 \times 6 \times 160} + 12 \approx 294(\text{mm})$$

拼接板长

$$L = 2l + 10 = 2 \times 294 + 10 \approx 600(\text{mm})$$

施工图见图 3-16(b)。

根据题目要求再用三面围焊缝连接。

正面(端)焊缝承担的力

$$N_1 = 0.7h_f \times 2b \times \beta_f f_f^w = 0.7 \times 6 \times 2 \times 460 \times 1.22 \times 160 \times 10^{-3} \approx 754(\text{kN})$$

一侧一条焊缝的几何长度

$$l = \frac{N - N_1}{4 \times 0.7h_f f_f^w} + h_f = \frac{(1000 - 754) \times 10^3}{4 \times 0.7 \times 6 \times 160} + 6 \approx 98(\text{mm})$$

拼接板长

$$L = 2l + 10 = 2 \times 98 + 10 \approx 210(\text{mm})$$

施工图见图 3-16(c)。

2. 受轴心力角钢角焊缝连接的计算

角钢的形心轴到肢背和肢尖的距离不相等，所以肢背焊缝和肢尖焊缝的受力不相等。

(1) 角钢只用侧焊缝连接的计算，见图 3-17(a)，肢背受力

$$N_1 = \frac{e_2}{e_1 + e_2} N = K_1 N \tag{3-11}$$

肢尖受力

$$N_2 = \frac{e_1}{e_1 + e_2} N = K_2 N \tag{3-12}$$

式中，K_1，K_2 分别是肢背、肢尖焊缝内力分配系数，见表 3-3。

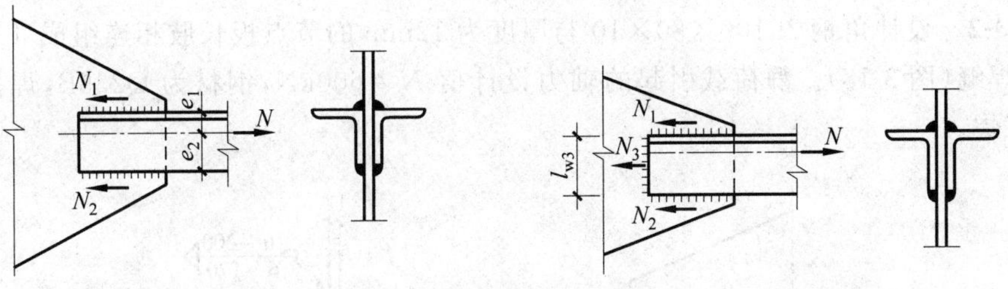

(a)　　(b)

图 3-17　角钢角焊缝上受力分配

(a) 两面侧焊；(b) 三面围焊

表 3-3　角钢角焊缝的内力分配系数

连接情况	连接形式	分配系数 K_1	分配系数 K_2
等肢角钢一肢连接		0.7	0.3
不等肢角钢短肢连接	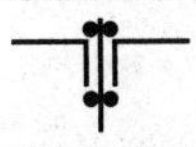	0.75	0.25
不等肢角钢长肢连接	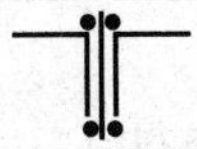	0.65	0.35

按式(3-7)验算肢背、肢尖焊缝强度：

$$\text{肢背：}\frac{N_1}{\sum 0.7h_{f_1} l_{w_1}} \leqslant f_f^w\text{；}\quad \text{肢尖：}\frac{N_2}{\sum 0.7h_{f_2} l_{w_2}} \leqslant f_f^w$$

式中，h_{f_1}，h_{f_2} 分别为肢背、肢尖的焊脚尺寸；$\sum l_{w_1}$，$\sum l_{w_2}$ 分别为肢背、肢尖焊缝计算长度之和。

(2) 角钢用三面围焊缝连接的计算，见图 3-17(b)。

$$N_3 = 0.7h_f \times 2l_{w_3}\beta_f f_f^w$$

$$N_1 = K_1 N - \frac{N_3}{2} \tag{3-13}$$

$$N_2 = K_2 N - \frac{N_3}{2} \tag{3-14}$$

按式(3-7)验算肢背、肢尖焊缝强度。因为必须连续施焊，所以肢尖、肢背焊角 h_f 都相同。

肢背焊缝强度验算公式：

$$\frac{N_1}{\sum 0.7h_f l_{w_1}} = \frac{K_1 N - \frac{N_3}{2}}{\sum 0.7h_f l_{w_1}} \leqslant f_f^w$$

肢尖焊缝强度验算公式：

$$\frac{N_2}{\sum 0.7h_f l_{w_2}} = \frac{K_2 N - \frac{N_3}{2}}{\sum 0.7h_f l_{w_2}} \leqslant f_f^w$$

例 3-2 设计角钢 2∟100×80×10 与厚度为 12mm 的节点板长肢相连组成 T 形截面的连接角焊缝(图 3-18)。静荷载引起的轴力设计值 $N=600$kN，钢材为 Q235B，焊条 E43 系列，手工焊。

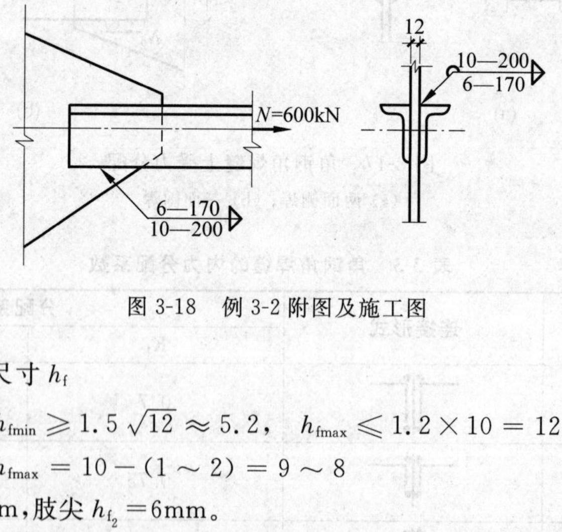

图 3-18 例 3-2 附图及施工图

解 (1) 选焊脚尺寸 h_f

$$h_{f\min} \geqslant 1.5\sqrt{12} \approx 5.2,\quad h_{f\max} \leqslant 1.2 \times 10 = 12$$

$$h_{f\max} = 10-(1\sim 2) = 9 \sim 8$$

选肢背 $h_{f_1}=10$mm，肢尖 $h_{f_2}=6$mm。

(2) 设计角焊缝的连接长度

由表 3-3 查得 $K_1=0.65$，$K_2=0.35$。由表 C-2 查得 $f_f^w=160\text{N/mm}^2$。所以，肢背一条焊缝的几何长度

$$l_1 = \frac{K_1 N}{2\times 0.7h_{f_1} f_f^w} + 2h_{f_1} = \frac{0.65\times 600\times 10^3}{2\times 0.7\times 10\times 160} + 20 \approx 194(\text{mm})\text{，取 } 200\text{mm}$$

肢尖一条焊缝的几何长度

$$l_2=\frac{K_2N}{2\times0.7h_{f_2}f_f^w}+2h_{f_2}=\frac{0.35\times600\times10^3}{2\times0.7\times6\times160}+12\approx168(\text{mm})\text{，取 }170\text{mm}$$

3. 在弯矩、剪力、轴力共同作用下角焊缝的计算

钢柱与支托连接受力向焊缝群形心简化为弯矩 $M=N_1e-\frac{2}{15}N_2l$，剪力 $V=N_1+\frac{3}{5}N_2$，轴向拉力 $N=\frac{4}{5}N_2$，如图 3-19(a)所示。连接焊缝受弯矩 M、剪力 V 和轴力 N 的共同作用。

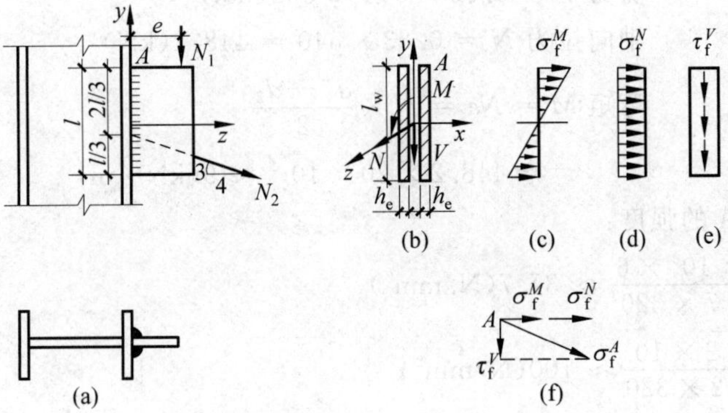

图 3-19 角焊缝受弯、剪、轴拉力共同作用

(a) 角焊缝施工图；(b) 作用力向焊缝群形心简化图；(c) M 引起应力分布图；(d) N 引起应力图；(e) V 引起应力图；(f) 危险点 A 的应力图

在弯矩 M 作用下，焊缝有效截面上产生呈三角形分布垂直焊缝长度的应力 σ_f，其边缘为最大值 σ_f^M，见图 3-19(b)。

$$\sigma_f^M=\frac{M}{W_w}\tag{3-15}$$

式中，W_w 为焊缝有效截面的截面抗弯模量。

在轴向拉力 N 作用下，焊缝有效截面上产生垂直于焊缝长度的平均分布应力：

$$\sigma_f^N=\frac{N}{A_w}\tag{3-16}$$

式中，$A_w=h_e\sum l_w$，为焊缝有效截面面积。

在剪力 V 作用下，焊缝有效截面上产生沿焊缝长度均匀分布的应力：

$$\tau_f^V=\frac{V}{A_w}\tag{3-17}$$

危险点 A 的焊缝强度计算公式：

$$\sigma_f^A=\sqrt{\left(\frac{\sigma_f^M+\sigma_f^N}{\beta_f}\right)^2+(\tau_f^V)^2}\leqslant f_f^w\tag{3-18}$$

例 3-3 如图 3-20 所示连接中，承托板只起安装作用。静荷载设计值 $F=540\text{kN}$，材料为 Q235B，E43 焊条手工焊接。验算节点板与端板的连接焊缝强度。$d_1=190\text{mm}$，$d_2=150\text{mm}$，焊脚 $h_f=10\text{mm}$。

解 先验算给出的焊脚尺寸是否满足构造要求，如果满足再验算焊缝的强度。

(1) 验算 $h_f = 10\text{mm}$

$$h_{f\min} \geqslant 1.5\sqrt{20} \approx 6.7(\text{mm})$$

$$h_{f\max} \leqslant 1.2 \times 14 = 16.8(\text{mm})$$

给出的 $h_f = 10\text{mm}$ 在构造要求范围内。

(2) 验算焊缝连接强度

根据 Q235 和 E43 由表 C-2 查得 $f_f^w = 160\text{N/mm}^2$。

力 F 向焊缝群形心简化为

$$剪力\ V = 0.56 \times 540 \approx 302(\text{kN})$$

$$轴向拉力\ N = 0.83 \times 540 = 448.2(\text{kN})$$

$$弯矩\ M = Ne = N \times \frac{d_1 - d_2}{2}$$

$$= 448.2 \times 20 \times 10^{-3} \approx 9(\text{kN}\cdot\text{m})$$

验算危险点 A 的强度：

$$\sigma_A^M = \frac{M}{W_w} = \frac{9 \times 10^6 \times 6}{2 \times 7 \times 320^2} \approx 37.7(\text{N/mm}^2)$$

$$\sigma_A^N = \frac{N}{A_w} = \frac{448.2 \times 10^3}{7 \times 2 \times 320} \approx 100(\text{N/mm}^2)$$

$$\tau_A^V = \frac{V}{A_w} = \frac{302 \times 10^3}{7 \times 2 \times 320} \approx 67.4(\text{N/mm}^2)$$

$$\sqrt{\left(\frac{\sigma_A^M + \sigma_A^N}{\beta_f}\right)^2 + (\tau_A^V)^2} = \sqrt{\left(\frac{37.7 + 100}{1.22}\right)^2 + 67.4^2} \approx 132(\text{N/mm}^2) < f_f^w = 160(\text{N/mm}^2)$$

焊缝满足强度要求。

4. 在扭矩作用下角焊缝的计算

当力矩作用平面和焊缝群所在平面平行时，焊缝受扭，见图 3-21。

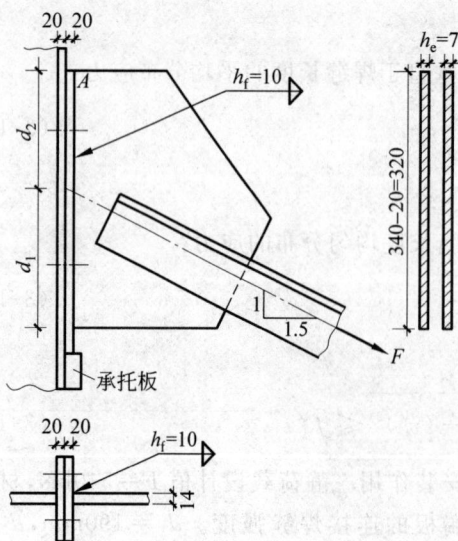

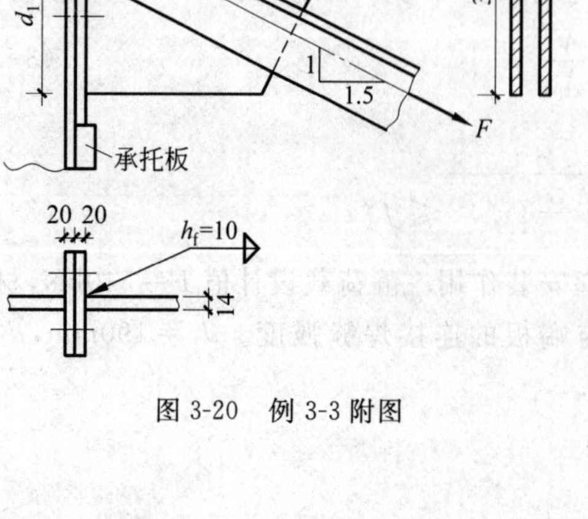

图 3-20 例 3-3 附图

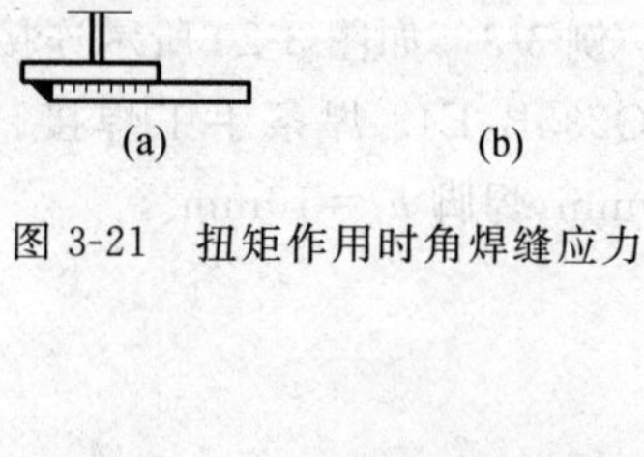

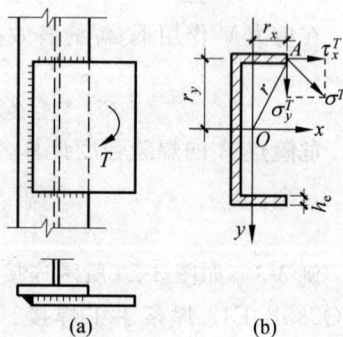

图 3-21 扭矩作用时角焊缝应力

假设：被连接件在扭矩作用下绕焊缝群有效截面的形心 O 旋转，且被连接件为刚性，焊缝为弹性，任意一点的应力方向垂直于该点和形心 O 的连线 r，应力大小与 r 成正比。

则焊缝有效截面上最大应力 A 点的计算公式为

$$\sigma^T = \frac{Tr}{J} \tag{3-19}$$

式中，$J=I_x+I_y$ 为焊缝有效截面(图 3-21(b))绕形心 O 的极惯性矩；I_x, I_y 为焊缝有效截面对 x, y 轴的惯性矩；r 为距离形心最远点到形心的距离；T 为扭矩的设计值。

σ^T 在 x 轴和 y 轴的分量为

$$\tau_x^T = \frac{Ty}{J}$$

$$\sigma_y^T = \frac{Tx}{J}$$

5. 在扭矩、剪力、轴力共同作用下角焊缝的计算

计算步骤如下。

(1) 求出焊缝有效截面的形心 O(图 3-22)；

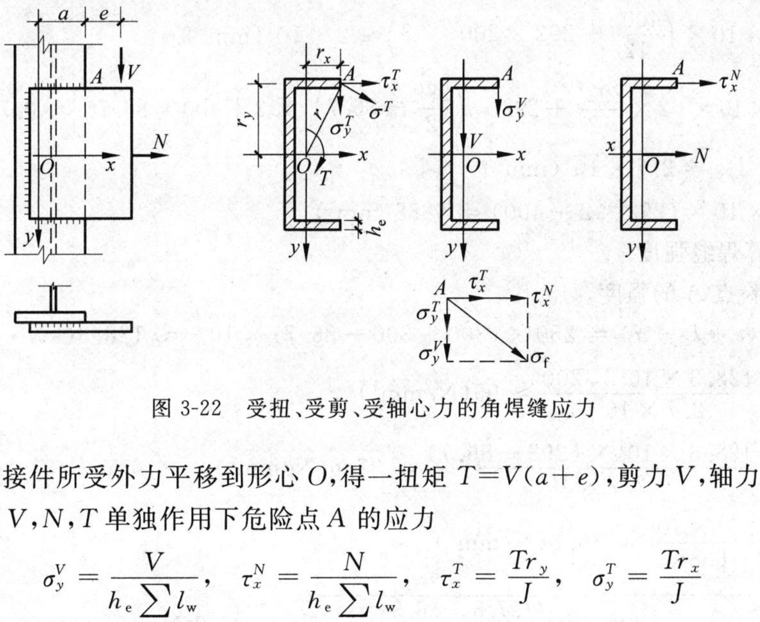

图 3-22 受扭、受剪、受轴心力的角焊缝应力

(2) 将连接件所受外力平移到形心 O，得一扭矩 $T=V(a+e)$，剪力 V，轴力 N；

(3) 计算 V, N, T 单独作用下危险点 A 的应力

$$\sigma_y^V = \frac{V}{h_e \sum l_w}, \quad \tau_x^N = \frac{N}{h_e \sum l_w}, \quad \tau_x^T = \frac{Tr_y}{J}, \quad \sigma_y^T = \frac{Tr_x}{J}$$

(4) 验算危险点焊缝强度

$$\sigma_f = \sqrt{\left(\frac{\sigma_y^T + \sigma_y^V}{\beta_f}\right)^2 + (\tau_x^T + \tau_x^N)^2} \leqslant f_f^w \tag{3-20}$$

例 3-4 设计如图 3-23 所示厚度为 12mm 的承托板和钢柱搭接焊缝。作用力为静力设计值 $V=250\text{kN}$，材料为 Q235B，焊条 E43 系列，手工焊接。图 3-23 中 $l_1=300\text{mm}, l_2=400\text{mm}, e=300\text{mm}$，柱翼缘板厚度为 14mm。

解 根据构造要求，选 $h_f=10\text{mm}$。

$$h_{f\min} = 1.5\sqrt{14} \approx 5.6(\text{mm}) \leqslant h_f = 10(\text{mm}) \leqslant h_{f\max} = 12-(1\sim2) = 10\sim11(\text{mm})$$

采用三面围焊缝，连续施焊。

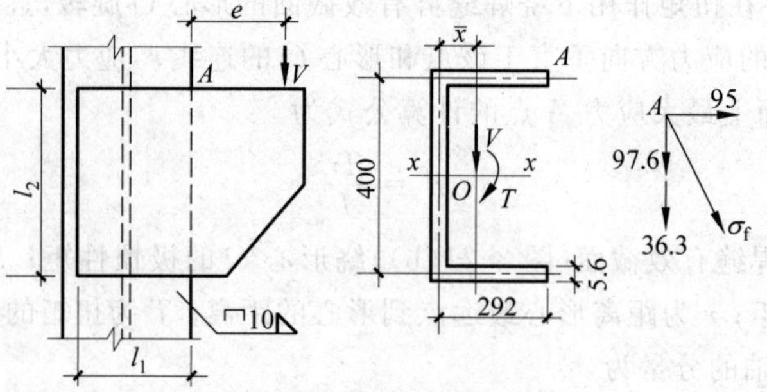

图 3-23　例 3-4 附图

下面验算焊缝强度。由表 C-2 查得 $f_f^w = 160\text{N/mm}^2$。

(1) 焊缝有效截面的几何参数

$$\text{形心}\ \bar{x} = \frac{\sum x_i A_{w_i}}{A_w} = \frac{2 \times 0.7 \times 10 \times 292 \times \frac{292}{2}}{0.7 \times 10 \times (292 \times 2 + 400)} \approx 86.7(\text{mm})$$

惯性矩

$$I_{wx} = 0.7 \times 10 \times \left(\frac{400^3}{12} + 292 \times 200^2 \times 2\right) \approx 2 \times 10^8 (\text{mm}^4)$$

$$I_{wy} = 0.7 \times 10 \times \left[2 \times \frac{292^3}{12} + 292 \times \left(\frac{292}{2} - 86.7\right)^2 \times 2 + 400 \times 86.7^2\right] \approx 0.7 \times 10^8 (\text{mm}^4)$$

$$J_w = I_{wx} + I_{wy} = 2.7 \times 10^8 (\text{mm}^4)$$

$$A_w = 0.7 \times 10 \times (292 \times 2 + 400) = 6888(\text{mm}^2)$$

(2) 验算焊缝强度

验算危险点 A 的强度。

$$\text{扭矩}\ T = V(e + l_1 - \bar{x}) = 250 \times (300 + 300 - 86.7) \times 10^{-3} \approx 128.3(\text{kN} \cdot \text{m})$$

$$\tau_x^T = \frac{Ty}{J} = \frac{128.3 \times 10^6 \times 200}{2.7 \times 10^8} \approx 95(\text{N/mm}^2)$$

$$\sigma_y^T = \frac{Tx}{J} = \frac{128.3 \times 10^6 \times (292 - 86.7)}{2.7 \times 10^8} \approx 97.6(\text{N/mm}^2)$$

$$\sigma_y^V = \frac{V}{A_w} = \frac{250 \times 10^3}{6888} \approx 36.3(\text{N/mm}^2)$$

$$\sigma_f = \sqrt{\left(\frac{\sigma_y^T + \sigma_y^V}{\beta_f}\right)^2 + (\tau_x^T)^2} = \sqrt{\left(\frac{97.6 + 36.3}{1.22}\right)^2 + 95^2} \approx 145.2(\text{N/mm}^2) < f_f^w = 160(\text{N/mm}^2)$$

3.5　普通螺栓连接的构造和计算

3.5.1　普通螺栓的排列和构造要求

1. *形式和规格*

钢结构中采用的普通螺栓的形式为六角头型，粗牙普通螺纹，代号用字母 M 和公称直径表示，如 M16，M20 等。C 级螺栓采用Ⅱ类孔，其孔径 d_0 比螺栓直径 d 大 1.5～2mm，即 $d_0=d+(1.5\sim2)$。表 3-4 列出了螺栓及孔的图例。

表 3-4　螺栓及孔的图例

序号	名　称	图　例	说　明
1	永久螺栓		① 细"＋"线表示定位线 ② 必须标注孔、螺栓直径
2	安装螺栓		
3	高强度螺栓		
4	螺栓圆孔		
5	椭圆形螺栓孔	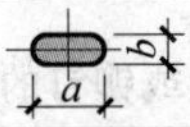	

2. 排列和构造要求

螺栓应按照简单紧凑、整齐划一、便于安装的原则排列，通常有并列、错列两种形式。钢板、角钢及型钢上的螺栓排列分别见图 3-24、图 3-25 和图 3-26。排列时应满足下列要求：

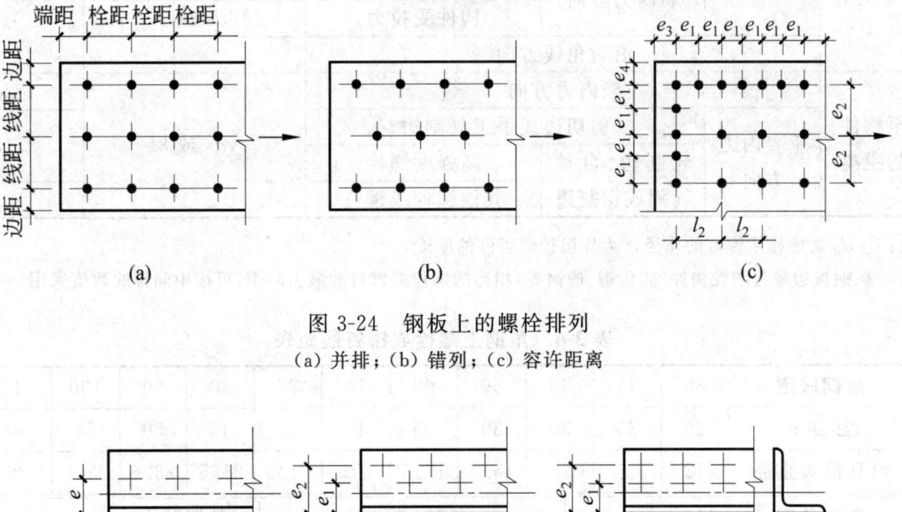

(a)　(b)　(c)

图 3-24　钢板上的螺栓排列

(a) 并排；(b) 错列；(c) 容许距离

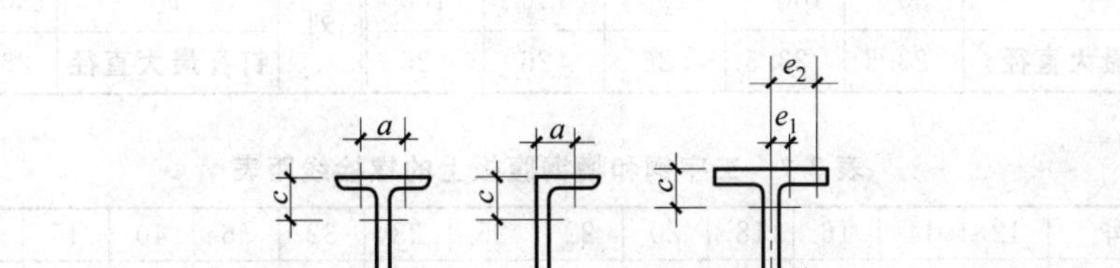

图 3-25　角钢上的螺栓排列（e，e_1，e_2 见表 3-6）

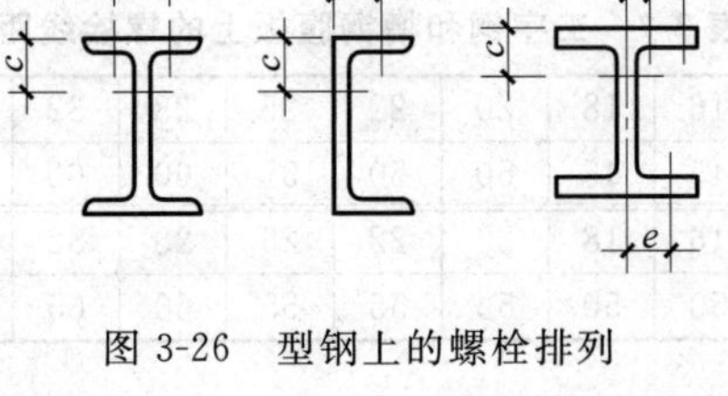

图 3-26　型钢上的螺栓排列

(1) 受力要求：为使钢板端部不被剪断(图 3-27(d))，螺栓的端距不应小于 $2d_0$，d_0 为螺栓孔径。对于受拉构件，各排螺栓的栓距和线距不应过小，否则螺栓周围应力集中相互影响较大，且对钢板的截面削弱过多，从而降低其承载能力。对于受压构件，沿作用力方向的栓距不宜过大，否则在被连接的板件间容易发生凸曲现象。对铆钉排列的要求与螺栓类同。

(2) 构造要求：若栓距及线距过大，则构件接触面不够紧密，潮气易侵入缝隙而发生锈蚀。

(3) 施工要求：要保证有一定的空间，便于转动螺栓扳手。

根据以上要求，规范规定钢板上螺栓的最大和最小间距如图 3-24 及表 3-5 所示。角钢、普通工字钢、槽钢上螺栓的线距应满足图 3-25、图 3-26 及表 3-6～表 3-8 的要求。H 型钢腹板上的 c 值可参照普通工字钢，翼缘上 e 值或 e_1，e_2 值可根据外伸宽度参照角钢。

表 3-5　螺栓或铆钉的最大、最小容许距离

<table>
<tr><th>名　　称</th><th colspan="3">位置和方向</th><th>最大容许距离
(取两者的较小值)</th><th>最小容许距离</th></tr>
<tr><td rowspan="5">中心间距</td><td colspan="3">外排(垂直内力方向或顺内力方向)</td><td>$8d_0$ 或 $12t$</td><td rowspan="5">$3d_0$</td></tr>
<tr><td rowspan="3">中间排</td><td colspan="2">垂直内力方向</td><td>$16d_0$ 或 $24t$</td></tr>
<tr><td rowspan="2">顺内力方向</td><td>构件受压力</td><td>$12d_0$ 或 $18t$</td></tr>
<tr><td>构件受拉力</td><td>$16d_0$ 或 $24t$</td></tr>
<tr><td colspan="3">沿对角线方向</td><td>—</td></tr>
<tr><td rowspan="4">中心至构件边缘的距离</td><td colspan="3">顺内力方向</td><td rowspan="4">$4d_0$ 或 $8t$</td><td>$2d_0$</td></tr>
<tr><td rowspan="3">垂直内力方向</td><td colspan="2">剪切边或手工气割边</td><td rowspan="2">$1.5d_0$</td></tr>
<tr><td rowspan="2">轧制边、自动气割或锯割边</td><td>高强度螺栓</td></tr>
<tr><td>其他螺栓或铆钉</td><td>$1.2d_0$</td></tr>
</table>

注：① d_0 为螺栓或铆钉的孔径，t 为外层较薄板件的厚度；

② 钢板边缘与刚性构件(如角钢、槽钢等)相连的螺栓或铆钉的最大间距，可按中间排的数值采用。

表 3-6　角钢上螺栓或铆钉线距表　mm

<table>
<tr><td rowspan="3">单行排列</td><td>角钢肢宽</td><td>40</td><td>45</td><td>50</td><td>56</td><td>63</td><td>70</td><td>75</td><td>80</td><td>90</td><td>100</td><td>110</td><td>125</td></tr>
<tr><td>线距 e</td><td>25</td><td>25</td><td>30</td><td>30</td><td>35</td><td>40</td><td>40</td><td>45</td><td>50</td><td>55</td><td>60</td><td>70</td></tr>
<tr><td>钉孔最大直径</td><td>12</td><td>13</td><td>14</td><td>15.5</td><td>17.5</td><td>20</td><td>21.5</td><td>21.5</td><td>23.5</td><td>23.5</td><td>26</td><td>26</td></tr>
</table>

<table>
<tr><td rowspan="4">双行错排</td><td>角钢肢宽</td><td>125</td><td>140</td><td>160</td><td>180</td><td>200</td><td rowspan="4">双行并列</td><td>角钢肢宽</td><td>160</td><td>180</td><td>200</td></tr>
<tr><td>e_1</td><td>55</td><td>60</td><td>70</td><td>70</td><td>80</td><td>e_1</td><td>60</td><td>70</td><td>80</td></tr>
<tr><td>e_2</td><td>90</td><td>100</td><td>120</td><td>140</td><td>160</td><td>e_2</td><td>130</td><td>140</td><td>160</td></tr>
<tr><td>钉孔最大直径</td><td>23.5</td><td>23.5</td><td>26</td><td>26</td><td>26</td><td>钉孔最大直径</td><td>23.5</td><td>23.5</td><td>26</td></tr>
</table>

表 3-7　工字钢和槽钢腹板上的螺栓线距表　mm

工字钢型号	12	14	16	18	20	22	25	28	32	36	40	45	50	56	63
线距 c_{min}	40	45	45	45	50	50	55	60	60	65	70	75	75	75	75
槽钢型号	12	14	16	18	20	22	25	28	32	36	40	—	—	—	—
线距 c_{min}	40	45	50	50	55	55	55	60	65	70	75	—	—	—	—

表 3-8　工字钢和槽钢翼缘上的螺栓线距表　mm

工字钢型号	12	14	16	18	20	22	25	28	32	36	40	45	50	56	63
线距 a_{min}	40	40	50	55	60	65	65	70	75	80	80	85	90	95	95
槽钢型号	12	14	16	18	20	22	25	28	32	36	40	—	—	—	—
线距 a_{min}	30	35	35	40	40	45	45	45	50	56	60	—	—	—	—

3.5.2　普通螺栓连接的性能

螺栓连接按其传力方式和受力性质可分为抗剪螺栓连接和抗拉螺栓连接两种基本形式。

1. 抗剪螺栓连接

抗剪螺栓连接是指在外力作用下，被连接件的接触面产生相对滑移，如图 3-27(b)所示。螺栓连接实际上以螺栓群的形式出现，当外力作用于螺栓群中心时，克服不大的摩擦力后，构件间产生相对滑移，螺栓杆和螺栓孔壁接触，使螺栓杆受剪，同时螺栓杆和螺栓孔壁产生挤压。

图 3-27 表示螺栓抗剪连接可能出现的 5 种破坏形式。

①螺栓杆被剪断。②孔壁被挤压破坏。③由于螺栓孔对板件的削弱，板件可能在削弱处被拉断。以上 3 种破坏要通过计算来保证不发生破坏。④板端被剪断。⑤螺栓杆发生过大的弯曲变形而破坏连接。后 2 种破坏，靠构造措施来保证不发生破坏，例如规定端距 $e_3 \geqslant 2d_0$，以避免第④项破坏；规定板叠厚不超过 $5d$，避免第⑤项破坏。

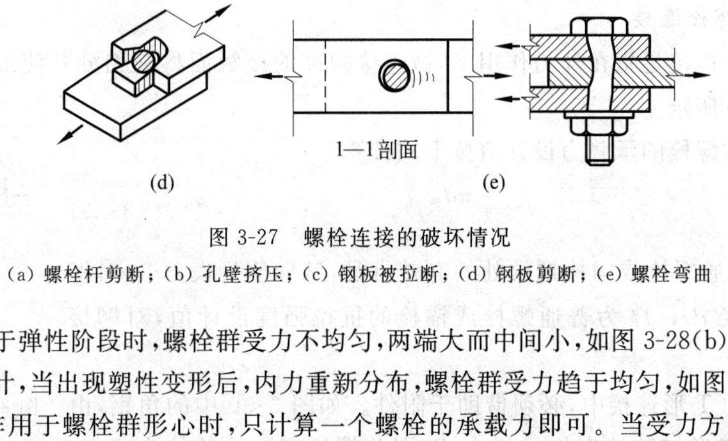

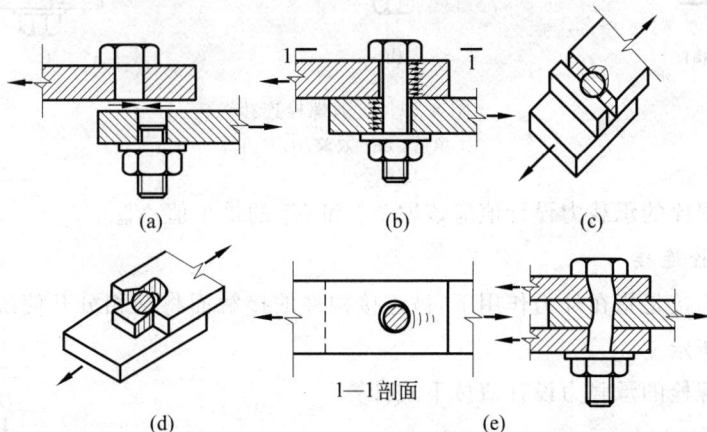

图 3-27　螺栓连接的破坏情况

(a) 螺栓杆剪断；(b) 孔壁挤压；(c) 钢板被拉断；(d) 钢板剪断；(e) 螺栓弯曲

当连接处于弹性阶段时，螺栓群受力不均匀，两端大而中间小，如图 3-28(b)所示。因为采用极限状态设计，当出现塑性变形后，内力重新分布，螺栓群受力趋于均匀，如图 3-28(c)所示。因此，当外力作用于螺栓群形心时，只计算一个螺栓的承载力即可。当受力方向的连接长度

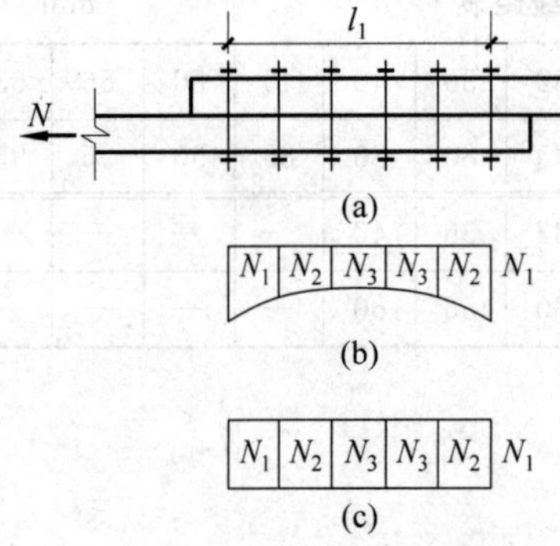

图 3-28 螺栓受剪力状态

(a) 受剪螺栓；(b) 弹性阶段受力状态；(c) 塑性阶段受力状态

l_1 过大时，端部螺栓因变形过大而首先破坏，继而引发依次向内逐个破坏。因此，规范规定当 l_1 大于 $15d_0$ 时，应将螺栓设计承载力乘以折减系数 $\beta=1.1-\dfrac{l_1}{150d_0}$，当 l_1 大于 $60d_0$ 时，折减系数取 $\beta=0.7$。d_0 为螺栓孔径。

一个抗剪螺栓的设计承载能力按下面两式计算：

抗剪承载力设计值

$$N_{\mathrm{v}}^{\mathrm{b}}=n_{\mathrm{v}}\frac{\pi d^2}{4}f_{\mathrm{v}}^{\mathrm{b}} \tag{3-21}$$

抗压承载力设计值

$$N_{\mathrm{c}}^{\mathrm{b}}=d\sum t f_{\mathrm{c}}^{\mathrm{b}} \tag{3-22}$$

式中，n_{v} 为螺栓受剪面数(图 3-29)，单剪 $n_{\mathrm{v}}=1$，双剪 $n_{\mathrm{v}}=2$，四剪 $n_{\mathrm{v}}=4$ 等；d 为螺栓杆直径，对铆接取孔径 d_0；$\sum t$ 为在同一方向承压的构件较小总厚度，图 3-29(c) 中，对于四剪面，$\sum t$ 取 $(a+c+e)$ 或 $(b+d)$ 的较小值；$f_{\mathrm{v}}^{\mathrm{b}}$，$f_{\mathrm{c}}^{\mathrm{b}}$ 为螺栓的抗剪、承压强度设计值，对铆接取 f_{v}^{T}，f_{c}^{T}。

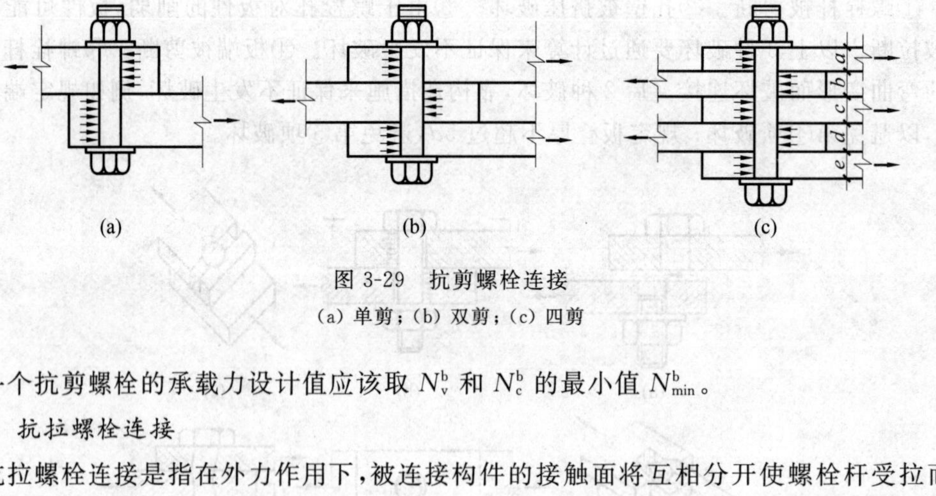

图 3-29 抗剪螺栓连接

(a) 单剪；(b) 双剪；(c) 四剪

一个抗剪螺栓的承载力设计值应该取 $N_{\mathrm{v}}^{\mathrm{b}}$ 和 $N_{\mathrm{c}}^{\mathrm{b}}$ 的最小值 $N_{\min}^{\mathrm{b}}$。

2. 抗拉螺栓连接

抗拉螺栓连接是指在外力作用下，被连接构件的接触面将互相分开使螺栓杆受拉而破坏，如图 3-30 所示。

一个抗拉螺栓的承载力设计值按下式计算：

$$N_{\mathrm{t}}^{\mathrm{b}}=\frac{\pi d_{\mathrm{e}}^2}{4}f_{\mathrm{t}}^{\mathrm{b}} \tag{3-23}$$

式中，d_{e} 为普通螺栓或锚栓螺纹处的有效直径，其取值见表 B-1，对铆钉连接取孔径 d_0；$f_{\mathrm{t}}^{\mathrm{b}}$ 为普通螺栓或锚栓的抗拉强度设计值，对铆接取 $f_{\mathrm{t}}^{\mathrm{T}}$。

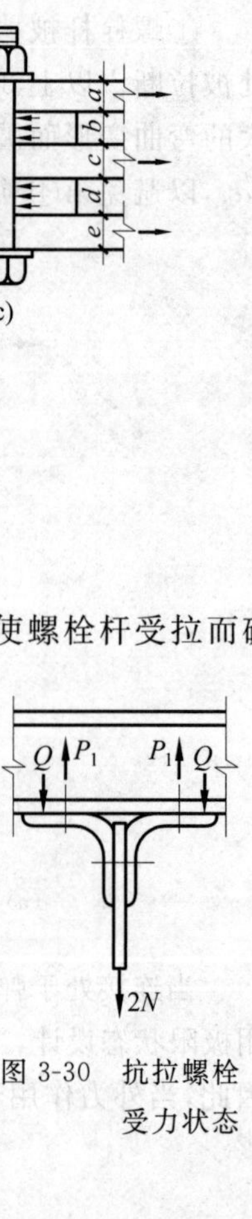

图 3-30 抗拉螺栓受力状态

在螺栓的 T 形连接中，必须借助于附件。如图 3-30 中的角钢，由于角钢肢的变形使肢端产生了撬力 Q，因此螺栓实际受的拉力 $P_1=$

$N+Q$。而 Q 很难确定，用降低螺栓强度设计值的方法来抵消 Q 的影响。规范规定普通螺栓抗拉强度设计值 f_t^b 取同种钢号钢材抗拉强度设计值 f 的 0.8 倍左右，即 $f_t^b \approx 0.8f$。例如由表 C-1 查得 Q235 钢抗拉强度设计值 $f=215\text{N/mm}^2$，Q235 钢普通螺栓抗拉强度设计值由表 C-3 查得 $f_t^b=170\text{N/mm}^2$，$\dfrac{f_t^b}{f}=\dfrac{170}{215}\approx 0.8$。

3.5.3　普通螺栓群连接的计算

1. 螺栓群在轴力作用下的抗剪计算

(1) 确定需要螺栓的数量

当外力通过螺栓群形心时，假定各螺栓平均分担剪力，图 3-31 中接头一边所需要的螺栓数目为

$$n = N/N_{\min}^b \tag{3-24}$$

式中，N 为作用于螺栓群的轴心力的设计值。

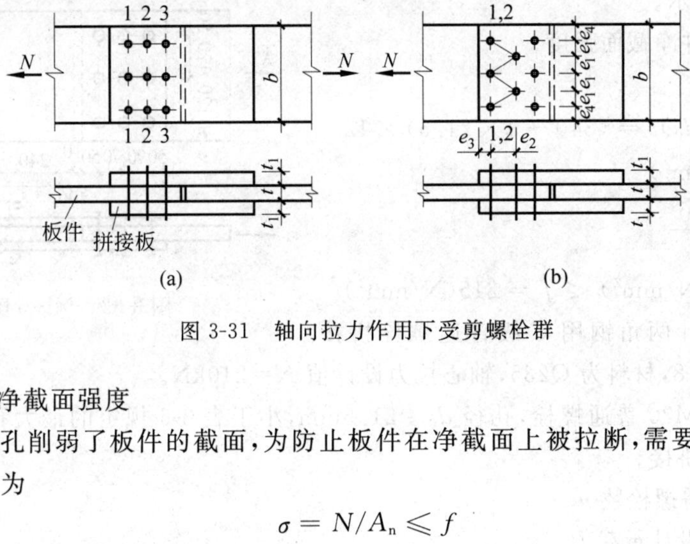

图 3-31　轴向拉力作用下受剪螺栓群

(2) 验算净截面强度

由于螺栓孔削弱了板件的截面，为防止板件在净截面上被拉断，需要验算净截面的强度。计算公式为

$$\sigma = N/A_n \leqslant f \tag{3-25}$$

式中，A_n 为净截面面积，其计算方法分析如下。

最不利截面的确定。图 3-31(a)所示最不利截面 1—1，其内力最大为 N，因为 2—2 截面内力为 $N-\dfrac{n_1}{n}N$，3—3 截面内力是 $N-[(n_1+n_2)/n]N$。(n，n_1，n_2 分别为一侧螺栓总数和截面 1—1，2—2 上的螺栓数。)

1—1 截面：

$$A_n = (b - n_1 d_0)t \tag{3-26}$$

对于拼接板，3—3 截面是最不利截面，其内力最大为 N，净截面面积是

$$A_n = 2t_1(b - n_3 d_0) \tag{3-27}$$

对于图 3-31(b)所示错列螺栓排列，最不利截面可能是 1—1 正交截面

$$A_{n_{1-1}} = b - n_1 d_0$$

也可能是折线截面

$$A_{n_{2-2}} = t[2e_4 + (n_2 - 1)\sqrt{e_1^2 + e_2^2} - n_2 d_0] \tag{3-28}$$

式中，n_2 为折线 2—2 上的螺栓数。

比较 $A_{n_{1-1}}$ 和 $A_{n_{2-2}}$，较小者为最不利截面。

例 3-5 用双盖板普通(C 级)螺栓拼接钢板—12×340。材料为 Q235B 钢，螺栓直径 $d=20\text{mm}$，拉力设计值为 $N=610\text{kN}$。

解 (1) 根据等强度条件，选取两块 Q235B—6×340 盖板。

由表 C-3 查得 $f_v^b=140\text{N/mm}^2$，$f_c^b=305\text{N/mm}^2$；由表 C-1 查得 $f=215\text{N/mm}^2$。

(2) 一侧所需要螺栓数 n

一个螺栓设计承载力

$$N_v^b = n_v \frac{\pi d^2}{4} f_v^b = 2 \times \frac{\pi \times 20^2}{4} \times 140 \times 10^{-3} \approx 88(\text{kN})$$

$$N_c^b = d \sum t f_c^b = 20 \times 12 \times 305 \times 10^{-3} = 73.2(\text{kN})$$

$$n = \frac{N}{N_{\min}^b} = \frac{610}{73.2} \approx 8.3, \quad 取\ n = 9$$

排列如图 3-32 所示。

(3) 验算板件净截面强度

$d_0 = 21.5\text{mm}$

$A_n = (b - n_1 d_0)t = (340 - 3 \times 21.5) \times 12$

$= 3306(\text{mm}^2)$

$\dfrac{N}{A_n} = \dfrac{610 \times 10^3}{3306}$

$\approx 184.5(\text{N/mm}^2) < f = 215(\text{N/mm}^2)$

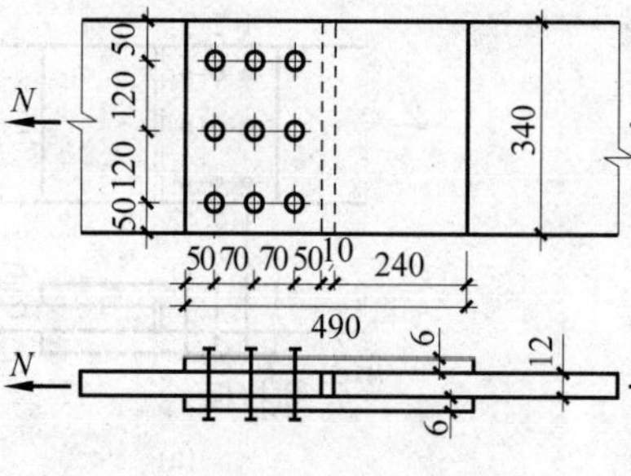

图 3-32 例 3-5 附图

例 3-6 设计两角钢用 C 级普通螺栓拼接。

角钢的型号∟90×8，材料为 Q235，轴心拉力设计值 $N=210\text{kN}$。

解 (1) 选 M20 普通螺栓，孔径 $d_0=21.5\text{mm}$，小于表 3-6 规定的最大孔径，采用同材料同型号的角钢拼接。

(2) 一侧所需螺栓数 n

一个螺栓的设计承载力

$$N_v^b = n_v \frac{\pi d^2}{4} f_v^b = 1 \times \frac{\pi \times 20^2}{4} \times 140 \times 10^{-3} \approx 44(\text{kN})$$

$$N_c^b = d \sum t f_c^b = 20 \times 8 \times 305 \times 10^{-3} = 48.8(\text{kN})$$

$$n = \frac{N}{N_{\min}^b} = \frac{210}{44} \approx 4.8, \quad 取\ n = 5$$

排列如图 3-33 所示。

(3) 验算净截面强度

∟90×8 由表 A-3 查得 $A=13.9\text{cm}^2$；将角钢按中线展开，如图 3-33(b)所示。

1—1 截面的净面积

$$A_{n_{1-1}} = A - n_1 d_0 t = 1390 - 1 \times 21.5 \times 8 = 1218(\text{mm}^2)$$

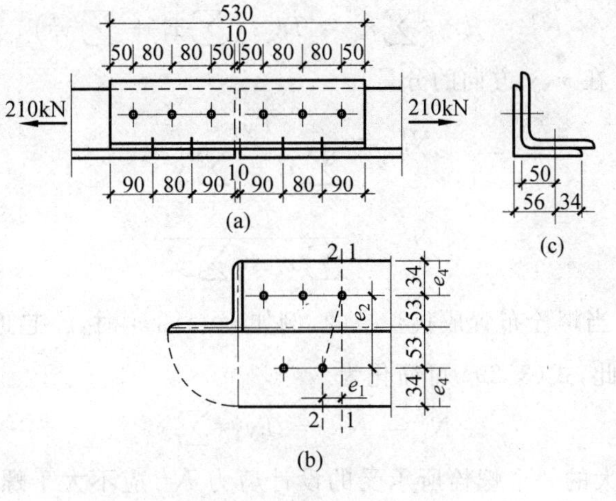

图 3-33　例 3-6 附图

2—2 截面的净面积

$$A_{n_{2-2}}=t[2e_4+(n_2-1)\sqrt{e_1^2+e_2^2}-n_2d_0]$$

$$=8\times[2\times34+(2-1)\sqrt{40^2+106^2}-2\times21.5]\approx1106.4(\mathrm{mm}^2)$$

由于 $A_{n_{1-1}}>A_{n_{2-2}}$，最不利为 2—2 截面，

$$\frac{N}{A_{n_{2-2}}}=\frac{210\times10^3}{1106.4}\approx190(\mathrm{N/mm^2})<f=215(\mathrm{N/mm^2})$$

2. 螺栓群在扭矩作用下的抗剪计算

螺栓群在扭矩作用下，每个螺栓受到剪切和挤压。计算时做如下假设：①连接件是刚性的，螺栓是弹性的；②螺栓都绕螺栓群形心旋转，其受力大小与到螺栓群的形心距离成正比，方向与螺栓到形心的连线垂直(图 3-34)。

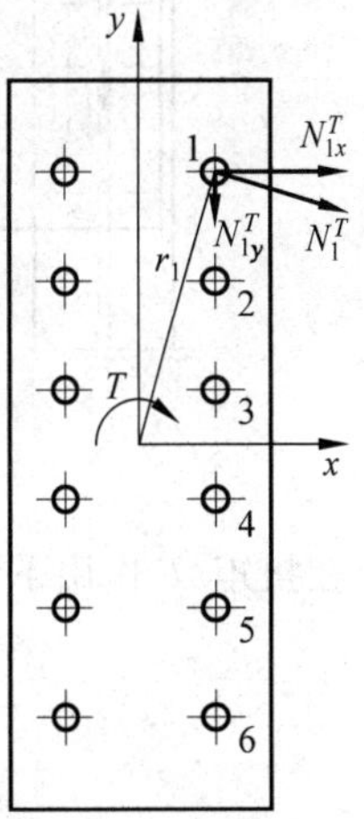

图 3-34　螺栓群受扭矩计算

公式推导如下。

设各螺栓至其形心的距离分别为 $r_1,r_2,r_3,\cdots,r_n$，所承受的剪力分别为 $N_1^T,N_2^T,N_3^T,\cdots,N_n^T$。

由力的平衡条件：各螺栓的剪力对螺栓群形心 O 的力矩总和应等于外扭矩 T，故有

$$T=N_1^Tr_1+N_2^Tr_2+N_3^Tr_3+\cdots+N_n^Tr_n \tag{a}$$

由于螺栓受力大小与其距 O 点的距离成正比，于是

$$N_1^T/r_1=N_2^T/r_2=N_3^T/r_3=\cdots=N_n^T/r_n$$

因而

$$N_2^T=N_1^Tr_2/r_1,\quad N_3^T=N_1^Tr_3/r_1,\quad \cdots,\quad N_n^T=N_1^Tr_n/r_1 \tag{b}$$

将式(b)代入式(a)得

$$T=\frac{N_1^T}{r_1}(r_1^2+r_2^2+r_3^2+\cdots+r_n^2)=\frac{N_1^T}{r_1}\sum r_i^2$$

因此

$$N_1^T = Tr_1/\sum r_i^2 = Tr_1/\left(\sum x_i^2 + \sum y_i^2\right) \tag{3-29}$$

由比例关系可得 N_1^T 在 x,y 方向的分量：

$$N_{1x}^T = \frac{Ty_1}{\sum x_i^2 + \sum y_i^2} \tag{3-30}$$

$$N_{1y}^T = \frac{Tx_1}{\sum x_i^2 + \sum y_i^2} \tag{3-31}$$

为了计算简便，当螺栓布置成狭长带的，例如 $y_1 > 3x_1$ 时，r_1 趋近于 y_1，$\sum x_i^2$ 与 $\sum y_i^2$ 比较可忽略不计。因此，式(3-29) 可简化为

$$N_1^T = N_{1x}^T = Ty_1/\sum y_i^2 \tag{3-32}$$

设计时，受力最大的一个螺栓所承受的设计剪力 N_1^T 应不大于螺栓的抗剪承载力设计值 $N_{\min}^b$，即

$$N_1^T \leqslant N_{\min}^b \tag{3-33}$$

以上式中，y_1, x_1 分别为受力最大的螺栓 1 的坐标；$x_i, y_i (i=1,2,\cdots,n)$ 分别为其他螺栓的坐标。

3. *螺栓群在扭矩、剪力、轴心力共同作用下的抗剪计算*

如图 3-35 所示的螺栓群，承受扭矩 T、剪力 V 和轴心力 N 的共同作用。设计时，通常先布置好螺栓，再进行验算。

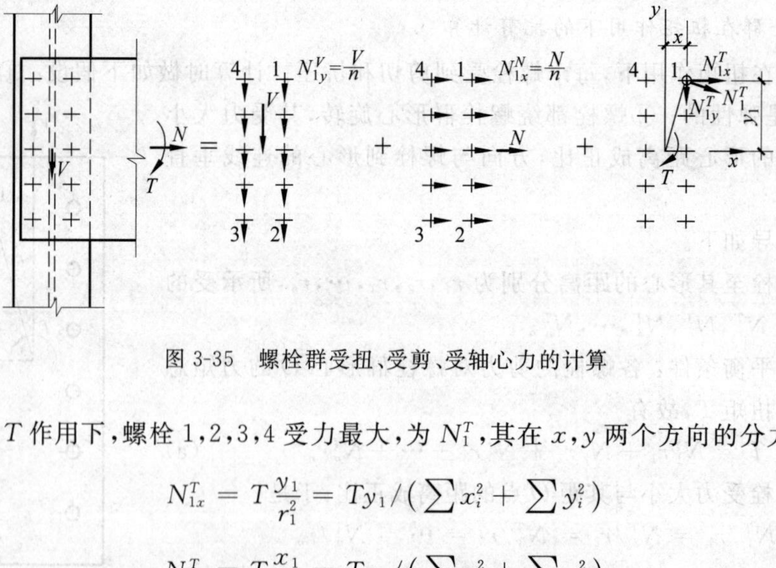

图 3-35 螺栓群受扭、受剪、受轴心力的计算

在扭矩 T 作用下，螺栓 1,2,3,4 受力最大，为 N_1^T，其在 x,y 两个方向的分力为

$$N_{1x}^T = T\frac{y_1}{r_1^2} = Ty_1/\left(\sum x_i^2 + \sum y_i^2\right)$$

$$N_{1y}^T = T\frac{x_1}{r_1^2} = Tx_1/\left(\sum x_i^2 + \sum y_i^2\right)$$

在剪力 V 和轴心力 N 作用下，螺栓均匀受力，每个螺栓受力为

$$N_{1y}^V = V/n$$

$$N_{1x}^N = N/n$$

以上各力对螺栓来说都是剪力，故受力最大螺栓 1 承受的合力 N_1 应满足下式：

$$N_1 = \sqrt{(N_{1x}^T + N_{1x}^N)^2 + (N_{1y}^T + N_{1y}^V)^2} \leqslant N_{\min}^b \tag{3-34}$$

例 3-7　设计普通螺栓连接的搭接接头(图 3-36)。力的设计值 $F=230\text{kN}$,对螺栓群形心偏心距 $e=300\text{mm}$,材料 Q235B。

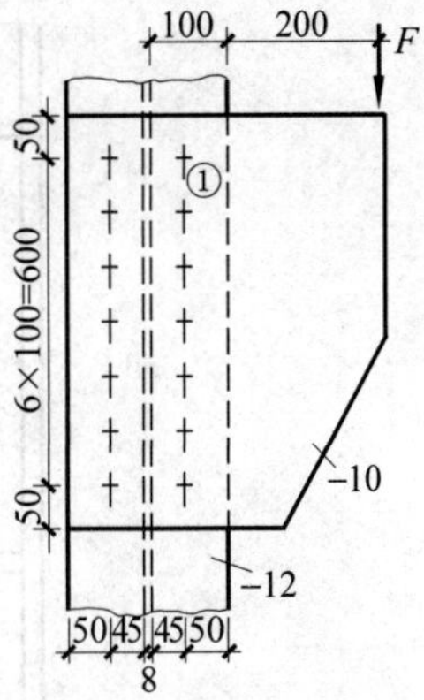

图 3-36　例 3-7 附图

解　1) 选 M20 螺栓,$d_0=21.5\text{mm}$,布置如图 3-36 所示。

2) 验算螺栓承载强度

(1) 螺栓群受扭矩 $T=Fe=230\times0.3=69(\text{kN}\cdot\text{m})$,剪力 $V=F=230\text{kN}$。

(2) 一个螺栓设计承载力

$$N_v^b=n_v\frac{\pi d^2}{4}f_v^b=1\times\frac{\pi\times20^2}{4}\times140\times10^{-3}\approx44(\text{kN})$$

$$N_c^b=d\sum tf_c^b=20\times10\times305\times10^{-3}=61(\text{kN})$$

(3) 螺栓群中受力最大的螺栓承载力

$$N_{1x}^T=\frac{Ty_1}{\sum y_i^2+\sum x_i^2}=\frac{69\times10^3\times300}{4\times(100^2+200^2+300^2)+49^2\times14}$$

$$=\frac{2070\times10^4}{56\times10^4+3.36\times10^4}\approx34.9(\text{kN})$$

$$N_{1y}^T=\frac{Tx_1}{\sum y_i^2+\sum x_i^2}=\frac{69\times10^3\times49}{56\times10^4+3.36\times10^4}\approx5.7(\text{kN})$$

$$N_{1y}^V=\frac{V}{n}=\frac{230}{14}\approx16.4(\text{kN})$$

$$N_1=\sqrt{(N_{1x}^T)^2+(N_{1y}^T+N_{1y}^V)^2}=\sqrt{34.9^2+(5.7+16.4)^2}$$

$$\approx41.3(\text{kN})<N_{\min}^b=44(\text{kN})$$

满足要求。

4. 螺栓群在弯矩作用下的计算

牛腿和柱连接,荷载 N 向螺栓群形心简化为弯矩 $M=Ne$,剪力 $V=N$。如果剪力 V 由承托承担,则螺栓群只受弯矩作用。

螺栓群在弯矩 M 作用下,上部螺栓受拉,中和轴以下钢板受压。难以确定中和轴的位置,通常偏安全地取最下排螺栓轴线为中和轴,如图 3-37 所示。假设螺栓受拉力与从 O 点算起的 y 成正比,计算平衡时偏安全地忽略压力提供的弯矩。

公式推导如下。

由假设有:$\frac{N_1}{y_1}=\frac{N_2}{y_2}=\cdots=\frac{N_n}{y_n}$,或 $N_2=\frac{N_1}{y_1}y_2,\cdots,N_n=\frac{N_1}{y_1}y_n$;

由平衡条件有:$M=(N_1y_1+N_2y_2+\cdots+N_ny_n)m=\frac{N_1}{y_1}m(y_1^2+y_2^2+\cdots+y_n^2)$,将假设代入可得

$$N_1=\frac{My_1}{m\sum y_i^2}\leqslant N_t^b \tag{3-35}$$

式中,N_1 为一个螺栓承受的最大拉力;m 为螺栓纵列数,在图 3-37 中 $m=2$;$N_t^b=\frac{\pi d_e^2}{4}f_t^b$ 为一个螺栓抗拉承载力的设计值。

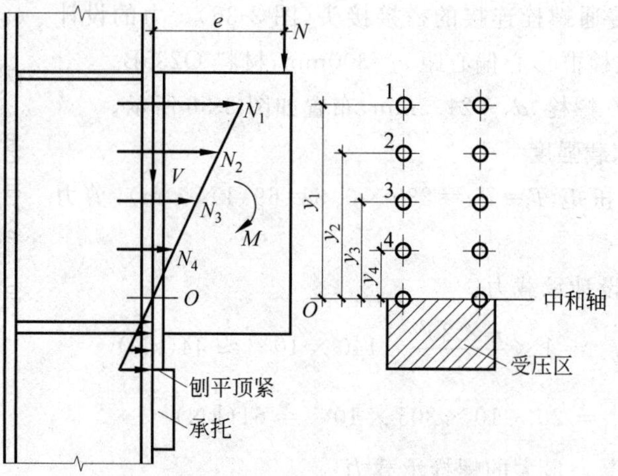

图 3-37 弯矩(剪力同时)作用于螺栓群图

剪力 V 由承托承担,这时应当按式(3-36)来验算承托和柱翼缘的连接角焊缝:

$$\frac{\alpha V}{\sum 0.7 h_f l_w} \leqslant f_f^w \tag{3-36}$$

式中,α 为剪力 V 对焊缝偏心影响系数,其值取 $\alpha=1.25\sim1.35$。

5. 螺栓群在弯矩和剪力共同作用下的计算

如果图 3-37 中承托只起安装作用,则螺栓群承受弯矩 M 和剪力 V 的共同作用。

螺栓群中受力最大的螺栓在弯矩 M 作用下所受拉力为

$$N_t = \frac{M y_1}{m \sum y_i^2}$$

螺栓群在剪力 V 作用下所受剪力为

$$N_v = \frac{V}{n}$$

式中,n 为螺栓群的螺栓数。

螺栓在弯矩引起的拉力和剪力共同作用下,要满足相关公式:

$$\sqrt{\left(\frac{N_t}{N_t^b}\right)^2 + \left(\frac{N_v}{N_v^b}\right)^2} \leqslant 1 \tag{3-37}$$

满足式(3-37),说明螺栓不会因受拉、受剪破坏,但当板较薄时,可能承压破坏,所以还应当满足

$$N_v \leqslant N_c^b \tag{3-38}$$

以上两式中,N_t,N_v 分别为一个螺栓所受的拉力、剪力;N_v^b,N_t^b,N_c^b 分别为一个螺栓抗剪、抗拉、抗压承载力的设计值,分别由式(3-21)~式(3-23)给出。

例 3-8 设计牛腿和柱子用普通 C 级螺栓连接。$N=194$kN(设计值),$e=200$mm,材料为 Q235B 钢,螺栓直径 $d=20$mm,焊条为 E43 系列,手工施焊。

解 螺栓孔径 $d_0=21.5$mm,螺栓群布置如图 3-38(a)所示。

由表 C-3 查得:$f_t^b=170\text{N/mm}^2$,$f_v^b=140\text{N/mm}^2$,$f_c^b=305\text{N/mm}^2$;由表 C-2 查得:$f_f^w=160\text{N/mm}^2$;由表 B-1 查得 $A_e=244.8\text{mm}^2$。

荷载向螺栓群形心简化为弯矩 $M=Ne=194\times0.2=38.8(\text{kN}\cdot\text{m})$,剪力 $V=N=194$kN。

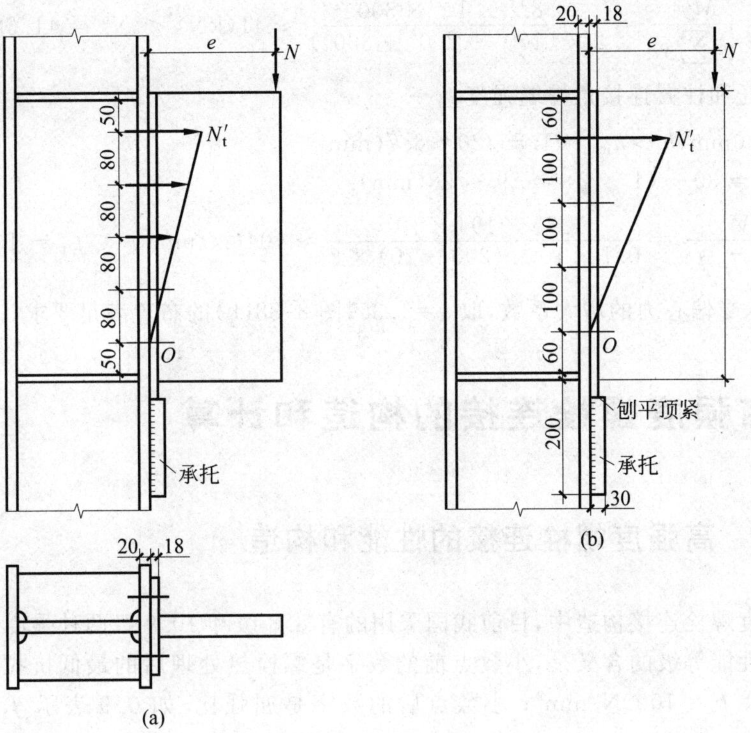

图 3-38 例 3-8 附图

(1) 如果承托只起安装作用，螺栓群承受弯矩 M 和剪力 V 的共同作用。下面验算如图 3-38(a)所示螺栓的连接强度。

一个螺栓承载力的设计值为

$$N_t^b = A_e f_t^b = 244.8 \times 170 \times 10^{-3} \approx 41.62(\text{kN})$$

$$N_v^b = n_v \frac{\pi d^2}{4} f_v^b = 1 \times \frac{\pi \times 20^2}{4} \times 140 \times 10^{-3} \approx 43.96(\text{kN})$$

$$N_c^b = d \sum t f_c^b = 20 \times 18 \times 305 \times 10^{-3} \approx 109.8(\text{kN})$$

一个螺栓承受的最大拉力为

$$N'_t = \frac{My_1}{m\sum y_i^2} = \frac{38.8 \times 10^3 \times 320}{2 \times (80^2 + 160^2 + 240^2 + 320^2)} \approx 32.34(\text{kN})$$

一个螺栓承受的剪力为

$$N_v = \frac{V}{n} = \frac{194}{10} = 19.4(\text{kN}) < N_c^b = 109.8(\text{kN})$$

螺栓在 M,V 共同作用下的相关公式为

$$\sqrt{\left(\frac{N'_t}{N_b^t}\right)^2 + \left(\frac{N_v}{N_b^v}\right)^2} = \sqrt{\left(\frac{32.34}{41.62}\right)^2 + \left(\frac{19.4}{43.96}\right)^2} \approx 0.89 < 1$$

满足要求。

(2) 如果剪力由承托承担，螺栓群只受弯矩作用。由(1)计算的 N'_t 和 N_t^b 可见，图 3-38(a)布置的螺栓有较大的富余，所以采用图 3-38(b)布置，下面验算其强度。

$$N'_t = \frac{My_1}{m\sum y_i^2} = \frac{38.8\times10^3\times300}{2\times(100^2+200^2+300^2)} \approx 41(\text{kN}) < N_t^b = 41.62(\text{kN})$$

验算承托和柱翼连接角焊缝强度：

取 $h_f = 10\text{mm}, h_f > h_{f\min} = 1.5\sqrt{20} \approx 6.7(\text{mm})$

$$h_f < h_{f\max} = 30-(1\sim2) = 29\sim28(\text{mm})$$

$$\tau_f = \frac{\alpha V}{\sum 0.7h_f l_w} = \frac{1.35\times194\times10^3}{0.7\times10\times(200-20)\times2} \approx 104(\text{N/mm}^2) < f_f^w = 160(\text{N/mm}^2)$$

α 为角焊缝承受偏心力的增大系数，取 $\alpha=1.35$，图 3-38(b)的布置满足要求。

3.6 高强度螺栓连接的构造和计算

3.6.1 高强度螺栓连接的性能和构造

在高强度螺栓连接构造中，目前我国采用的有 8.8 级和 10.9 级两种强度性能等级的高强度螺栓。性能等级的含义是，小数点前的数字是螺栓热处理后的最低抗拉强度，如 10.9 级的 10，表示 $f_u=1000\text{N/mm}^2$；小数点后的数字是屈强比，如 0.9 表示 $f_y/f_u=0.9$，即 $f_y=0.9f_u=0.9\times1000=900(\text{N/mm}^2)$。8.8 级的螺栓淬透性差，只能用于直径不大于 24mm 的情况。高强度螺栓孔的孔形有标准孔、大圆孔和槽孔等按如下要求，螺栓孔的直径选取：

(1) 高强度螺栓承压型连接采用标准孔时，其孔径 d_0 可按表 3-9 采用。

(2) 高强度螺栓摩擦型连接可采用标准孔、大圆孔和槽孔，孔径尺寸可按表 3-9 采用；采用扩大孔连接时，同一连接面只能在盖板和芯板其中之一的板上采用大圆孔或槽孔，其余仍采用标准孔。

表 3-9 高强度螺栓连接的孔形尺寸匹配 mm

螺栓公称尺寸			M12	M16	M20	M22	M24	M27	M30
孔形	标准孔	直径	13.5	17.5	22	24	26	30	33
	大圆孔	直径	16	20	24	28	30	35	38
	槽孔	短向	13.5	17.5	22	24	26	30	33
		长向	22	30	37	40	45	50	55

(3) 高强度螺栓摩擦型连接盖板按大圆孔、槽孔制孔时，应增大垫圈厚度或采用连接型垫板，其孔径与标准垫圈相同，对 M24 及以下的螺栓，厚度不宜小于 8mm；对 M24 以上的螺栓，不宜小于 10mm。

高强度螺栓分为摩擦型连接和承压型连接两种。摩擦型连接靠被连接件间的摩擦阻力传递剪力，它的承载准则是外力不超过摩擦力；承压型连接先是靠被连接件间的摩擦力传力，到摩擦力被克服后，靠螺栓杆的剪切、挤压来传力，其承载准则是螺杆或钢板破坏为承载能力极限状态。

高强度螺栓的预拉力 P 和接触面间的摩擦系数 μ 是明确规定并予控制的两个主要指标。

1. 高强度螺栓的预拉力 P

如图 3-39 所示扭剪型高强度螺栓是用拧断螺栓梅花头切口处截面(图 3-39 d_0 直径处)来控

制预拉力数值的，其特点是施加预拉力简单、划一、准确。设计所用预拉力 P 值如表 3-10 所示。

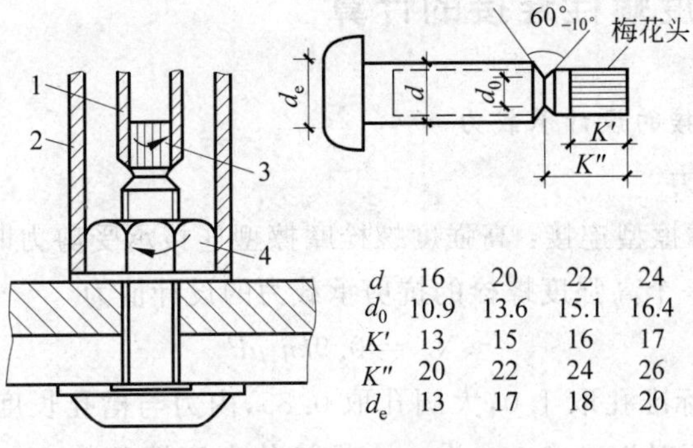

图 3-39　扭剪型高强度螺栓

1—内套筒；2—外套筒；3—紧固反扭矩；4—紧固扭矩

表 3-10　高强度螺栓的设计预拉力 P 值　kN

螺栓的强度等级	螺栓的公称直径/mm					
	M16	M20	M22	M24	M27	M30
8.8 级	80	125	150	175	230	280
10.9 级	100	155	190	225	290	355

2. 高强度螺栓连接的摩擦面间的抗滑移系数 μ

使用高强度螺栓连接时，构件的接触面(摩擦面)应经过特殊处理，以提高抗滑移系数 μ 的值。规范规定接触面经各种方法处理后的抗滑移系数见表 3-11。

表 3-11　摩擦面的抗滑移系数 μ 值

在连接处构件接触面的处理方法	构件的钢号		
	Q235 钢	Q345，Q390 钢	Q420 钢
喷砂	0.45	0.50	0.50
喷砂后涂无机富锌漆	0.35	0.40	0.40
喷砂后生赤锈	0.45	0.50	0.50
钢丝刷消除浮锈或未经处理的干净轧制表面	0.30	0.35	0.40

试验证明，构件摩擦面涂红丹后，抗滑移系数 μ 甚低(在 0.14 以下)，经处理后仍然较低，故摩擦面应严格避免涂染红丹。另外，连接处在潮湿或淋雨状态下进行拼装，也会降低 μ 值，故应采取防潮措施并避免雨天施工，以保证连接处表面干燥。

3. 高强度螺栓的排列

高强度螺栓的排列和普通螺栓相同，应符合图 3-24～图 3-26 和表 3-5～表 3-8 的要求。亦应考虑当沿受力方向的连接长度 $l_1>15d_0$ 时，对设计承载力乘以折减系数 $\beta=1.1-\frac{l_1}{150d_0}\geqslant 0.7$。

3.6.2 高强度螺栓连接的计算

1. 高强度螺栓连接的设计承载力

1）抗剪设计承载力

(1) 高强度螺栓摩擦型连接：高强度螺栓摩擦型连接承受剪力时的设计准则是外力不得超过摩擦阻力。故一个高强度螺栓的抗剪承载力的设计值为

$$N_v^b = 0.9kn_f\mu P \tag{3-39}$$

式中：k 为孔型系数，标准孔取 1.0，大圆孔取 0.85，内力与槽孔长度方向垂直时取 0.7，内力与槽孔长度方向平行时取 0.6；n_f 为一个螺栓传力摩擦面数；μ 为摩擦面抗滑系数，见表 3-11 和表 3-12 取值；P 为高强度螺栓预拉力，见表 3-10。

表 3-12 涂层连接面抗滑系数

表面要求	涂层类别	涂装方法及涂层厚度/μm	抗滑系数 μ
抛光除锈，等级达到 $Sa2\frac{1}{2}$	醇酸铁红	喷涂或手工涂刷，50～75	0.15
	聚氨酯富锌		
	环氧富锌		
	无机富锌		
	水性无机富锌	喷涂或手工涂刷，50～75	0.35
	喷砂时加锌	喷涂，30～60	0.45
	防滑防锈硅酸锌漆	喷涂，80～120	

注：① 当设计要求使用其他涂层(热喷铝、镀锌等)时，其钢材表面处理要求、涂层厚度及抗滑移系数均需由试验确定。

② $Sa2\frac{1}{2}$ 级指非常彻底的喷砂除锈，也可写成 $Sa2.5$ 级。

(2) 高强度螺栓承压型连接：高强度螺栓承压型连接受剪时，为了充分利用高强度螺栓的潜力，高强度螺栓承压型连接的极限承载力由杆身抗剪和孔壁承压决定，摩擦力只起延缓滑动的作用，计算方法和普通螺栓相同。一个螺栓的承载力设计值如下：

抗剪承载力设计值

$$N_v^b = n_v \frac{\pi d^2}{4} f_v^b$$

抗压承载力设计值

$$N_c^b = d\sum t f_c^b$$

式中，f_v^b，f_c^b 分别为承压型高强度螺栓的抗剪、承压强度设计值。

2）抗拉设计承载力

由图 3-40 可见，在施加外力作用前(图 3-40(a))，预拉力 P 和挤压力 C 处于平衡状态，即 $P=C$；当施加外力 N_t 后，预拉力由 P 变为 P_f，挤压力由 C 变为 C_f，由其平衡状态得出 $P_f=C_f+N_t$(图 3-40(b))，方程中 P_f，C_f 都是未知的，是一个超静定问题。为解此方程必须补充变形条件方程。

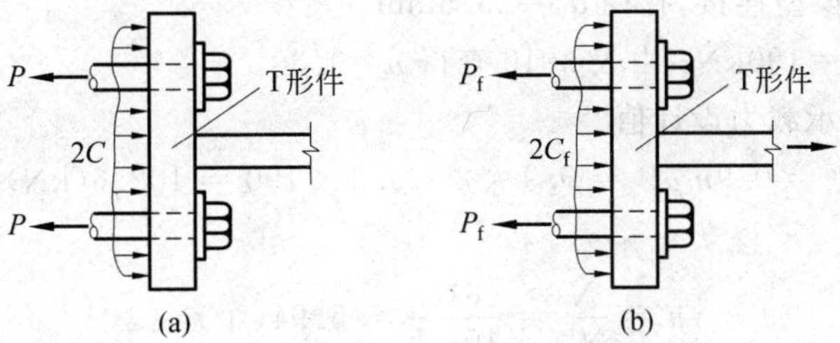

图 3-40　高强度螺栓受拉 T 形件

如果都处于弹性状态，被接件叠厚为 δ，则螺栓的伸长量是 $\Delta_b=\dfrac{(P_f-P)\delta}{EA_b}$；被接构件压缩恢复量 $\Delta_P=\dfrac{(C-C_f)\delta}{EA_P}$，而 $\Delta_b=\Delta_P$，这就是变形条件方程。则得到如下关系：

$$P_f=P+\frac{N_t}{A_P/A_b+1} \tag{a}$$

式中，A_b 为螺栓杆截面面积；A_P 为被接件挤压面面积。

通常 A_P 比 A_b 大得多，取 $A_P/A_b=10$，当被接件被拉开时，$C_f=0$，即 $P_f=N_t$，由式(a)得

$$P_f=1.1P \tag{b}$$

可见当外拉力增量为预拉力 P 的 10%时，即被拉开。因此，规范规定每个摩擦型高强度螺栓的抗拉设计承载力为

$$N_t^b=0.8P \tag{3-40}$$

这时外拉力增量为 7%。

2. 高强度螺栓群连接的计算

1）轴心力作用时的计算

高强度螺栓群连接的计算方法和普通螺栓连接计算相同，只是净截面强度验算有区别。如图 3-41 所示，在最不利截面 1—1 前，孔前的接触面已经传去了一部分力。孔前传力占螺栓传力的 50%，则最不利截面 1—1 传力为

$$N'=N\times\left(1-0.5\times\frac{n_1}{n}\right) \tag{3-41}$$

式中，n_1 为计算截面上的螺栓数；n 为一侧螺栓总数。

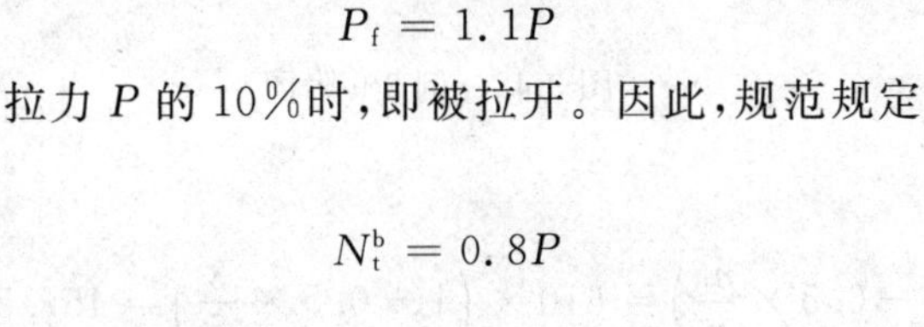

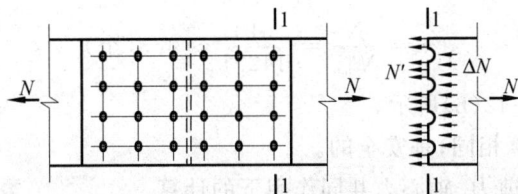

图 3-41　摩擦型高强度螺栓孔前传力

例 3-9　将例 3-5 改用高强度螺栓连接。采用 10.9 级 M22 高强度螺栓，构件接触表面用钢丝刷清浮锈。

解 (1) 采用摩擦型连接,孔径 $d_0=23.5\text{mm}$

由表 3-9 查得 $P=190\text{kN}$;由表 3-10 查得 $\mu=0.30$。

一个螺栓的抗剪承载力设计值

$$N_v^b=0.9n_f\mu P=0.9\times2\times0.3\times190=102.6(\text{kN})$$

一侧所需螺栓数

$$n=\frac{N}{N_v^b}=\frac{610}{102.6}\approx5.94(\text{个})$$

取 $n=6$ 个,排列如图 3-42(a)所示。

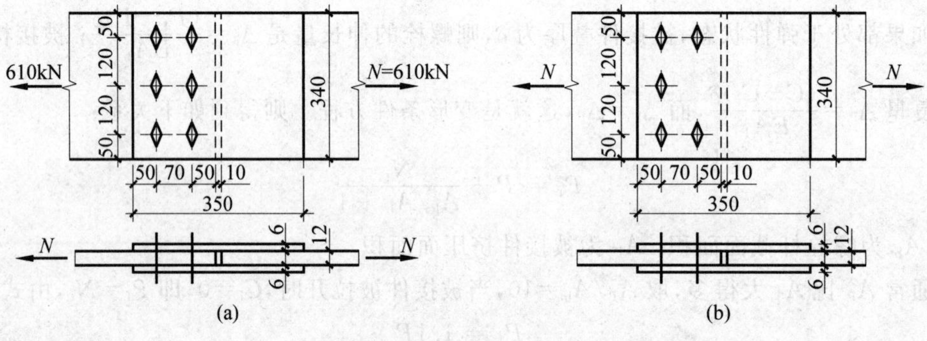

图 3-42 例 3-9 附图

验算截面强度

$$N'=N\left(1-0.5\times\frac{n_1}{n}\right)=610\times\left(1-0.5\times\frac{3}{6}\right)=457.5(\text{kN})$$

$$\frac{N'}{A_n}=\frac{457.5\times10^3}{12\times(340-3\times23.5)}\approx141.5(\text{N/mm}^2)<f=215(\text{N/mm}^2)$$

(2) 采用承压型连接

由表 C-3 查得 $f_v^b=310\text{N/mm}^2$,$f_c^b=470\text{N/mm}^2$。

一个抗剪螺栓的设计承载力

$$N_v^b=n_v\frac{\pi d^2}{4}f_v^b=2\times\frac{\pi\times22^2}{4}\times310\times10^{-3}\approx235.6(\text{kN})$$

$$N_c^b=d\sum tf_c^b=22\times12\times470\times10^{-3}\approx142.1(\text{kN})$$

一侧所需螺栓数

$$n=\frac{N}{N_{\min}^b}=\frac{610}{142.1}\approx4.3(\text{个})$$

取 $n=5$ 个,排列如图 3-42(b)所示。

截面强度同(1)验算相同,是安全的。

2) 在扭矩及扭矩、剪力、轴心力共同作用下的计算

所用计算公式和计算方法与普通螺栓相同。

例 3-10 验算图 3-43 所示用摩擦型高强度螺栓连接的搭接接头的连接强度。螺栓为 10.9 级 M20 高强度螺栓,外力的设计值 $F=100\text{kN}$,构件材料为 Q235B,连接接触表面喷砂后生赤锈。

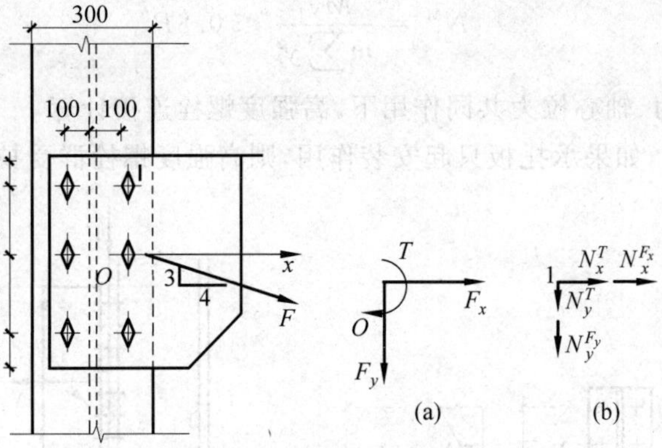

图 3-43 例 3-10 附图

解 将力 F 向螺栓群形心简化为(图 3-43(a))：

$$F_x = \frac{4}{5}F = 80(\text{kN})$$

$$F_y = \frac{3}{5}F = 60(\text{kN})$$

$$T = F_y e = 60 \times 0.15 = 9(\text{kN} \cdot \text{m})$$

一个高强度螺栓抗剪承载力设计值。

由表 3-10 查得 P=155kN，由表 3-11 查得 μ=0.45。

$$N_v^b = 0.9 n_f \mu P = 0.9 \times 1 \times 0.45 \times 155 \approx 62.78(\text{kN})$$

验算 1 号受力最大的螺栓的连接强度(图 3-43(b))。

$$N_{1x}^{F_x} = \frac{F_x}{n} = \frac{80}{6} \approx 13.3(\text{kN})$$

$$N_{1y}^{F_y} = \frac{F_y}{n} = \frac{60}{6} = 10(\text{kN})$$

$$N_{1x}^T = \frac{T y_1}{\sum x^2 + \sum y^2} = \frac{9 \times 10^3 \times 150}{6 \times 100^2 + 4 \times 150^2} \approx (9\text{kN})$$

$$N_{1y}^T = \frac{T x_1}{\sum x^2 + \sum y^2} = \frac{9 \times 10^3 \times 100}{6 \times 100^2 + 4 \times 150^2} \approx (6\text{kN})$$

$$\sqrt{(N_{1x}^{F_x} + N_{1x}^T)^2 + (N_{1y}^{F_y} + N_{1y}^T)^2} = \sqrt{(13.3 + 9)^2 + (10 + 6)^2}$$

$$\approx 27.6(\text{kN}) < N_v^b = 62.78(\text{kN})$$

3）高强度螺栓群在弯矩作用下的计算

图 3-44 所示为由高强度螺栓连接的在弯矩 M 作用下的梁柱接头。

弯矩 M 引起的拉力由螺栓承担，引起的压力由钢板受压区承担。实际计算时为方便，偏安全地假设无论受拉区、受压区都由螺栓承担。只要受力最大的螺栓的拉力小于 $0.8P$，被连接构件的接触面一直保持紧密贴合。中和轴像梁一样，位置在截面高度中央，可以认为就在螺栓群形心轴线上。如果以板不被拉开为承载能力的极限，最上端的螺栓拉力应满足式(3-42)：

$$N_1^M = \frac{My_1}{m\sum y_i^2} \leqslant 0.8P \tag{3-42}$$

4）在弯矩、剪力、轴心拉力共同作用下，高强度螺栓连接计算

如图 3-45 所示，如果承托板只起安装作用，则高强度螺栓群受拉剪共同作用。

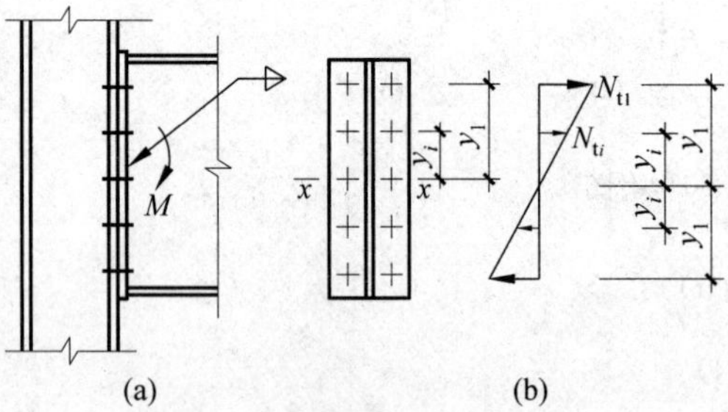

图 3-44　高强度螺栓受弯连接

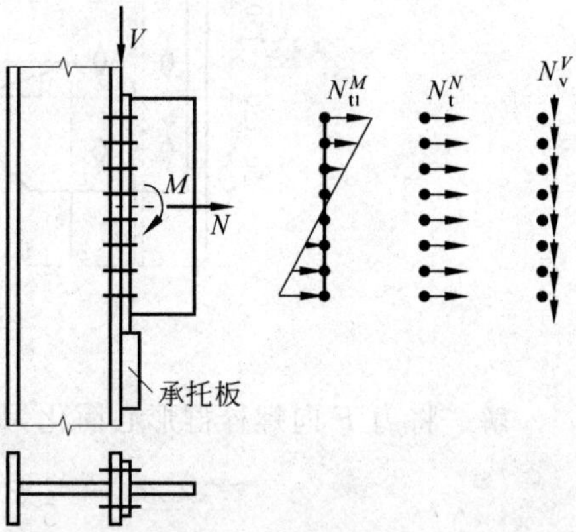

图 3-45　在 M,N,V 共同作用下拉-剪高强度螺栓群的受力

(1) 摩擦型连接的高强度螺栓

当拉力为 N_t 时，板件间的挤压力 P 将变为 $P-N_t$。这时每个螺栓的抗滑移承载力将减少，同时摩擦系数 μ 也将减少。考虑到这些影响，对同时承受拉剪的摩擦型连接的高强度螺栓，每个螺栓承载力按式(3-43)计算，摩擦系数 μ 仍用原值：

$$\frac{N_v}{N_v^b} + \frac{N_t}{N_t^b} \leqslant 1 \tag{3-43}$$

式中，N_v，N_t 分别是一个螺栓所承受的剪力、拉力。对图 3-45 所示的受力情况，

$$N_v = \frac{V}{n}$$

$$N_t = N_{t1}^M + N_t^N = \frac{My_1}{m\sum y_i^2} + \frac{N}{n}$$

式中，N_v^b，N_t^b 分别为单个高强度螺栓受剪、受拉承载力设计值，分别由式(3-39)和式(3-40)计算。

(2) 承压型连接的高强度螺栓

在拉剪同时作用时，对每个螺栓的承载力应满足式

$$\sqrt{\left(\frac{N_v}{N_v^b}\right)^2 + \left(\frac{N_t}{N_t^b}\right)^2} \leqslant 1 \tag{3-44}$$

和

$$N_v \leqslant \frac{N_c^b}{1.2} \tag{3-45}$$

式中，N_v，N_t 分别为一个高强度螺栓所受的剪力和拉力；N_t^b，N_v^b，N_c^b 分别为每个高强度螺栓抗拉、抗剪、抗压承载力的设计值，分别由式(3-40)、式(3-21)和式(3-22)算出；1.2 为折减系数，是考虑由于螺栓杆轴向的外拉力使孔壁承压强度的设计值有所降低，取固定值1.2，考虑其影响。

例 3-11 设计如图 3-46 所示牛腿与柱的连接。偏心力的设计值 $N=270\text{kN}$，偏心距 $e=200\text{mm}$，材料为 Q345B，采用 10.9 级高强度螺栓 M20，构件的接触面喷砂处理。承托只起安装作用。

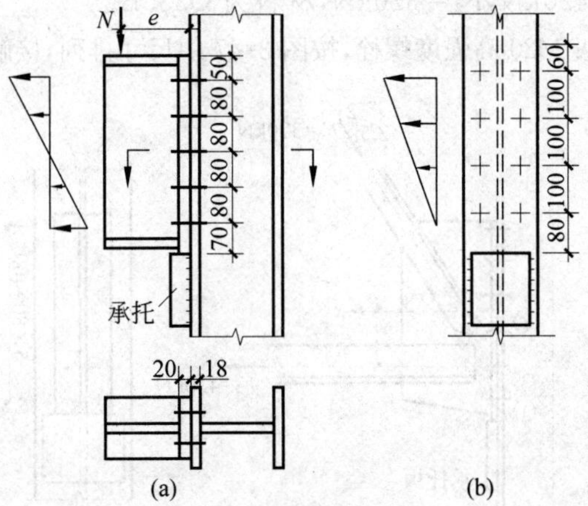

图 3-46 例 3-11 附图

解 (1) 摩擦型连接，即接触面不被拉开为承载准则。螺栓布置如图 3-46(a)所示。

螺栓群受弯矩 $M=Ne=270\times20=5400(\text{kN}\cdot\text{cm})$ 和剪力 $V=N=270\text{kN}$ 共同作用。连接中受力最大的螺栓承受的拉力和剪力分别为

$$N_t=N_1^M=\frac{My_1}{m\sum y_i^2}=\frac{270\times20\times16}{2\times(2\times8^2+2\times16^2)}\approx67.5(\text{kN})$$

$$N_v=\frac{N}{n}=\frac{270}{10}=27(\text{kN})$$

由表 3-10 查得 $P=155\text{kN}$，由表 3-11 查得 $\mu=0.50$，单个高强度螺栓受剪、受拉承载设计值为

$$N_v^b=0.9n_f\mu P=0.9\times1\times0.5\times155\approx69.75(\text{kN})$$

$$N_t^b=0.8P=0.8\times155=124(\text{kN})$$

拉剪共同作用下，受力最大螺栓的承载力验算：

$$\frac{N_v}{N_v^b}+\frac{N_t}{N_t^b}=\frac{27}{69.75}+\frac{67.5}{124}\approx0.931<1$$

(2) 承压型连接，即按接触面上端允许拉开计算。螺栓排列如图 3-46(b)所示。

连接中受力最大的螺栓承受拉力和剪力分别为

$$N_t=N_1^M=\frac{My_1}{m\sum y_i^2}=\frac{270\times20\times30}{2\times(10^2+20^2+30^2)}\approx57.86(\text{kN})$$

螺栓承受的剪力

$$N_v=\frac{N}{n}=\frac{270}{8}=33.75(\text{kN})\leqslant\frac{N_c^b}{1.2}=\frac{N_c^b\times385}{1.2}\approx321(\text{kN})$$

拉剪共同作用下倘若偏于安全地按式(3-43)计算，有

$$\frac{N_v}{N_v^b}+\frac{N_t}{N_t^b}=\frac{33.75}{69.75}+\frac{57.86}{124}\approx0.95<1$$

如果按式(3-44)计算,螺栓承载力富余更多。

第二种连接法可少用两个螺栓,适用于不承受动力荷载的一般结构。

例 3-12 设计屋架下弦端板和柱翼缘板的高强度螺栓摩擦型连接。承托板只起安装作用,荷载设计值 $F_1=420\text{kN}$,$F_2=320\text{kN}$,材料为 Q235B。

解 选 12 个 10.9 级 M20 高强度螺栓,按图 3-47 中尺寸排列,接触面喷砂处理。$e=120\text{mm}$。

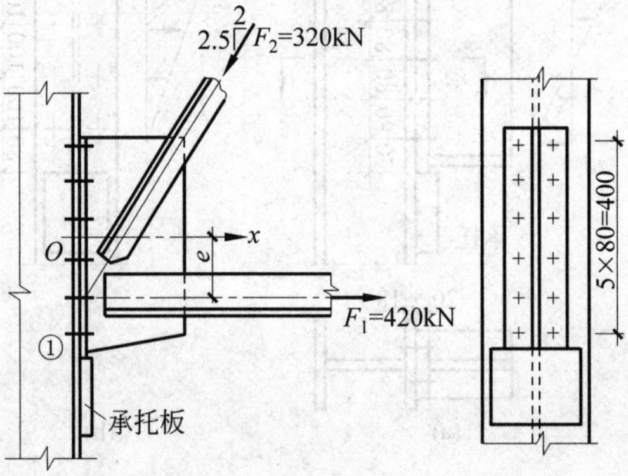

图 3-47 例 3-12 附图

(1) 向螺栓群形心的力简化为剪力 $V=250\text{kN}$,拉力 $N=420-200=220(\text{kN})$,弯矩 $M=Ne=220\times0.12=26.4(\text{kN}\cdot\text{m})$。

(2) 验算螺栓的连接强度。图 3-47 中受力最大的螺栓①的拉力及剪力分别为

$$N_t=\frac{N}{n}+\frac{My_1}{m\sum y_i^2}=\frac{220}{12}+\frac{26.4\times10^3\times200}{2\times(40^2+120^2+200^2)\times2}$$

$$\approx18.3+23.6\approx41.9(\text{kN})$$

$$N_v=\frac{V}{n}=\frac{250}{12}\approx20.8(\text{kN})$$

单个高强度螺栓受剪、受拉承载力的设计值。由表 3-10、表 3-11 查得 $P=155\text{kN}$,$\mu=0.45$,则

$$N_v^b=0.9n_f\mu P=0.9\times1\times0.45\times155\approx62.8(\text{kN})$$

$$N_t^b=0.8P=0.8\times155=124(\text{kN})$$

验算在拉力、剪力共同作用下受力最大螺栓的承载力:

$$\frac{N_v}{N_v^b}+\frac{N_t}{N_t^b}=\frac{20.8}{62.8}+\frac{41.9}{124}\approx0.33+0.34=0.67<1$$

习题

3.1 受剪普通螺栓有哪几种可能的破坏形式?如何防止?

3.2 简述普通螺栓连接与高强度螺栓摩擦型连接在弯矩作用下计算时的异同点。

3.3 为何要规定螺栓排列的最大和最小间距要求?

3.4 影响高强度螺栓承载力的因素有哪些?

3.5　有一焊接连接如图 3-48 所示，钢材为 Q235 钢，焊条为 E43 系列，采用手工焊接，承受的静力荷载设计值$N=600\text{kN}$。试计算所需角焊缝的长度。

3.6　如图 3-49 所示的螺栓双盖板连接，构件钢材为 Q235 钢，承受轴心拉力，螺栓为 8.8 级高强度螺栓摩擦型连接，接触面喷砂处理，螺栓直径 $d=2\text{mm}$，孔径 $d_0=21.5\text{mm}$。试计算此连接的最大承载力 N 为多少？

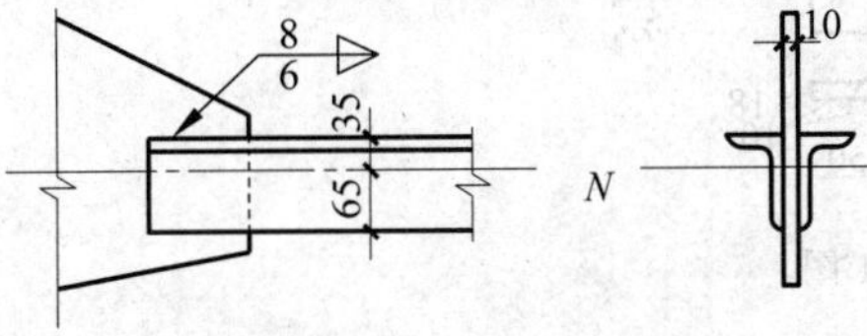

图 3-48　习题 3.5 图

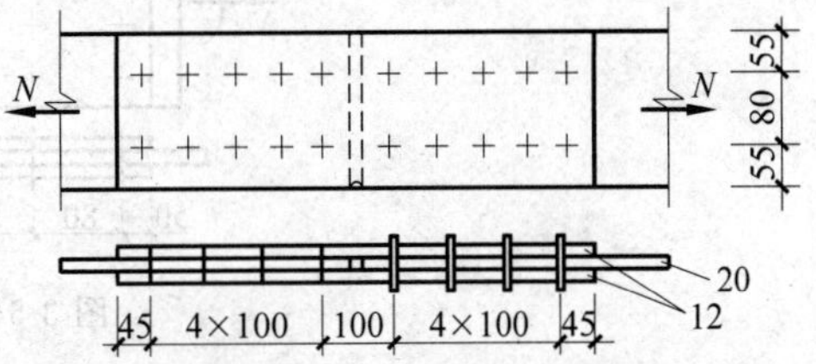

图 3-49　习题 3.6 图

3.7　如图 3-50 所示焊接连接采用三面围焊，焊脚尺寸为 6mm，钢材为 Q235B・F 钢。试计算此连接所能承受的最大拉力 N 为多少？

3.8　如图 3-51 所示牛腿板承受扭矩设计值 $T=60\text{kN}\cdot\text{m}$，钢材为 Q235B・F 钢，焊条为 E43 系列。按方案一、方案二设计连接焊缝。

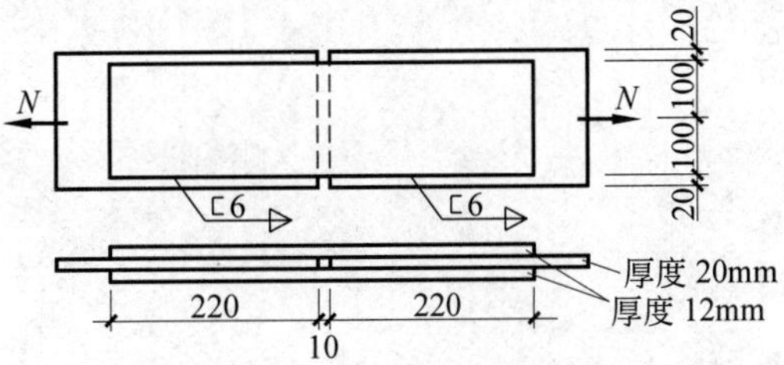

图 3-50　习题 3.7 图

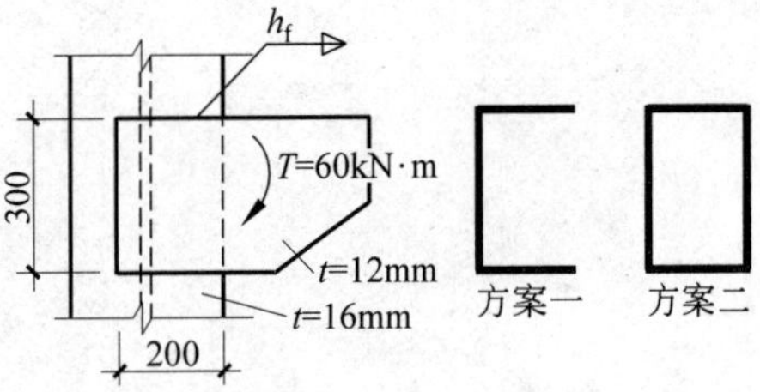

图 3-51　习题 3.8 图

3.9　如图 3-52 所示的连接构造，牛腿用连接角钢 2∟100×20 及 M22 高强度螺栓(10.9 级)摩擦型连接和柱相连。钢材为 Q345 钢，接触面采用喷砂处理，承受偏心荷载设计值 $P=175\text{kN}$，试确定连接角钢的两肢上所需螺栓个数。

3.10　一普通螺栓的临时性连接如图 3-53 所示，构件钢材为 Q235 钢，承受的轴心拉力 $N=600\text{kN}$。螺栓直径$d=20\text{mm}$，孔径 $d_0=21.5\text{mm}$，试验算此连接是否安全？

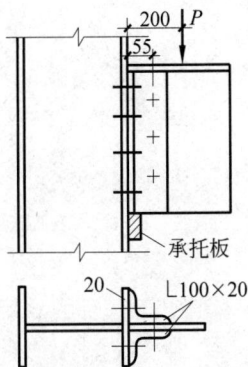

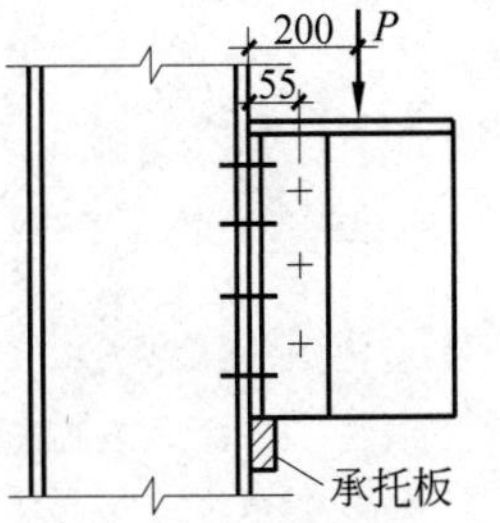

图 3-52　习题 3.9 图

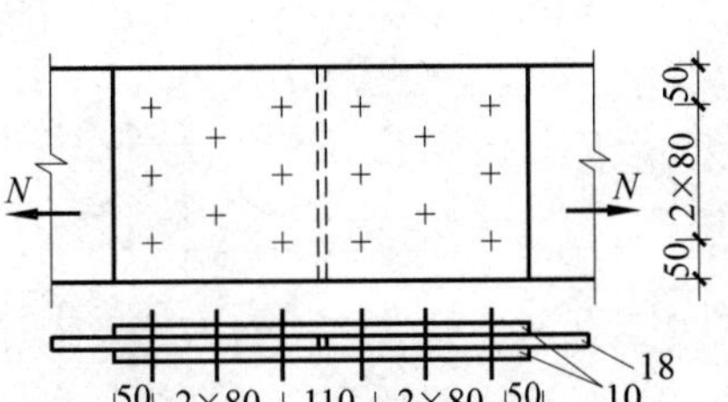

图 3-53　习题 3.10 图

3.11　一高强度螺栓承压型连接如图3-54所示，构件钢材为Q235钢，承受的轴心拉力$N=200\text{kN}$，力矩$M=50\text{kN}\cdot\text{m}$。螺栓直径$d=24\text{mm}$，孔径$d_0=26\text{mm}$，试验算此连接是否安全。

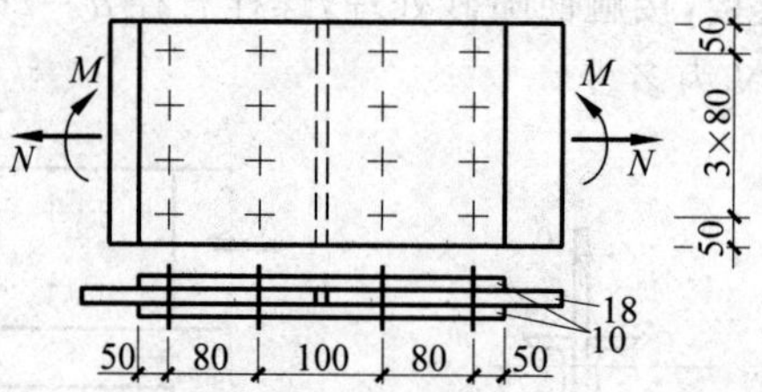

图3-54　习题3.11图

第4章

轴心受力构件

学习要点：理解轴心受压构件的破坏特点和截面形式；提高稳定承载能力的方法；掌握实腹式轴心受压构件的整体稳定和局部稳定的计算方法；掌握柱头、柱脚力的传递路径及其构造和计算；明确格构式轴心受压构件和实腹式轴心受压构件在设计上的异同点。

4.1 概述

4.1.1 应用和截面形式

轴心受力构件广泛用于承重钢结构，如平台柱、桁架、网架及支撑体系等。截面形式与其受力特点和变形特点相适用，对于轴心受力构件，其截面都采用壁薄、宽大的形式，轴心受压柱的截面形式如图 4-1 所示，基本上可分为实腹式和格构式两种。

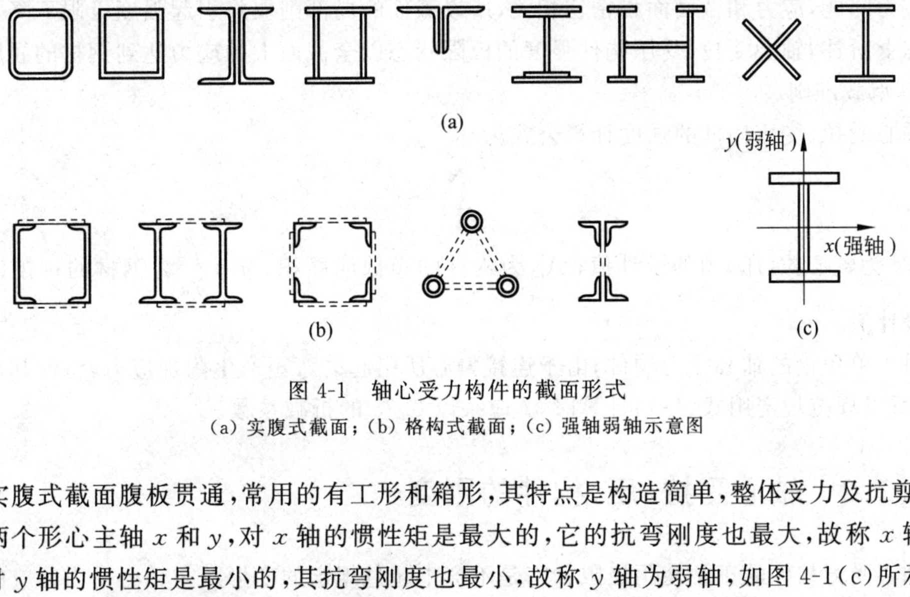

图 4-1 轴心受力构件的截面形式

(a) 实腹式截面；(b) 格构式截面；(c) 强轴弱轴示意图

实腹式截面腹板贯通，常用的有工形和箱形，其特点是构造简单，整体受力及抗剪性好，它有两个形心主轴 x 和 y，对 x 轴的惯性矩是最大的，它的抗弯刚度也最大，故称 x 轴为强轴；对 y 轴的惯性矩是最小的，其抗弯刚度也最小，故称 y 轴为弱轴，如图 4-1(c)所示。格构式截面由主肢和缀材构成，主肢由缀材连为一个整体，其特点是抗弯刚度大，稳定承载能力高，可以做到等稳定受力。

轴心受压构件对截面形式的基本要求是在满足强度要求的截面面积的同时,尽量做成宽大、壁薄以增加其抗弯刚度。同时要求制造简便且便于和相邻构件连接。

4.1.2 设计要求

轴心受拉构件,在设计上只要求满足强度条件和刚度条件。轴心受压构件,在设计上要满足强度条件、刚度条件、整体稳定条件和局部稳定条件。实际上只有截面有局部削弱时,才可能出现强度破坏,在截面没有削弱时,是不会发生强度破坏的,因为整体失稳总是发生在强度破坏前。

4.2 轴心受拉和轴心受压构件的强度和刚度

4.2.1 轴心受拉(压)构件的强度

对于轴心受拉构件,截面上的应力是均匀分布的,当应力达到钢材的屈服强度 f_y 时,构件仍能继续受力,但其变形会明显增大,影响了正常使用。对于轴心受压构件,截面上的应力也是均匀分布的,当截面上的应力超过材料的屈服强度 f_y 时,截面应变会迅速增大,将诱发构件的失稳。对于实际轴心受压构件,存在残余应力,截面上的残余应力是自相平衡的自内力,当截面上的应力达到钢材的屈服强度 f_y 时,其内力会重新分布,直到全截面上的应力都达到屈服强度 f_y,所以残余应力的存在不会影响构件的静力强度。由于截面上的缺陷,例如孔洞等所引起的应力集中现象,也不会影响轴心受力构件的静力强度极限。但强度计算是应力问题,应力和截面面积密切相关,所以截面的局部削弱将引起强度极限下降。

综上所述,轴心受拉、受压构件强度的极限状态以全截面上的应力达到钢材的屈服强度 f_y 为其承载准则。

轴心受拉、受压构件的强度计算公式为

$$\sigma=\frac{N}{A_n}\leqslant f \tag{4-1}$$

式中,N 为轴心拉(压)力的设计值;A_n 为构件的净截面面积;$f=\frac{f_y}{\gamma_R}$为钢材的抗拉(压)强度的设计值。

对于单角钢的轴心受力构件,由于连接偏心所引起的弯矩产生附加应力,将使其承载力下降,所以规范规定用式(4-1)计算时,f 应乘以 0.85 的折减系数。

4.2.2 轴心受拉(压)构件的刚度

轴心受力构件的正常使用极限状态是不产生超过规定的变形。与轴心受力相应的变形是构件的伸长或缩短。因为其伸长量或缩短量太小,不需要进行验算。以 Q235 钢为例,取荷载的平均分项系数为 1.3,承载极限状态时最大的相对变形是

$$\frac{\Delta l}{l}=\frac{N}{AE}=\frac{f}{1.3E}=\frac{215}{1.3\times 206\times 10^3}\approx 0.8\times 10^{-3}$$

其值不到千分之一。所以规范规定，对轴心受力构件，其刚度用长细比来衡量，即

$$\lambda_{\max}=\left(\frac{l_0}{i}\right)_{\max}\leqslant[\lambda] \tag{4-2}$$

式中，$\lambda_{\max}$为构件的最大长细比；l_0为构件的计算长度；i为截面的回转半径；$[\lambda]$为容许长细比。

长细比λ的大小，表征轴向受力构件的刚柔程度。λ越大构件越柔，越易产生横向挠曲，在安装和运输过程中越容易产生弯曲，在风力作用下越容易产生振动。所以对轴心受拉构件，虽然没有失稳问题，但为增大其变形刚度，截面也尽量用薄壁、宽大的形式。

一般来说，压杆由于受几何缺陷的影响敏感，对长细比要求比拉杆严格。规范给出受拉和受压构件的容许长细比如表4-1和表4-2所示。

表4-1　受拉构件的容许长细比

项次	构件名称	承受静力荷载或间接动力荷载的构件		直接承受动力荷载的结构
		一般建筑结构	有重级工作制吊车的厂房	
1	桁架的杆件	350	250	250
2	吊车梁或吊车桁架以下的柱间支撑	300	200	—
3	其他拉杆、支撑、系杆等(张紧的圆钢除外)	400	350	—

表4-2　受压构件的容许长细比

项次	构件名称	容许长细比
1	柱、桁架和天窗架中的杆件	150
	柱的缀条、吊车梁或吊车桁架以下的柱间支撑	
2	支撑(吊车梁或吊车桁架以下的柱间支撑除外)	200
	用以减少受压构件长细比的杆件	

例4-1　焊接钢屋架的下弦杆承受轴心拉力的设计值$N=620\text{kN}$，其在屋架平面内的计算长度$l_{0x}=6\text{m}$，在屋架平面外的计算长度$l_{0y}=12\text{m}$。拟采用双角钢短肢相连组成T形截面，节点板厚度为12mm，材料为Q235B钢。求此拉杆的截面尺寸。

解　由表C-1查得Q235钢$f=215\text{N/mm}^2$，由表4-1查得$[\lambda]=350$。

所需截面面积为

$$A=\frac{N}{f}=\frac{620\times 10^3}{215}\approx 2884(\text{mm}^2)\approx 28.84(\text{cm}^2)$$

截面所需回转半径为

$$i_x=\frac{l_{0x}}{[\lambda]}=\frac{6000}{350}\approx 17.1(\text{mm})\approx 1.71(\text{cm})$$

$$i_y=\frac{l_{0y}}{[\lambda]}=\frac{12\,000}{350}\approx 34.3(\text{mm})\approx 3.43(\text{cm})$$

根据A，i_x，i_y和节点板厚查表A-4选用2∟100×63×10，其几何参数为

$$A=15.5\times 2=31(\text{cm}^2),\quad i_x=1.74\text{cm},\quad i_y=5.09\text{cm}$$

均大于所需值，满足强度和刚度要求。

4.3 实腹式轴心受压构件的整体稳定和局部稳定

4.3.1 轴心受压构件整体稳定的概念

1. 失稳的类别和失稳的形式

钢结构中,所有存在压应力的部位都有失稳的问题。构件丧失整体稳定常发生在强度有足够保证的情况下,所以稳定是钢结构设计中一个普遍的、重要的问题。

失稳大体上可分为两类:分支点失稳、极值点失稳。分支点失稳的特征是:在临界状态时,构件从初始的平衡位置和变形突变到另一个平衡位形,表现出分支现象。极值点失稳的特征是:当荷载增加到极值点后,截面抗弯刚度大幅度降低,变形快速增加,失稳的位形不出现分支点。极值点也可以视为由稳定平衡位形转变到不稳定平衡位形的临界点。

理想的轴心受压构件属于分支点失稳,其失稳的形式有弯曲屈曲、扭转屈曲、弯扭屈曲。发生哪种屈曲形式和截面形状、构件的长细比有关。对于普通工字钢和H型钢,由于其扭转刚度较大,失稳几乎都以弯曲形式发生;而对单轴对称截面,在绕非对称轴失稳时也是弯曲失稳;而绕对称轴失稳时,由于失稳后产生的横向剪力不通过截面的剪切中心,截面将发生扭转,所以将发生弯扭失稳;对无对称轴截面,失稳都以弯扭形式发生;对于十字形截面,失稳常以扭转形式发生。

2. 理想轴心受压杆的弹性弯曲屈曲

如图4-2(a)所示为一承受轴心压力的两端铰支的等截面直杆,处于微弯状态。取脱离体如图4-2(b)所示,由内、外力矩的平衡条件得

$$M = Ny$$

压杆弯曲变形后的曲率为$\frac{\mathrm{d}^2 y}{\mathrm{d}x^2} = -\frac{M}{EI}$。令

$$\frac{N}{EI} = k^2 \tag{a}$$

则得微分方程

$$\frac{\mathrm{d}^2 y}{\mathrm{d}x^2} + k^2 y = 0 \tag{b}$$

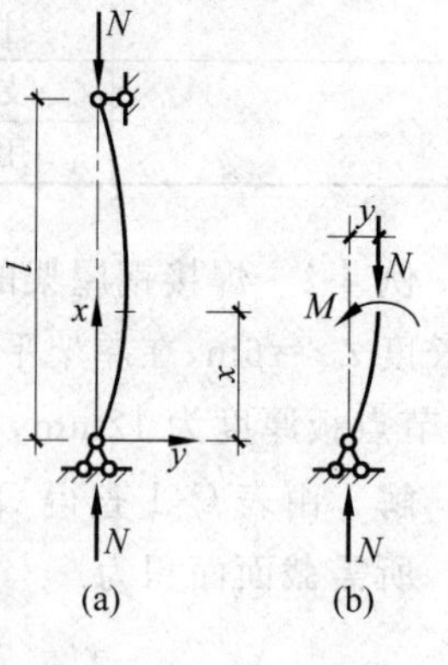

图4-2 轴心受压构件

此二阶线性微分方程的通解为

$$y = A\sin kx + B\cos kx \tag{c}$$

由边界条件,当$x=0$和$x=l$时,均有$y=0$,得

$$B = 0 \quad 和 \quad A\sin kl = 0 \tag{d}$$

对$A\sin kl=0$,有三种可能情况使其实现:

(1) $A=0$,由式(c)可见构件将保持挺直,与微弯状态的假设不符;

(2) $kl=0$,由式(a)可见其表示$N=0$,也不符题意;

(3) $\sin kl=0$,即$kl=n\pi$,是唯一的可能情况,取$n=1$,得临界荷载为

$$N_{cr} = \frac{\pi^2 EI}{l^2} \tag{4-3}$$

式(4-3)所示荷载称为欧拉荷载,常记作N_E。

当构件两端不是铰支而是其他情况时，可以 $l_0=\mu l$ 代替式(4-3)中的 l。各种支撑情况时的 μ 值如表 4-3 所示，表中分别列出理论值和建议值，后者是考虑到实际支撑与理想支撑有所不同而作的修正。l_0 称为计算长度，μ 称为计算长度系数。

表 4-3 轴心受压柱计算长度系数 μ

轴心受压柱的约束形式						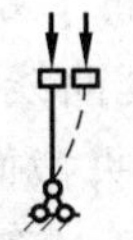	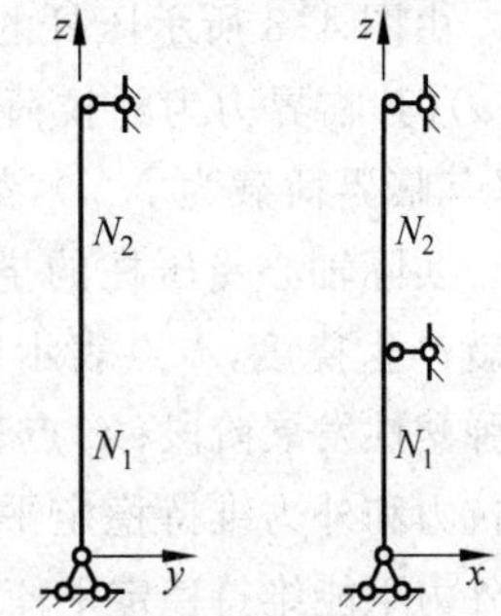
μ 的理论值	0.50	0.70	1.0	1.0	2.0	2.0	$0.75+0.25\frac{N_2}{N_1}\geqslant0.5$
μ 的建议值	0.65	0.80	1.0	1.2	2.1	2.0	
端部条件符号	无转动，无侧移 自由转动，无侧移			无转动，自由侧移 自由移动，自由侧移			说明：$N_1>N_2$；杆件截面无变化；在 zy 平面内计算长度系数

注：图中虚线表示柱的屈曲形式。

当用平均应力表示时，临界应力可写为

$$\sigma_{cr}=\frac{\pi^2 EI}{l_0^2 A}=\frac{\pi^2 E}{\lambda^2} \tag{4-4}$$

式中，$\lambda=\frac{l_0}{i}$ 称为杆件的长细比；$i=\sqrt{\frac{I}{A}}$ 称为截面的回转半径。

4.3.2 实际轴心受压构件的整体稳定

1. 初缺陷

实际轴心受压构件存在残余应力、初弯曲、初偏心等，这些都是影响轴心受压构件整体稳定承载能力极限状态的初缺陷。

(1) 纵向残余应力的影响：残余应力是由不均匀冷却引起构件内部的自内力，先冷却的部分对后冷却部分的变形有约束作用，因而产生残留在构件内部的应力，它是自相平衡的内力。纵向残余应力就是方向和杆的轴线方向一致的残余应力，也就是和压杆内应力方向一致的应力，它的存在使压应力区提前进入塑性状态，而使构件的抗弯刚度降低。残余应力的分布和构件的截面形状、尺寸及加工方式有关，残余应力的分布情况不同，对抗弯刚度的影响程度也不同，对工字形截面弱轴的影响大于对其强轴的影响。

(2) 初弯曲的影响：实际轴心受压构件存在初始微小的弯曲，稳定分析属于二阶分析。也就是说，在变形后的位形上进行分析，由于初弯曲的存在，使得弯矩值不和 N 成比例增大。杆件在轴心压力和弯矩共同作用下，使稳定承载力降低。研究表明杆件越细长，初弯曲的不利影响越大。规范规定压杆初弯曲 v_0 的值为杆长的 1/1000。

(3) 初偏心的影响：由于各种原因，杆端的轴心压力不可避免地会偏离截面的形心。其影响本质上和初弯曲一样，但影响程度有差别，对长杆的影响远不如初弯曲大。

2. 实际轴心受压构件整体稳定(弯曲屈曲)的计算

(1) 轴心受压构件的实际承载力

由图 4-3 所示压杆的压力挠度曲线可见：理想的直杆轴心受压柱，不论是弹性屈曲(曲线 a)(其临界力为欧拉荷载 N_E)，还是弹塑性屈曲(曲线 b)(其临界荷载为 N_{crt})，都属于分支型失稳。

实际轴心受压柱的挠度曲线 c 显示压杆一经压力作用就产生挠度，A 点表示中央截面边缘纤维开始屈服，进入弹塑性发展阶段；C 点表示达到极值，在 C 点之前，柱内部抗力和外力维持稳定平衡状态；C 点之后，柱内部抗力和外力不能维持稳定平衡，属于极值点失稳。极值点的极限承载力以 N_u 表示，其数值取决于柱长度、初弯曲、柱截面形状和尺寸及残余应力的分布和峰值，用数值积分法确定。

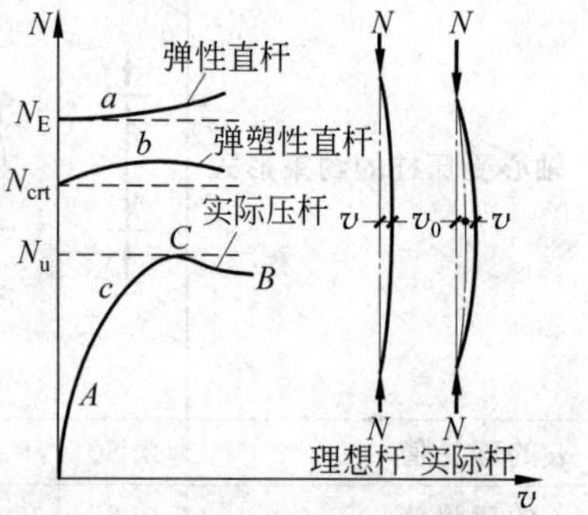

图 4-3 压杆的压力挠度曲线

(2) 实际轴心受压柱整体稳定计算公式

柱整体不失稳的条件是

$$\frac{N}{A} \leqslant \frac{N_u}{A\gamma_R} = \frac{N_u f_y}{A\gamma_R f_y} = \frac{N_u}{Af_y}\frac{f_y}{\gamma_R} = \varphi f \tag{4-5}$$

式中，N 为轴心受压柱的压力设计值；A 为构件的毛截面面积；$\varphi=\dfrac{N_u}{Af_y}$ 为轴心受压构件的稳定系数；$f=f_y/\gamma_R$ 为钢材的抗压强度设计值；γ_R 为钢材的抗力分项系数。

实际轴心受压柱整体稳定的计算公式为

$$N \leqslant \varphi A f \tag{4-5a}$$

或

$$\frac{N}{A\varphi} \leqslant f \tag{4-5b}$$

讨论：① 式(4-5a)的物理意义是：轴心受压柱承受的实际压力的设计值 N 小于或等于柱钢材所能承受的极限压力的设计值 φAf，是安全的。通常 N 的单位是 kN，A 的单位是 mm^2，f 的单位是 N/mm^2。所以在用式(4-5a)时，应将 φAf 的单位转化为 kN，即 $\varphi Af\times 10^{-3}$。

② 式(4-5b)的物理意义是：轴心受压柱承受的实际抗压强度设计值$\dfrac{N}{A\varphi}$小于或等于柱钢材的抗压强度设计值 f，是安全的。通常 f 的单位是 N/mm^2，N 的单位是 kN，A 的单位是 mm^2，所以用式(4-5b)时，应将 N 的单位转化为 kN，即 $N\times 10^3$。

(3) 关于规范规定的轴心受压构件的稳定系数 φ

① 规范中采用数值分析法，给出初弯曲 $l/1000$，选用不同的截面形状和尺寸、不同的残余应力分布和大小，计算出近 200 条呈带状分布的无量纲化的 φ-$\bar{\lambda}$ 曲线。经过数理统计将这些曲线划分为四条代表四类截面形状的曲线，见图 4-4。将它制成 $\lambda\sqrt{\dfrac{f_y}{235}}$-$\varphi$ 表供查用，见表 E-1。

② a 类属于截面外侧残余压应力的峰值较小，且回转半径 i 和核心距 $\rho=W/A$ 的比值 i/ρ 也较小的轧制圆管，和宽高比小于 0.8 绕强轴屈曲的轧制工字钢；c 类属于残余压应力峰值

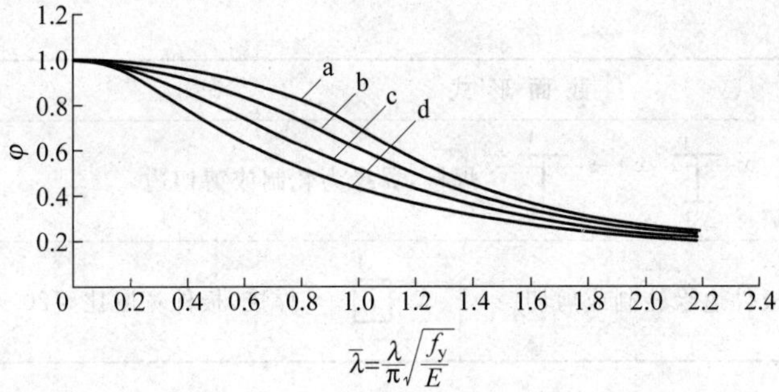

图 4-4　轴心受压构件稳定系数

较大且 i/ρ 也较大的截面，如翼缘为轧制（热轧）边或剪切（热切）边绕弱轴屈曲的焊接工字形截面。大量截面属于 b 类，如翼缘为焰切的焊接工字形截面，焰切是在冷钢板上用火焰切割，因此翼缘的外侧具有较高的残余拉应力，对轴心受压有利，所以绕强轴和弱轴屈曲都属 b 类。当翼缘为轧制或剪切边或焰切后再刨边的焊接工字形截面，因翼缘外侧存在较大残余压应力，对绕弱轴屈曲承载力降低的影响比绕强轴大，所以绕强轴屈曲属 b 类，绕弱轴屈曲属 c 类。对于板厚不小于 40mm 的焊接实腹截面，翼缘为轧制或剪切边时，残余应力沿板厚变化大，稳定承载力低，绕强轴属 c 类，绕弱轴是 d 类。规范中各种截面的分类见表 4-4(a)、(b)。

表 4-4(a)　轴心受压构件的截面分类（板厚 $t<40$mm）

截面形式	对 x 轴	对 y 轴
轧制（圆管）	a 类	a 类
轧制，$b/h\leqslant 0.8$	a 类	b 类
轧制，$b/h>0.8$；焊接，翼缘为焰切边；焊接；轧制；轧制，等边角钢；轧制，焊接（板件宽厚比大于 20）；轧制或焊接；焊接；轧制截面和翼缘为焰切边的焊接截面；格构式；焊接、板件边缘焰切	b 类	b 类

续表

截面形式		对 *x* 轴	对 *y* 轴
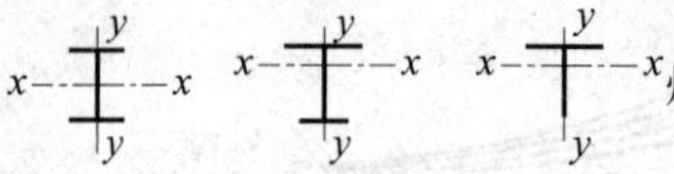 焊接，翼缘为轧制或剪切边		b类	c类
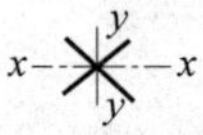 焊接，板件边缘轧制或剪切	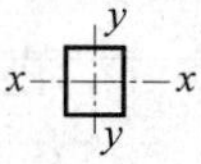 焊接，板件宽厚比≤20	c类	c类

表 4-4(b)　轴心受压构件的截面分类(板厚 $t \geqslant 40$mm)

截面形式			对 *x* 轴	对 *y* 轴
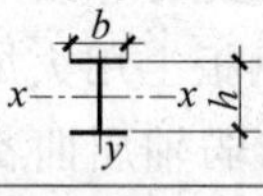	轧制工字形或 H 形截面	$t<80$mm	b类	c类
		$t\geqslant 80$mm	c类	d类
	焊接工形截面	翼缘为焰切边	b类	b类
		翼缘为轧制或剪切边	c类	d类
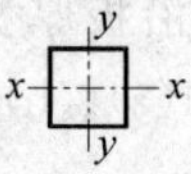	焊接箱形截面	板件宽厚比>20	b类	b类
		板件宽厚比≤20	c类	c类

③ 由欧拉荷载 $N_{cr}=\dfrac{\pi^2 EI}{l^2}$和其弹性屈曲临界应力 $\sigma_{cr}=\dfrac{\pi^2 E}{\lambda^2}$可知，钢材屈服强度 f_y 的提高，对其没有影响；由稳定系数公式 $\varphi=\dfrac{N_u}{Af_y}=\dfrac{\sigma_{cr}}{f_y}$可见，强度高的钢材 φ 值按比例下降。

因此可借用 Q235 钢构件的 λ-φ 表近似确定各类钢构件的 φ 值，只需把该钢构件的长细比换算成相当 Q235 钢构件的相当长细比 $\lambda_0=\lambda\sqrt{f_y/235}$ 即可。

④ 对单轴对称的 T 形截面，在受压柱的对称平面内发生弯曲失稳；在其非对称平面内发生弯曲时，由此产生的横向剪力不通过截面的剪切中心，将引发截面扭转，属于弯扭失稳。弯扭失稳的极限承载力比弯曲失稳的极限承载力低。所以截面绕 y 轴(对称轴)弯扭失稳时，应当算出弯扭失稳的换算长细比 λ_{yQ} 来代替 λ_y，然后按 c 类截面查表 E-3。对无对称轴的截面，总发生弯扭失稳，其整体稳定性更差，一般不宜作轴心压杆。

3. 整体稳定问题和强度问题

前述验算强度和验算稳定的两个公式$\dfrac{N}{A_n}\leqslant f$ 和$\dfrac{N}{A\varphi}\leqslant f$ 形式上相似，本质却截然不同。强度公式是针对受力最大截面上的应力的，是应力问题，若要增加构件的强度，只要增大其截面面积即可。强度是一阶分析，不考虑变形的影响，应力和截面积成比例关系。整体稳定公式验算的也是某一截面上的应力，但它是对整个构件而不是对构件的某个截面而言，是构件整体变形问题。$\varphi=\dfrac{N_u}{Af_y}$是临界应力的函数，临界应力是外力与构件内部的抗力由稳定平衡到不稳定平衡临界状态时的平均压应力，这时变形急剧增大，所以说稳定计算必须根据其变形状态来进行分析，属于二阶分析。一个构件的变形大小取决于整个构件的刚度，而不取决于某个特定截面的面积，应力和截面积不成比例关系。

强度和稳定都是承载能力极限状态计算的内容。我国现行设计规范为简化计算，规定以构件的净截面上最大应力达到钢材的屈服强度即 f_y 作为极限状态。凡属强度计算，都以净截面为准；凡属稳定计算，都以毛截面为准。

4.3.3 单轴对称截面轴心受压柱的弯扭失稳

如图 4-5 所示单轴对称截面轴心受压柱，在柱的非对称平面内将发生弯扭失稳，其极限承载力低于弯曲失稳。

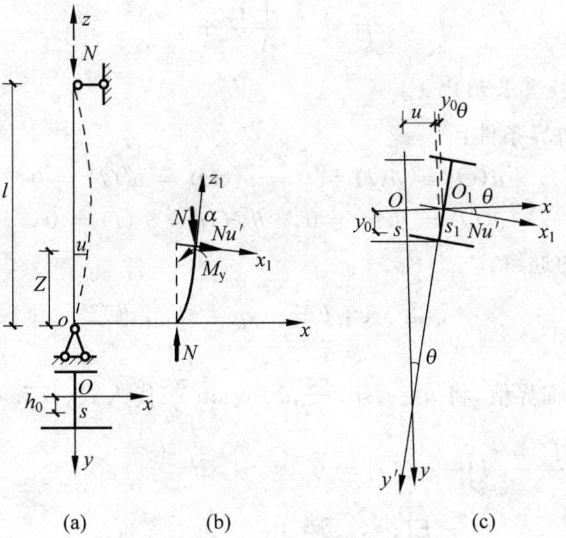

图 4-5 单轴对称截面绕其对称轴 y 的弯扭屈曲

1. 定性分析

使用 $Oxyz$ 固定坐标系和附在柱轴线上的移动坐标系 $O_1x_1y_1z_1$。O、O_1 为截面形心，s、s_1 为截面剪切中心，y_0 为剪切中心到形心的距离。

由图 4-5(b)、(c)可见，当柱轴线弯曲后，曲线在 Z 截面的倾角为 α，在截面形心 O_1 处由 N 产生的横向剪力为 $N\sin\alpha = N\tan\alpha = Nu'$，由于此剪力不通过截面的剪切中心 s_1，使截面绕 s_1 发生 θ 扭转角。这就是说，单轴对称截面柱，当横向荷载不通过剪切中心时，柱将发生弯扭失稳。

2. 弯扭失稳的弹性微分方程

在弹性小挠度变形的前提下，在 zOx 平面内，其弯曲曲率是 u''；因为扭转角 θ 很小，所以在 $z_1O_1x_1$ 平面内其弯曲曲率 $x_1'' = u''$；截面形心 O_1 在 x 方向的位移为 $u + y_0\theta$，见图 4-5(c)。

由图 4-5(b)所示脱离体的平衡条件，即 $\sum M = 0$，有

$$M_y - N(u + y_0\theta) = 0$$

又有

$$M_y = -EI_y x_1'' = -EI_y u''$$

所以有

$$EI_y u'' + Nu + Ny_0\theta = 0 \tag{4-6a}$$

这是一个弹性弯扭屈曲耦合的微分方程，方程中有两个未知函数 $u(z)$，$\theta(z)$。

由开口薄壁杆件弹性理论，可得扭转平衡微分方程：

$$EI_{w}\theta''' + (Nr_0^2 - GI_t)\theta' + Ny_0u' = 0 \tag{4-6b}$$

分别将式(4-6a)和式(4-6b)微分两次、一次得弯扭屈曲弹性微分平衡方程组：

$$\begin{cases} EI_y u^{\mathrm{IV}} + Nu'' + Ny_0\theta'' = 0 & \text{(4-7a)} \\ EI_w\theta^{\mathrm{IV}} + (Nr_0^2 - GI_t)\theta'' + Ny_0u'' = 0 & \text{(4-7b)} \end{cases}$$

式中，N 为作用于柱截面形心上的压力；I_y，I_x 为截面形心主矩；I_w 为截面扇形惯性矩；I_t 为截面扭转惯性矩；u 为截面剪切中心在 x 方向的位移；θ 为截面绕剪切中心 S_1 的转角；y_0 为截面剪切中心到截面形心的距离；A 为截面毛面积，

$$r_0^2 = \frac{I_x + I_y}{A} + y_0^2$$

3. 弯扭失稳的换算长细比 $\lambda_{y\theta}$

两端铰支柱的边界条件：

$$u(O) = u(l) = 0,\quad u''(O) = u''(l) = 0$$

$$\theta(O) = \theta(l) = 0,\quad \theta''(O) = \theta''(l) = 0$$

满足边界条件的通解：

$$u = c_1 \sin\frac{n\pi z}{l},\quad \theta = c_2 \sin\frac{n\pi z}{l}$$

当 $n=1$ 时为其临界值，将 $u=c_1\sin\dfrac{\pi z}{l}$，$\theta=c_2\sin\dfrac{\pi z}{l}$ 代入式(4-7a)和式(4-7b)得

$$c_1\left(\frac{\pi^2 EI_y}{l^2} - N\right) - c_2Ny_0 = 0 \tag{4-8a}$$

$$-c_1Ny_0 + c_2\left[\left(\frac{\pi^2 EI_w}{l^2} + GI_t\right)\frac{1}{r_0^2} - N\right]r_0^2 = 0 \tag{4-8b}$$

令 $N_{Ey} = \dfrac{\pi^2 EI_y}{l^2} = \dfrac{\pi^2 EA}{\lambda_y^2}$ 绕 y 轴弯曲失稳的欧拉荷载

$\lambda_y = \dfrac{l}{\sqrt{I_y/A}}$ 绕 y 轴弯曲的长细比

$N_{E\theta} = \left(\dfrac{\pi^2 EI_w}{l^2} + GI_t\right)\dfrac{1}{r_0^2} = \dfrac{\pi^2 EA}{\lambda_\theta^2}$ 绕 z 轴扭转失稳的欧拉荷载

$\lambda_\theta = \dfrac{l}{\sqrt{\dfrac{I_w}{Ar_0^2} + \dfrac{l^2 GI_t}{\pi^2 EAr_0^2}}}$ 绕 z 轴扭转的长细比

则式(4-8a)和式(4-8b)变为

$$c_1(N_{Ey} - N) - c_2Ny_0 = 0 \tag{4-9a}$$

$$-c_1Ny_0 + c_2(N_{E\theta} - N)r_0^2 = 0 \tag{4-9b}$$

c_1、c_2 都不为零的条件即其特征方程：

$$\begin{vmatrix} N_{Ey} - N & -Ny_0 \\ -Ny_0 & (N_{E\theta} - N)r_0^2 \end{vmatrix} = 0 \tag{4-10a}$$

展开有

$$(N_{Ey} - N)(N_{E\theta} - N)r_0^2 - N^2y_0^2 = 0 \tag{4-10b}$$

式(4-10b)是以 N 为变量的常系数一元二次代数方程，解得弯扭失稳的欧拉荷载和欧拉应力为

$$N_{\mathrm{E}y\theta}=\frac{\pi^2 EA}{\lambda_{y\theta}^2} \tag{4-11}$$

$$\sigma_{\mathrm{E}y\theta}=\frac{\pi^2 E}{\lambda_{y\theta}^2} \tag{4-12}$$

式中：

$$\lambda_{y\theta}^2=\frac{1}{2}(\lambda_y^2+\lambda_\theta^2)+\frac{1}{2}\sqrt{(\lambda_y^2+\lambda_\theta^2)^2-4\left(1-\frac{y_0^2}{r_0^2}\right)\lambda_y^2\lambda_\theta^2} \tag{4-13}$$

这就是绕 y 轴弯扭失稳的换算长细比。

讨论：① $\lambda_{y\theta}>\lambda_y$ 说明弯扭失稳的临界力比弯曲失稳的临界力低；

② 式(4-13)是弹性解，由 $\lambda_{y\theta}$ 查表求得的稳定系数中考虑了实际压杆的初缺陷和非弹性影响，因此规范规定：对单轴对称截面绕对称轴的整体稳定(即在柱非对称平面内的整体稳定)性的校核，按式(4-13)算得弯扭换算长细比 $\lambda_{y\theta}$，由此查表得相应的稳定系数 ϕ，再由式 $\frac{N}{A\phi}\leqslant f$ 进行整体稳定校核，见例题 4-8。

4.3.4　轴心受压构件的局部稳定

1. 组成轴心受压构件的板件的屈曲现象

组成构件的板件，如工字形截面的翼缘和腹板，为得到较大的抗弯刚度，通常其厚度远小于宽度。在均匀压应力的作用下，当压力达到某一数值时，板件就可能产生凸曲现象，见图 4-6，这就是局部失稳现象。对局部失稳有两种处理方法。一种是宽厚比大于 100 的薄板，这种板屈曲后，板内有张力而无弯矩，为利用屈曲后强度，允许板件先于整体失稳。冷弯薄壁型钢就属这类，显然，由于放大了宽厚比，使整体刚度提高，节省钢材。另一种是宽厚比小于 100 的薄板，它失稳后虽然不会像整体失稳导致结构承载力立马丧失，但会使整体刚度降低，柱中内力重新分配而诱发整体失稳，对这种构件，不允许板件(局部)先于整体失稳。

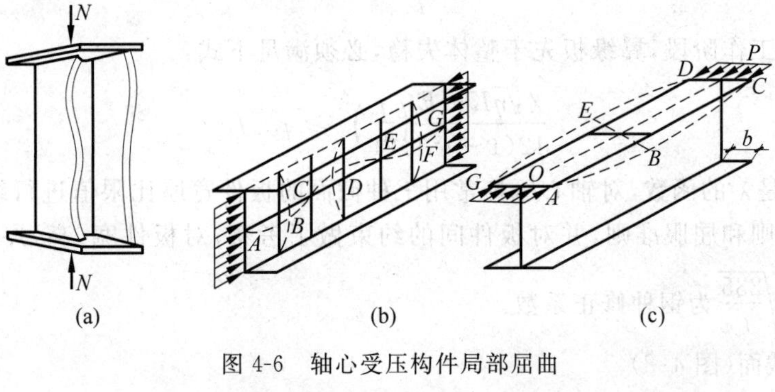

图 4-6　轴心受压构件局部屈曲

(a) 翼缘凸曲现象；(b) 腹板屈曲变形；(c) 翼缘屈曲变形

2. 四边简支薄板弹性屈曲的临界应力

如图 4-7 所示四边简支矩形薄板，在纵向单位宽度均布压力 N_x 作用下，由薄板的弹性稳定理论可得到其临界应力公式：

$$\sigma_{crx}=\frac{K\pi^2E}{12(1-\nu^2)}\left(\frac{t}{b}\right)^2 \tag{4-14}$$

式中，K 为板的屈曲系数，不同的支撑条件，其值不同；E，ν 分别是材料的弹性模量、泊松比；t，b 分别是薄板的厚度和宽度。

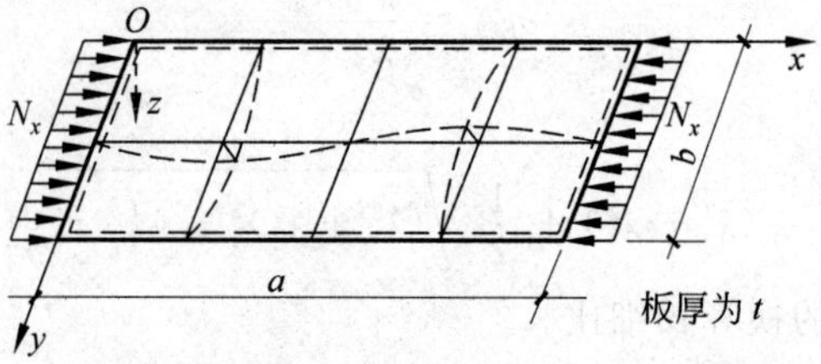

图 4-7 四边简支矩形薄板在纵向均布压力作用下的屈曲

由式(4-14)可见，纵向均匀受压的临界应力的大小，取决于宽厚比 b/t。

非弹性(弹塑性)任意支撑屈曲的临界应力公式为

$$\sigma_{crx}=\frac{\chi\sqrt{\eta}K\pi^2E}{12(1-\nu^2)}\left(\frac{t}{b}\right)^2 \tag{4-15}$$

式中，χ 为不小于 1 的嵌固系数；η 为弹性模量修正系数，是长细比 λ 的函数。

3. 板件宽(高)厚比的限值

《钢结构设计规范》(GB 50017—2012(送审稿))对轴心压杆规定，组成压杆的板件的失稳不应先于压杆的整体失稳。

例如对 H 截面在弹性工作范围内，翼缘板不先于整体失稳，必须满足下式：

$$\frac{K\pi^2E}{12(1-\nu^2)}\left(\frac{t}{b_1}\right)^2\geqslant\frac{\pi^2E}{\lambda^2} \tag{4-16}$$

式中，b_1 为翼缘的外伸宽度；t 为翼缘板的厚度(图 4-8)。

将 $K=0.425$，$\nu=0.3$，$\lambda=75$(常用值)代入式(4-16)得

$$\frac{b_1}{t}\leqslant 15 \tag{4-17}$$

在弹塑性工作阶段，翼缘板先于整体失稳，必须满足下式：

$$\frac{\chi\sqrt{\eta}K\pi^2E}{12(1-\nu^2)}\left(\frac{t}{b_1}\right)^2\geqslant\varphi_{\min}f_y \tag{4-18}$$

η 和 φ 都是 λ 的函数，对轴心压杆常用三种截面的板件宽厚比限值进行统一分析，综合运用等稳定准则和屈服准则，并对板件间的约束做了考察，对板件宽(高)厚比进行如下规定，其中 $\varepsilon_k=\sqrt{\frac{235}{f_y}}$ 为钢种修正系数。

1) H 形截面(图 4-8)

(1) 翼缘宽厚比限值

$$\frac{b_1}{t}\leqslant 14\varepsilon_k \qquad (\lambda\leqslant 70\varepsilon_k) \tag{4-19}$$

$$\frac{b_1}{t}\leqslant \min[7\varepsilon_k+0.1\lambda,7\varepsilon_k+12] \qquad (\lambda>70\varepsilon_k) \tag{4-20}$$

(2) 腹板高厚比限值

$$\frac{h_0}{t_w} \leqslant 42\varepsilon_k \qquad (\lambda \leqslant 50\varepsilon_k) \tag{4-21}$$

$$\frac{h_0}{t_w} \leqslant \min[21\varepsilon_k + 0.42\lambda, 21\varepsilon_k + 50] \quad (\lambda > 50\varepsilon_k) \tag{4-22}$$

2) T 形截面(图 4-9)

$$\frac{h_0}{t_w} \leqslant 25\varepsilon_k \qquad (\lambda \leqslant 70\varepsilon_k) \tag{4-23}$$

$$\frac{h_0}{t_w} \leqslant \min[11\varepsilon_k + 0.2\lambda, 11\varepsilon_k + 24] \quad (\lambda > 70\varepsilon_k) \tag{4-24}$$

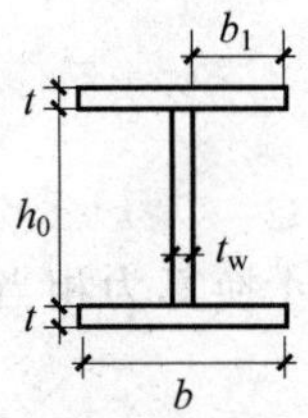

图 4-8 H 形截面

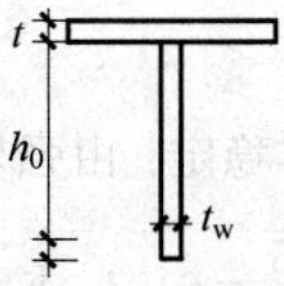

图 4-9 T 形截面

3) 等肢角钢轴压构件肢件宽厚比限值(图 4-10)

$$\frac{w}{t} \leqslant 15\varepsilon_k \qquad (\lambda \leqslant 80\varepsilon_k) \tag{4-25}$$

$$\frac{w}{t} \leqslant \min[5\varepsilon_k + 0.13\lambda, 5\varepsilon_k + 15] \quad (\lambda > 80\varepsilon_k) \tag{4-26}$$

式中：w,t 分别为等边角钢的平板宽度、厚度,w 可取 $b-2t$,其中 b 为角钢宽度；$\lambda=\lambda_x$ 即绕非对称主轴回转半径计算的长细比。

4) 箱形截面(图 4-11)

$$\frac{b}{t} \leqslant 42\varepsilon_k \qquad (\lambda \leqslant 52\varepsilon_k) \tag{4-27}$$

$$\frac{b}{t} \leqslant \min[29\varepsilon_k + 0.25\lambda, 29\varepsilon_k + 30] \quad (\lambda > 52\varepsilon_k) \tag{4-28}$$

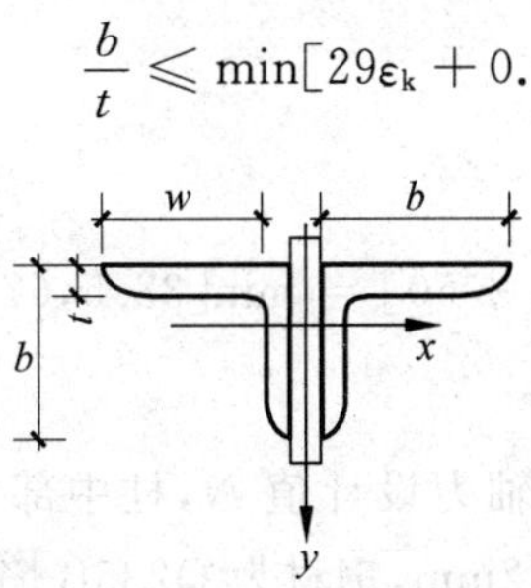

图 4-10 等肢角钢截面

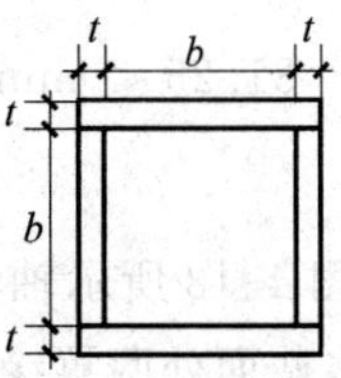

图 4-11 箱形截面

4.3.5 实腹式轴心受压柱算例

例 4-2 如图 4-12 所示轴心受压柱,轴力设计值 $N=2000\text{kN}$,钢材为 Q345B 焰切边。试验算柱的整体稳定性和局部稳定性是否满足要求。

解 (1) 计算截面参数

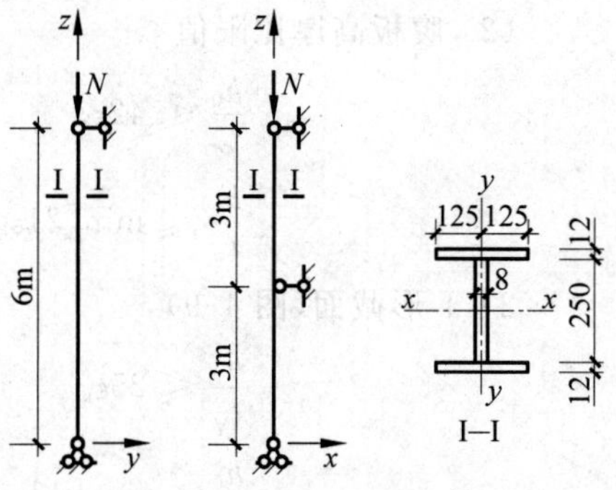

图 4-12 例 4-2 附图

$$A = 250 \times 12 \times 2 + 250 \times 8 = 8000(\mathrm{mm}^2)$$

$$I_x = \frac{250 \times 274^3}{12} - \frac{242 \times 250^3}{12} = 1.1345 \times 10^8(\mathrm{mm}^4)$$

$$I_y = \frac{12 \times 250^3}{12} \times 2 = 3.125 \times 10^7(\mathrm{mm}^4)$$

$$i_x = \sqrt{\frac{I_x}{A}} = 119(\mathrm{mm}), \quad i_y = \sqrt{\frac{I_y}{A}} = 62.5(\mathrm{mm})$$

$$\lambda_x = \frac{l_{0x}}{i_x} = \frac{6000}{119} = 50.4, \quad \lambda_y = \frac{l_{0y}}{i_y} = \frac{3000}{62.5} = 48.0$$

(2) Q345B 钢有关参数：板厚度小于 16mm。

$$f_y = 345\mathrm{N/mm^2}$$

$$f = 310\mathrm{N/mm^2}$$

(3) 验算整体稳定：由强轴控制，截面属 b 类。$\lambda_x = 50.4$ 换算为相当 Q235 的长细比 λ 值，$\lambda_0 = 50.4\sqrt{\frac{345}{235}} = 61.1$，查表 E-2，得

$$\varphi_x = 0.802$$

$$\frac{N}{\varphi_x A} = \frac{2000 \times 10^3}{0.802 \times 8000} = 311.7(\mathrm{N/mm^2}) < 1.05 \times 310 = 326(\mathrm{N/mm^2})$$

根据规范规定，不超过 f 的 5% 即满足要求。

(4) 验算局部稳定

翼缘板

$$\lambda_x \leqslant 70\sqrt{\frac{235}{345}} = 57.8$$

$$\frac{b_1}{t} = \frac{121}{12} = 10.1 < 14\varepsilon_k = 14\sqrt{\frac{235}{345}} = 11.6$$

腹板

$$\lambda_x > 50\sqrt{\frac{235}{345}} = 41.7$$

$$\frac{h_0}{t_w} = \frac{250}{8} = 31.25 < \min[21\varepsilon_k + 0.42\lambda_x, 21\varepsilon_k + 50] = \min[38.5, 67.3] = 38.5$$

满足要求。

例 4-3 如图 4-13 所示轴心受压柱，端部作用轴力设计值 N，柱中部牛腿上作用压力设计值 N。1—1 截面处两翼缘上开螺栓孔径 $d_0 = 22\mathrm{mm}$，钢材为 Q235B 焰切边。求最大承载力 N，并验算局部稳定。

解 (1) 计算截面几何参数

$$A = 5600\mathrm{mm}^2$$

$$I_x = 52.5 \times 10^6\,\mathrm{mm}^4, \quad I_y = 17.75 \times 10^6\,\mathrm{mm}^4$$

$$A_n = 4720\mathrm{mm}^2, \quad i_x = \sqrt{\frac{I_x}{A}} = 96.8(\mathrm{mm}), \quad i_y = \sqrt{\frac{I_y}{A}} = 56.3(\mathrm{mm})$$

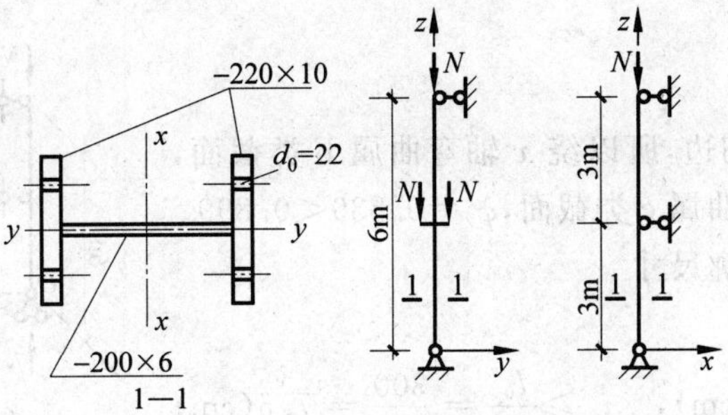

图 4-13　例 4-3 附图

$$l_{0x}=l\left(0.75+0.25\frac{N_{\min}}{N_{\max}}\right)=6\times\left(0.75+0.25\times\frac{N}{3N}\right)=5(\mathrm{m})$$

$$l_{0y}=3\mathrm{m}$$

$$\lambda_y=\frac{l_{0y}}{i_y}=53.3,\quad \lambda_x=\frac{l_{0x}}{i_x}=51.6$$

由弱轴控制，$\varphi_y=0.841$。

(2) 由稳定得

$$3N=\varphi_y Af=0.841\times5600\times215\times10^{-3}\approx1012.6(\mathrm{kN})$$

$$N=337.5\mathrm{kN}$$

由强度得

$$3N=A_n f=4720\times215\times10^{-3}\approx1014.8(\mathrm{kN})$$

$$N=338.3\mathrm{kN}$$

最大承载力

$$N=337.5\mathrm{kN}$$

(3) 验算局部稳定

翼缘板

$$\lambda_y<70\varepsilon_k$$

$$\frac{b_1}{t}=\frac{220-6}{2\times10}=10.7<14\varepsilon_k=14$$

腹板

$$\lambda_y>50\varepsilon_k$$

$$\frac{h_0}{t_w}=\frac{200}{6}\approx33.3<\min[21\varepsilon_k+0.42\lambda_y,21\varepsilon_k+50]=\min[43.4,71]=43.4$$

满足要求。

例 4-4　设计一焊接工字形截面轴心受压柱，在柱高度中点截面 x 轴方向设一侧向支撑点，如图 4-14 所示。翼缘钢板为剪切边，钢材为 Q235B。柱承受恒荷载标准值 $N_{Gk}=400\mathrm{kN}$，可变荷载标准值 $N_{Qk}=600\mathrm{kN}$，柱上下端均铰接，高度 $l=6\mathrm{m}$。

解　(1) 设计资料

计算长度：$l_{0x}=6\mathrm{m},\quad l_{0y}=3\mathrm{m}$

荷载设计值：$N=1.2N_{Gk}+1.4N_{Qk}$

$$=1.2\times400+1.4\times600=1320(\mathrm{kN})$$

(2) 初选截面

① 设 $\lambda_x=\lambda_y=40$

因翼缘钢板为剪切边，所以绕 x 轴弯曲属 b 类截面，$\varphi_x=0.899$；绕 y 轴弯曲属 c 类截面，$\varphi_y=0.839<0.899$。

② 确定柱截面轮廓尺寸

所需回转半径

$$i_x \geqslant \frac{l_{0x}}{\lambda_x}=\frac{600}{40}=15(\text{cm}),\quad i_y \geqslant \frac{l_{0y}}{i_y}=\frac{300}{40}=7.5(\text{cm})$$

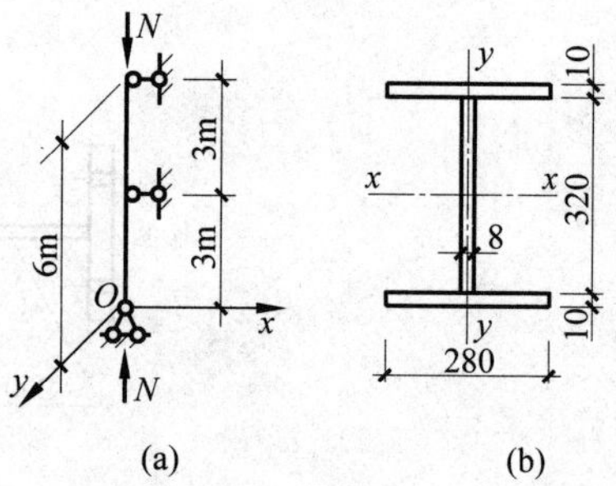

图 4-14 例 4-4 附图

(a) 计算简图；(b) 截面尺寸

截面轮廓尺寸 由表 A-6 截面回转半径近似值得

翼缘板宽

$$b \geqslant \frac{i_y}{0.24}=\frac{7.5}{0.24}\approx 31.25(\text{cm})$$

腹板高度

$$h_0 \geqslant \frac{i_x}{0.43}=\frac{15}{0.43}\approx 34.9(\text{cm})$$

③ 需要截面面积为

$$A \geqslant \frac{N}{\varphi_y f}=\frac{1320\times 10^3}{0.839\times 215}\times 10^{-2}\approx 73.2(\text{cm}^2)$$

④ 初选截面尺寸(图 4-14(b))

翼缘板 2—10×280，$A_\text{f}=56\text{cm}^2$

腹板 1—8×320，$A_\text{w}=25.6\text{cm}^2$

$$A=A_\text{f}+A_\text{w}=81.6(\text{cm}^2)>73.2(\text{cm}^2)$$

(3) 截面几何特性

截面积

$$A=2\times 1\times 28+0.8\times 32=81.6(\text{cm}^2)$$

惯性矩

$$I_x=\frac{1}{12}\times[28\times 34^3-(28-0.8)\times 32^3]=17\,435(\text{cm}^4)$$

$$I_y=2\times\frac{1}{12}\times 1\times 28^3=3659(\text{cm}^4)$$

回转半径

$$i_x=\sqrt{\frac{I_x}{A}}=\sqrt{\frac{17\,435}{81.6}}\approx 14.62(\text{cm})$$

$$i_y=\sqrt{\frac{I_y}{A}}=\sqrt{\frac{3659}{81.6}}\approx 6.70(\text{cm})$$

(4) 截面验算

初选截面实际回转半径虽小于所需回转半径，但初选实际截面尺寸大于需要截面的尺寸，故有可能满足，验算如下。

① 整体稳定性

$$\lambda_x=\frac{l_{0x}}{i_x}=\frac{600}{14.62}\approx 41.0$$

$$\lambda_y = \frac{l_{0y}}{i_y} = \frac{300}{6.70} \approx 44.8 < [\lambda] = 150$$

由 $\lambda_x = 41$ 查 b 类截面(表 E-2)得 $\varphi_x = 0.895$。

由 $\lambda_y = 44.8$ 查 c 类截面(表 E-3)得 $\varphi_y = 0.808$，则

$$\frac{N}{\varphi_y A} = \frac{1320 \times 10^3}{0.808 \times 81.6 \times 10^2} \approx 200.2(\mathrm{N/mm^2}) < f = 215(\mathrm{N/mm^2})$$

② 强度不需验算

③ 局部稳定性

翼缘板外伸肢宽厚比

$$\lambda_y < 70\varepsilon_k$$

$$\frac{b_1}{t} = \frac{280-8}{2 \times 10} = 13.6 < 14\varepsilon_k = 14$$

腹板高厚比

$$\lambda_y < 50\varepsilon_k$$

$$\frac{h_0}{t_w} = \frac{320}{8} = 40 < 42\varepsilon_k = 42$$

所选截面合适。

例 4-5　设计一焊接箱形截面轴心受压柱，钢材 Q235B。柱高 9m，上端铰接，下端固定。承受轴心压力恒荷载标准值 $N_{Gk} = 1500\mathrm{kN}$，可变荷载标准值 $N_{Qk} = 3000\mathrm{kN}$。

解　(1) 设计资料

① 荷载设计值

$$N = 1.2N_{Gk} + 1.4N_{Qk} = 1.2 \times 1500 + 1.4 \times 3000 = 6000(\mathrm{kN})$$

② 计算长度

$$l_{0x} = l_{0y} = 0.8l = 0.8 \times 9 = 7.2(\mathrm{m})$$

(2) 初选截面

设 $\lambda_x = \lambda_y = 40$，则

$$i_x = \frac{l_{0x}}{\lambda_x} = \frac{720}{40} = 18(\mathrm{cm}),\quad i_y = \frac{l_{0y}}{\lambda_y} = \frac{720}{40} = 18(\mathrm{cm})$$

箱形截面对 x 轴、y 轴屈曲时都属 b 类截面，查表 E-2 得

$$\varphi = 0.899$$

需要截面积

$$A = \frac{N}{\varphi f} = \frac{6000 \times 10^3}{0.899 \times 215} \times 10^{-2} \approx 310.4(\mathrm{cm^2})$$

由附录 F 得近似回转半径关系：

$$b = \frac{i_y}{0.41} = \frac{18}{0.41} \approx 43.9(\mathrm{cm})$$

$$h = \frac{i_x}{0.41} \approx 43.9(\mathrm{cm})$$

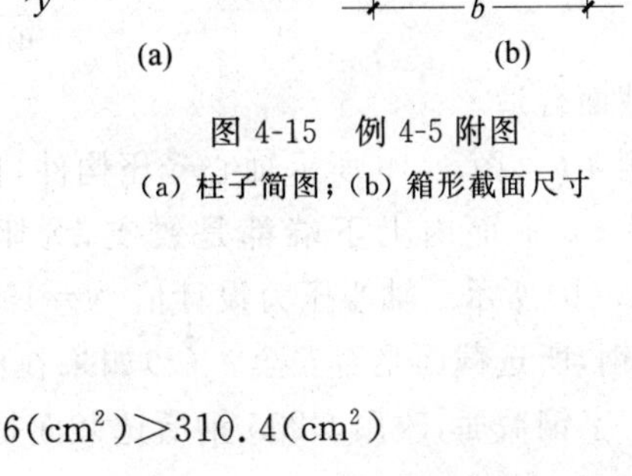

图 4-15　例 4-5 附图

(a) 柱子简图；(b) 箱形截面尺寸

选翼缘板 2—16×500；

选腹板 2—16×480；

面积

$$A = 2 \times 16 \times (50 + 48) \approx 313.6(\mathrm{cm^2}) > 310.4(\mathrm{cm^2})$$

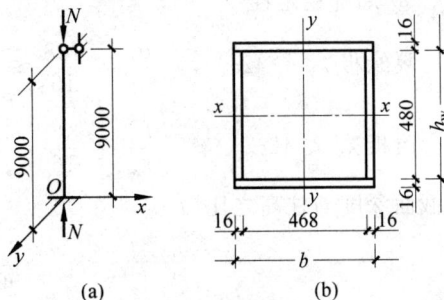

见图 4-15(b),此处 $b=500>h_w=480$,目的是使 $t\leqslant 16$mm 在第一组内,否则 f 值将降低。

(3) 截面几何特性

$$A=313.6\text{cm}^2$$

$$I_x=\frac{1}{12}\times(50\times51.2^3-46.8\times48^3)\approx127\,932(\text{cm}^4)$$

$$I_y=\frac{1}{12}\times(51.2\times50^3-48\times46.8^3)\approx123\,320(\text{cm}^4)$$

回转半径

$$i_x=\sqrt{\frac{I_x}{A}}=\sqrt{\frac{127\,932}{313.6}}\approx20.20(\text{cm})$$

$$i_y=\sqrt{\frac{I_y}{A}}=\sqrt{\frac{123\,320}{313.6}}\approx19.83(\text{cm})$$

长细比

$$\lambda_x=\frac{l_{0x}}{i_x}=\frac{720}{20.20}\approx35.6$$

$$\lambda_y=\frac{l_{0y}}{i_y}=\frac{720}{19.83}\approx36.3>35.6$$

故

$$\lambda_y<[\lambda]=150$$

(4) 截面验算

① 整体稳定性

由表 E-2(Q235 钢,b 类截面)查得 $\lambda_y=36.3$ 时,$\varphi_y=0.913$。钢板厚 16mm 时,$f=215\text{N/mm}^2$,可知

$$\frac{N}{\varphi_y A}=\frac{6000\times10^3}{0.913\times313.6\times10^2}\approx209.6(\text{N/mm}^2)<f=215(\text{N/mm}^2)$$

② 因截面无削弱,不需进行强度验算。

③ 局部稳定性

翼缘板 $\lambda_y<42\varepsilon_k$ $\frac{b_0}{t}=\frac{468}{16}\approx29.3<42\sqrt{\frac{235}{f_y}}=42$

腹板 $\lambda_y<42\varepsilon_k$ $\frac{h_0}{t_w}=\frac{480}{16}=30<42\sqrt{\frac{235}{f_y}}=42$

柱截面深度与柱高之比为

$$\frac{512}{9000}\approx\frac{1}{17.6}$$

所选截面合适。

例 4-6 图 4-16 所示轴心受压构件,在 zy 平面内,下端固定上端铰支,如图 4-16(a)所示;在 zx 平面内上下端都是铰支,为阻止弱轴方向过早失稳,在中点加一个侧支,如图 4-16(b)所示。轴心压力设计值 $N=1500$kN。(1)选择 Q345 热轧工字钢截面,如果改用 Q235 钢,所选截面是否安全?(2)如果在侧向加两个支撑如图 4-16(c)所示,重新选 Q345 热轧工字钢截面,改用 Q235 钢所选截面是否安全?

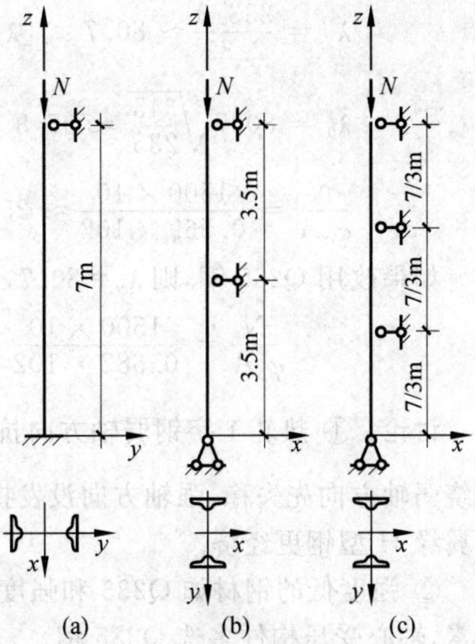

图 4-16　例 4-6 附图

解　由表 C-1 查得 Q345 钢的 $f=310\text{N/mm}^2$，Q235 钢的 $f=215\text{N/mm}^2$。

由表 4-2 查得许用长细比$[\lambda]=150$。

(1) 计算图 4-16(a)、(b)构件

设 $\lambda=100$,则

$$\lambda_0=\lambda\sqrt{\frac{f_y}{235}}=100\sqrt{\frac{345}{235}}=121$$

分别由表 E-1 和表 E-2 查得 $\varphi_x=0.488$，$\varphi_y=0.432$。

$$A=\frac{N}{f\varphi_{\min}}=\frac{1500\times10^3}{310\times0.432}\times10^{-2}\approx112(\text{cm}^2)$$

$$i_x=\frac{l_{0x}}{\lambda}=\frac{0.7\times700}{100}=4.9(\text{cm})$$

$$i_y=\frac{l_{0y}}{\lambda}=\frac{350}{100}=3.5(\text{cm})$$

由表 A-1 查不出同时满足 A,i_x,i_y 的工字钢型号。只能根据 A,i_y 由表 A-1 初选I56a：$A=135\text{cm}^2$，$i_x=22\text{cm}$，$i_y=3.18\text{cm}$。

验算刚度和整体稳定，截面无削弱强度不需验算。

$$\lambda_x=\frac{l_{0x}}{i_x}=\frac{490}{22}\approx22.3$$

$$\lambda_y=\frac{l_{0y}}{i_y}=\frac{350}{3.18}\approx110.1<[\lambda]=150\text{，满足刚度要求}$$

相当长细比 $\lambda_0=110.1\sqrt{\frac{345}{215}}=133.4$，由表 E-2 查得 $\varphi_y=0.372$，所以，

$$\frac{N}{\varphi_yA}=\frac{1500\times10}{0.372\times135}\approx298.7(\text{N/mm}^2)<f=310(\text{N/mm}^2)(\text{满足})$$

如果改用材料 Q235，则 $\lambda_y=110.1$。由表 E-2 查得 $\varphi_y=0.493$，所以，

$$\frac{N}{\varphi_yA}=\frac{1500\times10}{0.493\times135}\approx225.4(\text{N/mm}^2)\leqslant1.05f=1.05\times215\approx225.8(\text{N/mm}^2)(\text{满足})$$

(2) 计算图 4-16(a)、(c)构件

设 $\lambda=100$,则

$\lambda_0=\lambda\sqrt{\frac{f_y}{235}}=100\sqrt{\frac{345}{235}}\approx121$，分别由表 E-1 和表 E-2 查得 $\varphi_x=0.488$，$\varphi_y=0.432$。

$$A=\frac{N}{f\varphi_{\min}}=\frac{1500\times10}{310\times0.432}\approx112(\text{cm}^2)$$

$$i_x=4.9\text{cm}$$

$$i_y=\frac{l_{0y}}{\lambda}=\frac{700}{3\times100}\approx2.33(\text{cm})$$

根据 A,i_y 由表 A-1 初选I45a：$A=102\text{cm}^2$，$i_x=17.7\text{cm}$，$i_y=2.89\text{cm}$。

验算整体稳定

$$\lambda_x=\frac{490}{17.7}\approx27.7$$

$$\lambda_y=\frac{233.3}{2.89}\approx 80.7<[\lambda]$$

$$\lambda_0=80.7\sqrt{\frac{345}{235}}\approx 97.8 \quad \text{由表 E-2 查得 } \varphi_y=0.569$$

$$\frac{N}{\varphi_y A}=\frac{1500\times 10}{0.569\times 102}\approx 258.5(\text{N/mm}^2)<f=310(\text{N/mm}^2)(\text{满足})$$

如果改用 Q235 钢，则 $\lambda_y=80.7$，由表 E-2 查得 $\varphi_y=0.682$，所以，

$$\frac{N}{\varphi_y A}=\frac{1500\times 10}{0.682\times 102}\approx 215.6\approx f=215(\text{N/mm}^2)(\text{满足})$$

讨论：① 热轧工字钢弱轴方向抗弯刚度太弱，侧向加二道支撑使其计算长度为$\frac{1}{3}$，仍然绕弱轴方向先失稳，强轴方向没发挥作用，所以热轧工字钢不适合做轴心受压柱，应改用宽翼缘 H 型钢更经济。

② 强度低的钢材如 Q235 和强度高的钢材如 Q345，稳定承载方面差别很小，考虑经济因素，轴心受压构件多选 Q235 钢。

③ 采用图 4-16(a)、(c)配合比图 4-16(a)、(b)配合省钢材$\frac{135-102}{135}\times 100\%\approx 24.4\%$，说明稳定问题是构件的整体行为，只增加截面面积是不会提高稳定承载力的，它和强度计算有本质的区别。

例 4-7 如图 4-17(a)、(b)所示两种焊接工字形截面(焰切边)面积相等，材料都是 Q235B 钢。轴心受压柱的计算长度为 $l_{0x}=10\text{m}$，$l_{0y}=5\text{m}$，是否能安全承受荷载的设计值 $N=1200\text{kN}$？

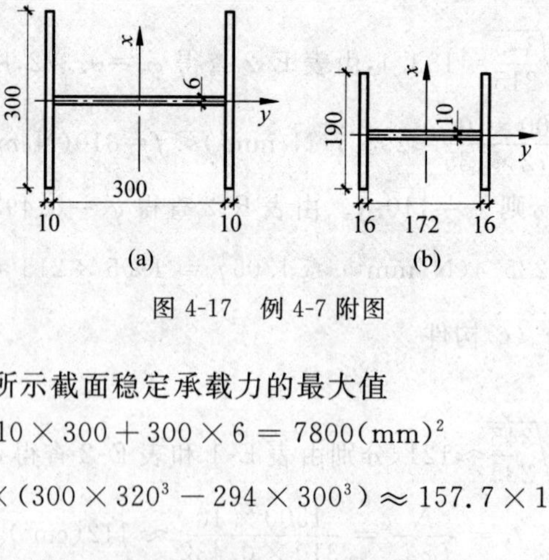

图 4-17 例 4-7 附图

解 (1) 图 4-17(a)所示截面稳定承载力的最大值

$$A=2\times 10\times 300+300\times 6=7800(\text{mm})^2$$

$$I_x=\frac{1}{12}\times(300\times 320^3-294\times 300^3)\approx 157.7\times 10^6(\text{mm}^4)$$

$$I_y=\frac{1}{12}\times 10\times 300^3\times 2=45\times 10^6(\text{mm}^4)$$

$$i_x=\sqrt{\frac{I_x}{A}}\approx 142.2(\text{mm}),\quad i_y=\sqrt{\frac{I_y}{A}}\approx 76(\text{mm})$$

$$\lambda_x=\frac{l_{0x}}{i_x}=\frac{10\,000}{142.2}\approx 70.3$$

$$\lambda_y=\frac{l_{0y}}{i_y}=\frac{5000}{76}\approx 65.8$$

由强轴控制，$\varphi_x=0.749$，(a)截面最大承载力为

$$N = A\varphi_x f = 7800 \times 0.749 \times 215 \times 10^{-3} \approx 1256(\text{kN}) > 1200(\text{kN})$$

验算图 4-17(a)所示截面的局部稳定：

翼缘板 $\lambda_x > 70\varepsilon_k$

$$\frac{b_1}{t} = \frac{300-6}{2\times 10} = 14.7 > \min[7\varepsilon_k + 0.1\lambda_x, 7\varepsilon_k + 12] = \min[14.03, 19] = 14.03$$

但不超过 5%，可用。

腹板 $\lambda_x > 50\varepsilon_k$

$$\frac{h_0}{t_w} = \frac{300}{6} = 50 < \min[21\varepsilon_k + 0.42\lambda_x, 21\varepsilon_k + 50] = \min[50.53, 71] = 50.53$$

(2) 图 4-17(b)所示截面稳定最大承载力

$$A = 2\times 16\times 190 + 172\times 10 = 7800(\text{mm}^2)$$

$$I_x = \frac{1}{12}\times(190\times 204^3 - 180\times 172^3) \approx 58.1\times 10^6(\text{mm}^4)$$

$$I_y = \frac{1}{12}\times 16\times 190^3\times 2 \approx 18.3\times 10^6(\text{mm}^4)$$

$$i_x = \sqrt{\frac{I_x}{A}} \approx 86.3(\text{mm}),\quad i_y = \sqrt{\frac{I_y}{A}} \approx 48.4(\text{mm})$$

$$\lambda_x = \frac{l_{0x}}{i_x} = \frac{10\,000}{86.3} \approx 115.9$$

$$\lambda_y = \frac{l_{0y}}{i_y} = \frac{5000}{48.4} \approx 103.3$$

由强轴控制，接近等稳定承载

$$\varphi_x = 0.459$$

图 4-17(b)所示截面最大承载力为

$$N = A\varphi_x f = 7800\times 0.459\times 215\times 10^{-3} \approx 769.7(\text{kN}) < 1200(\text{kN})$$

结论：图 4-17(a)所示截面能安全承载，图 4-17(b)所示截面不能安全承载。

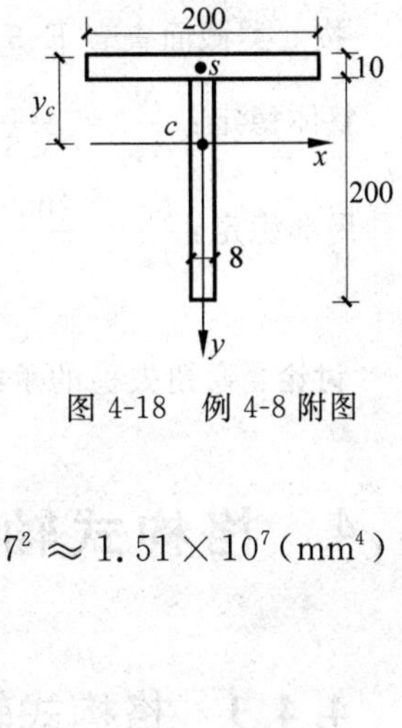

图 4-18 例 4-8 附图

例 4-8 截面如图 4-18 所示的两端铰支的轴心受压柱。已知轴心压力设计值 $N=400\text{kN}$，柱高 $l=3\text{m}$，材料为 Q345B 钢。验算整体稳定和局部稳定。

解：(1) 截面几何参数

$$A = 200\times 10 + 200\times 8 = 3.6\times 10^3(\text{mm}^2)$$

$$y_c = \frac{8\times 200\times 105}{3.6\times 10^3} \approx 46.67(\text{mm})$$

$$I_x = \frac{8\times 200^3}{12} + 8\times 200\times(105-46.67)^2 + 200\times 10\times 46.67^2 \approx 1.51\times 10^7(\text{mm}^4)$$

$$I_y = \frac{10\times 200^3}{12} + \frac{200\times 8^3}{12} \approx 6.68\times 10^6(\text{mm}^4)$$

$$i_x = \sqrt{\frac{1.51\times 10^7}{3.6\times 10^3}} \approx 64.8(\text{mm})$$

$$i_y = \sqrt{\frac{6.68\times 10^6}{3.6\times 10^3}} \approx 43(\text{mm})$$

$$\lambda_x = \frac{3\times 10^3}{64.8} \approx 46.8$$

$$\lambda_y = \frac{3\times 10^3}{43} \approx 69.8$$

$\lambda_y > \lambda_x$ 是绕对称轴 y 弯扭失稳，应计算换算长细比 $\lambda_{y\theta}$。

对于T形截面，如果以翼板和腹板的轴线交点 s 为计算扇形面积的极点，则扇形面积为零，所以 s 点就是剪切中心，其扇形惯性矩为零，即 $y_0 = y_c = 46.67\text{mm}$，$I_w = 0$。

$$I_t = \frac{1}{3}\times(200\times 10^3 + 200\times 8^3) = 1\times 10^5(\text{mm}^4)$$

$$r_0^2 = \frac{(15.1+6.68)\times 10^6}{3.6\times 10^3} + 46.67^2 \approx 8.228\times 10^3(\text{mm}^2)$$

(2) 弯扭换算长细比

$$E = 2.06\times 10^5\text{N/mm}^2 \quad G = \frac{2.06\times 10^5}{2(1+0.3)} \approx 0.79\times 10^5(\text{N/mm}^2)$$

$$\lambda_\theta = \frac{3\times 10^3}{\sqrt{\dfrac{(3\times 10^3)^2\times 0.79\times 10^5\times 1\times 10^5}{\pi^2\times 2.06\times 10^5\times 3.6\times 10^3\times 8.228\times 10^3}}} \approx 87.27$$

$$\lambda_{y\theta}^2 = \frac{1}{2}(69.8^2+87.27^2) + \frac{1}{2}\sqrt{(69.8^2+87.27^2)^2 - 4\left(1-\frac{46.67^2}{8.228\times 10^3}\right)\times 69.8^2\times 87.27^2}$$
$$\approx 9665.29$$

$$\lambda_{y\theta} = 98.31$$

(3) 验算整体稳定和局部稳定

将 $\lambda_{y\theta}$ 换算成Q235钢的长细比

$$\lambda = \lambda_{y\theta}\sqrt{\frac{f_y}{235}} = 98.31\sqrt{\frac{345}{235}} \approx 119.12$$

按c类截面查表E-3得：$\phi = 0.382$

整体稳定：$\dfrac{N}{A\phi} = \dfrac{400\times 10^3}{3.6\times 10^3\times 0.382} \approx 291(\text{N/mm}^2) < f = 310(\text{N/mm}^2)$（满足）

局部稳定：$\dfrac{h_0}{t_w} = \dfrac{200}{8} = 25 < \min[11\varepsilon_k + 0.2\lambda_{y\theta}, 11\varepsilon_k + 42]$

$$= \min[28.7, 35] = 28.7\text{(满足)}$$

讨论：弯扭失稳的承载力比弯曲失稳承载力降低31%。

4.4 格构式轴心受压构件

4.4.1 格构式轴心受压构件的组成

格构式轴心受压构件是由肢件和缀材组成的。肢件通常由两槽钢或两工字钢组成，如图4-19(a)、(b)、(c)所示，缀材将两个肢件连成一个整体。如图4-19(a)所示翼缘朝内更加合理，使柱外平整，在轮廓尺寸相同的条件下，可比图 4-19(b)翼缘朝外时获得更大的惯性矩。在设计时，调整两肢件的距离，可得到等稳定受力。截面中垂直于肢件腹板的形心轴(图 4-19 中的 y 轴)称为实轴，垂直于缀材平面的形心轴(图 4-19 中的 x 轴)称为虚轴。

缀材通常有缀条和缀板两种，它和肢件组成的构件分别称为缀条柱、缀板柱，如图 4-20(a)、(b)、(c)所示。缀材的作用是使两肢件共同工作，减少肢件的计算长度，承担绕虚轴失稳时产生的横向剪力。

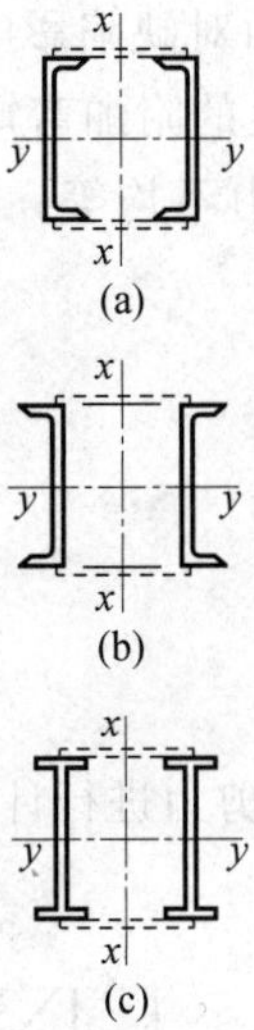

图 4-19　格构柱的截面形式

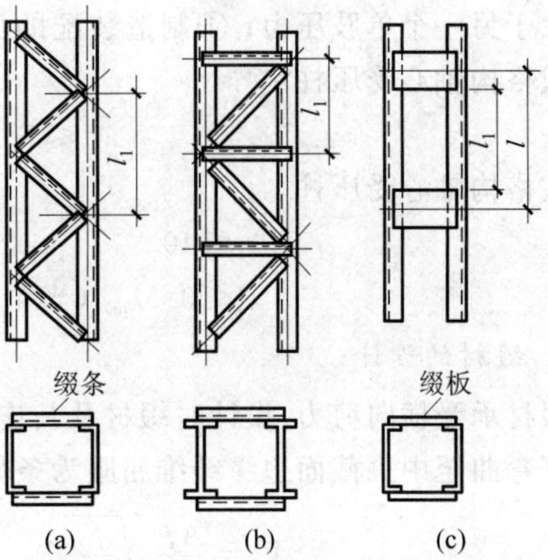

图 4-20　格构柱组成

(a)，(b) 缀条柱；(c) 缀板柱

4.4.2　格构式轴心受压构件绕虚轴方向的整体稳定

1. 剪切变形对绕虚轴发生弯曲失稳时的影响

格构轴心受压柱，当绕实轴发生弯曲失稳时，产生的横向剪力由抗剪刚度较大的肢件承担，和实腹柱一样，其引起的附加变形很小，可以忽略不计，整体稳定由式(4-5a)或式(4-5b)来计算。当绕虚轴发生弯曲失稳时，产生的横向剪力由比较柔弱的缀材承担，引起的附加变形导致临界力的降低是不能忽略的。解决的办法是引进换算长细比 λ_{0x} 来代替对虚轴 x 的长细比 λ_x。$\lambda_{0x}>\lambda_x$，缀材抗剪刚度越弱，λ_{0x} 比 λ_x 大得越多。规范给出双肢格构式轴心受压柱对虚轴的换算长细比的计算公式如下：

缀条式

$$\lambda_{0x}=\sqrt{\lambda_x^2+27A/A_{1x}} \tag{4-29}$$

缀板式

$$\lambda_{0x}=\sqrt{\lambda_x^2+\lambda_1^2} \tag{4-30}$$

式中，λ_x 为整个构件对虚轴的长细比；A 为整个构件的横截面的毛面积；A_{1x} 为构件截面中垂直于 x 轴各斜缀条的毛截面面积之和；λ_1 为单肢对平行于虚轴的形心轴的长细比，其计算长度取缀板之间的净距离，如图 4-20(c)中的 l_1（当缀板用螺栓或铆钉连接时，取缀板边缘螺栓中心线之间的距离)。

由三肢、四肢组成的格构式压杆,其对虚轴的换算长细比见规范的有关规定。

2. 分肢的稳定

格构式轴心受压柱中,各分肢在缀材联系点间的一段(如图 4-20(a)、(b)、(c)中的 l_1 段)作为一个单独的轴心受压杆。规范规定各分肢的临界应力应当不小于整体失稳时的临界应力。原则上只要控制分肢的 λ_1 不大于整个构件的 $\lambda_{max}(\lambda_{0x},\lambda_y)$ 即可,但是实际上 $\lambda_1 \leqslant \lambda_{max}(\lambda_{0x},\lambda_y)$ 并不能保证肢件不先于整体失稳。因为:①分肢截面对缺陷影响更敏感;②分肢截面的 φ 值类别可能低于整体截面 φ 值的类别;③初缺陷产生的附加弯矩使一个单肢的压力大于另一个单肢压力;④制造装配的偏差可能使各分肢受力不均等。所以规范规定,缀条式格构轴心受压柱

$$\lambda_1 \leqslant 0.7\lambda_{max}(\lambda_{0x},\lambda_y)$$

缀板式格构轴心受压柱

$$\lambda_1 \leqslant 40$$

$$\lambda_1 \leqslant 0.5\lambda_{max}(\text{当 } \lambda_{max} > 50 \text{ 时,取 } \lambda_{max} = 50)$$

3. 缀材的设计

缀材承受横向剪力,设计时缀材及其连接按可能发生的最大剪力进行计算。规范规定,以压杆弯曲至中央截面边缘纤维屈服为条件,导出最大剪力

$$V = \frac{Af}{85}\sqrt{\frac{f_y}{235}} \tag{4-31}$$

并认为剪力沿压杆全长不变。对于双肢格构轴心受压柱,分配到每个缀材平面的剪力 V_b 为

$$V_b = \frac{1}{2}V = \frac{Af}{170}\sqrt{\frac{f_y}{235}} \tag{4-32}$$

式中,A 为整个柱的横截面的毛面积。其他的设计都和实腹柱相同。

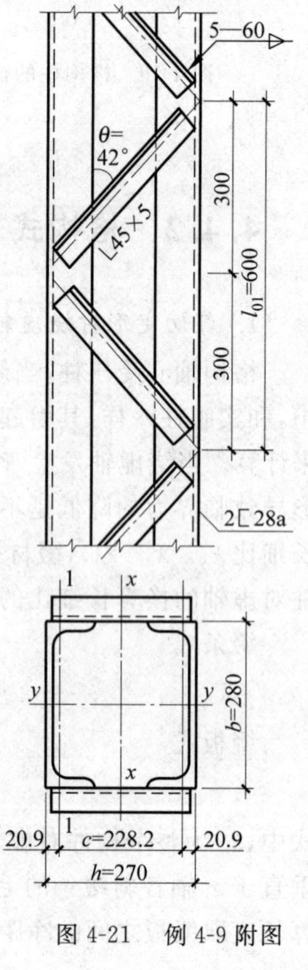

图 4-21 例 4-9 附图

例 4-9 设计格构式轴心受压柱。轴心压力的设计值 $N=1300\text{kN}$,柱长 $l=7\text{m}$,两端铰接,中间无支撑,材料为 Q235B 钢,焊条为 E43 系列,肢件为双槽钢,如图 4-21 所示。

解 1) 设计资料

$N=1300\text{kN}$,两端铰接,中间无支撑。$l_{0x}=l_{0y}=7\text{m}$,Q235 钢:$f=215\text{N/mm}^2$,$f_v=125\text{N/mm}^2$,$f_f^w=160\text{N/mm}^2$,$[\lambda]=150$。

2) 按绕实轴(y 轴)稳定——选肢件(双槽钢)型号

(1) 设 $\lambda_y=80$,按 b 类查表 E-2 得 $\varphi_y=0.688$,则

$$A=\frac{N}{\varphi_y f}=\frac{1300\times10^3}{0.688\times215}\approx 8789\ (\text{mm}^2)$$

$$i_y=\frac{l_{0y}}{\lambda}=\frac{7000}{80}=87.5(\text{mm})$$

由槽钢表(表 A-2)选为 2[28a:

$$A=2\times40=80(\text{cm}^2),\quad i_y=10.9\text{cm},$$

$$y_0 = 2.1\text{cm}, \quad i_1 = 2.33\text{cm}$$

(2) 验算

$$\lambda_y = \frac{l_{0y}}{i_y} = \frac{7000}{109} \approx 64.2 < [\lambda] = 150$$

$$\varphi_y = 0.785$$

$$\frac{N}{\varphi_y A} = \frac{1300 \times 10^3}{0.785 \times 8 \times 10^3} \approx 207(\text{N/mm}^2) < f = 215(\text{N/mm}^2)$$

3) 按绕虚轴稳定——确定肢间距离 h

由图 4-21,有

$$I_x = 2\left[I_1 + \left(\frac{c}{2}\right)^2 A_1\right]$$

$$\frac{I_x}{2A_1} = \frac{2I_1}{2A_1} + \left(\frac{c}{2}\right)^2$$

$$i_x^2 = i_1^2 + \left(\frac{c}{2}\right)^2$$

$$c = 2\sqrt{i_x^2 - i_1^2}$$

如果缀材采用缀条式,取∟45×5 为等边角钢,二缀条面内斜缀条的面积

$$A_{1x} = 2 \times 429 = 858(\text{mm}^2)$$

(1) 按等稳定条件 $\lambda_{0x}=\lambda_y$,确定肢间距 h

$$\lambda_x = \sqrt{\lambda_y^2 - \frac{27A}{A_{1x}}} = \sqrt{64.2^2 - 27 \times \frac{8000}{858}} \approx 62.2$$

$$i_x = \frac{l_{0x}}{\lambda_x} = \frac{7000}{62.2} \approx 112.5(\text{mm})$$

$$c = 2\sqrt{i_x^2 - i_1^2} = 2\sqrt{112.5^2 - 23.3^2} \approx 220(\text{mm})$$

取 $c=228\text{mm}$,则

$$h = c + 2y_0 = 228 + 2 \times 21 = 270(\text{mm})$$

(2) 验算

$$c = h - 2y_0 = 270 - 2 \times 21 = 228(\text{mm})$$

$$i_x = \sqrt{i_1^2 + \left(\frac{c}{2}\right)^2} = \sqrt{23.3^2 + 114^2} \approx 116.4(\text{mm})$$

$$\lambda_x = \frac{l_{0x}}{i_x} = \frac{7000}{116.4} \approx 60.1$$

$$\lambda_{0x} = \sqrt{\lambda_x^2 + \frac{27A}{A_{1x}}} = \sqrt{60.1^2 + 27 \times \frac{8000}{858}} \approx 62.2$$

$$\varphi_x = 0.795$$

$$\frac{N}{\varphi_x A} = \frac{1300 \times 10^3}{0.795 \times 8000} \approx 204.4(\text{N/mm})^2 < f = 215(\text{N/mm}^2)$$

4) 设计缀条

柱剪力 $$V = \frac{Af}{85}\sqrt{\frac{f_y}{235}} = \frac{8000 \times 215}{85} \times 10^{-3} \approx 20.2(\text{kN})$$

每个缀面剪力 $$V_b = \frac{1}{2}V = 10.1(\text{kN})$$

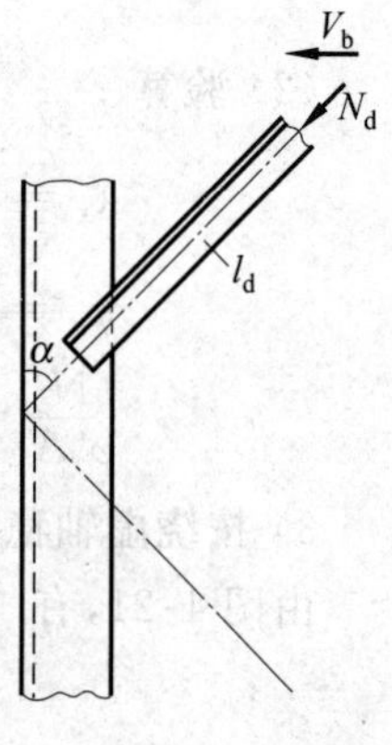

图 4-22 人字形体系

(1) 缀条取∟45×5

$$A_d = 429\text{mm}^2$$

$$i_{\min} = i_{y0} = 8.8\text{mm}$$

采用人字形体系,见图 4-22,缀条汇交于槽钢边缘(便于施工)。

$$\alpha = 40° \sim 70°$$

$$l_{01} = 2 \times \frac{h}{\tan\alpha} = 620 \sim 190(\text{mm})$$

取 $l_{01} = 600(\text{mm}) < \lambda_1 i_1 = 44.9 \times 23.3 \approx 1047(\text{mm})$,则

$$\lambda_1 \leqslant 0.7\lambda_{\max} = 0.7 \times 64.2 \approx 44.9, \quad i_1 = 23.3(\text{mm})$$

(2) 验算

$$\tan\alpha = \frac{h}{\frac{1}{2}l_{01}} = \frac{270}{300} = 0.9$$

$$\alpha = 41.2°$$

$$N_d = \frac{V_b}{\sin\alpha} \approx 15.1(\text{kN})$$

$$l_d = \frac{h}{\sin\alpha} \approx 404.8(\text{mm})$$

$$\lambda = \frac{l_d}{i_{\min}} = \frac{404.8}{8.8} = 46$$

$$\varphi = 0.874$$

$$\eta = 0.6 + 0.0015\lambda = 0.669, \quad \eta \text{ 为折减系数}$$

$$\frac{N_d}{\varphi A_d \eta} = \frac{15.1 \times 10^3}{0.874 \times 0.669 \times 429} \approx 60(\text{N/mm}^2) < f = 215(\text{N/mm}^2)$$

缀条和肢件的连接焊缝计算见第 3 章。

4.5 柱头和柱脚

4.5.1 柱头的构造和计算

轴心受压柱和梁的连接都采用铰接,只承受由上部传来的轴心压力。设计原则是传力明确、简捷,安全可靠,经济合理,有足够的刚度并构造简单,施工方便。

1. 构造和传力过程

如图 4-23 所示为梁支撑于柱顶的典型轴心传力的柱头构造。梁的全部压力由梁端突缘传到柱顶板中部,使压力沿柱身轴线下传,是理想的轴心受压连接。为防止顶板受弯而挠曲,必须提高顶板的抗弯刚度,方法是除了顶板要有一定厚度外,通常在顶板上加焊一块条形垫板(集中垫板);顶板下方垂直于柱腹板两侧设置加劲肋撑住顶板。柱头构造由集中垫

板、顶板、加劲肋构成。顶板厚度不小于 14mm，大小以盖住柱子截面为准，可稍大于 50mm。垫板用构造角焊缝和顶板焊牢。

传力过程是：顶板将力 N 传给两加劲肋，加劲肋再将力传给柱腹板。

传力过程表示如下：

$$N \xrightarrow{\text{端面承压}} \text{垫板} \xrightarrow{\text{端面承压}} \text{顶板} \xrightarrow[\text{或端面承压}]{\text{焊缝①}} \text{加劲肋} \xrightarrow{\text{焊缝②}} \text{柱身}$$

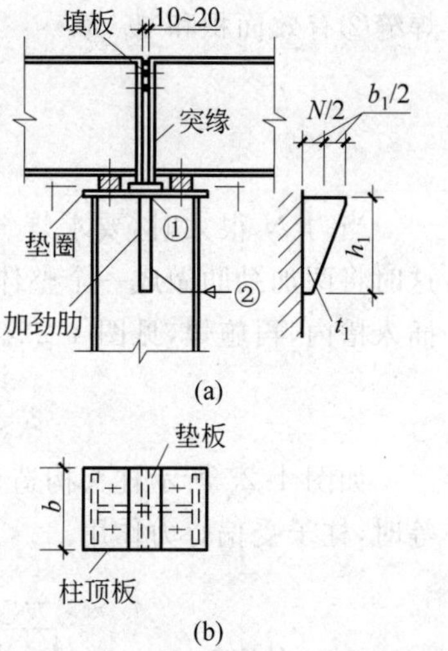

(a)　(b)

图 4-23　梁支撑于柱顶的柱头构造一

2. 计算

力 N 经梁端突缘传给垫板，设计梁时，已按力 N 确定梁端突缘的端面积。垫板面积大于突缘面积，不需计算；顶板面积大于垫板，也不需计算。计算从加劲肋开始。

(1) 加劲肋承压端面计算

加劲肋宽度 b_1 由顶板宽度确定，其厚度 t_1 为

$$t_1 = \left(\frac{N}{2}\right) \Big/ (b_1 f_{ce}) \tag{4-33}$$

式中，f_{ce} 为钢材端面承压强度设计值。

(2) 角焊缝①的计算

焊缝长度已定(b_1)，根据构造要求，选定焊脚尺寸 h_f，然后验算

$$\frac{N}{4 \times 0.7 h_f (b_1 - 2h_f)} \leqslant \beta_f f_f^w \tag{4-34}$$

(3) 加劲肋验算

加劲肋相当悬臂梁(图 4-23(a))，验算局部稳定

$$t_1 \geqslant \frac{b_1}{15} \quad 及 \quad t_1 > 10\text{mm} \tag{4-35}$$

验算抗弯、抗剪强度

$$\sigma = \frac{6 \times b_1 \times \dfrac{N}{4}}{t_1 h_1^2} \leqslant f \tag{4-36}$$

$$\tau = \frac{1.5 \times \dfrac{N}{2}}{t_1 h_1} \leqslant f_v \tag{4-37}$$

通常先选取 h_1 值进行验算，再调整。

应注意，确定 t_1 后，应和柱子的有关厚度相协调。如果计算要求 t_1 比柱子腹板厚度大很多，应将柱头部分的腹板局部换成较厚的板，见图 4-24。

(4) 焊缝②计算

根据构造要求选取 h_f，按下式验算：

$$\sqrt{\left(\frac{\sigma_f}{1.22}\right)^2 + \tau_f^2} = \sqrt{\left(\frac{b_1 N/4}{1.22 w_f}\right)^2 + \left(\frac{N/2}{A_f}\right)^2} \leqslant f_f^w \tag{4-38}$$

焊缝②有效面积和 w_f 为

$$A_f = 2 \times 0.7h_f(h_1 - 2h_f)$$

$$w_f = \frac{1}{6} \times 2 \times 0.7h_f(h_1 - 2h_f)^2$$

当力 N 很大时，要求焊缝长度 h_1 很长，即加劲肋长度 h_1 很长，构造不合理，不经济。这时将两加劲肋做成一个整体，也就是采用双悬臂加劲肋的形式，柱子腹板开槽，把加劲肋插入槽内，再施焊，见图 4-22。这时焊缝②只受剪力 N 作用，无弯矩作用。验算式为

$$\frac{N}{4 \times 0.7h_f(h_1 - 2h_f)} \leqslant f_f^w \tag{4-39}$$

如图 4-25 所示柱头构造简单，传力位置明确，计算简单。缺点是左右梁传来的力不相等时，柱子受偏心力作用。

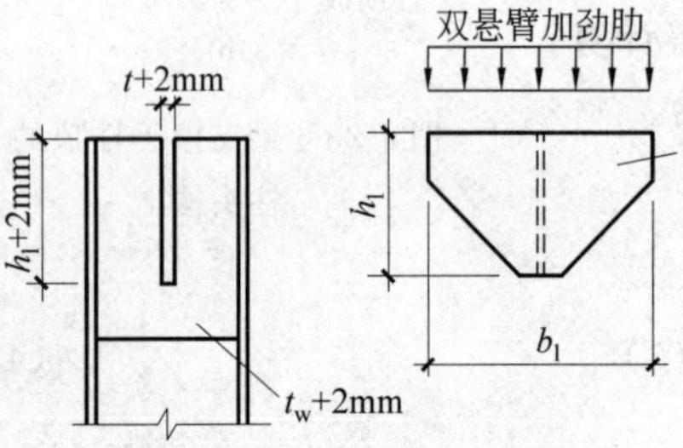

图 4-24　双悬臂加劲肋

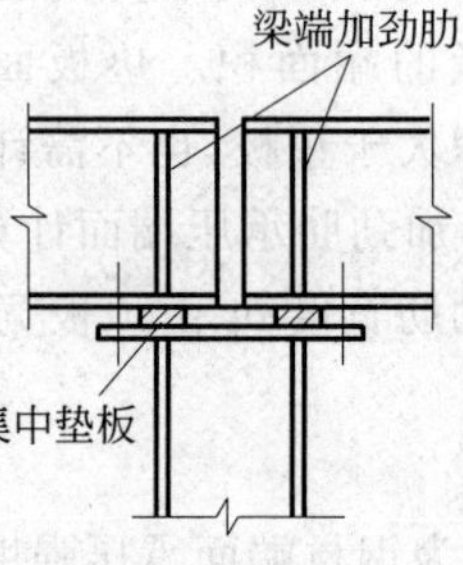

图 4-25　梁支撑于柱顶的柱头构造二

4.5.2　柱脚的构造和计算

柱脚的作用是将柱身传来的轴心压力均匀地传给混凝土基础。柱脚的设计原则是要求传力明确均匀，安全可靠，构造简单，便于施工，它必须有一定的刚度才能完成传力和定位两大作用。

1. 柱脚的构造

柱脚由底板、靴梁、隔板、锚栓等组成。在轴心受压柱中，锚栓不受力只起固定位置的作用，所以锚栓的直径和数量按构造要求确定，为了便于施工，锚栓预埋在混凝土基础内，柱脚底板上预先留有大于锚栓直径 d 的孔，孔径一般取(1.5～2)d，或在底板上开缺口，其直径也取(1.5～2)d，见图 4-26(b)。为了均匀安全地把力传给抗压强度远低于钢材的混凝土基础，底板必须有一定的面积和刚度，因此底板的厚度为 20～40mm。当柱子传来的力较大时，采用带有靴梁和隔板的柱脚，柱子传来的力通过靴梁较均匀地扩散到底板上，柱脚加隔板不仅增加靴梁的侧向刚度，更主要的是底板被分成了更小的区格，减少了底板的厚度。

2. 传力过程分析

传力过程如下(图 4-26)：

$$N \xrightarrow{\text{焊缝①}} \text{靴梁} \xrightarrow{\text{焊缝②}} \text{底板} \xrightarrow{\text{抗压}} \text{基础}$$

柱身内力 N 经靴梁、底板传给基础。但从柱子的柱脚来说，所受外力是来自基础的反力 N，此反力 N 经底板，再经靴梁，最后传给柱身，传力过程刚好相反。因此，柱脚的设计是

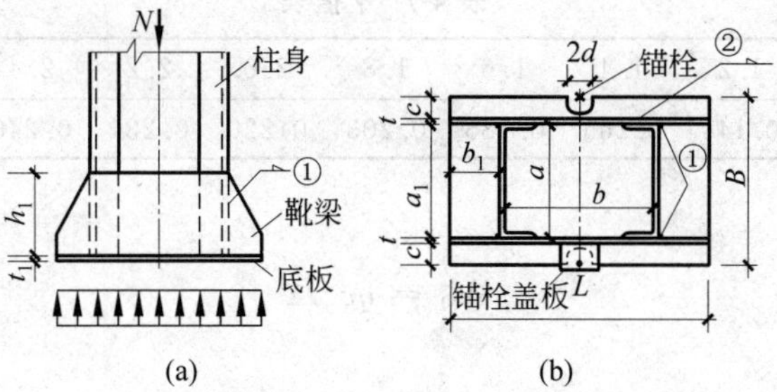

图 4-26 铰接柱脚构造

反向进行的。

3. 计算

(1) 底板尺寸的确定

假设基础的反力是均匀分布的,基础所受的压应力为

$$\sigma_c = N/BL \leqslant f_c \tag{4-40}$$

由此得

$$BL = N/f_c \tag{4-41}$$

式中,B 和 L 分别为底板的宽度和长度;f_c 为混凝土的抗压强度设计值:C20,C30 混凝土,f_c 分别为 $10N/mm^2$ 和 $15N/mm^2$。底板宽度 B 由构造要求确定,原则是使底板在靴梁外侧的悬臂部分尽可能小:

$$B = a_1 + 2t + 2c \tag{4-42}$$

式中,a_1 为柱截面尺寸;t 为靴梁厚度,通常为 10～14mm;c 为底部悬伸部分的宽度,从经济角度出发,c 应尽可能小些,通常根据锚栓的构造要求来定,取锚栓直径的 3～4 倍。轴心受压柱的锚栓常取 d=20～24mm。

由此可确定底板长度

$$L \geqslant \left(\frac{N}{f_c} - \bar{a}\right)/B \tag{4-43}$$

式中,$\bar{a}$ 为安放锚栓处切除的面积。

底板的厚度由底板在基础反力作用下产生的弯矩来决定。带靴梁的柱脚,底板被靴梁和隔板分成五种区格:一边支撑的矩形板;二对边支撑的矩形板;二邻边支撑的矩形板;三边支撑的矩形板;四边支撑的矩形板。为计算板中单位宽度上的弯矩,表 4-5～表 4-7 分别给出了三边支撑板、四边支撑板和两邻边支撑板的弯矩系数 β,α 和 γ。

表 4-5 β 值表

三边支撑	b_1/a_1	0.3	0.4	0.5	0.6	0.7	0.8	0.9	1.0	1.2	≥1.4
	β	0.026	0.042	0.058	0.072	0.085	0.092	0.104	0.111	0.120	0.125

表 4-6 α 值表

四边支撑	b/a	1.0	1.1	1.2	1.3	1.4	1.5	1.6	1.7	1.8	1.9	2.0	3.0	≥4.0
	α	0.048	0.055	0.063	0.069	0.075	0.081	0.086	0.091	0.095	0.099	0.101	0.119	0.125

表 4-7 γ 值表

二邻边	b_2/a_2	1.0	1.2	1.4	1.6	1.8	2.0	2.2	2.4	2.6	2.8	3.0
支撑	γ	0.120	0.144	0.165	0.185	0.203	0.220	0.234	0.246	0.256	0.266	273

悬臂板

$$M_1 = qc^2/2 \tag{4-44}$$

二对边支撑板

$$M_2 = \frac{1}{8}qa^2 \tag{4-45}$$

式中,c,a 为板的长度。

二邻边支撑板

$$M_2 = \gamma q a_2^2 \tag{4-46}$$

式中,a_2 为短边;γ 为系数,根据长短边的比值 b_2/a_2,由表 4-7 查得。

三边支撑板

$$M_3 = \beta q a_1^2 \tag{4-47}$$

式中,q 为基础实际的向上反力,$q=\frac{N}{BL-\bar{a}}(\text{N/mm}^2)$;$a_1$ 为自由边的长度;β 为系数,根据板的边长比例 b_1/a_1 值,由表 4-5 查得;b_1 是垂直于自由边的板宽,见图 4-22(b)。

四边支撑板

$$M_4 = \alpha q a^2 \tag{4-48}$$

式中,a 为较短边的长度;α 为系数,根据长边 b 和短边 a 之比由表 4-6 查得。

求得各区域板块所受的弯矩 M_1,M_2,M_3 和 M_4 后,按其中的最大值确定底板的厚度:

$$t_1 = \sqrt{6M_{\max}/f} \tag{4-49}$$

这里按 1mm 宽的板条计算,它的截面模量 $W=1\times t_1^2/6$。

底板的厚度不能小于 20mm,以保证必要的刚度。由表 4-5 可见,$\frac{b_1}{a_1}$越大,α 值越大,M_3 越大;由表 4-6 和表 4-7 发现,最好的情况是区格为正方形,此时 M_4,M_2 最小。很明显,合理的设计是使 M_1,M_2,M_3,M_4 尽可能相近,可通过调整底板尺寸和加隔板来实现。

(2) 靴梁的设计

靴梁可视为简支于柱身焊缝①上的单跨双向伸臂梁(图 4-27)。基础反力通过焊缝②作用于靴梁上,每根靴梁承受 $B/2$ 宽度的基础反力。

$$p = \frac{N}{LB-A_n} \ (\text{kN/mm}^2) \tag{a}$$

$$q = p\frac{B}{2} \ (\text{kN/mm}) \tag{b}$$

式中,A_n 为锚栓孔的面积。

对轴心受压柱,为使弱轴也有较大的稳定承载力,其截面高宽近似相等,呈正方形。通常都是伸臂支座处弯矩、剪力有最大值,其值为

$$M = \frac{q}{2}l_1^2 \tag{c}$$

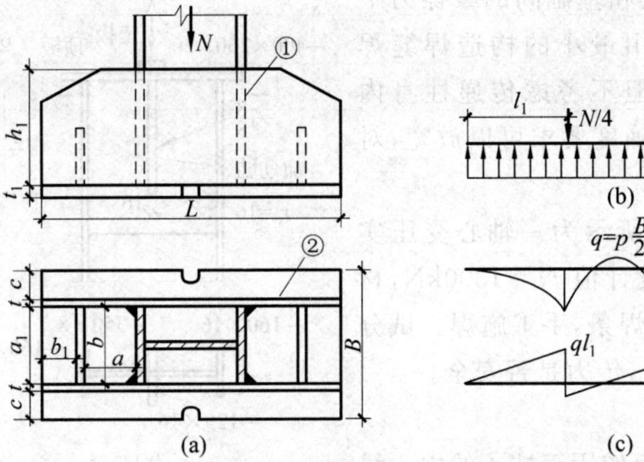

图 4-27　带靴梁隔板的铰接柱脚

(a) 柱脚；(b) 靴梁计算简图；(c) 靴梁的内力图

$$V = ql_1 \tag{d}$$

轴向力 N 通过柱翼缘和靴梁连接的 4 条角焊缝①传给靴梁，所以靴梁的高度 h_1 由焊缝①的计算长度 l_{w1} 决定。

根据构造要求，选 h_{f1} 为焊缝①的焊脚尺寸，则

$$h_1 = l_{w1} + 2h_{f1} = \frac{N}{4 \times 0.7h_{f1} f_f^w} + 2h_{f1} \tag{4-50}$$

靴梁的厚度一般大于柱腹板厚度，小于柱翼缘的厚度，取 t 为靴梁的厚度。

验算靴梁的强度。最大剪力、弯矩虽然都在一个截面上，但最大弯曲正应力和最大剪应力不在截面上同一个点，所以分别验算。

$$\frac{M}{W} = \frac{6M}{th_1^2} \leqslant f \tag{4-51}$$

$$1.5\frac{V}{A} = \frac{1.5V}{th_1} \leqslant f_v \tag{4-52}$$

如果不满足，调整 h_1，t_1。应注意 l_{w1} 必须在 $60h_{f1}$ 以内。

(3) 验算焊缝的连接强度

焊缝①在前面的计算中已满足强度要求，不必验算。根据构造要求，选取 h_{f2}。基础反力经焊缝②传给靴梁，焊缝长度已知，为

$$\sum l_{w2} = 2L + 4b_1 - 12h_{f2}$$

柱身范围内的靴梁内侧因不便于施焊，不考虑。由此验算下式是否满足：

$$\frac{N}{0.7h_{f2}\sum l_{w2}} \leqslant f_f^w \tag{4-53}$$

如果不满足，调节 h_{f2}。

(4) 锚栓设置

轴心受压柱的锚栓并不传力，只是为了固定柱子位置，因而按构造要求设置。一般宜安设在顺主梁方向的底板中心处。在底板上开缺口，便于安装柱子。最后用垫圈和螺帽直接固定在底板上。这样的锚栓不能抵抗弯矩的作用，却保证了柱脚铰接的要求，见图 4-26。

柱脚处的剪力由底板和基础间的摩擦力平衡。柱身与底板间应采用最小的构造焊缝焊连,成为底板的支撑边,但不考虑传递柱身内力。这样,柱子长度的精确度要求可以放宽,对制造有利。

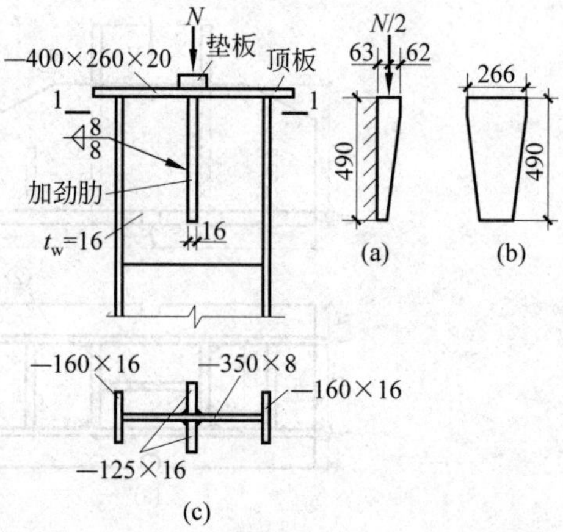

图 4-28 实腹柱头构造图

(a) 加劲肋;(b) 双悬臂加劲肋;(c) 1—1 视图

例 4-10 如图 4-28 所示为一轴心受压实腹柱的柱头。轴向压力设计值 $N=1300$kN,材料为 Q235B 钢,E43 系列焊条,手工施焊。试分析该柱头的构造是否合理,传力是否安全。

解 (1) 构造分析

轴心压力 N 通过垫板作用于柱子的中心线上。柱顶板应当盖住柱子全截面。顶板宽为 400mm,每边起出柱$\frac{1}{2}\times(400-350-2\times16)=$9(mm),留出了顶板和柱翼缘构造焊缝的位置;顶板宽 260mm,超出柱翼缘的宽度,但腹板加劲肋略有超出,$\frac{1}{2}\times[260-2(63+62)-16]=-3$(mm)。顶板面积满足要求,厚度为 20mm,满足刚度要求。

加劲肋厚度为 16mm,柱腹板厚 $t_w=8$mm,二者相差太大,焊接时易损害腹板,因而在柱头部分将腹板改为 $t_w=16$mm,构造合理。

加劲肋和腹板的连接角焊缝的焊角尺寸为 $h_f=8$mm,满足构造 $h_{fmin}\geqslant1.5\sqrt{16}=6$mm,$h_{fmax}\leqslant1.2\times16=19.2$mm 要求,且这里采用加劲肋局部承压传力,$h_f$ 不宜太大。综上分析,柱头构造合理。

(2) 计算分析

传力路径及方式

$$N\xrightarrow[\text{承压}]{\text{端面}}\text{垫板}\xrightarrow[\text{承压}]{\text{端面}}\text{顶板}\xrightarrow[\text{承压}]{\text{端面}}\text{加劲肋}\xrightarrow{\text{焊缝}}\text{柱腹板}$$

由此可见,垫板、顶板不需计算,对图 4-24 所示加劲肋和焊角尺寸 h_f 应当进行验算。

加劲肋的验算:

加劲肋所需承压面积

$$A=\frac{N}{f_{ce}}=\frac{1300\times10^3}{325}=4\times10^3(\text{mm}^2)\leqslant16\times63\times62\times2=4\times10^3(\text{mm}^2)(\text{满足要求})$$

局部稳定$\frac{b}{t}=\frac{63+62}{16}\approx7.8<15$,满足弹性范围内的局部稳定条件。

加劲肋的强度。加劲肋按悬臂梁计算,见图 4-28(a)。

$$M=\frac{N}{2}\times63\times10^{-3}=\frac{1300}{2}\times63\times10^3=40.95(\text{kN}\cdot\text{m})$$

$$V=\frac{N}{2}=\frac{1300}{2}=650(\text{kN})$$

$$W=\frac{th^2}{6}=\frac{16\times490^2}{6}=6.4\times10^5(\text{mm}^3)$$

$$A = th = 16 \times 490 = 7840(\text{mm}^2)$$

$$\frac{M}{W} = \frac{40.95 \times 10^6}{6.4 \times 10^5} \approx 64(\text{N/mm}^2) < f = 215(\text{N/mm}^2)$$

$$\frac{1.5V}{A} = \frac{1.5 \times 650 \times 10^3}{7.84 \times 10^3} \approx 124.4(\text{N/mm}^2) \leqslant f_v = 125(\text{N/mm}^2)$$

焊角尺寸 h_f=8mm 的验算：

加劲肋每条焊缝的计算长度

$$l_w = 490 - 2h_f = 490 - 2 \times 8 = 474(\text{mm})$$

$$\tau_f = \frac{N}{\sum 0.7 h_f l_w} = \frac{1300 \times 10^3}{4 \times 0.7 \times 8 \times 474} \approx 122.4(\text{N/mm}^2)$$

$$\sigma_f = \frac{6M}{2 \times 0.7 h_f l_w^2} = \frac{6 \times 40.95 \times 10^6}{2 \times 0.7 \times 8 \times 474^2} \approx 97.6(\text{N/mm}^2)$$

$$\sqrt{\left(\frac{\sigma_f}{\beta_f}\right)^2 + \tau_f^2} = \sqrt{\left(\frac{97.6}{1.22}\right)^2 + 122.4^2} \approx 146(\text{N/mm}^2) < f_f^w = 160(\text{N/mm}^2)$$

讨论：如果焊缝强度不够，可以把柱腹板中间开一个宽 16mm、深 490mm 的槽，加劲肋由图 4-28(a)改为图 4-28(b)，焊缝不受弯矩作用，改善了焊缝的受力特性。

例 4-11　设计如图 4-29(a)所示柱截面的柱脚。轴心压力设计值 N=2500kN，材料为 Q235B 钢，焊条为 E43，基础混凝土等级为 C15，其抗压强度的设计值为 f_{cc}=8N/mm²。

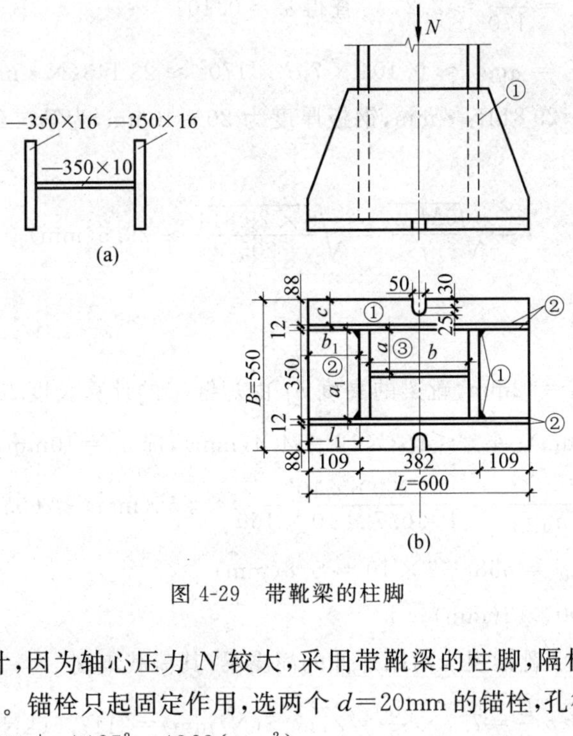

图 4-29　带靴梁的柱脚

解　1) 构造设计，因为轴心压力 N 较大，采用带靴梁的柱脚，隔板由柱脚面积尺寸确定后再决定是否设置。锚栓只起固定作用，选两个 d=20mm 的锚栓，孔径尺寸见图 4-27(b)，面积为 $A_n = 2 \times 50 \times 30 + \pi \times 25^2 = 4963(\text{mm}^2)$。

2) 计算

(1) 底板的计算

传力路径和方式

$$N \xrightarrow[①]{焊缝} 靴梁 \xrightarrow[②]{焊缝} 底板 \xrightarrow{承压} 基础$$

底板的尺寸

宽度 $B = (88 + 12) \times 2 + 350 = 550(\text{mm})$

长度 $L = \dfrac{N}{f_{cc}B} + \dfrac{A_n}{B} = \dfrac{2500 \times 10^3}{8 \times 550} + \dfrac{4963}{550} = 577(\text{mm})$

取 $B \times L = 550\text{mm} \times 600\text{mm}$,不需设隔板。

基础对底板的压应力

$$p = \frac{N}{BL - A_n} = \frac{2500 \times 10^3}{550 \times 600 - 4963} = 7.7(\text{N/mm}^2) < f_{cc} = 8(\text{N/mm}^2)$$

单位宽度上应力集度 $q = p \times 1 = 7.7(\text{N/mm}) = 7.7(\text{kN/m})$。

底板划分为①、②、③个区格,其弯矩分别为

$$M_1 = \frac{1}{2}qc^2 = \frac{1}{2} \times 7.7 \times 88^2 = 29\,814(\text{N} \cdot \text{mm})$$

$$\frac{b_1}{a_1} = \frac{109}{350} \approx 0.31, \quad 查得 \beta = 0.026$$

$$M_2 = \beta q a_1^2 = 0.026 \times 7.7 \times 350^2 \approx 24\,525(\text{N} \cdot \text{mm})$$

$$\frac{b}{a} = \frac{380}{170} \approx 2.2, \quad 查得 \alpha = 0.104$$

$$M_3 = \alpha q a^2 \approx 0.104 \times 7.7 \times 170^2 \approx 23\,143(\text{N} \cdot \text{mm})$$

最大弯矩 $M_{max} = 29\,814\text{N} \cdot \text{mm}$,钢板厚度为 20~40mm,为第二组,$f = 205\text{N/mm}^2$,底板厚为

$$t = \sqrt{\frac{6M_{max}}{f}} = \sqrt{\frac{6 \times 29\,814}{205}} \approx 29.5(\text{mm})$$

取底板厚度 $t = 30\text{mm}$。

(2) 靴梁的计算

靴梁的厚度取 $t_1 = 12\text{mm}$,靴梁的高度 h_1 由焊缝①的计算长度 l_{w1} 决定,根据构造要求 $h_{fmin} \geqslant 1.5\sqrt{16} = 6(\text{mm})$;$h_{fmax} \leqslant 1.2 \times 12 = 14.4(\text{mm})$,选 $h_{f1} = 10\text{mm}$,则

$$l_{w1} = \frac{N}{4 \times 0.7 h_{f1} f_f^w} = \frac{2500 \times 10^3}{4 \times 0.7 \times 10 \times 160} \approx 558(\text{mm}) < 60h_{f1} = 600(\text{mm})$$

$$h_1 = l_{w1} + 2h_{f1} = 558 + 2 \times 10 = 578(\text{mm})$$

取靴梁为 $h_1 \times t_1 = 600 \times 12(\text{mm})$。

验算靴梁的强度:靴梁视为两端外伸的简支梁,其荷载集度

$$q_b = p\frac{B}{2} = 7.7 \times \frac{550}{2} = 2117.5(\text{N/mm}) = 2117.5(\text{kN/m})$$

最大弯矩

$$M = \frac{q_b}{2}l_1^2 = \frac{1}{2} \times 2117.5 \times 0.109^2 \approx 12.58(\text{kN} \cdot \text{m})$$

最大剪力

$$V=\frac{q_b L}{2}-\frac{q_b l_1}{2}=\frac{2117.5}{2}\times(0.6-0.109)\approx 520(\text{kN})$$

$$\sigma_{\max}=\frac{M}{W}=\frac{6M}{t_1 h_1^2}=\frac{6\times 12.58\times 10^6}{12\times 600^2}\approx 17.5(\text{N/mm}^2)<f=215(\text{N/mm}^2)$$

$$\tau_{\max}=\frac{1.5V}{t_1 h_1}=\frac{1.5\times 520\times 10^3}{12\times 600}\approx 108(\text{N/mm}^2)<f_v=125(\text{N/mm}^2)$$

(3) 焊缝计算

根据构造要求选焊脚尺寸 h_{f2}

$$h_{f2\min}\geqslant 1.5\sqrt{30}\approx 8.2(\text{mm})$$

$$h_{f2\max}\leqslant 1.2\times 12=14.4(\text{mm})$$

$$选\ h_{f2}=13\text{mm}$$

靴梁和底板一条连接焊缝的计算长度

$$l_w=L+2b_1-6h_{f2}=600+2\times 109-6\times 13=740(\text{mm})$$

$$\tau_f=\frac{N}{2\times 0.7h_{f2}l_w\beta_f}=\frac{2500\times 10^3}{2\times 0.7\times 13\times 740\times 1.22}\approx 152(\text{N/mm}^2)<f_f^w=160(\text{N/mm}^2)$$

习题

4.1 两端铰接的焊接工字形截面轴心受压柱，高 10m，采用图 4-30(a)、(b)所示两种截面(面积相等)，翼缘为轧制边，钢材为 Q235B。试验算这两种截面柱所能承受的轴心压力设计值，验算局部稳定并作比较说明。

4.2 某两端铰接轴心受压柱的截面如图 4-31 所示，柱高 6m，承受轴心压力设计值 $N=6000\text{kN}$，钢材为 Q235B·F。试验算柱的整体稳定和局部稳定。

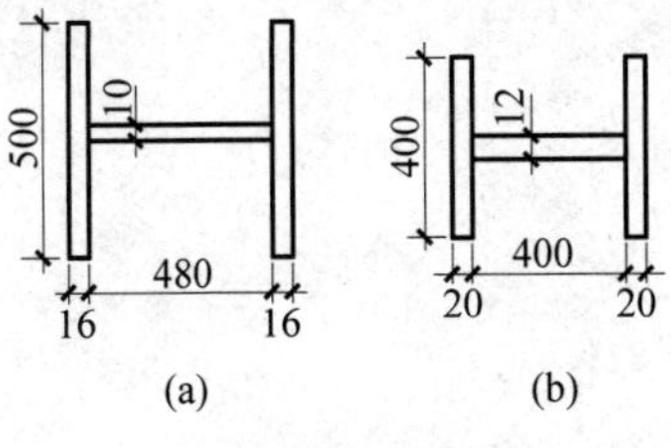

图 4-30 习题 4.1 图

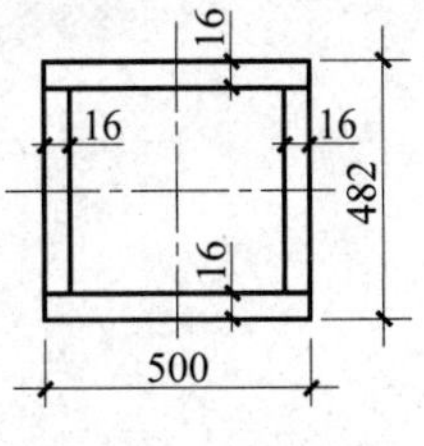

图 4-31 习题 4.2 图

4.3 如图 4-32 所示一轴心受压缀条柱，两端铰接，柱高 7m。承受轴心压力的设计值 $N=1300\text{kN}$，钢材为 Q235B，肢件是 2[28a，缀条用∟45×5，验算柱的整体稳定性。

4.4 试设计轴心受压格构柱的柱脚，柱的截面尺寸如图 4-33 所示。轴线压力设计值 $N=2275\text{kN}$，柱的自重为 5kN，基础混凝土的强度等级为 C15，钢材为 Q235 钢，焊条为 E43 系列。

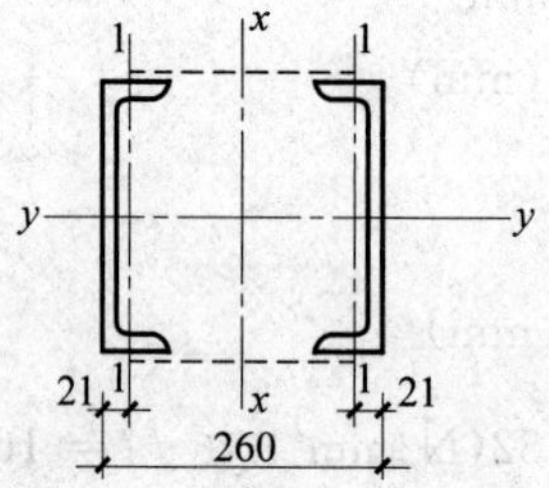

图 4-32　习题 4.3 图

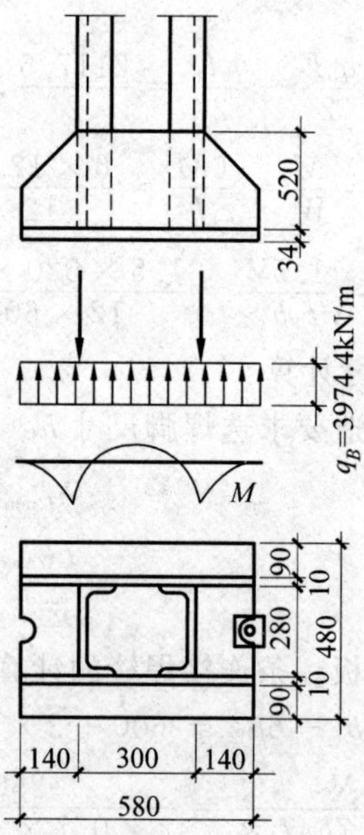

图 4-33　习题 4.4 图

第5章

梁

学习要点：掌握梁的强度、刚度的计算方法及梁格体系的布置；掌握梁的整体稳定的验算方法和提高整体稳定性的措施及保证梁不失稳的条件；掌握梁的局部稳定有关规定和验算方法；掌握梁的支撑加劲肋的计算的有关规定和计算方法。

5.1 概述

5.1.1 梁的应用和截面形式

梁是承受弯矩或弯矩剪力共同作用的构件，在钢结构中应用广泛，例如楼盖梁、屋盖梁、檩条、平台梁(图 5-1)、吊车梁等。简支梁因其制造和安装方便，温度变化、支座沉陷等不产生附加内力，工程上应用最多。

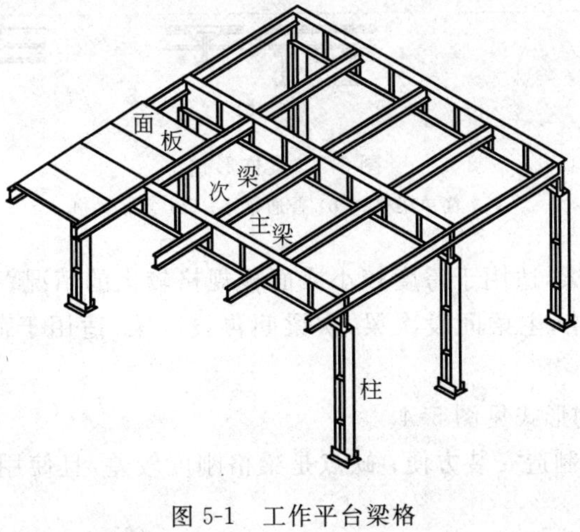

图 5-1　工作平台梁格

梁的截面形式可分为型钢梁、组合梁两类，见图 5-2。

型钢以热轧工字钢梁和窄翼缘 H 型钢梁用得最普遍；槽钢截面因其扭转中心在腹板外侧，翼缘上承受荷载时，梁受弯同时还受扭，故只有荷载接近扭转中心或构造上保证截面不发生扭转时才应采用。

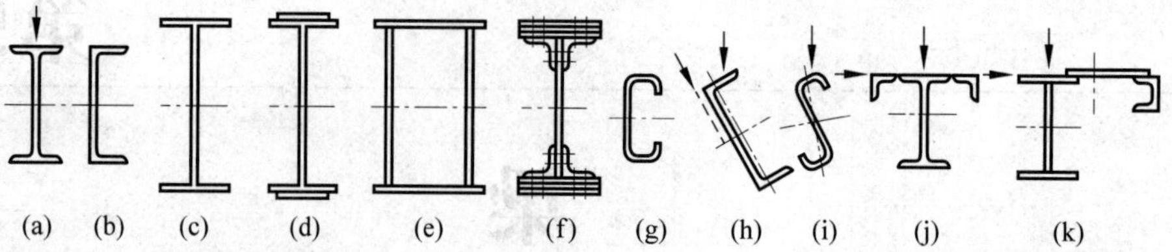

图 5-2 钢梁截面形式

组合梁由钢板或型钢连接而成，当荷载和跨度都较大时宜采用。

梁大多数仅在一个主平面内受单向弯曲，称单向弯曲梁；也有在两个主平面内都受弯的双向弯曲梁，如屋面檩条和吊车梁等。

5.1.2 梁格

梁格是由许多梁平行或交叉排列组成的承重体系(图 5-1)，它是由纵横交叉的主梁、次梁组成的。梁格上铺钢筋混凝土板或钢板且和梁的上翼缘固接，以保证梁的整体稳定和刚度。荷载由面板传给次梁，次梁再传给主梁。梁格按主次梁排列情况可分为三种形式，见图 5-3。

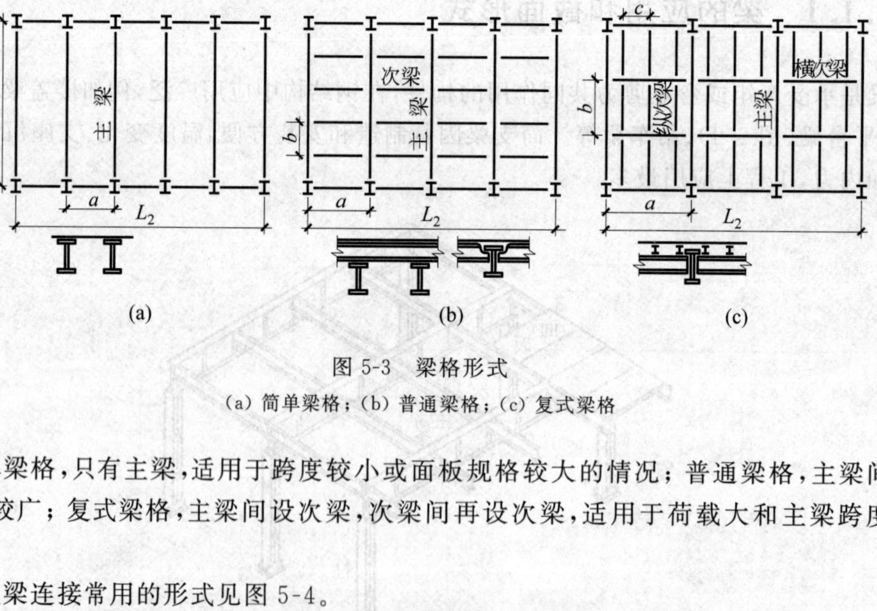

图 5-3 梁格形式

(a) 简单梁格；(b) 普通梁格；(c) 复式梁格

简单梁格，只有主梁，适用于跨度较小或面板规格较大的情况；普通梁格，主梁间设次梁，应用较广；复式梁格，主梁间设次梁，次梁间再设次梁，适用于荷载大和主梁跨度大的情况。

主次梁连接常用的形式见图 5-4。

(1) 叠接：优点是制造安装方便；缺点是梁格刚度较差，且使用净空间减小，结构高度 H 大。

(2) 升高连接：次梁截面受到削弱，结构高度 H 稍减少。

(3) 等高连接：适用于按单向或双向板设计板面，梁格刚度和梁的整体稳定性好，结构高度也较小。

(4) 降低连接：在复式梁格中常用。

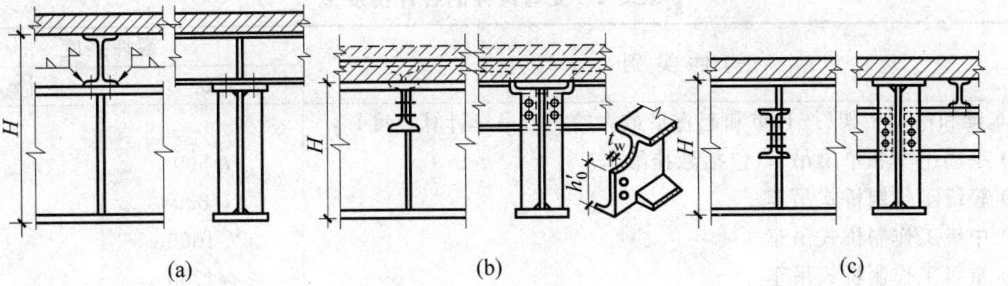

图 5-4 主次梁连接形式

(a) 叠接；(b) 等高连接(升高连接——图中虚线所示)；(c) 降低连接

5.1.3 梁的设计要求

(1) 强度条件：梁主要承受弯曲正应力和剪应力，所以首先应满足净截面抗弯强度和抗剪强度；梁上的横向集中力，如主次梁的支反力，吊车梁的轮压等，也产生局部压应力，特别是在梁的受压翼缘和腹板交接处，因此应当满足局部抗压强度；当上述这些应力同时出现在一点时，应当按材料力学中的第四强度理论验算其折算应力强度。梁的强度属于承载能力极限状态的计算，荷载都要用设计值。

(2) 刚度条件：梁的刚度是用其竖向挠度 v 来衡量的。竖向挠度 v 和梁截面高度的 3 次方成反比，为提高梁的抗变形能力，梁的截面做得又窄又高。

梁的刚度应满足

$$v \leqslant [v] \tag{5-1}$$

式中，v 为梁的最大挠度或梁的跨中挠度，可由结构力学方法用标准荷载算出(因为挠度是梁的整体力学行为，所以用毛截面几何参数计算，表 5-1 给出几种常用挠度的计算公式)；$[v]$为规范规定的挠度限值，称容许挠度。

表 5-1 简支梁的最大挠度计算公式

荷载情况	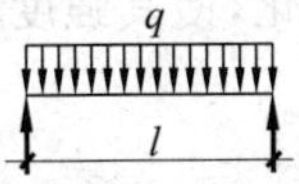	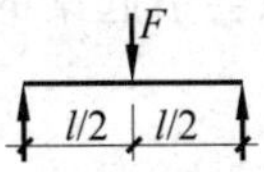	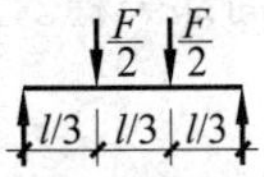	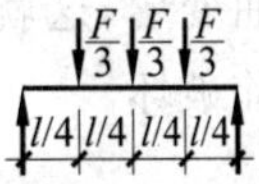
计算公式	$\frac{5}{384}\frac{ql^4}{EI}$	$\frac{1}{48}\frac{Fl^3}{EI}$	$\frac{23}{1296}\frac{Fl^3}{EI}$	$\frac{19}{1152}\frac{Fl^3}{EI}$

注：对于在半跨内随弯矩减小而改变一次截面的梁，当受均布荷载作用时，其挠度公式为

$$v=\frac{5q_k l^4}{384EI}\eta=\frac{5M_k l^2}{48EI}\eta$$

式中，η 的值一般在 1.05 以内。

表 5-2 是《钢结构设计规范》(GB 50017—2003)规范规定的部分受弯构件的容许挠度。

表 5-2 受弯构件的容许挠度值

构件类别	容许挠度	
	[v_T]	[v_Q]
吊车梁和吊车桁架(按自重和起重量最大的一台吊车计算挠度)		
(1) 手动吊车和单梁吊车(包括悬挂吊车)	$l/500$	
(2) 轻级工作制桥式吊车	$l/800$	
(3) 中级工作制桥式吊车	$l/1000$	
(4) 重级工作制桥式吊车	$l/1200$	
有重轨(质量大于38kg/m)轨道的工作平台梁	$l/600$	
有轻轨(质量不大于24kg/m)轨道的工作平台梁	$l/400$	
楼盖梁或桁架、工作平台梁(上述情况除外)和平台板		
(1) 主梁或桁架(包括设有悬挂起重设备的梁和桁架)	$l/400$	$l/500$
(2) 抹灰顶棚的次梁	$l/250$	$l/350$
(3) 其他梁	$l/250$	$l/300$
(4) 屋盖檩条		
支撑无积灰的瓦楞铁和石棉瓦屋面者	$l/150$	
支撑压型金属板、有积灰的瓦楞铁和石棉瓦屋面者	$l/200$	
支撑其他屋面材料者	$l/200$	
(5) 平台板	$l/150$	

注：l 为受弯构件的跨度(对悬臂梁为悬伸长度的2倍)。

[v]值是人为规定的，所以刚度属于正常使用极限状态，挠度 v 应当用标准荷载计算。挠度是整个梁的变形行为，所以应当用毛截面几何参数计算。

[v_T]为全部荷载(恒荷载、可变荷载)的标准值产生的挠度(如起拱，应当减去拱度)的容许值，主要反映观感。

[v_Q]为可变荷载标准值产生的挠度容许值，主要反映使用条件。

(3) 整体稳定条件：单向受弯梁为更有效地发挥材料在强度、刚度方面的作用，其截面做得又窄又高。当主平面内弯矩达到某一个值时，这时梁的最危险截面上的应力还低于其承载强度，梁突然离开原来的平面向侧向刚度小的平面发生弯曲和扭转。这就是梁的整体失稳现象，属于分支点失稳，是梁的主要破坏形式之一。

(4) 局部稳定条件：组成梁的板件，在压应力达到某个值时，某一部分板件会突然出现凸曲变形，这就是梁的局部失稳。局部失稳会引起梁的受力恶化，使其强度不能充分发挥而提前破坏。

5.2 梁的强度

如上所述，梁在承受横向荷载作用时，其强度验算有抗弯强度、抗剪强度、局部抗压强度和折算应力强度。

5.2.1 梁的抗弯强度

梁在受弯时，特别是纯弯状态，其应力-应变曲线和单向拉伸时的应力-应变曲线类似，因此钢材的理想弹塑性的假定适用于梁的抗弯强度计算。当梁截面上的弯矩 M_x 由零逐渐增大时，截面中的应变始终符合平截面假定，其截面上正应力的发展可分为三个阶段，如图 5-5 所示。

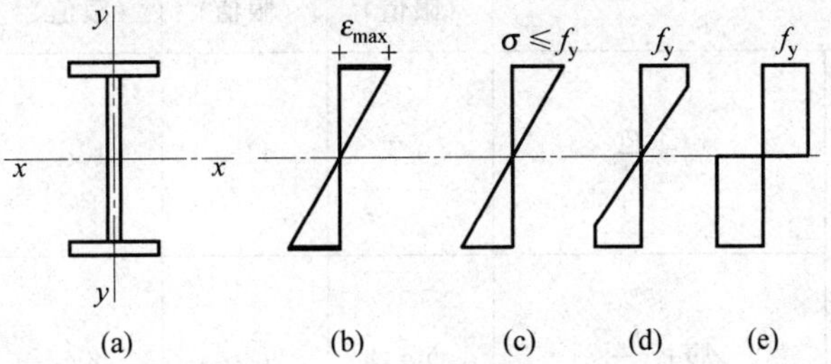

图 5-5 工字形截面梁受弯矩作用各阶段梁的正应力分布

(1) 弹性工作阶段 当梁截面上的弯矩 M_x 由零逐渐增大时，截面上的应变 $\varepsilon_{max} \leqslant \dfrac{f_y}{E}$ 和应力 $\sigma \leqslant f_y$ 都呈三角形分布(图 5-5(b)、(c))，其弹性极限弯矩为

$$M_{xe} = W_{nx} f_y \tag{5-2}$$

式中，W_{nx} 为对 x 轴的净截面模量；M_{xe} 为绕 x 轴的弹性极限弯矩。

(2) 弹塑性工作阶段 受弯矩作用的截面，当边缘屈服后截面还可继续受力，当弯矩继续增大，截面边缘将有一区域进入塑性状态，由于钢材为理想弹塑性，这个区域的正应力恒为 f_y，截面中间部分仍为弹性区，如图 5-5(d)所示。

(3) 塑性工作阶段 当弯矩再继续增大，塑性区不断向内发展，直至弹性区消失，弯矩不再增大，变形却在发展，形成塑性铰，梁的承载能力达到极限，见图 5-5(e)。其最大弯矩为

$$M_{xp} = f_y(S_{1nx} + S_{2nx}) = f_y W_{pnx} \tag{5-3}$$

式中，M_{xp} 为绕 x 轴的塑性铰弯矩；$W_{pnx} = S_{1nx} + S_{2nx}$ 为对 x 轴的塑性净截面模量；S_{1nx}，S_{2nx} 分别为中和轴 x 以上、以下净截面面积对中和轴 x 的面积矩。

讨论：(1) 塑性铰弯矩 M_{xp} 和弹性极限弯矩 M_{xe} 之比

$$\gamma_F = \frac{M_{xp}}{M_{xe}} = \frac{W_{pnx}}{W_{nx}}$$

称为截面形状系数，因为它只取决于截面的几何形状。对矩形截面，$\gamma_F = 1.5$，对其他形状的截面，$\gamma_F > 1$，因此梁抗弯强度按塑性工作状态设计具有一定的经济效益。

(2) 梁不能以全截面达到承载状态极限来设计。这是因为按平截面假定，当随着梁截面塑性的发展，梁外纤维的最大应变 ε_{max} 将显著增大，其挠度也将显著增大；因为简支梁有易于修理和拆装方便等优点，虽然连续梁或多跨静定梁受力性能即用钢量优于简支梁，但是建筑中的钢梁多采用简支梁，当梁中某一个截面变为塑性铰，简支梁就变成了单向机构，失去承载能力；过分发展塑性会降低梁的整体稳定和局部稳定承载力。

(3) 工程中梁的设计是在弹性设计的基础上，引入有限截面塑性发展系数 γ_x、γ_y 的方法来表示截面抗弯强度的提高，实行部分塑性设计。

对受弯构件(梁)进行计算及塑性、弯矩调幅设计和抗震设计时，设计等级应符合表 5-3 规定。

表 5-3 受弯构件、梁的截面设计等级

截面设计等级		S1 级（限值）	S2 级（限值）	S3 级（限值）	S4 级（限值）	S5 级（限值）
工字形截面 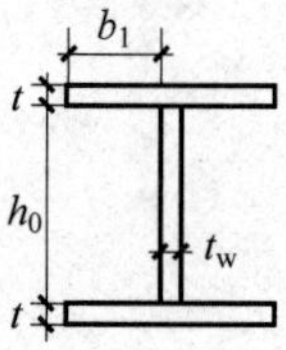	翼缘 $\frac{b_1}{t}$	$9\varepsilon_k$	$11\varepsilon_k$	$13\varepsilon_k$	$15\varepsilon_k$	$20\varepsilon_k$
	腹板 $\frac{h_0}{t_w}$	$65\varepsilon_k$	$72\varepsilon_k$	$80\varepsilon_k$	$130\varepsilon_k$	$250\varepsilon_k$
箱形截面 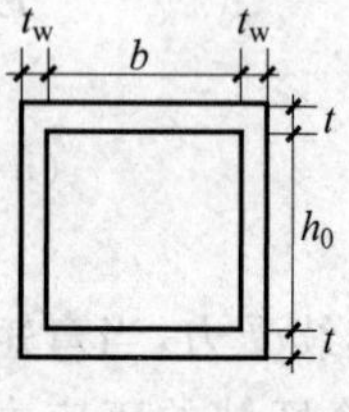	壁板、腹板间翼缘 $\frac{b}{t}$	$25\varepsilon_k$	$32\varepsilon_k$	$37\varepsilon_k$	$42\varepsilon_k$	—

注：$\varepsilon_k=\sqrt{\frac{235}{f_y}}$为钢号修正系数。

《钢结构设计规范》(GB 50017—2012)梁的弯曲正应力计算公式如下：

单向弯曲

$$\sigma=\frac{M_x}{\gamma_x W_{nx}}\leqslant f \tag{5-4}$$

双向弯曲

$$\sigma=\frac{M_x}{\gamma_x W_{nx}}+\frac{M_y}{\gamma_y W_{ny}}\leqslant f \tag{5-5}$$

式中，M_x，M_y 分别为梁在最大刚度平面内(绕 x 轴)和在最小刚度平面内(绕 y 轴)的弯矩设计值；W_{nx}，W_{ny}分别为对 x 轴和对 y 轴的净截面模量；当截面设计等级达 S4 级时，取全截面模量，当达 S5 级时，取有效截面模量；f 为钢材的抗弯设计强度；γ_x，γ_y 为截面塑性发展系数，按表 5-4 选用，对要计算疲劳的梁，取 $\gamma_x=\gamma_y=1.0$。

截面塑性发展系数取值应符合下列规定：①对工字形、箱形截面，在翼缘设计达 S3 级时，截面塑性发展系数应按下列规定取值：工字形截面：$\gamma_x=1.05$，$\gamma_y=1.2$；箱形截面 $\gamma_x=\gamma_y=1.05$。②设计截面达 S4、S5 级时，塑性发展系数取为 1.0。

表 5-4 中有几种单轴对称截面，绕非对称轴弯曲时，与截面边缘 1 和 2 对应的地方有 γ_{x1} 和 γ_{x2} 两个不同的数值。对于格构式构件，当绕截面的虚轴弯曲时，将边缘纤维开始屈服看做是构件发生强度破坏的标志，所以 γ 值取 1.0。当梁受压翼缘的外伸长度 b_1 和其厚度 t 的比值 $b_1/t>13\sqrt{\frac{235}{f_y}}$ 时，$\gamma_x=1.0$。

表 5-4 截面塑性发展系数 γ_x，γ_y 值

项次	截面形式	γ_x	γ_y
1	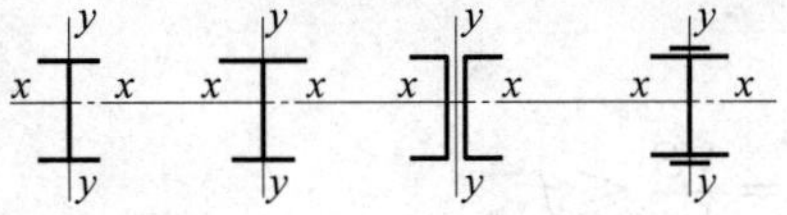	1.05	1.2
2	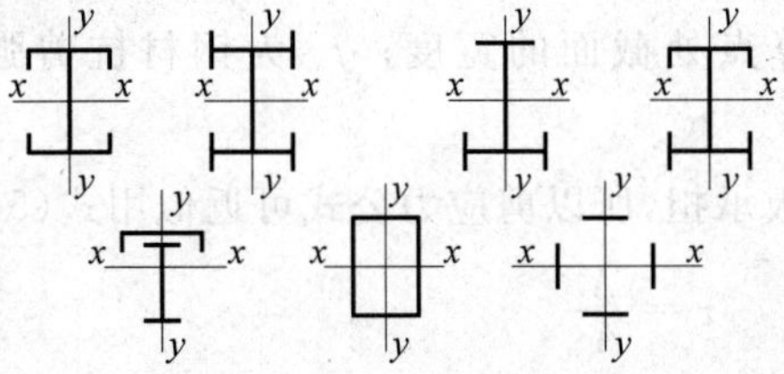		1.05
3	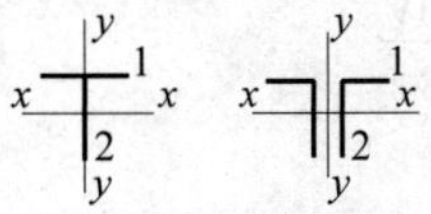	$\gamma_{x1}=1.05$ $\gamma_{x2}=1.2$	1.2
4	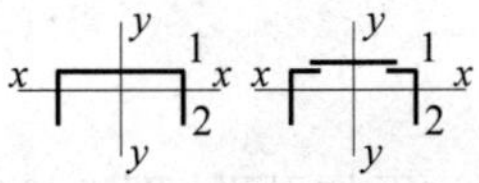		1.05
5	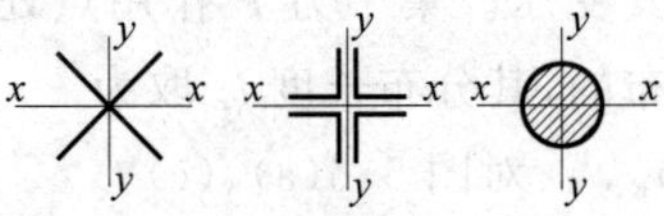	1.2	1.2
6	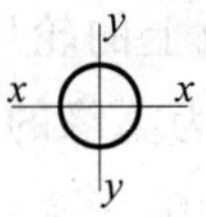	1.15	1.15
7	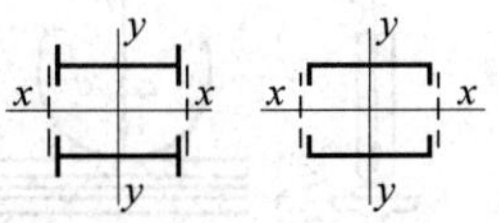	1.0	1.05
8	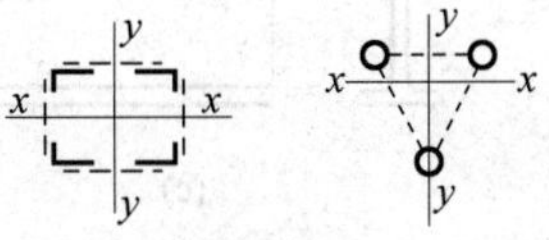		1.0

注：当压弯构件受压翼缘的自由外伸宽度与其厚度之比大于 $13\sqrt{235/f_y}$，而不大于 $15\sqrt{235/f_y}$ 时，应取 $\gamma_x=1.0$。需要计算疲劳的拉弯、压弯构件，应取 $\gamma_x=\gamma_y=1.0$。

5.2.2 抗剪强度

按材料力学弹性公式计算：

$$\tau = \frac{VS}{It_w} \leqslant f_v \tag{5-6}$$

式中，V 为计算截面的剪力设计值；I 为梁的毛截面惯性矩；S 为计算应力处以上(或以下)毛截面对中和轴的面积矩；t_w 为计算点处截面的宽度；f_v 为钢材抗剪强度设计值，见表 C-1。

工字形截面上的剪应力主要由腹板承担，所以剪应力公式可近似用式(5-7)计算：

$$\tau = \frac{V}{A_w} \tag{5-7}$$

剪应力最大值公式可以近似用式(5-8)计算：

$$\tau = \frac{1.5V}{A_w} \tag{5-8}$$

式中，A_w 为腹板面积。

5.2.3 局部抗压强度

梁承受集中荷载处，集中荷载也有分布长度，无加劲肋(图 5-6(a)、(b))或承受移动荷载(图 5-6(c))，荷载通过翼缘传至腹板，使其受压。集中力 F 作用点处实际压应力分布如图 5-6(d)所示。规范规定压应力是均匀分布的，其分布长度 l_z 取为

$$l_z = a + 5h_y + 2h_R, \quad \text{对图 5-6(a)、(c)}$$

$$l_z = a + 5h_y, \quad \text{对图 5-6(b)}$$

式中，a 为集中荷载沿梁跨度方向的支撑长度，对钢轨上的轮压可取 50mm；h_y 为自梁顶面(或底面)至腹板计算高度边缘的距离，对焊接梁，h_y 为翼缘的厚度；对轧制型钢梁，h_y 包括翼缘厚度和圆弧部分；h_R 为轨道高度，无轨道梁 $h_R=0$。

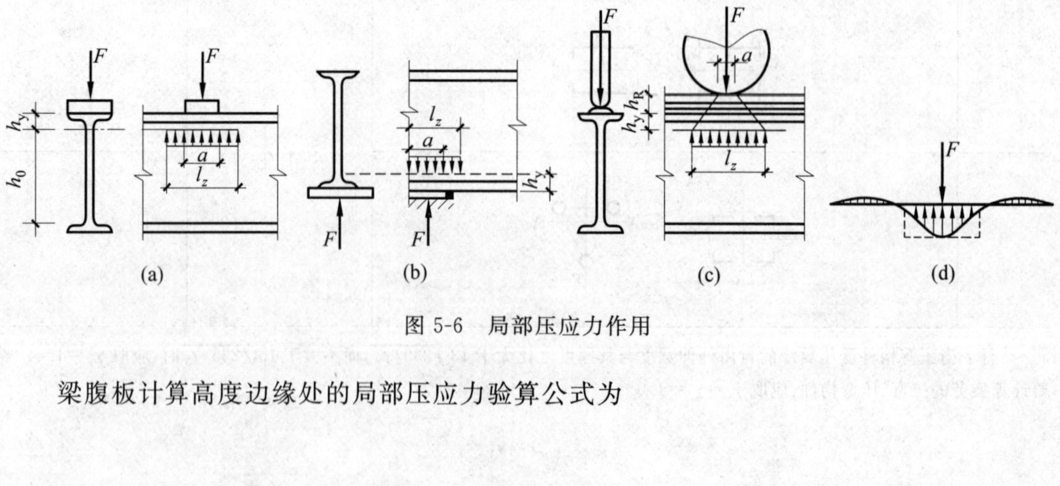

图 5-6 局部压应力作用

梁腹板计算高度边缘处的局部压应力验算公式为

$$\sigma_c = \frac{\psi F}{t_w l_z} \leqslant f \tag{5-9}$$

式中，F 为集中荷载，对动力荷载应考虑动力系数；ψ 为集中荷载增大系数，对重级工作制吊车梁取 $\psi=1.35$，其他梁 $\psi=1.0$；f 为钢材抗压强度设计值。

若验算不满足，对于固定集中荷载可设置支撑加劲肋，对于移动集中荷载则需要重选腹板厚度。对于翼缘上承受均布荷载的梁，因腹板上边缘局部压应力不大，不需进行局部压应力的验算。

5.2.4 折算应力强度

梁中的截面，通常同时承受剪力和弯矩。同一截面上弯曲正应力最大值的点和剪应力最大值的点一般不在同一位置，可分别用式(5-4)和式(5-6)独立验算。

但是有些部位可能同时存在较大的弯曲正应力和剪应力，如图 5-7(a)所示的 1—1 截面，应当考虑复合应力状态，如图 5-7(b)中的 1 点，应当用材料力学中的第四强度理论折算应力公式(5-10)计算。

$$\sqrt{\sigma_1^2 + 3\tau_1^2} \leqslant f \tag{5-10}$$

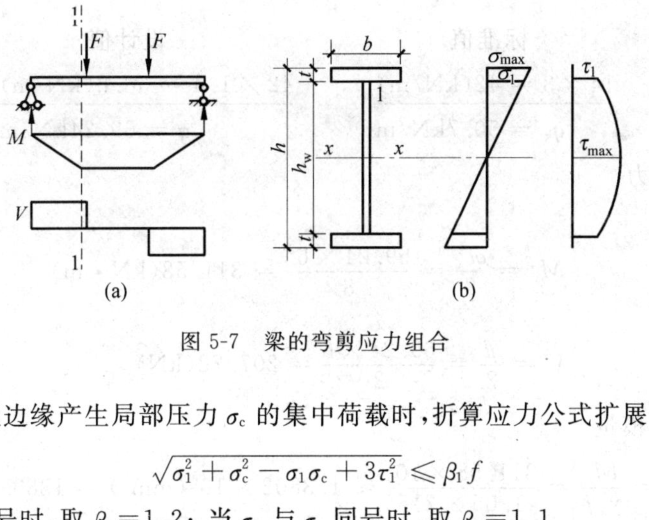

图 5-7 梁的弯剪应力组合

当还有对腹板边缘产生局部压力 σ_c 的集中荷载时，折算应力公式扩展为

$$\sqrt{\sigma_1^2 + \sigma_c^2 - \sigma_1\sigma_c + 3\tau_1^2} \leqslant \beta_1 f \tag{5-11}$$

当 σ_1 与 σ_c 异号时，取 $\beta_1=1.2$；当 σ_1 与 σ_c 同号时，取 $\beta_1=1.1$。

例 5-1 图 5-8 所示为某车间工作平台的平面布置简图，平台上无动力荷载，平台板由 100mm 的大型混凝土板和 30mm 水泥砂浆层组成，混凝土板的重度为 25kN/m^3，砂浆层的重度为 20kN/m^3，平台活荷载为 14kN/m^2。

钢材为 Q235 钢，假定平台板为刚性，并可保证次梁的整体稳定，试选择其中间次梁 A 的截面。恒载分项系数 $\gamma_G=1.2$，活载分项系数 $\gamma_Q=1.4$。

由表 C-1 查得 Q235 钢的 $f=215\text{N/mm}^2$，$f_v=125\text{N/mm}^2$；由表 5-3 查得 $\gamma_x=1.05$；由表 5-2 查得 $\left[\frac{v}{l}\right]=\frac{1}{250}$；次梁计算简图如图 5-9 所示。

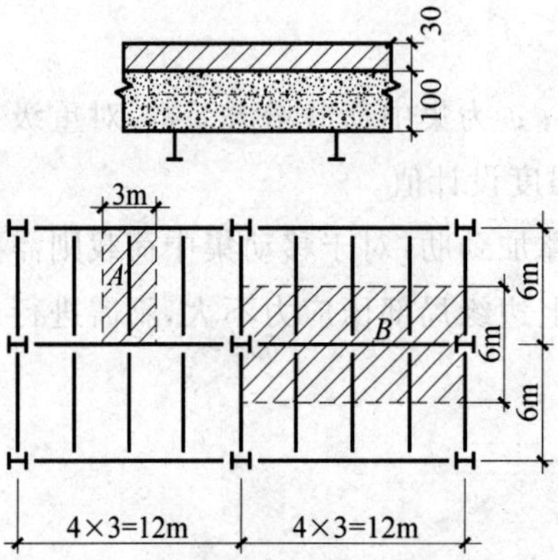

工作平台布置简图

图 5-8　例 5-1 附图

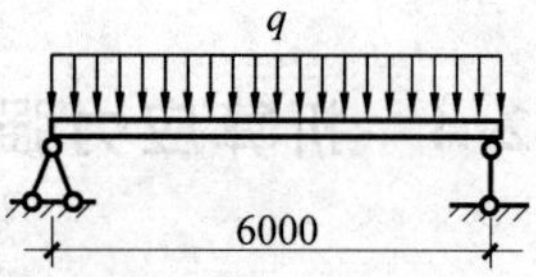

图 5-9　次梁计算简图

解　(1) 荷载组合

平台恒荷载

	标准值	设计值
	$(25\times0.1+20\times0.02)\times3=8.7(\text{kN/m})$	$8.7\times1.2=10.44(\text{kN/m})$

平台活荷载

标准值	设计值
$14\times3=42(\text{kN/m})$	$42\times1.4=58.8(\text{kN/m})$
$q_k=50.7\text{kN/m}$	$q=69.24\text{kN/m}$

(2) 次梁内力

最大弯矩

$$M_x=\frac{ql^2}{8}=\frac{69.24\times6^2}{8}=311.58(\text{kN}\cdot\text{m})$$

最大剪力

$$V=\frac{ql}{2}=\frac{69.24\times6}{2}=207.72(\text{kN})$$

所需净截面模量

$$W_{nx}=\frac{M_x}{\gamma_x f}=\frac{311.58\times10^6}{1.05\times215}\approx1.3802\times10^6(\text{mm}^3)=1380.2(\text{cm}^3)$$

由表 A-1 查得I45a，$W_x=1430\text{cm}^3$，$I_x=32\,240\text{cm}^4$，质量 80.4kg/m，$t=18\text{mm}$，$d=11.5\text{mm}$，$R=13.5\text{mm}$。

(3) 验算弯曲正应力

次梁自重$q'_k=80.4\times9.8\times10^{-3}\approx0.79(\text{kN/m})$，　$q'=0.79\times1.2\approx0.94(\text{kN/m})$

$$\sigma=\frac{(69.24+0.94)\times6^2\times10^3}{8\times1.05\times1430}\approx210(\text{N/mm}^2)<f=215(\text{N/mm}^2)$$

验算梁端最大剪应力

$$\tau=\frac{(69.24+0.94)\times6\times10^3\times1.5}{2\times(450-2\times18)\times11.5}\approx66(\text{N/mm}^2)<f_v=125(\text{N/mm}^2)$$

验算刚度

$$\frac{v}{l}=\frac{5(q_k+q_k')l^3}{384EI_x}=\frac{5\times(50.7+0.79)\times6^3\times10^9}{384\times2.06\times10^5\times32\,240\times10^4}\approx\frac{1}{459}<\left[\frac{v}{l}\right]=\frac{1}{250}$$

结论：I45a 满足要求。

例 5-2　图 5-10 所示焊接组合截面简支梁，均布荷载设计值 $q=40\text{kN/m}$(含自重)，集中荷载设计值$F=100\text{kN}$，材料为 Q235B 钢。集中荷载作用点的构造如图 5-10(a)所示，$a=200\text{mm}$，支座反力作用点的构造如图 5-10(b)所示。验算梁截面的强度。

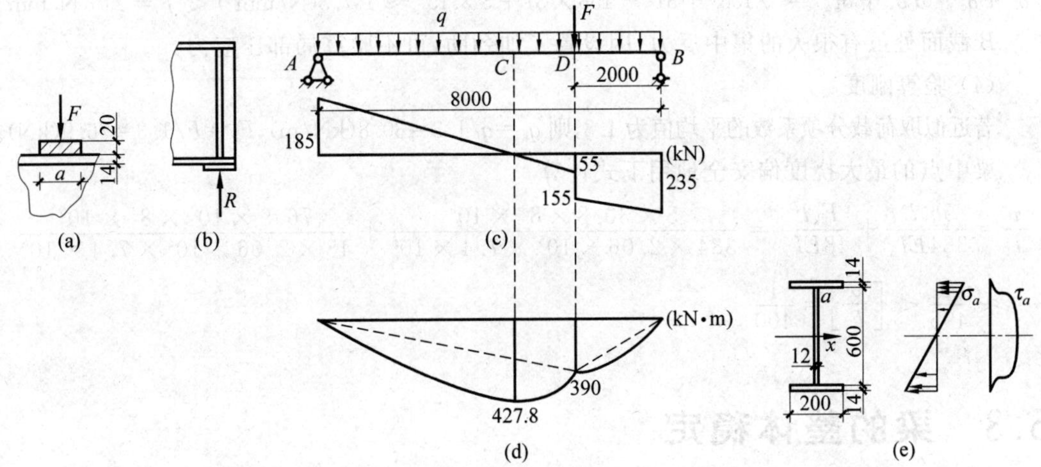

图 5-10　例 5-2 附图

(a) 集中荷载作用点构造图；(b) 支座处构造图；(c) 剪力图；(d) 弯矩图；(e) 截面上应力分布图

解　(1) 作内力图 5-10(c)、(d)。由内力图可知：

C 截面弯矩最大，其值为

$$M_x=427.8\text{kN}\cdot\text{m}$$

B 截面剪力最大，其值为

$$V=235\text{kN}$$

集中力 F 作用点 D 处右侧面存在很大弯矩 $M_a=390\text{kN}\cdot\text{m}$，剪力 $V_a=155\text{kN}$ 和局部压力 $F=100\text{kN}$。

(2) 计算截面的几何参数

$$I_x=\frac{200\times628^3}{12}-\frac{(200-12)\times600^3}{12}\approx7.4\times10^8(\text{mm}^4)$$

$$W_x=\frac{2I_x}{h}=\frac{2\times7.4\times10^8}{648}\approx2.28\times10^6(\text{mm}^3)$$

$$S_a=14\times200\times307=8.6\times10^5(\text{mm}^3)$$

(3) 验算截面危险点的强度

C 截面边缘抗弯强度

$$\frac{M_x}{\gamma_xW_{nx}}=\frac{427.8\times10^6}{1.05\times2.28\times10^6}\approx178.7(\text{N/mm}^2)<f=215(\text{N/mm}^2)$$

B 截面中点的抗剪强度

$$\frac{1.5V}{A_w}=\frac{1.5\times235\times10^3}{12\times600}\approx49(\text{N/mm}^2)<f_v=125(\text{N/mm}^2)$$

D 处右侧截面翼缘和腹板交界处 a 点的折算应力强度

$$\sigma_a=\frac{390\times 10^6\times 300}{7.4\times 10^8}\approx 158(\text{N/mm}^2)$$

$$\tau_a=\frac{V_aS_a}{I_xt_w}=\frac{155\times 10^3\times 8.6\times 10^5}{7.4\times 10^8\times 12}\approx 15(\text{N/mm}^2)$$

$$\sigma_c=\frac{\psi F}{t_wl_z}=\frac{1\times 100\times 10^3}{12\times(200+5\times 14)}\approx 31(\text{N/mm}^2)$$

$$\sqrt{\sigma_a^2+\sigma_c^2-\sigma_a\sigma_c+3\tau_a^2}=\sqrt{158^2+31^2-158\times 31+3\times 15^2}\approx 147.3(\text{N/mm}^2)<f=215(\text{N/mm}^2)$$

B 截面处虽有很大的集中反力,因设置了加劲肋,可不验算局部压应力。

(4) 验算刚度

若近似取荷载分项系数的平均值为1.3,则 $q_k=q/1.3=30.8(\text{kN/m})$,$F_k=F/1.3=76.9(\text{kN})$。

梁中点的最大挠度偏安全地用下式计算

$$\frac{v}{l}=\frac{5q_kl^3}{384EI_x}+\frac{F_kl^2}{48EI_x}=\frac{5\times 30.8\times 8^3\times 10^9}{384\times 2.06\times 10^5\times 7.4\times 10^8}+\frac{76.9\times 10^3\times 8^2\times 10^6}{48\times 2.06\times 10^5\times 7.4\times 10^8}$$

$$\approx\frac{1}{495}<\left[\frac{v}{l}\right]=\frac{1}{400}$$

5.3 梁的整体稳定

5.3.1 梁整体失稳的现象

如前所述,为了提高梁的抗弯强度和抗弯刚度,梁的截面通常设计得又高又窄。荷载作用在其最大刚度平面内,如图5-11(a)所示的 yz 平面内,当荷载较小时,梁截面内的弯矩 M_x 也较小,梁在最大刚度平面内的弯曲平衡状态是稳定的。当梁内弯矩 M_x 增加到某一个值时,这时梁的危险截面上的应力还低于其承载强度,梁突然发生侧向(如图5-11(b)所示,在刚度最小的 xz 平面)弯曲。由于受拉翼缘的拉力抵抗这种侧向弯曲,于是受拉翼缘的侧向位移小于受压翼缘的侧向位移,梁的截面又发生了扭转。这就是梁的整体失稳现象,它是弯扭屈曲变形,属于分支点失稳。处在两种平衡状态临界点上的最大弯矩和截面上的最大弯曲应力称为临界弯矩 M_{cr} 和临界应力 σ_{cr}。

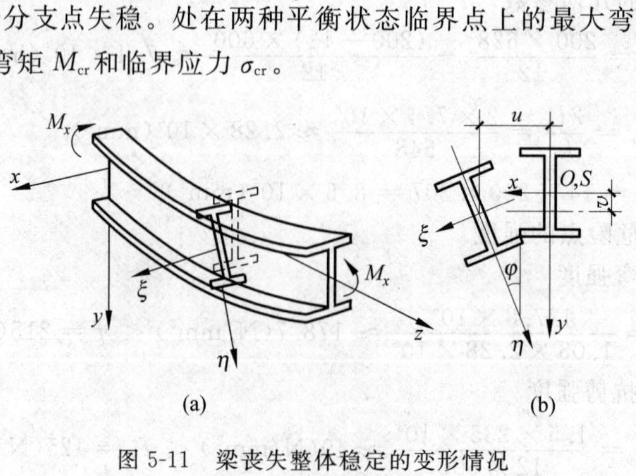

图5-11 梁丧失整体稳定的变形情况

5.3.2　梁整体稳定性的保证

梁的失稳是在梁的强度还没有充分发挥之前突然发生的，是属于灾难性的。因此，探讨影响梁整体失稳的因素，在工程设计中采取有效措施提高和保证梁的整体稳定性是很有必要的。

梁的失稳是由于梁的受压翼缘存在压应力引起的。采用图 5-2(d)、(e)、(j)、(k)所示的截面形式，可以提高梁的侧向抗弯刚度 EI_y 和抗扭刚度 GI_t，梁的整体稳定性会提高；增加梁的侧向支撑点，减少侧向自由长度 l_1（图 5-12(a)），可提高抗侧移刚度，整体稳定性也会提高；梁端支座对位移约束越有效，如采取图 5-12(b)所示的构造措施，使梁截面只能绕 x 轴转动，不能绕 y 轴转动，截面也不能绕 z 轴旋转，则梁的整体稳定越高；荷载作用于梁的下翼缘，比作用在上翼缘对梁的整体稳定有利，如图 5-12(c)所示，荷载 P 作用于上翼缘，一旦失稳，P 对剪切中心 S（对双轴对称工字形截面，剪切中心 S 和截面形心 O 重合）产生的附加扭矩 Pe，对梁的失稳起促进作用，作用于下翼缘，附加扭矩 Pe 将阻止梁失稳。

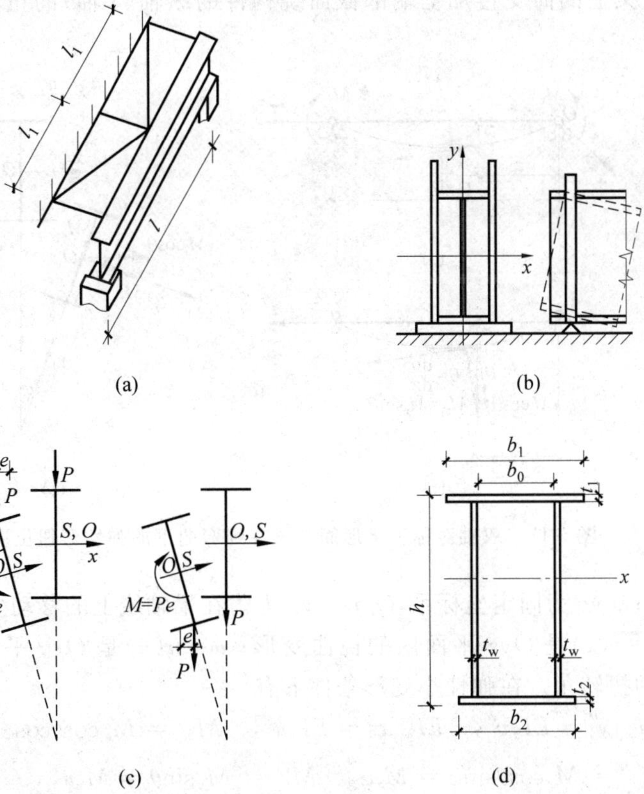

图 5-12　影响梁整体稳定构造图

(a) 梁侧向支撑图；(b) 梁端铰支座构造示意图；(c) 荷载作用点在截面上的位置对梁稳定的影响；(d) 箱形梁横截面

《钢结构设计规范》(GB 50017—2012)规定，符合下列任一情况，都不需计算梁的整体稳定。

(1) 有铺板(各种钢筋混凝土板和钢板)密铺在梁的受压翼缘上并与其牢固连接，能阻止梁受压翼缘的侧向位移时。

(2) 不符合条款(1)情况的箱形截面简支梁，其截面尺寸(图 5-12(d))应满足$\frac{h}{b_0}\leqslant b$，$b_0\leqslant 95\varepsilon_k^2$，符合上述规定的箱形截面简支梁可不计算整体稳定。

ε_k 为钢号修正系数，其值为 235 与钢材牌号比值的平方根。例如，对 Q235 钢，$\varepsilon_k=\sqrt{\frac{235}{f_{yk}}}=\sqrt{\frac{235}{235}}=1$；对 Q345 钢 $\varepsilon_k=\sqrt{\frac{235}{345}}\approx 0.83$。

5.3.3 简支梁的临界荷载

和理想轴心受压构件一样，失稳的平衡方程必须建立在变形之后的位置上。图 5-13 所示为纯弯曲状态下的简支梁，达到临界状态，发生微小侧向弯曲和扭转的位置和形态。临界荷载就是在这种变形后的位形上建立的弹性平衡微分方程解出来的。这里说的简支，就是通常意义上的简支再加上端部截面绕构件的纵轴(z 轴)的扭转变形受到约束，见图 5-13(b)。

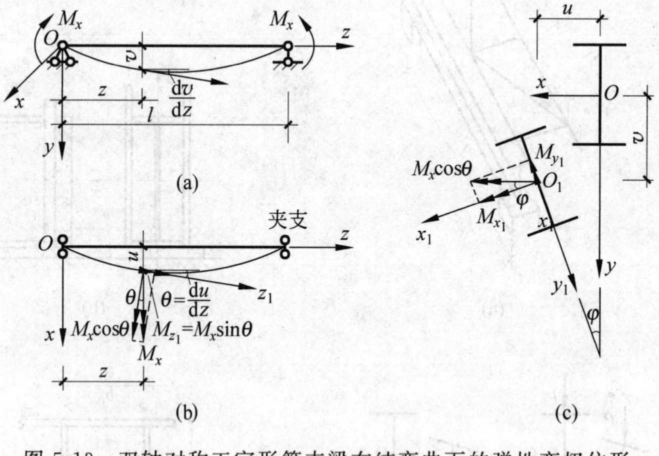

图 5-13 双轴对称工字形简支梁在纯弯曲下的弹性弯扭位形

图 5-13 中 $Oxyz$ 为固定坐标系，$O_1x_1y_1z_1$ 为附在梁轴线上的移动坐标系。失稳后有三个连续变量：$v=v(z)$是 Oyz 平面内的挠曲变形；$u=u(z)$是 Oxz 平面内挠曲变形；$\varphi=\varphi(z)$是绕 z 轴的扭转角。在弹性小变形条件下有

$$EI_{x_1}y_1''=EI_xv'',\quad EI_{y_1}x_1''=EI_yu'',\quad M_{x_1}=M_x\cos\theta\cos\varphi=M_x$$

$$M_{y_1}=M_x\cos\theta\sin\varphi=M_x\varphi,\quad M_{z_1}=M_x\sin\theta=M_xu'$$

平衡方程为

$$EI_xv''+M_x=0 \tag{1}$$

$$EI_yu''+M_x\varphi=0 \tag{2}$$

$$EI_w\varphi'''-GI_t\varphi'+M_xu'=0 \tag{3}$$

讨论：方程(1)是绕 x 轴(强轴)弯曲的平衡微分方程，也就是梁的挠曲线方程，是独立的；方程(2)是绕 y 轴(弱轴)弯曲的平衡微分方程；方程(3)是绕 z 轴扭转的平衡微分方程，扭转是伴随侧弯产生的，所以方程(2)、(3)是耦联的。

方程(2)、(3)联立，再由简支梁的边界条件解得临界弯矩的弹性解式(5-12)

$$M_{cr}=\frac{\pi}{l}\sqrt{EI_yGI_t}\sqrt{1+\frac{\pi^2EI_w}{l^2GI_t}} \tag{5-12a}$$

或

$$M_{cr}=\frac{\pi^2EI_y}{l^2}\sqrt{\frac{I_w}{I_y}\left(1+\frac{GI_tl^2}{\pi^2EI_w}\right)} \tag{5-12b}$$

式中，I_y 为对弱轴 y 的惯性矩；I_t 为扭转惯性矩；I_w 为翘曲(扇形)惯性矩。

由式(5-12)可见，临界弯矩值与侧向抗弯刚度 EI_y，扭转刚度 GI_t，翘曲刚度 EI_w 及梁的跨度 l 有关。

式(5-12)是简支梁，双轴对称工字形截面，在均匀弯矩作用下小变形弹性屈曲临界弯矩。实际的简支梁，荷载可以是多样性的，如集中荷载、均布荷载等；荷载在梁截面上的作用点也可以是多样的；截面也可以是单轴对称的(图5-14)。所以规范给出了简支梁弹性屈曲临界弯矩 M_{cr} 的一般形式

$$M_{cr}=C_1\frac{\pi^2EI_y}{l^2}\left[C_2a+C_3B_y+\sqrt{(C_2a+C_3B_y)^2+\frac{I_w}{I_y}\left(1+\frac{l^2GI_t}{\pi^2EI_w}\right)}\right] \tag{5-13}$$

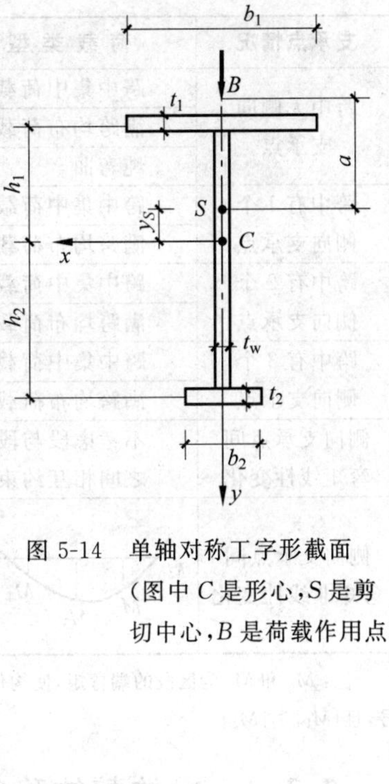

图5-14 单轴对称工字形截面(图中 C 是形心，S 是剪切中心，B 是荷载作用点)

式中，B_y 为截面不对称参数；EI_y、GI_t、EI_w 分别为截面的侧弯刚度、自由扭转刚度、翘曲刚度；C_1、C_2、C_3 分别为随荷载类型而异的系数；a 为集中荷载 p 或均布荷载 q 在截面上的作用点 B 的纵坐标和剪力中心 S 的纵坐标的差值 $a=y_B-y_S$，a 取负值；l 为侧向支承点之间的距离。

(1) 截面不对称参数 B_y

对工字钢 $$B_y=\frac{b_1^3h_1t_1-b_2^3h_2t_2}{24I_x}+\frac{t_w}{8I_x}(h_1^4-h_2^4)-\frac{b_1t_1h_1^3-b_2t_2h_2^3}{24I_x}-y_0 \tag{5-14}$$

$$y_0=-\frac{I_1h_1-I_2h_2}{I_y} \tag{5-15}$$

对双轴对称工字钢 $B_y=0$

对热轧槽形截面 $B_y=0$

式中，y_0 为剪切中心的纵坐标，即 y_S；I_1，I_2 分别为受压、受拉翼缘对 y 轴的惯性矩；工字钢其他截面自由扭转常数 I_t、翘曲惯性矩 I_w 应符合表5-5的规定。

(2) 荷载类型系数 C_1、C_2、C_3 如表5-6所示。

表 5-5　自由扭转常数 I_t 和翘曲惯性矩 I_w

截　　面	自由扭转常数	翘曲惯性矩
工字钢	$I_t=\frac{1}{3}\sum_i b_i t_i^3$	$I_w=\frac{I_1 I_2}{I_y}h^2$
T形截面	$I_t=\frac{1}{3}(bt^3+ht_w^3)$	$I_w=\frac{1}{36}h_w^3 t_w^3+\frac{1}{144}b^3 t^3$
热轧工字钢	$I_t=\frac{1}{3}ht_w^3+\frac{2}{3}bt^3\left(1+\frac{b^2}{576t^2}\right)$	$I_w=\frac{1}{5}I_y h^2$
热轧槽钢	$I_t=\frac{1}{3}ht_w^3+\frac{2}{3}bt^3\left(1+\frac{b^2}{2000t^2}\right)$	$I_w=\frac{2}{5}\left[\frac{h^3 e^2 t_w}{6}+bh^2 t\left(e^2-be+\frac{b^2}{3}\right)\right]$ $e=\frac{b^2 h^2 t}{4I_x}$

表 5-6　不同荷载类型的 C_1、C_2、C_3

支承点情况	荷 载 类 型	C_1	C_2	C_3
跨中无侧向支承点	跨中集中荷载	1.35	0.55	0.40
	满跨均布荷载	1.13	0.47	0.53
	纯弯曲	1.00	0.00	1.00
跨中有1个侧向支承点	跨中集中荷载	1.75	0.00	1.00
	满跨均布荷载	1.39	0.14	0.86
跨中有2个侧向支承点	跨中集中荷载	1.84	0.89	0.00
	满跨均布荷载	1.45	0.00	1.00
跨中有3个侧向支承点	跨中集中荷载	1.90	0.00	1.00
	满跨均布荷载	1.47	1.00	0.00
侧向支承点间弯矩线性变化	不考虑段与段之间相互约束	$1.75-1.05\left(\frac{M_2}{M_1}\right)+0.3\left(\frac{M_2}{M_1}\right)^2\leqslant 2.3$	0.00	1.00
侧向支承点间弯矩非线性变化	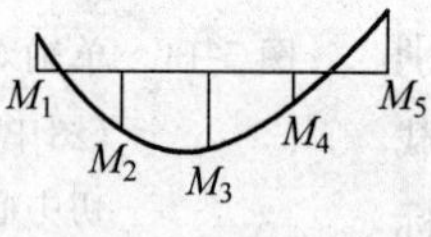	$\frac{5M_{max}}{M_{max}+1.2(M_2+M_4)+1.6M_3}$		

注：M_1 和 M_2 为区段的端弯矩，使构件产生同向曲率(无反弯点)时取同号；使构件产生反向曲率(有反弯点)时取异号，且$|M_1|\geqslant|M_2|$。

5.3.4　梁的整体稳定计算公式

梁不丧失整体稳定的条件是梁受压翼缘的最大应力小于临界应力 σ_{cr} 除以抗力分项系数 γ_R 的值。即

$$\frac{M_x}{W_x}\leqslant\frac{\sigma_{cr}}{\gamma_R}=\frac{\sigma_{cr}f_y}{\gamma_R f_y}=\frac{\sigma_{cr}}{f_y}f$$

令 $\varphi_b=\frac{\sigma_{cr}}{f_y}$ 为梁的整体稳定系数，则梁的整体稳定计算公式为

$$\frac{M_x}{\gamma_x\varphi_b W_x}\leqslant f \tag{5-16}$$

式(5-16)就是规范中规定的梁的整体稳定计算公式。

在两个主平面内受弯曲(斜弯曲)作用的工字形或H型钢截面梁(图5-15)应按式(5-17)计算整体稳定：

$$\frac{M_x}{\varphi_b \gamma_x W_x}+\frac{M_y}{\gamma_y W_y}\leqslant f \tag{5-17}$$

式中，W_x，W_y 分别为按受压纤维定的对 x 轴和 y 轴的毛截面抗弯模量；φ_b 为在最大刚度主平面(即 zx 平面)内弯曲的整体稳定系数；γ_x，γ_y 分别为绕 x 轴、y 轴弯曲的截面塑性发展系数。

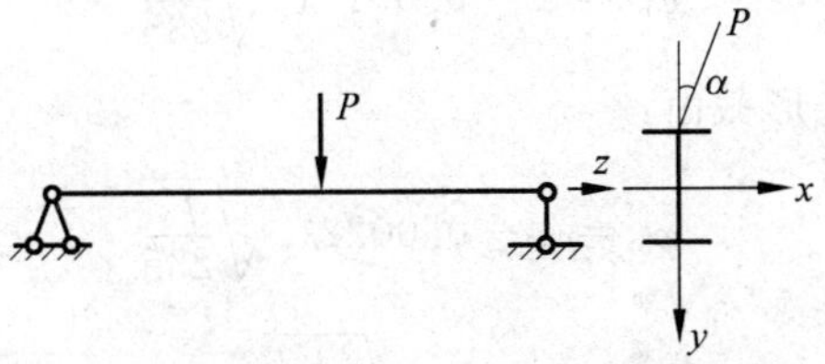

图5-15　双向弯曲简支梁

《钢结构设计规范》(GB 50017—2012)给出梁的整体稳定系数计算公式为

$$\varphi_b=\frac{1}{\left[1+(\lambda_{b0}^{re})^{2n}+(\lambda_b^{re})^{2n}\right]^{\frac{1}{n}}}\leqslant 1.0 \tag{5-18}$$

$$\lambda_b^{re}=\sqrt{\frac{\gamma_x W_x f_y}{M_{cr}}} \tag{5-19}$$

式中，M_{cr} 为简支梁的弹性屈曲临界弯矩；λ_{b0}^{re} 为梁腹板受弯计算时起始正则化长细比，按表5-7采用；n 为指数，按表5-7采用；表5-7中 b_1 为工字形截面受压翼缘宽度；h 为上、下翼缘的距离。

表5-7　指数 n 和起始正则化长细比 λ_{b0}^{re}

	n	λ_{b0}^{re}	
		简支梁	承受线性变化弯矩的悬臂梁和连续梁
热轧H型钢及热轧工字钢	$2.5\sqrt[3]{\frac{b_1}{h}}$	0.4	$0.65-0.25\frac{M_2}{M_1}$
焊接截面	$1.8\sqrt[3]{\frac{b_1}{h}}$	0.3	$0.55-0.25\frac{M_2}{M_1}$
轧制槽钢	1.5	0.3	

注：M_1、M_2 分别为区段的端弯矩，使构件产生同向曲率(无反弯点)时取同号；使构件产生反向曲率(有反弯点)时取异号，且 $|M_1|\geqslant|M_2|$。

规范给出的梁整体稳定系数 φ_b 值的近似计算：

对于纯弯曲作用的构件，当 $\lambda_y\leqslant 120\sqrt{\frac{235}{f_y}}$ 时，其整体稳定系数可按下列近似公式计算。

(1) 工字形钢或H型钢截面

双轴对称时

$$\varphi_b=1.07-\frac{\lambda_y^2}{44\,000}\cdot\frac{f_y}{235} \tag{5-20}$$

单轴对称时

$$\varphi_b = 1.07 - \frac{W_{1x}}{(2\alpha_b + 0.1)Ah} \cdot \frac{\lambda_y^2}{14\,000} \cdot \frac{f_y}{235} \tag{5-21}$$

式中,W_{1x}为截面最大受压纤维的毛截面模量。

(2) T形截面(弯矩作用在对称轴平面内,绕x轴)

弯矩使翼缘受压时:

双角钢组成的T形截面:

$$\varphi_b = 1 - 0.0017\lambda_y\sqrt{\frac{f_y}{235}} \tag{5-22}$$

部分T型钢和焊接T形截面:

$$\varphi_b = 1 - 0.0022\lambda_y\sqrt{\frac{f_y}{235}} \tag{5-23}$$

弯矩使翼缘受拉且腹板宽厚比不大于$18\sqrt{\frac{235}{f_y}}$时:

$$\varphi_b = 1 - 0.0005\lambda_y\sqrt{\frac{f_y}{235}} \tag{5-24}$$

近似公式算出的φ_b值已经考虑了非弹性屈曲问题,所以计算得的φ_b值大于0.6时,不需修正。当算得$\varphi_b>1$时,取$\varphi_b=1$。

5.3.5 梁的整体稳定算例

例5-3 如果例5-1中的平台板不能保证次梁的整体稳定,试根据梁的整体稳定条件选择次梁的截面。

解 例5-1根据强度条件选择I45a满足强度、刚度条件的要求,但富余不多。

初选I 56C:$I_y=1.56\times10^7\text{mm}^4$,$I_x=7.14\times10^8\text{mm}^4$,$W_x=2.55\times10^6\text{mm}^3$

质量为124kg/m,$b=170$mm,$h=560$mm,$t=21$mm,$t_w=16.5$mm

$h_0=h-2(R+t)=489$

(1) 由式(5-13)计算M_{cr}

$$I_1 = I_2 = \frac{tb^3}{12} = \frac{21\times170^3}{12} = 8.60\times10^6(\text{mm}^4)$$

$$I_w = \frac{I_1I_2}{I_y}h^2 = \frac{(8.60\times10^6)^2}{1.56\times10^7}\times560^2 = 1.49\times10^{12}(\text{mm}^6)$$

$$I_t = \frac{1}{3}\sum_i b_it_i^3 = \frac{1}{3}\times(170\times21^3\times2+489\times16.5^3) = 1.78\times10^6(\text{mm}^4)$$

双轴对称工字形截面其形心和剪力中心重合,故$B_y=0$,$a=-\frac{h}{2}=-\frac{560}{2}=-280$(mm)

查表5-6得:$C_1=1.13$,$C_2=0.47$,$C_3=0.53$。

$$E = 2.06\times10^5\text{N/mm}^2,\quad G = \frac{E}{2(1+\gamma)} = \frac{2.06\times10^5}{2\times(1+0.3)} = 0.79\times10^5(\text{N/mm}^2)$$

$$M_{cr}=C_1\frac{\pi^2EI_y}{l^2}\left[C_2a+C_3B_y+\sqrt{(C_2a+C_3B_y)^2+\frac{I_w}{I_y}\left(1+\frac{l^2GI_t}{\pi^2EI_w}\right)}\right]$$

$$=1.13\times\frac{3.14^2\times2.06\times10^5\times1.56\times10^7}{6^2\times10^6}$$

$$\times\left[-0.47\times280+\sqrt{(-0.47\times280)^2+\frac{1.49\times10^{12}}{1.56\times10^7}\times\left(1+\frac{6^2\times10^6\times0.79\times10^5\times1.8\times10^6}{3.14^2\times2.06\times10^5\times1.49\times10^{12}}\right)}\right]$$

$$=0.99\times10^6\times[-131.6+\sqrt{1.73\times10^4+25.71\times10^4}]\approx3.88\times10^8(\text{N}\cdot\text{mm})$$

(2) 由式(5-18)计算 φ_b

$$\lambda_b^{re}=\sqrt{\frac{\gamma_xW_xf_y}{M_{cr}}}=\sqrt{\frac{1.05\times2.55\times10^6\times235}{3.88\times10^8}}\approx1.27$$

$\lambda_{b0}^{re}=0.4$ （由表5-7查得）

$$n=2.5\sqrt[3]{\frac{b_1}{h}}=2.5\sqrt[3]{\frac{170}{539}}\approx1.70$$

$$\varphi_b=\frac{1}{[1-(\lambda_{b0}^{re})^{2n}+(\lambda_b^{re})^{2n}]^{\frac{1}{n}}}=\frac{1}{[1-0.4^{3.4}+1.27^{3.4}]^{\frac{1}{1.70}}}\approx0.504$$

(3) 验算整体稳定

梁自重标准值 $q'_k=124\times9.8\times10^{-3}=1.2(\text{kN/m})$，设计值 $q'=1.2q'_k=1.44(\text{kN/m})$

$$M'_x=\frac{q'l^2}{8}=\frac{1.44\times6^2}{8}=6.48(\text{kN}\cdot\text{m})$$

$$\frac{M_x+M'_x}{\varphi_bW_x}=\frac{(311.58+6.48)\times10^6}{0.504\times2.55\times10^6}\approx247.5(\text{N/mm}^2)>1.05f$$

$$=1.05\times215\approx225.8(\text{N/mm}^2)$$

讨论：① I56c不能满足整体稳定的原因是 $\varphi_b=0.504$ 太小；如果采用旧规范中轧制普通工字钢简支梁的 φ_b 值表，查得 $\varphi_b=0.59$，则能满足。

② 选I 63b，其抗侧移、抗扭刚度都有增加，且抗弯模数增加较大，都有利于改善整体稳定性，可由验算最后决定。

③ 如果I 63b满足，则用钢量较强度条件用钢量增加

$$\frac{131-80.4}{80.4}\times100\%\approx63\%$$

可见尽量由构造上保证整体不失稳，由强度条件选择截面是经济的。

例5-4 跨度 $l=12$m 的简支梁，跨中有一集中荷载 P（设计值）。选定两种截面面积和梁高都相等的截面，如图5-16(a)、(b)所示，材料为Q235B钢，不计梁自重。求：(1)由整体稳定条件决定此两种截面所能承受的 P 值；(2)整体稳定有保证，由强度条件决定此两种截面所能承受的 P 值。

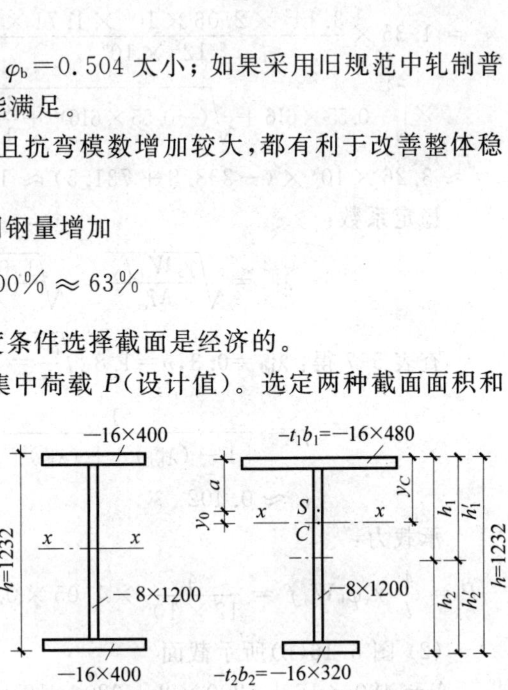

图5-16 例5-4附图

解 1) 梁的整体稳定性没有保证时，P 值应由梁的整体稳定条件决定：

$$M_x\leqslant\gamma_x\varphi_bW_xf$$

$$P\leqslant\frac{4}{l}\gamma_x\varphi_bW_xf$$

(1) 图 5-16(a)所示截面：

$$I_y = 2\times\frac{1}{12}\times 16\times 400^3 \approx 1.71\times 10^8 (\text{mm}^4)$$

$$I_x = \frac{1}{12}\times 400\times 1232^3 - \frac{1}{12}\times(400-8)\times 1200^3 \approx 5.88\times 10^9 (\text{mm}^4)$$

$$W_x = \frac{2I_x}{h} = \frac{2\times 5.88\times 10^9}{1232} \approx 9.55\times 10^6 (\text{mm}^3)$$

$$I_1 = I_2 = \frac{16\times 400^3}{12} \approx 8.53\times 10^7 (\text{mm}^4)$$

双轴对称工字形截面，截面形心 C 和剪切中心 S 重合，

$$B_y = 0,\quad a = -\frac{h}{2} = -\frac{1232}{2} = -616(\text{mm})$$

$$I_w = \frac{I_1 I_2}{I_y}h^2 = \frac{(8.53\times 10^7)^2}{1.71\times 10^8}\times 1232^2 \approx 6.46\times 10^{13} (\text{mm}^6)$$

$$I_t = \frac{1}{3}\sum_i b_i t_i^3 = \frac{1}{3}\times(400\times 16^3\times 2 + 1200\times 8^3) \approx 1.30\times 10^6 (\text{mm}^4)$$

查表 5-6 得：$C_1=1.35, C_2=0.55, C_3=0.40$

$$E = 2.06\times 10^5\,\text{N/mm}^2,\quad G = \frac{E}{2(1+\gamma_0)} = \frac{2.06\times 10^5}{2\times(1+0.3)} = 0.79\times 10^5 (\text{N/mm}^2)$$

临界弯矩：

$$M_{cr} = C_1\frac{\pi^2 EI_y}{l^2}\left[C_2 a + C_3 B_y + \sqrt{(C_2 a + C_3 B_y)^2 + \frac{I_w}{I_y}\left(1+\frac{l^2 G I_t}{\pi^2 E I_w}\right)}\right]$$

$$= 1.35\times\frac{3.14^2\times 2.06\times 10^5\times 1.71\times 10^8}{12^2\times 10^6}$$

$$\times\left[-0.55\times 616 + \sqrt{(-0.55\times 616)^2 + \frac{6.46\times 10^{13}}{1.71\times 10^8}\times\left(1+\frac{12^2\times 10^6\times 0.79\times 10^5\times 1.3\times 10^6}{3.14^2\times 2.06\times 10^5\times 6.46\times 10^{13}}\right)}\right]$$

$$\approx 3.26\times 10^6\times(-338.8+731.5) \approx 1.28\times 10^9 (\text{N}\cdot\text{mm})$$

稳定系数：

$$\lambda_b^{re} = \sqrt{\frac{\gamma_x W_x f_y}{M_{cr}}} = \sqrt{\frac{1.05\times 9.55\times 10^6\times 235}{1.28\times 10^9}} \approx 1.36$$

查表 5-7 得：$\lambda_{b0}^{re}=0.3, n=1.8\sqrt[3]{\frac{b_1}{h}}=1.8\sqrt[3]{\frac{400}{1216}}\approx 1.24$

$$\varphi_b = \frac{1}{[1-(\lambda_{b0}^{re})^{2n}+(\lambda_b^{re})^{2n}]^{\frac{1}{n}}} = \frac{1}{[1-0.3^{2.48}+1.36^{2.48}]^{\frac{1}{1.24}}}$$

$$\approx 0.402$$

承载力：

$$P = \frac{4}{l}\gamma_x\varphi_b W_x f = \frac{4}{12\times 10^3}\times 1.05\times 0.402\times 9.55\times 10^6\times 215\times 10^{-3} \approx 288.9(\text{kN})$$

(2) 图 5-16(b)所示截面

$$A = 480\times 16 + 1200\times 8 + 320\times 16 \approx 2.24\times 10^4 (\text{mm}^2)$$

$$y_C = \frac{\sum A_i y_i}{A} = \frac{320\times 16\times 1224 + 8\times 1200\times 616 + 16\times 480\times 8}{2.24\times 10^4} \approx 546.5(\text{mm})$$

$h'_1 = y_C = 546.5\text{mm}$， $h'_2 = h - h'_1 = 1232 - 546.5 = 685.5(\text{mm})$

$h_1 = h'_1 - 8 = 538.5(\text{mm})$， $h_2 = h'_2 - 8 = 685.5 - 8 = 677.5(\text{mm})$

$$I_1 = \frac{16 \times 480^3}{12} \approx 1.47 \times 10^8(\text{mm}^4),\quad I_2 = \frac{16 \times 320^3}{12} \approx 4.37 \times 10^7(\text{mm}^4)$$

$$I_y = I_1 + I_2 = 1.47 \times 10^8 + 4.37 \times 10^7 = 1.91 \times 10^8(\text{mm}^4)$$

$$I_x = \frac{8 \times 1200^3}{12} + 8 \times 1200 \times \left(\frac{1232}{2} - 546.5\right)^2 + 16 \times 480 \times (546.5 - 8)^2$$

$$+ 16 \times 320 \times (1224 - 546.5)^2 \approx 5.78 \times 10^9(\text{mm}^4)$$

$$W_{x1} = \frac{I_x}{h'_1} = \frac{5.78 \times 10^9}{546.5} \approx 1.06 \times 10^7(\text{mm}^3)$$

$$W_{x2} = \frac{I_x}{h'_2} = \frac{5.78 \times 10^9}{685.5} \approx 8.43 \times 10^6(\text{mm}^3)$$

$$I_t = \frac{1}{3}\sum_i b_i t_i^3 = \frac{1}{3} \times (480 \times 16^3 + 320 \times 16^3 + 1200 \times 8^3) \approx 1.30 \times 10^6(\text{mm}^4)$$

$$I_w = \frac{I_1 I_2}{I_y} \times h^2 = \frac{1.47 \times 10^8 \times 4.37 \times 10^7}{1.91 \times 10^8} \times 1232^2 \approx 5.10 \times 10^{13}(\text{mm}^6)$$

$$y_0 = -\frac{I_1 h_1 - I_2 h_2}{I_y} = -\frac{1.47 \times 10^8 \times 538.5 - 4.37 \times 10^7 \times 677.5}{1.91 \times 10^8} \approx -259.4(\text{mm})$$

$$a = y_B - y_S = -h'_1 - y_0 = -546.5 + 259.4 = -287.1(\text{mm})$$

$$B_y = \frac{b_1^3 h_1 t_1 - b_2^3 h_2 t_2}{24 I_x} - \frac{b_1 t_1 h_1^3 - b_2 t_2 h_2^3}{24 I_x} - \frac{t_w}{8 I_x}(h_1^4 - h_2^4) - y_0$$

$$= \frac{480^3 \times 538.5 \times 16 - 320^3 \times 677.5 \times 16}{24 \times 5.78 \times 10^9} - \frac{480 \times 16 \times 538.5^3 - 320 \times 16 \times 677.5^3}{24 \times 5.78 \times 10^9}$$

$$- \frac{8}{8 \times 5.78 \times 10^9}(538.5^4 - 677.5^4) + 259.4$$

$$\approx 4.31 + 2.83 + 21.90 + 259.4 \approx 288.4(\text{mm})$$

临界弯矩：

$$M_{cr} = C_1 \frac{\pi^2 E I_y}{l^2}\left[C_2 a + C_3 B_y + \sqrt{(C_2 a + C_3 B_y)^2 + \frac{I_w}{I_y}\left(1 + \frac{l^2 G I_t}{\pi^2 E I_w}\right)}\right]$$

$$= 1.35 \times \frac{3.14^2 \times 2.06 \times 10^5 \times 1.91 \times 10^8}{12^2 \times 10^6} \times \left[-0.55 \times 287.1 + 0.4 \times 288.4\right.$$

$$\left. + \sqrt{(-0.55 \times 287.1 + 0.4 \times 288.4)^2 + \frac{5.1 \times 10^{13}}{1.91 \times 10^8} \times \left(1 + \frac{12^2 \times 10^6 \times 0.79 \times 10^5 \times 1.3 \times 10^6}{3.14^2 \times 2.06 \times 10^5 \times 5.1 \times 10^{13}}\right)}\right]$$

$$\approx 1.85 \times 10^9(\text{N} \cdot \text{mm})$$

稳定系数：

$$\lambda_b^{re} = \sqrt{\frac{\gamma_x W_{x1} f_y}{M_{cr}}} = \sqrt{\frac{1.05 \times 1.06 \times 10^7 \times 235}{1.85 \times 10^9}} \approx 1.19$$

查表 5-7 得：$\lambda_{b0}^{re} = 0.3$， $n = 1.8\sqrt[3]{\frac{b_1}{h}} = 1.8\sqrt[3]{\frac{480}{1216}} \approx 1.32$

$$\varphi_b = \frac{1}{[1 - (\lambda_{b0}^{re})^{2n} + (\lambda_b^{re})^{2n}]^{\frac{1}{n}}} = \frac{1}{[1 - (0.3)^{2.64} + (1.19)^{2.64}]^{\frac{1}{1.32}}} \approx 0.483$$

承载:

$$P=\frac{4}{l}\gamma_x\varphi_b W_{x1}f=\frac{4}{12\times10^3}\times1.05\times0.483\times1.06\times10^7\times215\times10^{-3}\approx385.3(\mathrm{kN})$$

受拉翼缘有削弱,受拉翼缘的极限承载力 P'

$$P'=\frac{4}{l}\gamma_x W_{x2}f=\frac{4}{12\times10^3}\times1.05\times8.43\times10^6\times215\times10^{-3}\approx634.4(\mathrm{kN})>P$$

截面(图 5-16(b))最大承载力由稳定控制,$P=385.3\mathrm{kN}$

2) 如果梁有足够侧向支撑,整体稳定有保证,则梁的极限承载力由强度条件决定

$$M_x\leqslant\gamma_x W_{nx}f$$

$$P\leqslant\frac{4}{l}\gamma_x W_{nx}f$$

(1) 图 5-16(a)所示截面

$$P=\frac{4}{l}\gamma_x W_{nx}f=\frac{4}{12\times10^3}\times1.05\times9.55\times10^6\times215\times10^{-3}\approx718.6(\mathrm{kN})$$

(2) 图 5-16(b)所示截面

$$P=\frac{4}{l}\gamma_x W_{x2}f=\frac{4}{12\times10^3}\times1.05\times8.43\times10^6\times215\times10^{-3}\approx634.4(\mathrm{kN})$$

讨论:① 加强受压翼缘截面图 5-16(b)比图 5-16(a)稳定承载力大

$$\frac{385.3-288.9}{385.3}\times100\%\approx25\%$$

显然,由整体稳定的要求,加强受压翼缘截面是有利的。

② 如整体稳定有保证,由强度条件决定,则由于由受拉翼缘削弱,其承载力减少

$$\frac{718.6-634.4}{634.4}\times100\%\approx13.3\%$$

显然,由强度要求,加强受压翼缘,削弱受拉翼缘是不利的。

③ 图 5-16(b)比图 5-16(a)抗弯刚度(EI_x)低

$$\frac{5.88\times10^9-5.78\times10^9}{5.88\times10^9}\times100\%\approx1.7\%$$

5.4 梁的局部稳定

为获得经济的截面尺寸,焊接钢梁常增大翼缘的宽厚比和腹板的高厚比。受压翼缘和轴心受压构件一样,受到较均匀的压应力。腹板中段受到较大的纵向压应力,端部腹板受到剪力引起的斜压应力,都有可能使各板件失去稳定。丧失局部稳定后虽不像丧失整体稳定立即导致梁失去承载能力的后果那样严重,但局部失稳会改变梁的受力状况,降低梁的刚度和整体稳定性,所以局部稳定性的问题必须认真对待。

5.4.1 翼缘板的容许宽厚比

梁的翼缘板远离截面形心,强度能得到比较充分的利用,且受压翼缘板受到较均匀的纵向压应力,所以可以用限制宽厚比的方法来保证它不先于梁的整体失稳。它的计算基础仍

然是薄板的临界应力公式(4-8)。

梁的截面应满足 S3 级截面设计等级(部分塑性准则)：即梁翼缘的自由外伸宽度 b_1 与其厚度 t 之比满足：$\frac{b_1}{t} \leqslant 13\varepsilon_k$；腹板高 h_0 与其厚度 t_w 之比应满足$\frac{h_0}{t_w} \leqslant 80\varepsilon_k$(见表 5-3)。

5.4.2 腹板加劲肋的设置

腹板应力分布不均匀,大部分应力很低,中和轴以下为拉应力,如果也用限制高厚比的方法来控制其局部稳定是不经济的。提高梁腹板的局部稳定可以通过改变板件的边界约束,即设置加劲肋来完成,如图 5-17 所示。

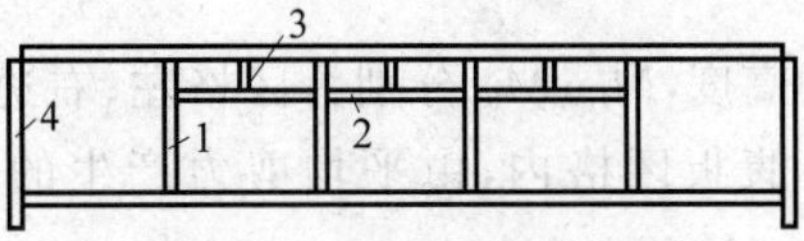

图 5-17 腹板加劲肋的配置

1—横向加劲肋；2—纵向加劲肋；3—短加劲肋；4—支撑加劲肋

加劲肋可分为横向、纵向、短加劲肋和支撑加劲肋。支撑加劲肋用于承受固定集中力(如支座反力),在梁腹板中通常都设置支撑加劲肋和横向加劲肋,纵向加劲肋和短加劲肋不是所有梁中都有。

不考虑腹板屈曲后强度的利用,下面讨论梁腹板加劲肋的配置、计算和有关构造。

1. 腹板加劲肋的配置

腹板加劲肋的配置(图 5-17)应符合下列规定。

(1) 对于 $h_0/t_w \leqslant 80\sqrt{\frac{235}{f_y}}$ 的梁,无局部压应力($\sigma_c = 0$)或局部压应力较小时,可不配置横向加劲肋。

如果有局部压应力($\sigma_c \neq 0$),按构造配置横向加劲肋,加劲肋间距 a 应满足 $0.5h_0 \leqslant a \leqslant 2h_0$。

(2) 对于

$$80\sqrt{\frac{235}{f_y}} < \frac{h_0}{t_w} \leqslant 170\sqrt{\frac{235}{f_y}}$$

应配置横向加劲肋,并要按下面的方法计算区格内的局部稳定。

(3) 对于

$$\frac{h_0}{t_w} > \begin{cases} 150\sqrt{\frac{235}{f_y}}, & \text{受压翼缘扭转未受约束} \\ 170\sqrt{\frac{235}{f_y}}, & \text{受压翼缘扭转受约束,如有刚性辅板、制动板或焊有钢轨时} \end{cases}$$

配置横向加劲肋后还要在弯曲应力较大区格受压区增加配置纵向加劲肋,局部应力很大的梁,必要时应在受压区配置短加劲肋,并要按下面方法计算区格内的局部稳定。

任何情况下,h_0/t_w 均不应超过 $250\sqrt{\frac{235}{f_y}}$。此处 h_0 为腹板的计算高度(对单轴对称梁,当确定是否要配置纵向加劲肋时,h_0 应取腹板受压区高度 h_c 的 2 倍),t_w 为腹板的厚度。

(4) 梁的支座处和上翼缘有固定集中力处应配置支撑加劲肋,对支撑加劲肋要进行计算。

2. 腹板加劲肋配置的计算

配置腹板加劲肋时，一般需要先根据构造要求进行加劲肋的布置，然后验算，必要时再调整。验算局部稳定的公式是由相关方程表达的。

(1) 仅配置横向加劲肋的腹板(图 5-18(a))，各区格应满足相关方程：

$$\left(\frac{\sigma}{\sigma_{cr}}\right)^2+\left(\frac{\tau}{\tau_{cr}}\right)^2+\frac{\sigma_c}{\sigma_{c,cr}}\leqslant 1 \tag{5-25}$$

式中，σ 为计算的区格内，由平均弯矩产生的腹板计算高度边缘的弯曲压应力，即 $\sigma=\frac{(M_L+M_R)h_c}{2I_x}$，$h_c$ 为腹板受压区的高度，M_L，M_R 分别为区格左、右边缘的弯矩值；τ 为计算腹板区格内，由平均剪力产生的腹板平均剪应力，即 $\tau=\frac{V}{h_0t_w}$；σ_c 为腹板计算高度边缘局部压应力，按式(5-9)计算，式中 $\psi=1$；σ_{cr} 为在纯弯曲作用下的临界应力；τ_{cr} 为在纯剪切作用下的临界应力。$\sigma_{c,cr}$ 为局部压力作用下的临界应力，其值根据规范计算。

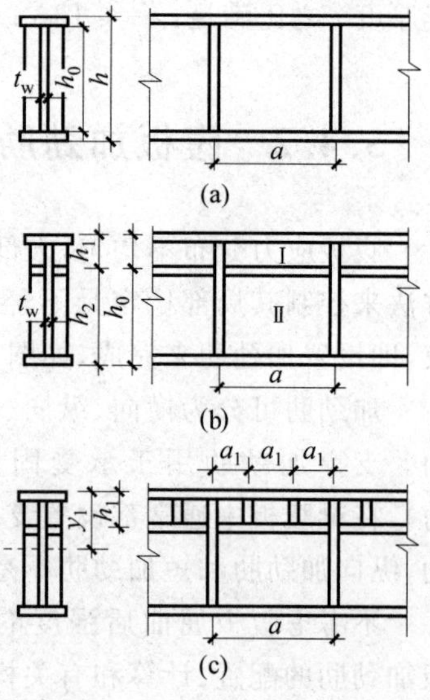

图 5-18 腹板加劲肋布置

① σ_{cr}按下列公式计算

梁腹板纯弯计算的正则化长细比 λ_b^{re}：

$$\lambda_b^{re}=\frac{2h_c/t_w}{177}\sqrt{\frac{f_y}{235}}\quad（受压翼缘扭转受到约束）\tag{5-26}$$

$$\lambda_b^{re}=\frac{2h_c/t_w}{138}\sqrt{\frac{f_y}{235}}\quad（受压翼缘扭转未受约束）\tag{5-27}$$

式中，h_c 为梁腹板受压区高度，对双轴对称截面 $2h_c=h_0$，t_w 为梁腹板厚度。

$$\sigma_{cr}=\begin{cases}f & (\lambda_b^{re}\leqslant 0.85)\\ [1-0.75(\lambda_b^{re}-0.85)]f & (0.85<\lambda_b^{re}\leqslant 1.25)\\ 1.1f/(\lambda_b^{re})^2 & (\lambda_b^{re}>1.25)\end{cases} \tag{5-28}$$

② τ_{cr}按下列公式计算

梁腹板纯剪切计算的正则化长细比 λ_s^{re}：

$$\lambda_s^{re}=\frac{h_0/t_w}{37\eta\sqrt{4+5.34(h_0/a)^2}}\sqrt{\frac{f_y}{235}}\quad(a/h_0\leqslant 1)\tag{5-29}$$

$$\lambda_s^{re}=\frac{h_0/t_w}{37\eta\sqrt{5.34+4(h_0/a)^2}}\sqrt{\frac{f_y}{235}}\quad(a/h_0>1)\tag{5-30}$$

式中，对简支梁 $\eta=1.11$，对框架梁 $\eta=1$。

$$\tau_{cr}=\begin{cases}f_v & (\lambda_s^{re}\leqslant 0.8)\\ [1-0.59(\lambda_s^{re}-0.8)]f_v & (0.8<\lambda_s^{re}\leqslant 1.2)\\ 1.1f_v/(\lambda_s^{re})^2 & (\lambda_s^{re}>1.2)\end{cases} \tag{5-31}$$

③ $\sigma_{c,cr}$按下列公式计算：

梁腹板受局部压力计算时的正则化长细比 λ_c^{re}

$$\begin{cases} \lambda_c^{re} = \dfrac{h_0/t_w}{28\sqrt{10.9+13.4(1.83-a/h_0)^3}}\sqrt{\dfrac{f_y}{235}} & \left(0.5 \leqslant \dfrac{a}{h_0} \leqslant 1.5\right) \quad (5\text{-}32) \\ \lambda_c^{re} = \dfrac{h_0/t_w}{28\sqrt{18.9-5a/h_0}}\sqrt{\dfrac{f_y}{235}} & \left(1.5 \leqslant \dfrac{a}{h_0} \leqslant 2.0\right) \quad (5\text{-}33) \end{cases}$$

$$\sigma_{c,cr} = \begin{cases} f & (\lambda_c^{re} \leqslant 0.9) \\ [1-0.79(\lambda_c^{re}-0.9)]f & (0.9 < \lambda_c^{re} \leqslant 1.2) \\ 1.1f/(\lambda_c^{re})^2 & (\lambda_c^{re} > 1.2) \end{cases} \tag{5-34}$$

(2) 同时配置横向加劲肋和纵向加劲肋区格局部稳定的验算。

① 受压翼缘和纵向加劲肋间区格Ⅰ的局部稳定的验算(图 5-18(b))。

验算相关公式

$$\frac{\sigma}{\sigma_{cr1}} + \left(\frac{\tau}{\tau_{cr1}}\right)^2 + \left(\frac{\sigma_c}{\sigma_{c,cr1}}\right)^2 \leqslant 1 \tag{5-35}$$

式中，σ，τ 分别是区格Ⅰ的平均弯矩产生的腹板在计算高度边缘处的弯曲压应力和平均剪应力；σ_{cr1} 按式(5-28)计算，式中 λ_b^{re} 用 λ_{b1}^{re} 代替。

受压翼缘扭转受到约束：

$$\lambda_{b1}^{re} = \frac{h_1/t_w}{75}\sqrt{\frac{f_y}{235}} \tag{5-36}$$

受压翼缘扭转未受约束：

$$\lambda_{b1}^{re} = \frac{h_1/t_w}{64}\sqrt{\frac{f_y}{235}} \tag{5-37}$$

h_1 为纵向加劲肋至腹板计算高度受压边缘的距离。

τ_{cr1} 按式(5-31)计算，式中 h_0 用 h_1 代替。

$\sigma_{c,cr1}$ 按式(5-34)计算，式中 λ_c^{re} 用 λ_{c1}^{re} 代替。

当梁受压翼缘扭转受到约束时

$$\lambda_{c1}^{re} = \frac{h_1/t_w}{56}\sqrt{\frac{f_y}{235}} \tag{5-38}$$

当梁受压翼缘扭转未受到约束时

$$\lambda_{c1}^{re} = \frac{h_1/t_w}{40}\sqrt{\frac{f_y}{235}} \tag{5-39}$$

② 纵向加劲肋和受拉翼缘间区格Ⅱ的局部稳定验算

验算相关公式

$$\frac{\sigma_2}{\sigma_{cr2}} + \left(\frac{\tau}{\tau_{cr2}}\right)^2 + \frac{\sigma_{c2}}{\sigma_{c,cr2}} \leqslant 1 \tag{5-40}$$

式中，σ_2，τ 分别是区格Ⅱ平均弯矩产生的腹板在纵向加劲肋处的弯曲压应力和平均剪应力；σ_{cr2} 按式(5-28)计算，式中 λ_b^{re} 用 λ_{b2}^{re} 代替；σ_{c2} 为腹板在纵向加劲肋处的横向压应力，取 $0.3\sigma_c$。

$$\lambda_{b2}^{re} = \frac{h_2/t_w}{194}\sqrt{\frac{f_y}{235}} \tag{5-41}$$

$$h_2 = h_0 - h_1$$

τ_{cr} 按式(5-31)计算，式中 h_0 用 h_2 代替；$\sigma_{c,cr}$ 按式(5-29)计算，式中 h_0 用 h_2 代替，当

$a/h_0>2$ 时，取 $a/h_2=2$。

3. 腹板加劲肋的构造要求

腹板加劲肋是为加强腹板的局部稳定而设置的。焊接梁的加劲肋一般用钢板做成，常在腹板两侧成对配置(图 5-19(a))，对于仅受静荷载作用或受动荷载作用较小的梁腹板，为了节省钢材和减轻制造工作量，其横向和纵向加劲肋亦可考虑单侧配置见，图 5-19(b)。但是对于支撑加劲肋不能单侧配置。

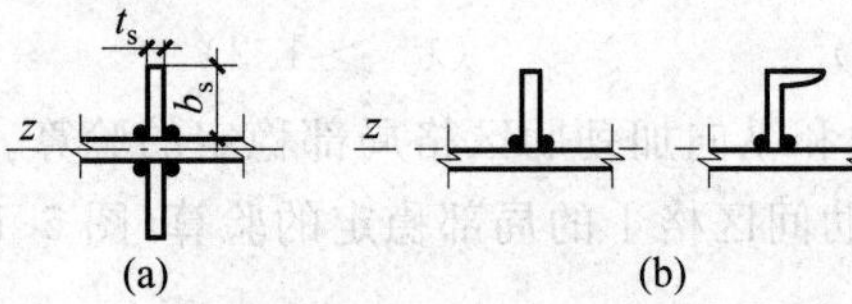

图 5-19　加劲肋形式

加劲肋作为腹板的支撑边，应有足够的刚度，为此要求：

(1) 在腹板两侧成对配置的钢板横向加劲肋，其截面尺寸按下列经验公式确定：

外伸宽度

$$b_s \geqslant h_0/30+40(\text{mm}) \tag{5-42}$$

厚度

$$\text{承压加劲肋：} t_s \geqslant b_s/15\text{，不受力加劲肋：} t_s \geqslant \frac{b_s}{19} \tag{5-43}$$

(2) 仅在腹板一侧配置的钢板横向加劲肋，其外伸宽度应取按式(5-42)算得值的 1.2 倍，厚度由式(5-43)计算。

(3) 在同时用横向加劲肋和纵向加劲肋加强的腹板中，横向加劲肋作为纵向加劲肋的支撑，所以应在其相交处将纵向加劲肋断开，横向加劲肋保持连续(图 5-20(a))。此时，横向加劲肋的截面尺寸除应满足上述要求外，其绕 z 轴的惯性矩还应满足：

$$I_z \geqslant 3h_0 t_w^3 \tag{5-44}$$

当加劲肋单向配置时，I_z 应以 $z—z$ 线为轴线进行计算(图 5-19(b))，$z—z$ 轴线即和加劲肋相连的腹板边缘。纵向加劲肋的截面惯性矩 I_y，应符合下列要求：

$$I_y \geqslant 1.5h_0 t_w^3 \quad (a/h_0 \leqslant 0.85) \tag{5-45}$$

$$I_y \geqslant (2.5-0.45a/h_0)\left(\frac{a}{h_0}\right)^2 h_0 t_w^3 \quad (a/h_0>0.85) \tag{5-46}$$

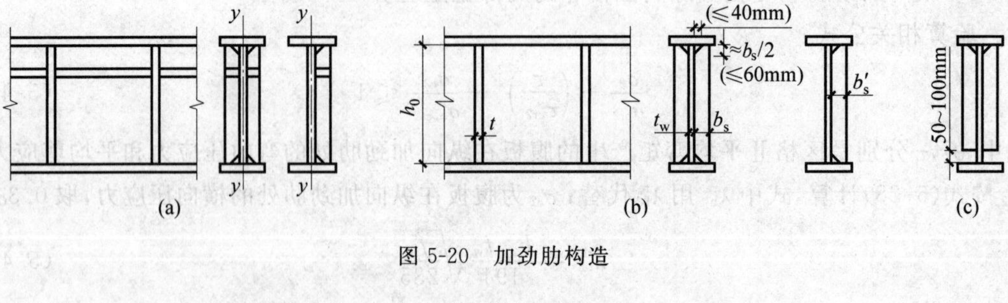

图 5-20　加劲肋构造

(4) 为使横向加劲肋充分发挥作用和满足施焊的要求，横向加劲肋的间距 a 应满足

$$0.5h_0 \leqslant a \leqslant 2h_0 \tag{5-47}$$

对于无局部压应力的梁，当 $h_0/t_w \leqslant 100\sqrt{\frac{235}{f_y}}$ 时，可采用 $a=2.5h_0$，纵向加劲肋至腹板的计算高度受压边缘的距离应在 $\frac{h_c}{2.5} \sim \frac{h_c}{2}$ 范围内（h_c 为梁腹板弯曲受压区的高度）。

(5) 为了减少焊接应力，避免焊缝的过分集中，横向加劲肋的端部应切去宽约 $b_s/3$（但不大于 40mm），高约 $b_s/2$（但不大于 60mm）的斜角，见图 5-20(b)，以使梁的翼缘焊缝连续通过。在纵向加劲肋与横向加劲肋相交处，应将纵向加劲肋两端切去相应的斜角，使横向加劲肋与腹板连接的焊缝连续通过。

(6) 对直接承受动力荷载的梁（如吊车梁），为改善梁的抗疲劳性能，不降低疲劳强度，横向加劲肋的下端不应和受拉翼缘焊接，一般在距受拉翼缘 50～100mm 处断开，见图 5-20(c)。

4. 支撑加劲肋的计算

支撑加劲肋是指承受固定集中荷载或者支座反力的横向加劲肋。这种加劲肋必须在腹板两侧成对设置，并进行整体稳定和端面承压计算，其截面往往比中间横向加劲肋大，见图 5-21。

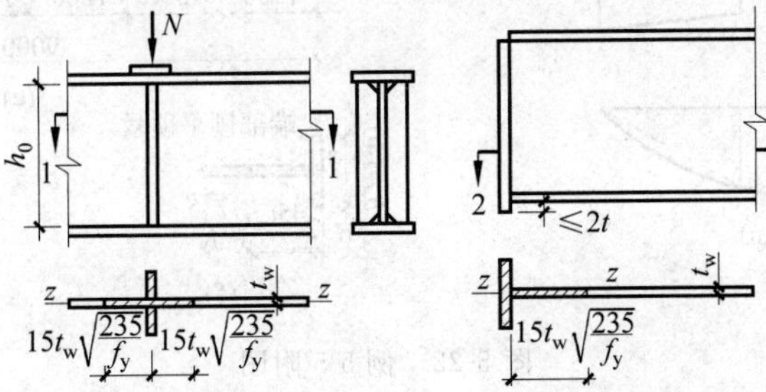

图 5-21 支撑加劲肋

(1) 按轴心受压构件计算支撑加劲肋在腹板平面外的稳定性。此受压构件的截面面积 A 包括加劲肋和加劲肋每侧 $15t_w\sqrt{\frac{235}{f_y}}$ 范围内的腹板面积，图 5-19 中的阴影部分计算长度近似地取为 h_0。计算公式为

$$\frac{N}{\varphi_z A} \leqslant f \tag{5-48}$$

式中，A 为图 5-21 所示阴影部分的面积；φ_z 为绕 z 轴失稳的稳定系数。

(2) 当支撑加劲肋端部刨平顶紧时，应按所承受的固定集中荷载或支座反力计算。其端面承压应力为

$$\sigma = N/A_b \leqslant f_{ce} \tag{5-49}$$

式中，f_{ce} 为钢材端面承压的强度设计值；A_b 为支撑加劲肋与翼缘板或柱顶相接触的面积。

(3) 支承加劲肋与腹板的连接焊缝，应按传力需要进行计算。通常采用角焊缝连接，角焊缝的焊角尺寸应满足构造要求。

对于图 5-21(b)所示的突缘支座，若应用式(5-44)按端面承压验算，必须保证支撑加劲肋向下的伸出长度不大于 $2t$。

5.4.3 梁的局部稳定算例

例 5-5 如图 5-22 所示变截面简支梁，变截面处分别离梁左、右两端为 1.82m，如图 5-22(d)所示，左为梁端部横截面，右为梁中部横截面。材料为 Q235B 钢，其他参数如图所示。验算梁的板件的局部稳定。

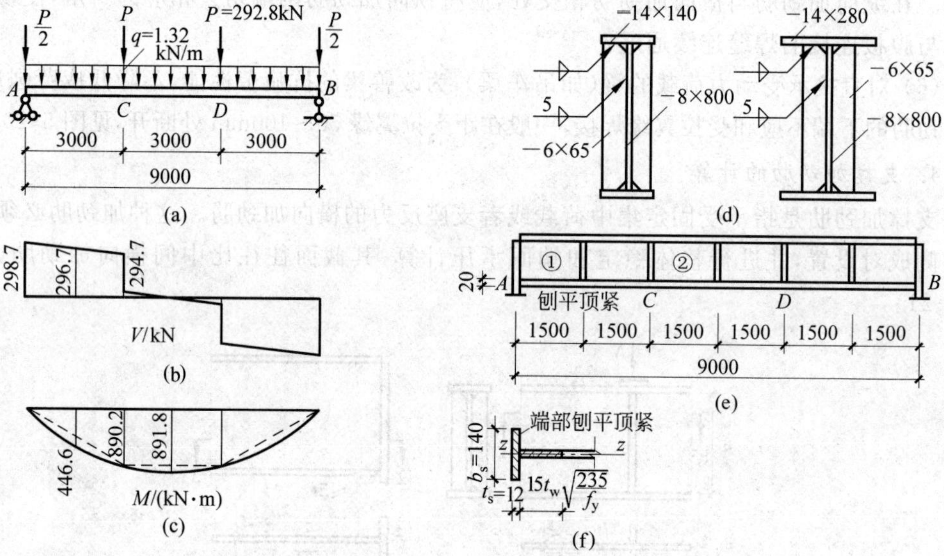

图 5-22 例 5-5 附图

解 1）梁翼缘的宽厚比

$$\frac{b_1}{t}=\frac{280-8}{2\times 14}\approx 9.71<13\sqrt{\frac{235}{f_y}}=13$$

满足有限塑性强度准则(即 S3 级截面)。

2）梁腹板的高厚比

$$80=80\sqrt{\frac{235}{f_y}}<\frac{h_0}{t_w}=\frac{800}{8}=100<150\sqrt{\frac{235}{f_y}}=150$$

应根据计算结果配置横向加劲肋。

考虑到集中荷载处应配置横向支撑加劲肋，在满足构造要求 $0.5h_0\leqslant a\leqslant 2h_0$ 的条件下，选横向加劲肋的间距 $a=1500$mm，如图 5-22(e)所示，各区格无局部压应力。

(1) 验算区格①的局部稳定

区格①左端内力 $M_L=0$，　　$V_L=298.7$kN

区格①右端内力 $M_R=446.6$kN·m，　$V_R=296.7$kN

校核应力。因梁变截面离梁左端 1.82m，所以区格①内

$$I_x=\frac{14\times 82.8^3}{12}-\frac{(14-0.8)\times 80^3}{12}\approx 99\,074(\text{cm}^4)$$

$$W_x=\frac{2I_x}{h_0}=\frac{2\times 99\,074}{80}\approx 2476.9(\text{cm}^3)$$

$$\sigma = \frac{M_R}{W_x} = \frac{446.6 \times 10^6}{2476.9 \times 10^3} \approx 180.3(\text{N/mm}^2)$$

$$\tau = \frac{V_L + V_R}{2h_0 t_w} = \frac{(298.7 + 296.7) \times 10^3}{2 \times 800 \times 8} \approx 46.5(\text{N/mm}^2)$$

梁受压翼缘的扭转不受约束：

$$\lambda_b^{re} = \frac{h_0/t_w}{138}\sqrt{\frac{235}{f_y}} = \frac{800}{8 \times 138} \approx 0.725 < 0.85$$

$$\lambda_s^{re} = \frac{h_0/t_w}{41\sqrt{5.34 + (h_0/a)^2}} = \frac{800/8}{41\sqrt{5.35 + (800/1500)^2}} \approx 0.96 \quad (0.8 < \lambda_s^{re} \leqslant 1.2)$$

$$\sigma_{cr} = f = 215\text{N/mm}^2$$

$$\tau_{cr} = [1 - 0.59(\lambda_s - 0.8)]f_v = [1 - 0.59 \times (0.96 - 0.8)] \times 125 \approx 113.2(\text{N/mm}^2)$$

将有关量代入相关公式

$$\left(\frac{\sigma}{\sigma_{cr}}\right)^2 + \left(\frac{\tau}{\tau_{cr}}\right)^2 = \left(\frac{180.3}{215}\right)^2 + \left(\frac{46.5}{113.2}\right)^2 \approx 0.87 < 1$$

(2) 区格②的局部稳定

区格②左端内力 $M_L = 890.2\text{kN}\cdot\text{m}$， $V_L = 294.1 - 292.8 = 1.3(\text{kN})$

区格②右端内力 $M_R = 891.8\text{kN}\cdot\text{m}$， $V_R = 0$

区格②处：

$$I_x = \frac{28 \times 82.8^3}{12} - \frac{(28 - 0.8) \times 80^3}{12} \approx 164\,015(\text{cm}^4)$$

$$W_x = \frac{2I_x}{h_0} = \frac{2 \times 164\,015}{80} \approx 4100(\text{cm}^3)$$

$$\sigma = \frac{M_L + M_R}{2W_x} = \frac{(890.2 + 891.8) \times 10^6}{2 \times 4100 \times 10^3} \approx 217(\text{N/mm}^2)$$

此值说明按发展部分塑性 $\gamma_x = 1.05$ 作为强度设计的承载准则，梁的抗弯强度 $\sigma = \dfrac{M_{max}\frac{h}{2}}{\gamma_x I_x} = \dfrac{891.8 \times 10^6 \times 414}{1.05 \times 164\,015 \times 10^4} \approx 214.3(\text{N/mm}^2) < f = 215(\text{N/mm}^2)$，满足强度要求，梁腹板边缘的应力 $\sigma = 214.3 \times \dfrac{400}{414} \approx 207(\text{N/mm}^2)$。

腹板局部稳定按弹性准则计算，其应力 $\sigma = 217\text{N/mm}^2$，说明梁腹板边缘已进入塑性区(因为Q235钢的屈服强度的标准值是 $f_y = 235\text{N/mm}^2$，其设计值是 $f = 215\text{N/mm}^2$)，根据理想弹塑性假设应力到 215N/mm^2 不再增大，所以应力应为 215N/mm^2。

$$\tau = \frac{V_L + V_R}{2h_0 t_w} = \frac{1.3 \times 10^3}{2 \times 800 \times 8} \approx 0.1(\text{N/mm}^2)$$

$$\left(\frac{\sigma}{\sigma_{cr}}\right)^2 + \left(\frac{\tau}{\tau_{cr}}\right)^2 = \left(\frac{215}{215}\right)^2 + \left(\frac{0.1}{113.2}\right)^2 \approx 1.0$$

此计算结果说明，过分发展塑性，对局部稳定是不利的。

经验算，图5-22(e)所示配置满足要求。

3) 验算支撑加劲肋的面外稳定

横向加劲肋的截面尺寸

$$b_s \geqslant \frac{h_0}{30} + 40 = \frac{800}{30} + 40 \approx 66.7(\text{mm})$$

$$t_s \geqslant \frac{b_s}{15} = \frac{66.7}{15} \approx 4.4(\text{mm})$$

由图 5-22(d)可见，$t_s = 6\text{mm}$，$b_s = 65\text{mm}$，基本满足构造要求，且使加劲肋的边缘在梁翼缘边缘内。

下面验算支撑加劲肋的面外稳定。

支撑加劲肋的截面积比梁内加劲肋的截面积大，如图 5-22(f)所示，$t_s = 12\text{mm}$，$b_s = 140\text{mm}$，且突缘伸出梁下翼缘 20mm(图 5-22(e))小于 $2t_s = 24\text{mm}$，满足构造要求。

$$A = b_s t_s + 15t_w^2 = 14 \times 1.2 + 15 \times 0.8^2 = 26.4(\text{cm}^2)$$

$$I_z = \frac{1}{12} t_s b_s^3 = \frac{1}{12} \times 1.2 \times 14^3 = 274.4(\text{cm}^4)$$

$$i_z = \sqrt{\frac{I_z}{A}} = \sqrt{\frac{274.4}{26.4}} = 3.22(\text{cm})$$

$$\lambda_z = \frac{h_0}{i_z} = \frac{80}{3.22} = 24.8 \quad \text{由表 E-3 查得 } \varphi_z = 0.935。$$

$$\text{支座反力 } N = 298.7 + \frac{P}{2} = 298.7 + \frac{292.8}{2} = 445.1(\text{kN})$$

$$\frac{N}{A\varphi_z} = \frac{445.1 \times 10^3}{26.4 \times 10^2 \times 0.935} = 180.3(\text{N/mm}^2) < f = 215(\text{N/mm}^2)$$

支撑加劲肋的承压强度

$$A_b = t_s b_s = 14 \times 1.2 = 16.8(\text{cm}^2)$$

$$\frac{N}{A_b} = \frac{445.1 \times 10^3}{16.8 \times 10^2} = 265(\text{N/mm}^2) < f_{ce} = 325(\text{N/mm}^2)$$

梁的板件全部满足要求。

例 5-6 试比较图 5-23(a)、(b)所示两种焊接工字形截面(材料为 Q345B 钢)各能承担多大弯矩设计值。

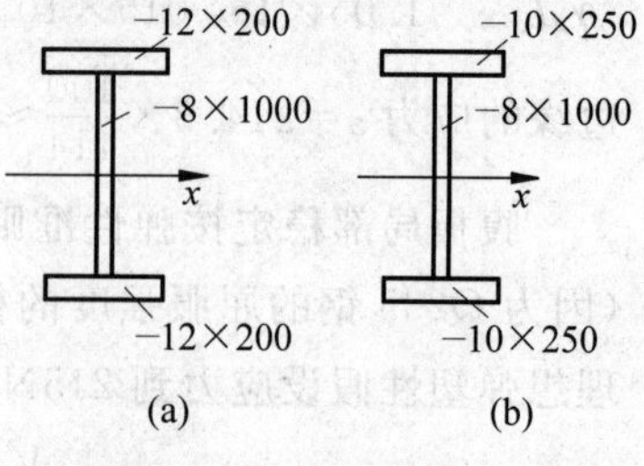

图 5-23 例 5-6 附图

解 1) 计算截面几何参数

(1) 截面 $I_x = \frac{20 \times 102.4^3}{12} - \frac{19.2 \times 100^3}{12} \approx 189\,569.7(\text{cm}^4)$

$$W_x = \frac{2I_x}{h} = \frac{2 \times 189\,569.7}{102.4} \approx 3702.5(\text{cm}^3)$$

(2) 截面 $I_x = \frac{25 \times 102^3}{12} - \frac{24.2 \times 100^3}{12} \approx 194\,183.3(\text{cm}^4)$

$$W_x = \frac{2I_x}{h} = \frac{194\,183.3 \times 2}{102} \approx 3807.5(\text{cm}^3)$$

2) 确定使用的强度准则及承载力

(1) 截面：$\frac{b_1}{t} = \frac{200-8}{2\times12} = 8 < 13\sqrt{\frac{235}{f_y}} = 13\sqrt{\frac{235}{345}} \approx 10.7$，采用有限塑性强度准则，属于

S3 级截面,其承载力

$$M = \gamma_x W_x f = 1.05 \times 3702.5 \times 10^3 \times 310 \times 10^{-6} \approx 1205.2(\text{kN} \cdot \text{m})$$

(2) 截面: $\frac{b_1}{t}=\frac{250-8}{2\times 10}\approx 12.1 > 13\sqrt{\frac{235}{f_y}}=13\sqrt{\frac{235}{345}}\approx 10.7$,采用弹性强度准则,属于S2 级截面,其承载力

$$M = W_x f = 3807.5 \times 10^3 \times 310 \times 10^{-6} \approx 1180.3(\text{kN} \cdot \text{m})$$

讨论:截面(a)的面积比截面(b)的面积小 1.56%,承载能力却高 2.1%。说明适当增加受压翼缘的厚度,或减小其宽度,使其满足$\frac{b_1}{t}\leqslant 13\sqrt{\frac{235}{f_y}}$,可采用部分塑性的强度设计准则,取得较好的经济效果。

5.5 焊接梁翼缘焊缝的计算

当梁在横向荷载作用下弯曲时,由于相邻截面弯矩有变化,因而在横截面上产生了剪力 V。对工字形截面,剪力主要由腹板承担,腹板边缘剪应力为

$$\tau_1 = \frac{VS_1}{I_x t_w} \tag{5-50}$$

式中,V 为所计算截面处梁的剪力; I_x 为所计算截面处梁截面对 x 轴的惯性矩; S_1 为上翼缘板(或下翼缘板)对梁截面中和轴的面积矩。

根据剪应力互等定理,在与梁的横截面垂直的纵截面上也有相同的剪应力,因此梁的翼缘和腹板接触面间,沿梁轴线单位长度上的剪力 T_h 为(图 5-24)

$$T_h = \frac{VS_1}{I_x t_w} \times t_w \times 1 = \frac{VS_1}{I_x} \tag{5-51}$$

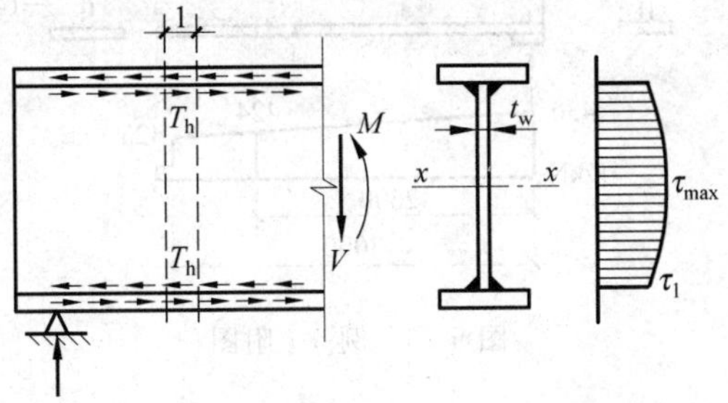

图 5-24 翼缘焊缝所受剪力

这个剪力由梁的翼缘和腹板之间两条连接角焊缝承担,为了保证翼缘板和腹板的整体工作,应使两条角焊缝的剪应力 τ_f 不超过角焊缝的强度设计值 f_f^w,即

$$\tau_f = \frac{T_h}{2h_e \times 1} = \frac{VS_1}{1.4 h_f I_x} \leqslant f_f^w \tag{5-52}$$

则可得焊脚尺寸为

$$h_f \geqslant \frac{VS_1}{1.4 f_f^w I_x} \tag{5-53}$$

当梁的翼缘上承受固定集中荷载而没有设置支撑加劲肋或移动集中荷载(如吊车轮压)时,翼缘和腹板的连接焊缝不仅承受水平剪力 T_h 的作用,同时还承受集中力产生的垂直剪力 T_v 的作用(图 5-25)。沿单位长度的垂直剪力为

$$T_v = \sigma_c t_w \times 1 = \frac{\psi F}{t_w l_z} t_w \times 1 = \frac{\psi F}{l_z} \tag{5-54}$$

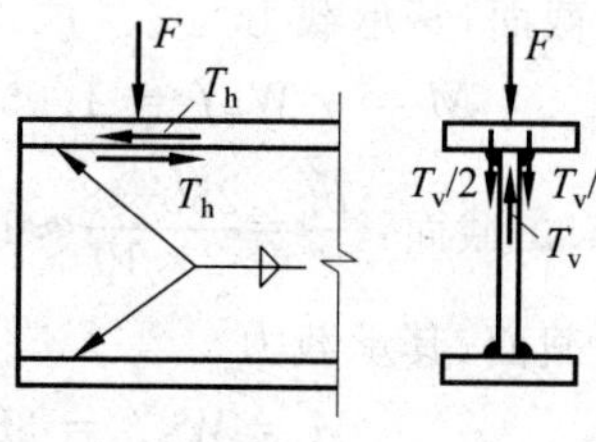

图 5-25 双向剪力作用下的翼缘焊缝

式中有关符号参照式(5-9)取用。

在 T_v 作用下,两条焊缝相当于正面角焊缝,其应力为

$$\sigma_f = \frac{T_v}{2h_e \times 1} = \frac{\psi F}{1.4 h_f l_z} \tag{5-55}$$

因此,在 T_h 和 T_v 共同作用下,应满足

$$\sqrt{\left(\frac{\sigma_f}{\beta_f}\right)^2 + \tau_f^2} \leqslant f_f^w \tag{5-56}$$

将式(5-47)和式(5-50)代入式(5-56),整理可得

$$h_f \geqslant \frac{1}{1.4 f_f^w} \sqrt{\left(\frac{\psi F}{\beta_f l_z}\right)^2 + \left(\frac{VS_1}{I_x}\right)^2} \tag{5-57}$$

设计时可首先假定一焊脚尺寸 h_f,然后进行验算。

例 5-7 计算图 5-26 所示变截面焊接梁翼缘和腹板的连接焊缝。材料为 Q235B 钢,焊条为 E43 系列,手工施焊。

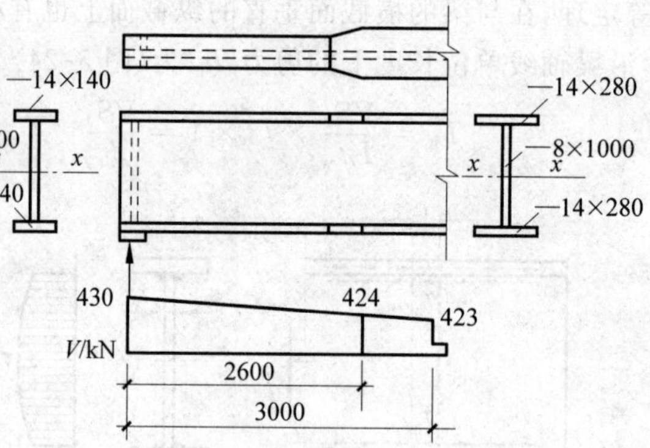

图 5-26 例 5-7 附图

解 由剪力图知梁端剪力最大,其值 $V=430\text{kN}$,先由它来计算所需焊脚尺寸 h_f。

$$I_x = \frac{14 \times 102.8^3}{12} - \frac{13.2 \times 100^3}{12} \approx 167\,436(\text{cm}^4)$$

$$S_1 = 1.4 \times 14 \times 50.7 \approx 993.7(\text{cm}^3)$$

$$h_f \geqslant \frac{VS_1}{1.4 f_f^w I_x} = \frac{430 \times 10^3 \times 993.7 \times 10^3}{1.4 \times 160 \times 167\,436 \times 10^4} \approx 1.15(\text{mm})$$

变截面处剪力为 $V=424\text{kN}$,但是 S_1 比梁端大,再由它来决定所需焊脚尺寸 h_f。

$$I_x = \frac{28 \times 102.8^3}{12} - \frac{27.2 \times 100^3}{12} \approx 268\,206(\text{cm}^4)$$

$$S_1 = 1.4 \times 28 \times 50.7 \approx 1987.4(\text{cm}^3)$$

$$h_f \geqslant \frac{VS_1}{1.4 f_f^w I_x} = \frac{424 \times 10^3 \times 1987.4 \times 10^3}{1.4 \times 160 \times 268\,206 \times 10^4} \approx 1.4(\text{mm})$$

所需 h_f 很小，按构造要求

$$h_{f\min} \geqslant 1.5\sqrt{14} \approx 5.6(\text{mm})$$

$$h_{f\max} \leqslant 1.2 \times 8 = 9.6(\text{mm})$$

取 $h_f = 6\text{mm}$ 沿梁全长施焊。

5.6 梁的截面设计

工程中大多数梁都有防止失稳的构件与之相连，也就是说梁的整体稳定有保证，所以梁的截面都按强度条件进行设计，然后验算刚度条件。

5.6.1 型钢梁的设计

跨度不大的梁如次梁，应选择合适的工字钢和窄翼缘 H 型钢(HN)。整个设计分为初选截面型号和验算两部分。

(1) 按照抗弯强度条件初选合适的型钢型号：

$$W_{nx} = \frac{M_x}{\gamma_x f} \tag{5-58}$$

(2) 验算抗弯强度、抗剪强度、局部抗压强度和折算应力；验算其挠度是否满足要求。验算时应加入梁的自重，验算挠度时，要用荷载的标准值。

5.6.2 组合梁截面设计

焊接工字梁适用于跨度较大，需要截面尺寸也较大的梁。以焊接双轴对称工字形截面梁(图 5-27)为例，截面共有四个基本尺寸 h_w(或 h)，t_w，b，t。下面按顺序确定焊接工字梁截面尺寸。首先要确定截面的高度 h，其中用料节省是首先要考虑的因素，同时又受到相关参数要求的制约。

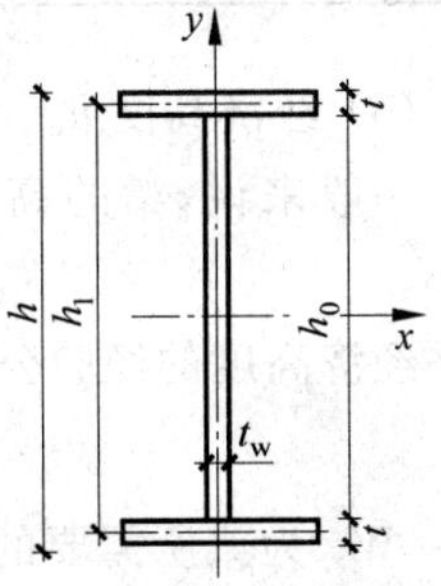

图 5-27 焊接工字形截面梁

1) 确定梁截面的高度

(1) 建筑容许最大高度 $h_{\max}$

$h_{\max}$ 必须满足建筑或工艺对净空的要求。

(2) 容许最小高度 $h_{\min}$

$h_{\min}$ 以满足梁的刚度要求为准，梁的挠度的大小与梁截面的高度直接相关。

下面以均布荷载作用下的简支梁为例来说明。

$$v = \frac{5q_k l^4}{384EI_x} = \frac{5l^2}{48EI_x} \cdot \frac{q_k l^2}{8} = \frac{5}{48} \times \frac{M_k l^2}{EI_x} = \frac{10\sigma_k l^2}{48Eh}$$

当梁的强度得到充分利用时，$\sigma_k\gamma_s=f$，γ_s 是荷载分项系数，近似取 $\gamma_s=1.3$，上式可写成

$$v=\frac{10fl^2}{48\times1.3Eh}\leqslant[v] \tag{5-59}$$

则

$$\frac{h_{\min}}{l}\geqslant\frac{10f}{48\times1.3E}\frac{l}{[v]} \tag{5-60}$$

式中，$[v]$为梁的容许挠度。

以 Q235 钢为例，$f=215\text{N/mm}^2$，$E=206\times10^3\text{N/mm}^2$，$[v]=\dfrac{l}{n}$，则

$$h_{\min}\geqslant\frac{n}{6000}l$$

如果

$$[v]=\frac{l}{1000}$$

则

$$h_{\min}\geqslant\frac{l}{6}$$

不同$[v]$值算得梁的容许最小高度如表 5-8 所示。

表 5-8 均布荷载作用下简支梁的最小高度 $h_{\min}$

$[v]$		$\frac{l}{1000}$	$\frac{l}{750}$	$\frac{l}{600}$	$\frac{l}{500}$	$\frac{l}{400}$	$\frac{l}{300}$	$\frac{l}{250}$	$\frac{l}{200}$
$h_{\min}$	Q235 钢	$\frac{l}{6}$	$\frac{l}{8}$	$\frac{l}{10}$	$\frac{l}{12}$	$\frac{l}{15}$	$\frac{l}{20}$	$\frac{l}{24}$	$\frac{l}{30}$
	Q345 钢	$\frac{l}{4.1}$	$\frac{l}{5.5}$	$\frac{l}{6.8}$	$\frac{l}{8.2}$	$\frac{l}{10.2}$	$\frac{l}{13.7}$	$\frac{l}{16.4}$	$\frac{l}{20.5}$
	Q390 钢	$\frac{l}{3.7}$	$\frac{l}{4.9}$	$\frac{l}{6.1}$	$\frac{l}{7.4}$	$\frac{l}{9.2}$	$\frac{l}{12.3}$	$\frac{l}{14.7}$	$\frac{l}{18.4}$

(3) 经济高度 h_e

一般来说，梁的高度大，腹板用钢量多，翼缘用钢量少。经济高度应使梁的总用钢量最小。

经济高度的经验公式是

$$h_e=7\sqrt[3]{W_x}-30 \tag{5-61}$$

式中，W_x 为梁所需要的截面抵抗矩，cm^3。

根据上述三个条件，实际所取用的梁高 h 一般应使之满足：

$$h_{\min}\leqslant h\leqslant h_{\max}\quad 及\quad h\approx h_e$$

选定梁高度后不难找出相应的腹板和翼缘尺寸。腹板高度 h_0 较梁高 h 小得不多，可取为比 h 略小的数值，最好为 50mm 或 100 的倍数，好下料。

2) 腹板厚度 t_w

确定腹板厚度 t_w 需要考虑抗剪能力的需要和适宜的高厚比。抗剪需要的厚度可根据

梁端最大剪力按下式计算：

$$t_w = \frac{\alpha V}{h_0 f_v} \tag{5-62}$$

当梁端翼缘截面无削弱时，式中的系数 α 宜取 1.2；当梁端翼缘截面有削弱时，α 宜取 1.5。

依最大剪力所算得的 t_w 一般较小。考虑到腹板还需满足局部稳定要求，其厚度可用下列经验公式估算：

$$t_w = \frac{\sqrt{h_0}}{11} \tag{5-63}$$

式中的 h_0 和 t_w 均以 cm 计，或

$$t_w = \frac{2}{7}\sqrt{h_0} \tag{5-64}$$

$$t_w = 7 + 0.003h_0 \tag{5-65}$$

式中 h_0，t_w 均以 mm 计。腹板厚度一般不宜小于 6mm。

3）翼缘板的尺寸

初选截面时可取 $h \approx h_1 \approx h_0$，则

$$W_x = \frac{t_w h_0^2}{6} + bth_0 \quad 或 \quad bt = \frac{W_x}{h_0} - \frac{t_w h_0}{6} \tag{5-66}$$

已知腹板尺寸后，即可由上式算得需要的翼缘截面 bt。翼缘的尺寸首先应满足局部稳定的要求。当截面部分塑性时，即 $\gamma_x = 1.05$ 时，悬伸宽厚比应不超过 $13\sqrt{\frac{235}{f_y}}$；而 $\gamma_x = 1.0$ 时则不超过 $15\sqrt{\frac{235}{f_y}}$。通常可按 $b = 25t$ 选择 b 和 t，一般翼缘宽度 b 的取值范围为 $\frac{h}{2.5} > b > \frac{h}{6}$。

4）组合梁截面的验算

初选截面的计算采用了一些近似关系，所以对初选截面应按实际尺寸进行全面的强度验算。验算时，应加入梁的自重产生的内力。

计算初选截面时还应进行刚度验算；如果有整体失稳的可能，则应进行整体稳定验算，局部稳定验算和腹板加劲肋的配置等。

习题

5.1　梁的强度计算有哪些内容？如何计算？

5.2　一简支梁跨长为 5.5m，在梁上翼缘承受均布静力荷载作用，恒载标准值为 10.2kN/m（不包括梁自重），活载标准值为 25kN/m。假定梁的受压翼缘有可靠侧向支撑，钢材为 Q235，梁的容许挠度为 $l/250$，试选择最经济的工字形及 H 型钢梁截面，并进行比较。

5.3　图 5-28 所示为一两端铰接的焊接工字形等截面钢梁，钢材为 Q235，梁上作用有两个集中荷载 $P = 300$kN。试对此梁进行强度验算并指明计算位置。

5.4　验算图 5-29 所示简支梁的整体稳定。跨中荷载的设计值 $P = 500$kN（不含自重），材料为 Q235B 钢。跨中无侧向支撑。

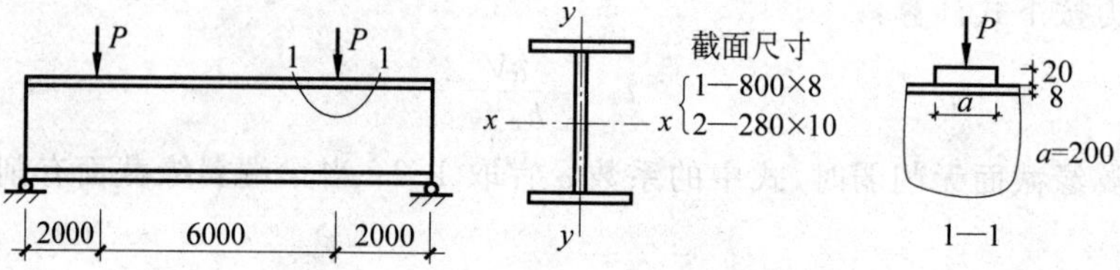

图 5-28　习题 5.3 图

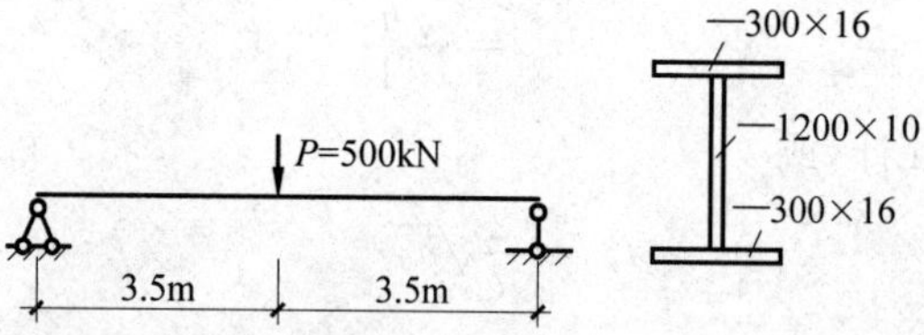

图 5-29　习题 5.4 图

5.5　图 5-30 为焊接简支工字形梁。跨中 6m 处梁上翼缘有简支侧向支撑，材料为 Q345B 钢，集中静荷载设计值 $P=330\text{kN}$。验算梁的整体稳定性。

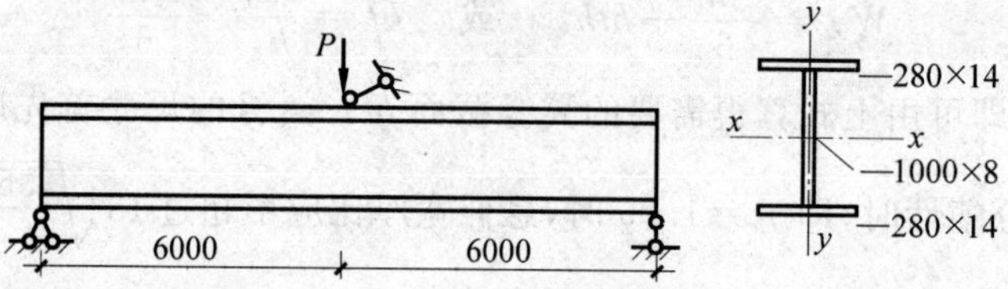

图 5-30　习题 5.5 图

5.6　如图 5-31 所示两焊接工字形简支梁截面，其截面积大小相同，跨度均为 12m，跨间无侧向支撑点，均布荷载大小亦相同，均作用于梁的上翼缘，钢材为 Q235，试比较说明哪一个稳定性更好。

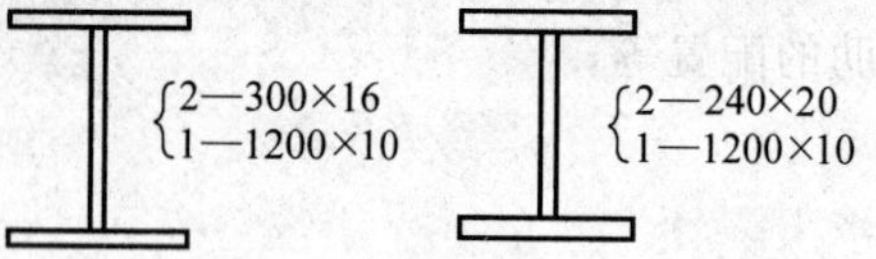

图 5-31　习题 5.6 图

5.7　一跨中受集中荷载工字形截面简支梁，钢材为 Q235A・F，设计荷载为 $P=800\text{kN}$，梁的跨度及几何尺寸如图 5-32 所示。试布置梁腹板加劲肋，确定加劲肋间距。

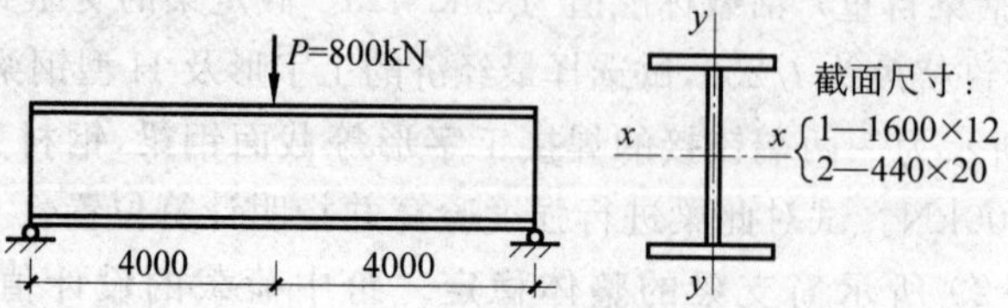

图 5-32　习题 5.7 图

第6章

拉弯和压弯构件

学习要点：了解压弯构件的截面形式及特点，掌握拉弯、压弯构件的强度、刚度的计算方法；掌握压弯构件在弯矩作用平面内和弯矩作用平面外整体稳定的计算方法；掌握局部稳定的有关规定和计算；了解刚接柱脚的构造和特点。

6.1 概述

6.1.1 应用和截面形式

1. 应用

同时承受弯矩和轴心拉力、轴心压力的构件分别称为拉弯构件和压弯构件。常见的单向拉弯构件和压弯构件如图 6-1 所示：由偏心受力引起的结构变形如图 6-1(a)、(b)所示，同时作用有轴心力和端弯矩的结构如图 6-1(c)、(f)所示，同时承受轴心力和横向力的结构如图 6-1(e)、(d)所示等。拉弯构件应用没有压弯构件广泛，常见的拉弯构件如承受节间荷载的桁架的下弦杆等。压弯构件的应用很广，如单厂的框架柱，多层和高层房屋的框架柱、平台柱和天窗侧柱等。

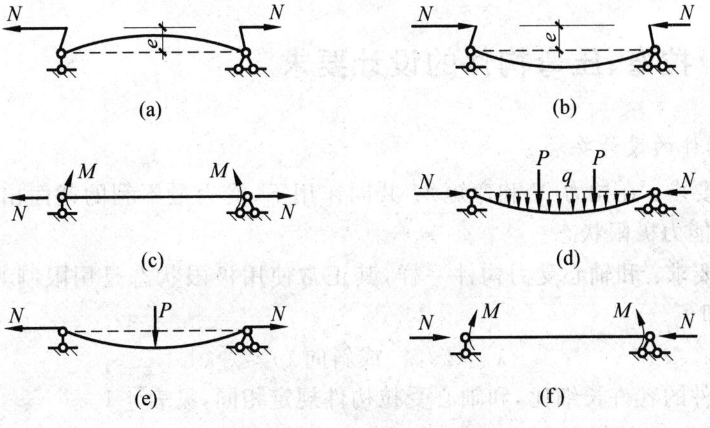

图 6-1　单向拉、压弯构件的几种形式

(a)，(c)，(e) 为拉弯构件；(b)，(d)，(f) 为压弯构件

2. 截面形式

拉弯、压弯构件的截面形式可分为实腹式截面、格构式截面和变截面形式，见图 6-2。采用何种截面形式取决于其用途与荷载及用钢量。例如单向压弯构件，宜采用单轴对称截面，使弯矩作用于最大的刚度平面内并使较大翼缘承担较大应力；牛腿柱宜采用变截面形式；为了得到截面较大的抗弯刚度，宜采用格构式截面，并使弯矩绕虚轴(x 轴)作用，弯矩作用于最大刚度平面内，也便于调整截面高度(即分肢间距)使其承担更大的弯矩，达到节省钢材的目的。

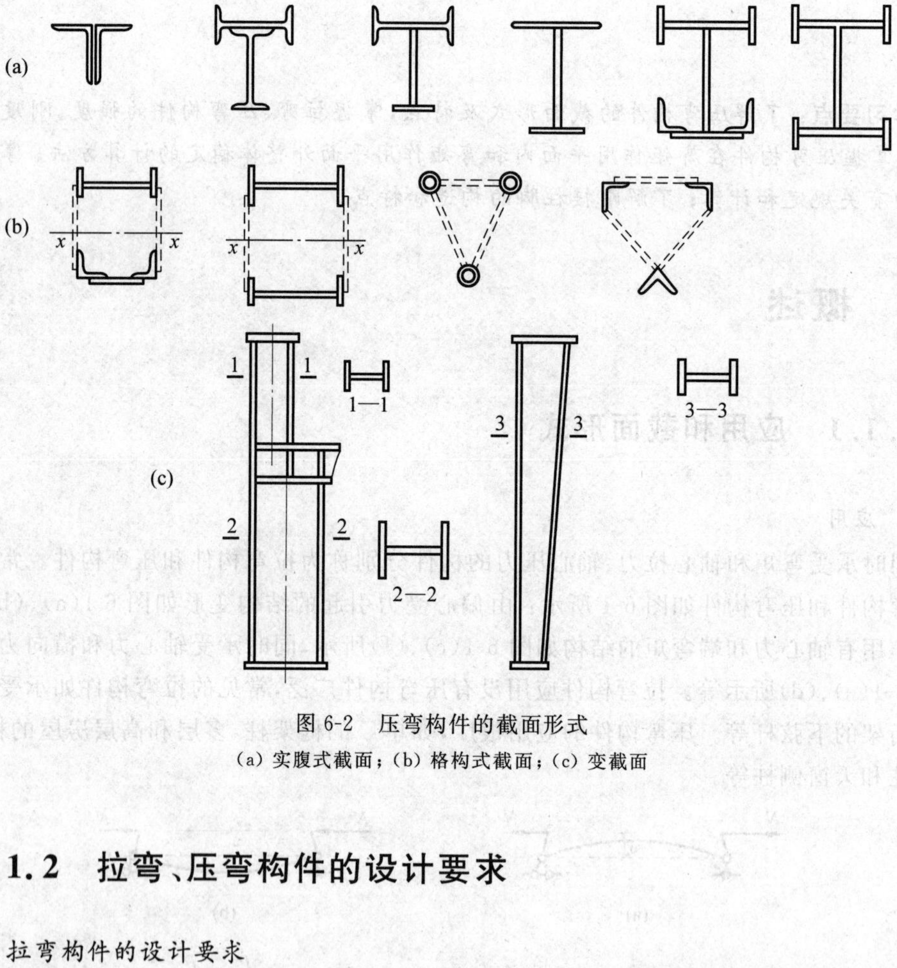

图 6-2 压弯构件的截面形式

(a) 实腹式截面；(b) 格构式截面；(c) 变截面

6.1.2 拉弯、压弯构件的设计要求

1. 拉弯构件的设计要求

(1) 强度要求：在拉力 N 和弯矩 M 共同作用下，受力最不利的截面出现塑性铰，则构件达到其承载能力极限状态。

(2) 刚度要求：和轴心受力构件一样，其正常使用极限状态是用限制其长细比来满足刚度要求的，即

$$\lambda_{\max}(\lambda_x,\lambda_y \text{ 或斜向 } \lambda) \leqslant [\lambda] \tag{6-1}$$

式中，$[\lambda]$为构件的容许长细比，和轴心受拉构件规定相同，见表 4-1。

2. 压弯构件的设计要求

(1) 强度要求：在压力 N 和弯矩 M 共同作用下，受力最不利截面出现塑性铰，则构件

达到其承载能力极限状态。

(2) 刚度要求：作为正常使用极限状态，也是用限制其长细比来满足刚度要求的。即

$$\lambda_{\max}(\lambda_x,\lambda_y \text{或斜向} \lambda) \leqslant [\lambda]$$

式中，[λ]为构件的容许长细比，和轴心受压构件规定相同，见表 4-2。

(3) 整体稳定要求：整体有以下两种失稳形式。

弯矩作用平面内的失稳：对于在一个对称轴的平面内同时作用有弯矩 M 和轴心压力 N 的压弯构件，在非弯矩作用方向有足够支撑能阻止构件发生侧向位移和扭转，当 M,N 增大到某值时，由于变形突然增大，其内力已不能和外力保持稳定的平衡，而失去原有的稳定平衡形式，称为弯矩作用平面内的失稳，它属于极值点失稳。

弯矩作用平面外的失稳：在一个对称轴平面内同时作用弯矩 M 和轴心压力 N 的压弯构件，其侧向无足够支撑，当 M,N 达到某值时，突然产生侧向弯曲和扭转，简称为面外失稳，它属于分支点失稳。

(4) 局部稳定要求：压弯构件的局部稳定包括组成构件的板件的稳定和格构柱中各肢件的稳定。

对于拉弯构件，如果有压应力较大的板件也应当限制其宽厚比，防止局部失稳。

6.2　拉弯和压弯构件的强度计算

在弯矩 M 和轴力 N 共同作用下，构件截面上应力的发展和变化与受弯构件在弯矩作用下截面上应力的发展变化相似。现以矩形截面在轴向压力 N 和弯矩 M 共同作用为例，设 N 为定值，而 M 不断增大，通过截面上应力状态的变化来观察其强度极限状态。如图 6-3 所示，矩形截面在轴向压力 N 和弯矩 M 的共同作用下，当截面边缘纤维的压应力小于钢材的屈服强度时，整个截面都处于弹性状态(图 6-3(a))。随着弯矩 M 逐渐增加，截面受压区和受拉区先后进入塑性状态(图 6-3(b)、(c))。最后整个截面进入塑性状态出现塑性铰，如图 6-3(d)所示，构件达到强度承载能力极限状态。

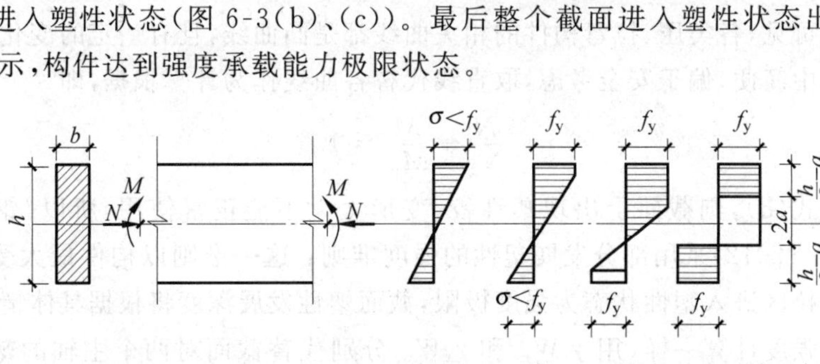

图 6-3　压弯构件截面的应力状态

对图 6-3(d)所示截面上的塑性铰进行讨论。如果把受压区应力图形分解为阴影部分和无阴影部分，且使阴影部分的面积和受拉区拉应力的面积相等，则这两个阴影部分的合力构成的力偶应等于梁截面上的弯矩 M；无阴影部分等于梁截面上的轴力 N，即

$$M=b\left(\frac{h}{2}-a\right)f_y\left[2a+\left(\frac{h}{2}-a\right)\right]=\frac{bh^2}{4}f_y\left(1-\frac{4a^2}{h^2}\right) \tag{a}$$

$$N=2abf_y=bhf_y\frac{2a}{h} \tag{b}$$

全塑弯矩 $M_p=W_pf_y=\frac{bh^2}{4}f_y$,全塑轴力 $N_p=bhf_y$,将其分别代入式(a)、式(b)消去 a 后得 N 和 M 的相关方程

$$\left(\frac{N}{N_p}\right)^2+\frac{M}{M_p}=1 \tag{c}$$

可以把式(c)画成如图 6-4 所示的 N/N_p 和 M/M_p 的无量纲化的相关曲线。对于工字形截面压弯构件,也可以用相同的方法得到截面出现塑性铰时 N/N_p 和 M/M_p 的相关关系式,从而画出它们的相关曲线。因工字形截面翼缘和腹板尺寸的多样化,相关曲线在一定的范围内变动,图 6-4 中的阴影区画出了常用的工字形截面绕强轴和弱轴弯曲相关曲线的变动范围。

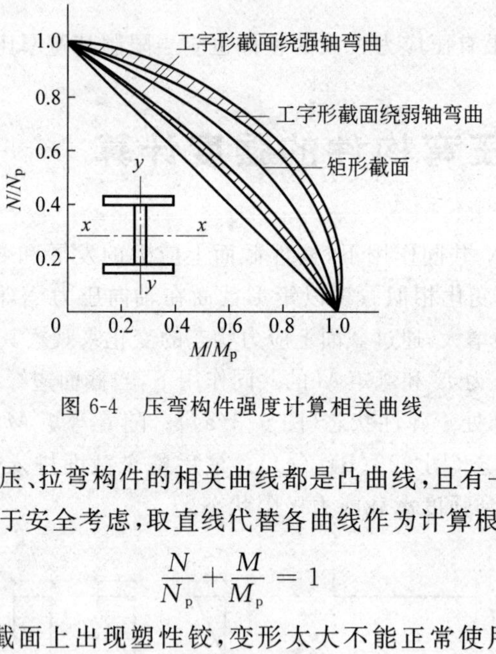

图 6-4　压弯构件强度计算相关曲线

由图 6-4 可见,各类压、拉弯构件的相关曲线都是凸曲线,且有一定的变化范围。因此,为了工程计算中简便,偏于安全考虑,取直线代替各曲线作为计算根据,即

$$\frac{N}{N_p}+\frac{M}{M_p}=1 \tag{d}$$

如果采用式(d),则截面上出现塑性铰,变形太大不能正常使用,所以《钢结构设计规范》(GB 50017—2012)采用部分发展塑性的强度准则:这一准则以构件最大受力截面的部分受压区和受拉区进入塑性状态为强度极限,截面塑性发展深度将根据具体情况予以规定。和受弯构件的强度计算一样,用 γ_xW_{nx} 和 γ_yW_{ny} 分别代替截面对两个主轴的塑性净截面模量,令 $M_p=\gamma_xW_{nx}f$,$N_p=A_nf$,则单向压弯(拉弯)构件的强度计算公式为

$$\frac{N}{A_n}\pm\frac{M_x}{\gamma_xW_{nx}}\leqslant f \tag{6-2}$$

双向压、拉弯构件的强度计算公式为

$$\frac{N}{A_n}\pm\frac{M_x}{\gamma_xW_{nx}}\pm\frac{M_y}{\gamma_yW_{ny}}\leqslant f \tag{6-3}$$

式中,A_n,W_n 分别为构件净截面面积和净截面系数;γ_x,γ_y 为截面塑性发展系数,按表 5.4 取用。

例 6-1 设计如图 6-5 所示拉弯构件。作用于构件上的荷载的设计值 $N=800\text{kN}$，$q=6\text{kN/m}$（不含梁自重）。材料为 Q345B，截面无削弱。

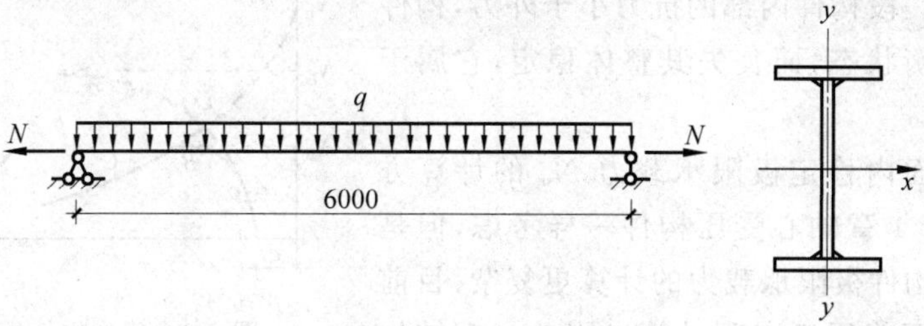

图 6-5 例 6-1 附图

解 初选I22a：$A=42.0\text{cm}^2$，$W_x=309\text{cm}^3$，$i_x=8.99\text{cm}$，$i_y=2.31\text{cm}$，质量 33kg/m，自重 $q'_k=33\times9.8\times10^{-3}\approx0.32(\text{kN/m})$。

验算强度

$$M_x=\frac{1}{8}\times(6+1.2\times0.33)\times6^2\approx28.8(\text{kN}\cdot\text{m})$$

$$\frac{N}{A_n}+\frac{M_x}{\gamma_x W_{nx}}=\frac{800\times10^3}{42\times10^2}+\frac{28.8\times10^6}{1.05\times309\times10^3}\approx279(\text{N/mm}^2)<f=310(\text{N/mm}^2)$$

验算刚度

$$\lambda_x=\frac{l_{0x}}{i_x}=\frac{600}{8.99}\approx66.7$$

$$\lambda_y=\frac{l_{0y}}{i_y}=\frac{600}{2.31}\approx260<[\lambda]=300$$

初选I22a 满足要求。

6.3 实腹式压弯构件的整体稳定

压弯构件的截面尺寸，在截面没有被削弱时，通常不由强度条件决定，而由稳定条件决定。对于单轴对称截面或双轴对称截面，弯矩都作用在刚度最大的平面内，构件的整体失稳可能发生在弯矩作用平面内，也可能发生在弯矩作用平面外。

6.3.1 弯矩作用平面内的稳定

对于抵抗弯扭变形能力很强的压弯构件，或者在构件的侧向有足够支撑以阻止其发生弯扭变形，在轴线压力 N 和弯矩 M 的共同作用下，可能在弯矩作用的平面内发生整体的弯曲失稳。发生这种弯曲失稳的压弯构件，其承载能力可以用图 6-6 来说明。

偏心压杆的面内失稳和轴力 N 的“二阶效应”有关，由于轴力 N 的“二阶效应”使外力弯矩为 $M+Nv$，随着压力 N 的增加，构件中点的挠度 v 非线性增大。在压力挠度曲线的 AB 段构件处于稳定平衡状态，B 点是构件承载力的极值点，其极限承载力为 N_u；随着构件截面边缘进入塑性，截面弹性核不断缩小，构件内力(抗力)弯矩不断减小，而外力弯矩 $M+Nv$ 又呈非线性增大，BC 段构件内部的抗力小于外力，构件处于不稳定平衡状态，而丧失其整体稳定，它属于极值点失稳。

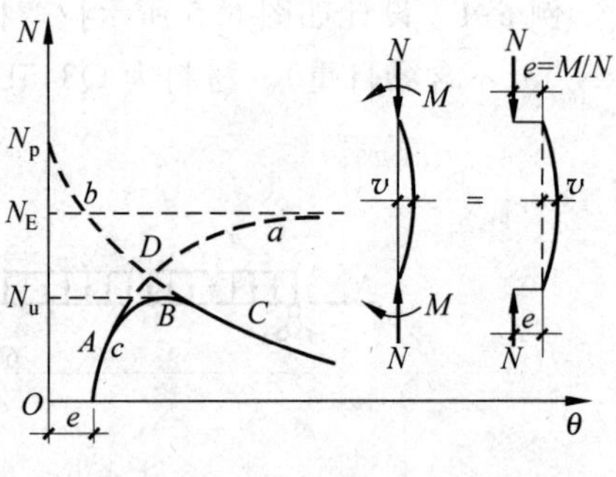

图 6-6 压弯构件的 N-v 曲线

压弯构件面内稳定极限承载力 N_u 的计算方法，也可以同第 4 章轴心受压构件一样考虑，但是它比轴心受压构件极限承载力的计算更复杂，目前的研究成果还不能用于工程计算。因此，《钢结构设计规范》(GB 50017—2012)规定，借用在均匀弯矩作用下，以边缘纤维屈服为承载准则的相关公式，再考虑初缺陷及非均匀弯矩的影响，并引进部分塑性发展系数得出实腹式压弯构件面内稳定的实用计算公式。

1. *以边缘纤维屈服为承载准则的弯矩作用平面内整体稳定的相关方程*

(1) 均匀弯矩作用下压弯构件跨中挠度 v

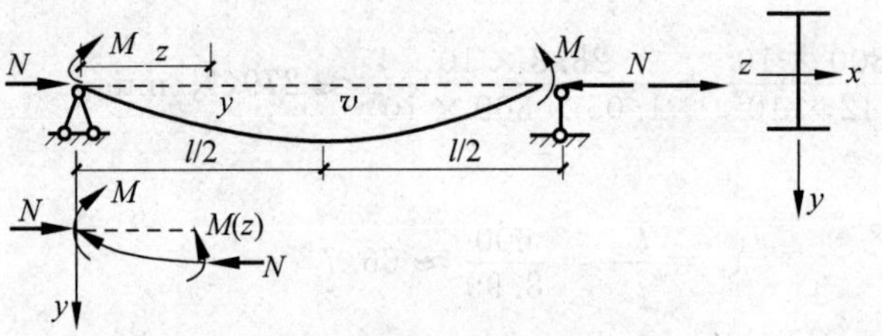

图 6-7 均匀弯矩下压弯构件受力图

平衡微分方程：$EI_x y''+Ny=-M$ (a)

令：$k^2=\dfrac{N}{EI_x}$ 则：$y''+k^2y=-\dfrac{M}{EI_x}$ (b)

方程的通解：$y(z)=A\sin kz+B\cos kz-\dfrac{M}{N}$ (c)

边界条件：$z=0$ 时 $y(0)=0$，$B=\dfrac{M}{N}$

$z=l$ 时 $y(l)=0$，$A=\dfrac{M(1-\cos kl)}{N\sin kl}$

挠曲线方程：$y(z)=\dfrac{M}{N}\left(\dfrac{1-\cos kl}{\sin kl}\cdot\sin kz+\cos kz-1\right)$ (d)

跨中挠度：$v=y\left(\dfrac{l}{2}\right)=\dfrac{M}{N}\left[\dfrac{(1-\cos kl)\sin\dfrac{kl}{z}}{\sin kl}+\cos\dfrac{kl}{z}-1\right]$

$$=v_0\,\frac{8}{k^2l^2}\left(\sec\frac{kl}{z}-1\right)=v_0\,\frac{8}{k^2l^2}\left(\sec\frac{\pi}{2}\sqrt{\frac{N}{N_{Ex}}}-1\right) \qquad \text{(e)}$$

式中，$v_0=\dfrac{Ml^2}{8EI_x}$为在均匀弯矩 M 作用下梁跨中挠度；$N_{Ex}=\dfrac{\pi^2EI_x}{l^2}$为欧拉荷载。

令：$u=\frac{\pi}{2}\sqrt{\frac{N}{N_{Ex}}}$，则：$v=v_0\ \frac{2}{u^2}(\sec u-1)$

将 $\sec u$ 展成级数，$\sec u=1+\frac{1}{2!}u^2+\frac{5}{4!}u^4+\cdots+$

$$\frac{2}{u^2}(\sec u-1)=1+1.028\ \frac{N}{N_{Ex}}+1.032\left(\frac{N}{N_{Ex}}\right)^2+\cdots$$

$$=1+\frac{N}{N_{Ex}}+\left(\frac{N}{N_{Ex}}\right)^2+\cdots=\frac{1}{1-\frac{N}{N_{Ex}}} \tag{f}$$

如是跨中挠度

$$v=\frac{v_0}{1-\frac{N}{N_{Ex}}} \tag{g}$$

$\frac{1}{1-\frac{N}{N_{Ex}}}$可视为考虑二阶效应后对跨中挠度的放大系数。

(2) 均匀弯矩作用下，压弯构件的跨中弯矩 M_{max}

$$M_{max}=M+Nv=\frac{M}{1-\frac{N}{N_{Ex}}}\left(1+\frac{Nl^2}{40EI_x}\right)\approx\frac{M\left(1+0.25\ \frac{N}{N_{Ex}}\right)}{1-\frac{N}{N_{Ex}}}$$

$$\approx\frac{\beta_{mx}M}{1-\frac{N}{N_{Ex}}} \tag{h}$$

式中，$\beta_{mx}=1+0.25\ \frac{N}{N_{Ex}}$为等效弯矩系数，为考虑二阶效应后，轴向压力对弯矩的放大系数。

(3) 面内稳定的弹性相关方程

对于弹性压弯构件，如果以截面边缘纤维开始屈服作为面内稳定承载力准则，那么面内稳定的相关方程为

$$\frac{N}{A}+\frac{\beta_{mx}M_x}{W_x(1-N/N_{Ex})}\leqslant f_y \tag{i}$$

式中，β_{mx}为等效弯矩系数，即将各种弯矩等效为均匀弯矩的系数。

考虑到实际压弯构件的初缺陷的影响，将式(i)转化为

$$\frac{N}{\varphi_x A}+\frac{\beta_{mx}M_x}{W_x\left(1-\varphi_x\ \frac{N}{N_{Ex}}\right)}\leqslant f \tag{6-4}$$

满足式(6-4)时，压弯构件截面边缘纤维开始屈服，变形速度加大，对于无发展塑性变形余量的截面，将由稳定平衡进入到不稳定平衡。所以，此方程可直接用来计算冷弯薄壁型钢压弯构件和格构柱绕虚轴弯曲的面内整体稳定。

2. 实腹压弯构件在弯矩作用平面内整体稳定的实用计算公式

对式(6-4)作如下修改：首先考虑到实腹式压弯构件失稳时截面存在塑性区，故在式(6-4)第二项分母中引进截面塑性发展系数 γ_x，用常数 0.8 代替稳定系数 φ_x，用 N'_{Ex}代替

N_{Ex}。如此修改即成为规范规定的面内稳定的实用计算公式(圆管截面除外)：

$$\frac{N}{\varphi_x A}+\frac{\beta_{mx}M_x}{\gamma_{1x}W_{1x}(1-0.8N/N'_{Ex})}\leqslant f \tag{6-5}$$

式中，N 为压弯构件的轴线压力设计值；φ_x 为在弯矩作用平面内，轴心受压构件的稳定系数，由表 E-1 查找；M_x 为所计算构件段范围内的最大弯矩设计值；$N'_{Ex}=\frac{\pi^2 EA}{1.1\lambda_x^2}$ 为相当欧拉力除以分项系数，即欧拉力的设计值；W_{1x} 为弯矩作用平面内受压最大纤维的毛截面系数；γ_{1x} 为截面塑性发展系数，按表 5-4 取用；β_{mx} 为等效弯矩系数；A 为毛截面面积。

对于单轴对称截面压弯构件，受拉侧弯矩效应较大时，构件可能只在受拉侧出现塑性，塑性区的发展也能导致构件失稳。所以，除按式(6-5)计算外，还应按式(6-6)作补充计算：

$$\left|\frac{N}{A}-\frac{\beta_{mx}M_x}{\gamma_{2x}W_{2x}(1-1.25N/N'_{Ex})}\right|\leqslant f \tag{6-6}$$

式中，W_{2x} 为较小翼缘最外侧受拉最大纤维的毛截面系数。

式(6-5)可以看作半理论半经验公式。当 $M_x=0$ 时，公式成为轴心受压构件绕 x 轴弯曲屈曲的公式；当$N=0$ 时，弯矩不会因 N 而增大，$\beta_{mx}=1$，公式即为梁的抗弯强度公式。

《钢结构设计规范》(GB 50017—2012)中规定的 β_{mx} 的取值如下：

1) 无侧移框架柱和两端支承的构件

(1) 无横向荷载作用时，取 $\beta_{mx}=0.6+0.4\frac{M_2}{M_1}$，$M_1$ 和 M_2 为端弯矩，使构件产生同向曲率(无反弯点)时取同号；使构件产生反向曲率(有反弯点)时取异号，$|M_1|\geqslant|M_2|$；

(2) 无端弯矩但有横向荷载作用时

跨中单个集中荷载　　$\beta_{mx}=1-0.36\frac{N}{N_{cr}}$

全跨均布荷载　　$\beta_{mx}=1-0.18\frac{N}{N_{cr}}$

式中，$N_{cr}=\frac{\pi^2 EI}{(\mu l)^2}$即弹性临界力。

(3) 有端弯矩和横向荷载同时作用时，将式(6-5)中的 $\beta_{mx}M_x$ 取为 $\beta_{mqx}M_{qx}+\beta_{mx}M_1$，即无横向荷载作用和无端弯矩但有横向荷载作用等效弯矩的代数和。M_{qx} 为横向荷载产生的弯矩最大值。

2) 有侧移框架柱和悬臂构件

(1) 除无端弯矩但有横向荷载作用之外的框架柱，$\beta_m=1-0.36\frac{N}{N_{cr}}$；

(2) 有横向荷载的柱脚铰接的单层框架柱和多层框架的底层柱 $\beta_m=1.0$；

(3) 自由端作用有弯矩的悬臂柱，$\beta_m=1-0.36(1-m)\frac{N}{N_{cr}}$，式中 m 为自由端弯矩与固端弯矩之比，当弯矩图无反弯点时取正号，有反弯点时取负号。

6.3.2 弯矩作用平面外的稳定

开口截面压弯构件的抗扭刚度和弯矩作用平面外的抗弯刚度通常都不大，当侧向没有足够支撑来阻止其产生侧向位移和扭转时，构件在轴向压力和弯矩作用下，可能产生侧向弯曲和扭转而破坏。这就是弯矩作用平面外的失稳现象，它具有分支点失稳的物理特征，如图 6-8 所示。

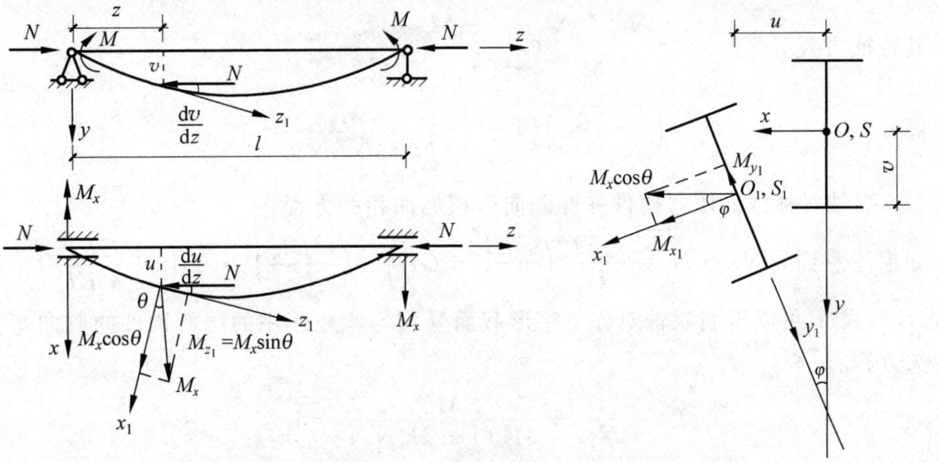

图 6-8 开口薄壁杆在 M,N 共同作用下的变形状态

1. 双轴对称截面压弯杆件弹性小变形侧向弯扭相关方程的推导

如图 6-8 所示：$Oxyz$ 为固定坐标系，$O_1x_1y_1z_1$ 为附在杆轴线上的移动坐标系，有 v,u,φ 三个连续变形函数，在弹性小变形条件下有：

$$EI_{x1}y_1''=EI_xv'',\quad EI_{y1}x''=EI_yu'',\quad M_{x1}=M_x\cos\theta\cos\varphi+Nv=M_x+Nv$$

$$M_{y1}=M_x\cos\theta\sin\varphi+Nu=M_x\varphi+Nu,\quad M_{z1}=M_x\sin\theta=M_xu'$$

(1) 弯扭屈曲平衡微分方程

$$EI_xv''+Nv+M_x=0 \tag{a}$$

$$EI_yu''+Nu+M_x\varphi=0 \tag{b}$$

$$EI_w\varphi'''+(Nr_0^2-GI_t)\varphi'+M_xu'=0 \tag{c}$$

式中，$r_0^2=\dfrac{I_x+I_y}{A}$；I_t 为扭转惯性矩；I_w 为扇形惯性矩。

讨论：方程(a)是独立的，就是面内整体稳定平衡微分方程；方程(b)是侧向弯曲平衡微分方程；方程(c)是绕 z 轴扭转平衡微分方程，因扭转是伴随侧弯发生的，所以方程(b)，(c)是耦联的。

(2) 侧向弯扭平衡微分方程的解

对式(b)微分 2 次、式(c)微分 1 次(M_x 为常量)，则有

$$EI_yu^{(4)}+Nu''+M_x\varphi''=0 \tag{d}$$

$$EI_w\varphi^{(4)}+(Nr_0^2-GI_t)\varphi''+M_xu''=0 \tag{e}$$

满足边界条件的方程通解的最小值：

$$u=C_1\sin\frac{\pi z}{l},\quad \varphi=C_2\sin\frac{\pi z}{l}$$

代入式(d)，式(e)得

$$(N_{Ey}-N)C_1-M_xC_2=0 \tag{f}$$

$$-M_xC_1+r_0^2(N_\varphi-N)C_2=0 \tag{g}$$

式中，$N_{Ey}=\dfrac{\pi^2 EI_y}{l^2}$，$N_\varphi=\dfrac{\dfrac{\pi^2 EI_w}{l^2}+GI_t}{r_0^2}$。

其特征方程为
$$\begin{vmatrix} N_{Ey}-N & -M_x \\ -M_x & r_0^2(N_\varphi-N) \end{vmatrix}=0 \tag{h}$$

展开
$$\left(1-\frac{N}{N_{Ey}}\right)\left(1-\frac{N}{N_\varphi}\right)-\frac{M_x^2}{r_0^2 N_{Ey}N_\varphi}=0 \tag{i}$$

(3) 双轴对称截面压弯构件弹性侧向弯扭屈曲相关方程

如果注意到 $r_0^2 N_{Ey}\cdot N_\varphi=\dfrac{\pi^2 EI_y}{l^2}\left(\dfrac{\pi^2 EI_w}{l^2}+GI_t\right)=\left(\dfrac{\pi^2 EI_y}{l^2}\right)^2\cdot\dfrac{I_w}{I_y}\left(1+\dfrac{GI_t l^2}{\pi^2 EI_w}\right)=M_{cr}^2$，则由式(f)～式(i)可以得到双轴对称工字形截面受均匀弯矩作用的压弯构件的侧向弯扭屈曲的相关方程：

$$\frac{N}{N_{Ey}}+\frac{M^2}{M_{cr}^2(1-N/N_w)}=1 \tag{6-7}$$

式中，M_{cr} 为梁受均匀弯矩作用时双轴对称工字形截面弹性弯扭屈曲的临界弯矩；N_{Ey} 为绕弱轴 y 弯曲屈曲的欧拉荷载；N_w 为截面绕纵轴扭转屈曲临界荷载；N 为轴线压力；M 为均匀弯矩。

由式(6-7)，给出 N_w/N_y 的不同值，可绘出 N/N_{Ey}-M/M_{cr} 相关曲线，如图 6-9 所示。

2. 实腹式压弯构件在弯矩作用平面外稳定计算的实用公式

规范规定，对图 6-9 相关曲线偏安全地取直线式：

$$\frac{N}{N_{Ey}}+\frac{M}{M_{cr}}=1 \tag{6-8}$$

且令

$$N_{Ey}=\varphi_y A f_y,\quad M_{cr}=\varphi_b W_x f_y$$

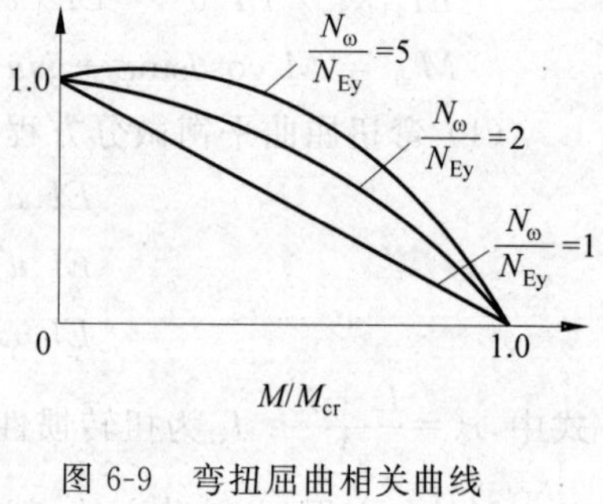

图 6-9 弯扭屈曲相关曲线

将式(6-8)引进到弹塑性范围并考虑到不一定都是均匀弯矩，而引进等效弯矩系数 β_{tx}，因 β_{tx} 规定不够细致，且大多偏于安全，所以规范送审稿删去了等效弯矩系数 β_{tx}。N 和 M 取设计值，f_y 改为 f，代入式(6-8)就得到《钢结构设计规范》(GB 50017—2012)规定的面外稳定实用计算公式：

$$\frac{N}{\varphi_y A}+\eta\frac{M_x}{\varphi_b W_{1x}}\leqslant f \tag{6-9}$$

式中，φ_b 为均匀弯矩作用时构件的整体稳定系数，对于一般工字形、T 形截面可用近似公式计算；φ_y 为弯矩作用平面外，轴心受压构件的稳定系数，对 T 形截面，按 c 类截面取值；η 为系数，对箱形截面闭口截面 $\eta=0.7$(φ_b 取 1)，对其他截面 $\eta=1$；M_x 为计算构件段内的最大弯矩；W_{1x} 为弯矩作用平面内受压最大纤维的毛截面系数；N 为轴线压力的设计值。

式(6-8)虽然出自理想双轴对称工字形截面的弹性稳定分析，但式(6-9)已适用于弹塑性范围，由试验结果和理论分析可知，此式在用于弹塑性压弯构件双轴对称工字形截面和单轴对称截面的弯扭屈曲计算中，有一定安全度，完全可用。

6.3.3　例题

例 6-2　如图 6-10 所示 Q235 钢焊接工字形截面压弯构件，翼缘为火焰切割边，承受的轴线压力设计值为 800kN，在构件的中央有一横向集中荷载 190kN。构件的两端铰接并在中央有一侧向支撑点。要求验算构件的整体稳定。

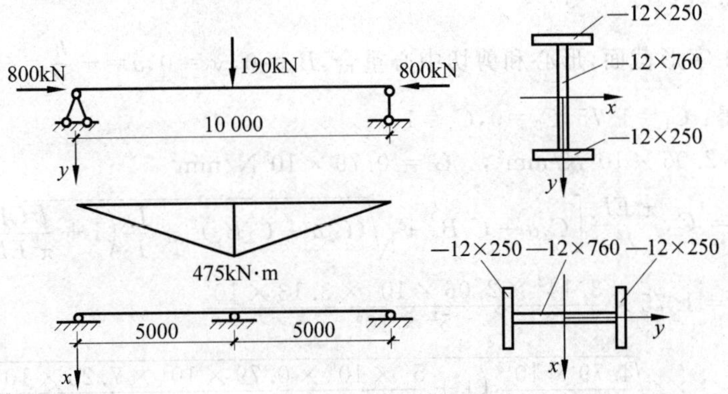

图 6-10　例 6-2 附图

解　1）计算截面几何参数

$A = 2 \times 25 \times 1.2 + 76 \times 1.2 \approx 151(\text{cm}^2)$

$I_x = 2 \times 25 \times 1.2 \times 38.6^2 + 1.2 \times 76^3/12 \approx 89\,393 + 43\,898 = 133\,291(\text{cm}^4)$

$i_x = \sqrt{I_x/A} = \sqrt{133\,291/151} \approx 29.71(\text{cm})$

$W_x = 2I_x/h = 133\,291/39.2 \approx 3400(\text{cm}^3)$

$I_y = 2 \times 1.2 \times 25^3/12 = 3125(\text{cm}^4)$

$i_y = \sqrt{\dfrac{I_y}{A}} = \sqrt{3125/151} \approx 4.55(\text{cm})$

2）验算面内稳定

$$\lambda_x = \frac{l_x}{i_x} = \frac{10\,000}{297.1} \approx 33.7\text{，由表 E-2 查得 } \varphi_x = 0.923$$

$$N'_{Ex} = \frac{\pi^2 EA}{1.1\lambda_x^2} = \frac{\pi^2 \times 2.06 \times 10^5 \times 150 \times 10^2}{1.1 \times 33.7^2} \times 10^{-3} \approx 24\,575(\text{kN})$$

开口截面 $\eta = 1$

$$\frac{N}{\varphi_x A} + \eta \frac{M_x}{\gamma_x W_x (1 - 0.8N/N'_{Ex})}$$

$$= \frac{800 \times 10^3}{0.923 \times 151 \times 10^2} + \frac{1 \times 475 \times 10^6}{1.05 \times 3.4 \times 10^6 \times (1 - 0.8 \times 800/24\,575)}$$

$$\approx 194(\text{N/mm}^2) < f = 215(\text{N/mm}^2)$$

3）验算面外稳定

（1）计算受弯构件的整体稳定系数 φ_b：

$$I_1 = I_2 = \frac{tb^3}{12} = \frac{12 \times 250^3}{12} = 1.56 \times 10^7 (\text{mm}^4)$$

$$I_w = \frac{I_1 I_2}{I_y} h^2 = \frac{(1.56 \times 10^7)^2}{3.13 \times 10^7} \times 784^2 \approx 4.79 \times 10^{12} (\text{mm}^6)$$

$$I_t = \frac{1}{3}\sum_i b_i t_i^3 = \frac{1}{3} \times (250 \times 12^3 \times 2 + 760 \times 12^3) \approx 7.26 \times 10^5 (\text{mm}^4)$$

双轴对称工字形截面，形心和剪切中心重合，$B_y=0$，$y_0=0$，$a=-\dfrac{h}{2}=-392\text{mm}$

查表 5-6 得：$C_1=1.75$，$C_2=0$，$C_3=1$

$$E = 2.06 \times 10^5 \text{N/mm}^2,\quad G = 0.79 \times 10^5 \text{N/mm}^2$$

$$M_{cr} = C_1 \frac{\pi^2 EI_y}{l^2}\left[C_2 a + C_3 B_y + \sqrt{(C_2 a + C_3 B_y)^2 + \frac{I_w}{I_y}\left(1 + \frac{l^2 GI_t}{\pi^2 EI_w}\right)}\right]$$

$$= 1.75 \times \frac{3.14^2 \times 2.06 \times 10^5 \times 3.13 \times 10^7}{5^2 \times 10^6}$$

$$\times \sqrt{\frac{4.79 \times 10^{12}}{3.13 \times 10^7}\left(1 + \frac{5^2 \times 10^6 \times 0.79 \times 10^5 \times 7.26 \times 10^5}{3.14^2 \times 2.06 \times 10^5 \times 4.79 \times 10^{12}}\right)}$$

$$\approx 4.45 \times 10^6 \times 0.42 \times 10^3 \approx 1.87 \times 10^9 (\text{N} \cdot \text{mm})$$

$$\lambda_b^{re} = \sqrt{\frac{\gamma_x W_x f_y}{M_{cr}}} = \sqrt{\frac{1.05 \times 3.4 \times 10^6 \times 235}{1.87 \times 10^9}} \approx 0.67$$

查表 5-7 得：$\lambda_{b0}^{re}=0.3$，$n=1.8\sqrt[3]{\dfrac{250}{784-12}}\approx 1.24$

$$\phi_b = \frac{1}{[1-(\lambda_{b0}^{re})^{2n} + (\lambda_b^{re})^{2n}]^{\frac{1}{n}}} = \frac{1}{(1-0.3^{2.48}+0.67^{2.48})^{\frac{1}{1.24}}} \approx 0.799$$

（2）计算 φ_y

$$\lambda_y = \frac{l_{0y}}{i_y} = \frac{500}{4.55} \approx 110\text{，由表 E-2 查得 } \varphi_y = 0.493$$

（3）验算面外稳定（$\eta=1$）

$$\frac{N}{A\varphi_y} + \eta\frac{M_x}{\varphi_b W_x} = \frac{800 \times 10^3}{0.493 \times 1.51 \times 10^4} + \frac{475 \times 10^6}{0.799 \times 3.4 \times 10^6}$$

$$\approx 282.3(\text{N/mm}) > 1.05f \approx 225.8(\text{N/mm}^2)$$

讨论：① 满足面内稳定条件；面外稳定不满足，超过面外稳定设计强度$\dfrac{282.3-215}{215}\times 100\%=31.3\%$。其原因是规范认为 β_{tx} 规定不够细致，且大多偏于安全，因此删除等效弯矩系数 β_{tx}，即认为 β_{tx} 恒等于 1，因此不满足面外稳定条件。如果按 2003 规范规定：$\beta_{tx}=0.65+0.35\times\dfrac{M_2}{M_1}=0.65$，则满足面外稳定设计强度(不超过 5%)。

② 按 2003 年规范提供的 φ_b 的近似计算公式

$$\varphi_b = 1.07 - \frac{\lambda_y^2}{44\,000} \times \frac{f_y}{235} \approx 0.795$$

和计算值 $\varphi_b=0.799$ 相差 0.004，可忽略不计，因此可用近似计算公式求 φ_b。

例 6-3　某天窗的侧腿是 T 形截面，两端铰接，长为 3.5m，如图 6-11 所示。材料为 Q235B 钢，荷载设计值 $N=8\text{kN}$，$q=4\text{kN/m}$。验算侧腿的整体稳定。

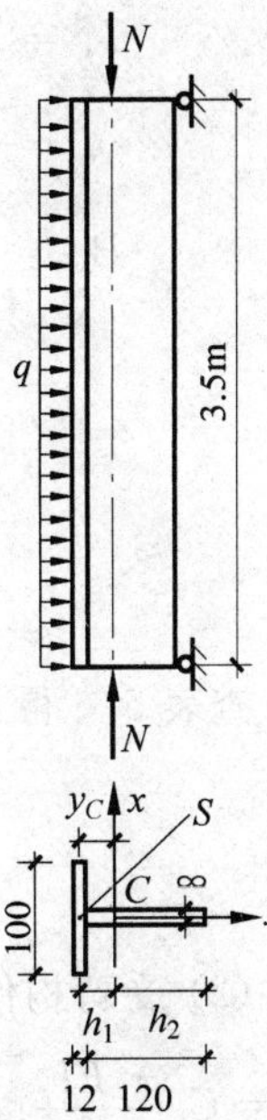

图 6-11　例 6-3 附图

解　1）验算面内稳定

（1）截面几何参数

$$A=12\times 100+8\times 120=2.16\times 10^3(\text{mm}^2)$$

$$y_C=\frac{\sum y_iA_i}{A}=\frac{120\times 8\times 66}{2.16\times 10^3}\approx 29.3(\text{mm})$$

$$I_x=12\times 100\times 29.3^2+\frac{8\times 120^3}{12}+8\times 120\times(66-29.3)^2\approx 3.48\times 10^6(\text{mm}^4)$$

$$I_y=\frac{12\times 100^3}{12}\approx 1\times 10^6(\text{mm}^4)$$

$$i_x=\sqrt{\frac{I_x}{A}}=\sqrt{\frac{3.48\times 10^6}{2.16\times 10^3}}\approx 40.1(\text{mm})$$

$$i_y=\sqrt{\frac{I_y}{A}}=\sqrt{\frac{1\times 10^6}{2.16\times 10^3}}\approx 21.5(\text{mm})$$

（2）验算弯矩作用平面内的稳定

$$W_{1x}=\frac{I_x}{h_1+6}=\frac{3.48\times 10^6}{29.3+6}\approx 9.86\times 10^4(\text{mm}^3)$$

$$W_{2x}=\frac{I_x}{h_2}=\frac{3.48\times 10^6}{132-35.3}\approx 3.60\times 10^4(\text{mm}^3)$$

$$\lambda_x=\frac{l_{0x}}{i_x}=\frac{3500}{40.1}\approx 87.3\text{，查表 E-3 得 }\varphi_x=0.595$$

$$N'_{\text{E}x}=\frac{\pi^2EA}{1.1\lambda_x^2}=\frac{3.14^2\times 2.06\times 10^5\times 2.16\times 10^3}{1.1\times 87.3^2}\times 10^{-3}\approx 5.23\times 10^5(\text{kN})$$

$$\gamma_{1x}=1.02,\quad \gamma_{2x}=1.20,\quad \beta_{mx}=1,\quad M_x=\frac{ql^2}{8}=\frac{4\times 3.5^2}{8}=6.125(\text{kN}\cdot\text{m})$$

$$\frac{N}{\varphi_xA}+\frac{\beta_{mx}M_x}{\nu_{1x}W_{1x}(1-0.8N/N'_{\text{E}x})}=\frac{8\times 10^3}{2.16\times 10^3\times 0.595}+\frac{6.125\times 10^6}{1.05\times 9.86\times 10^4(1-0.8\times 8/5.23\times 10^5)}$$

$$\approx 6.22+59.16=65.38(\text{N/mm}^2)<f=215(\text{N/mm}^2)$$

$$\left|\frac{N}{A}-\frac{\beta_{mx}M_x}{\gamma_{2x}W_{2x}(1-1.25N/N'_{\text{E}x})}\right|=\left|\frac{8\times 10^3}{2.16\times 10^3}-\frac{6.125\times 10^6}{1.2\times 3.6\times 10^4\left(1-1.25\times\dfrac{8}{5.23\times 10^5}\right)}\right|$$

$$\approx|3.7-141.8|=138.1(\text{N/mm}^2)<f=215(\text{N/mm}^2)$$

2）验算弯矩作用平面外的稳定

（1）相关参数

$$I_{\text{t}}=\frac{1}{3}(bt^3+h_0t_{\text{w}}^3)=\frac{1}{3}\times(100\times 12^3+120\times 8^3)\approx 7.81\times 10^4(\text{mm}^4)$$

$$I_w=\frac{b^3t^3}{144}+\frac{h_0^3t_w^3}{36}=\frac{100^3\times 12^3}{144}+\frac{120^3\times 8^3}{36}\approx 3.66\times 10^7(\text{mm}^6)$$

$$y_0=-y_2=-29.3\text{mm},\quad a=-(29.3+6)+29.3=-6(\text{mm})$$

$$B_y=\frac{b_1^3h_1t_1}{24I_x}-\frac{t_w}{8I_x}(h_1^4-h_2^4)-\frac{b_1t_1h_1^3}{24I_x}-y_0$$

$$=\frac{100^3\times 29.3\times 12}{24\times 3.48\times 10^5}-\frac{8}{8\times 3.48\times 10^6}\times[29.3^4-(126-29.3)^4]$$

$$-\frac{100\times 12\times 29.3^3}{24\times 3.48\times 10^6}+29.3$$

$$\approx 4.21+24.91-0.36+29.3=58.06(\text{mm})$$

查表 5-6 得：$C_1=1.13, C_2=0.47, C_3=0.53$

$$E=2.06\times 10^5\text{N/mm}^2,\quad G=0.7\times 10^5\text{N/mm}^2$$

$$\lambda_y=\frac{l_{0y}}{i_y}=\frac{3500}{21.5}\approx 162.8,\text{查表 E-3 得 }\varphi_y=0.347$$

(2) 受弯构件的整体稳定系数 φ_b

$$M_{cr}=C_1\frac{\pi^2EI_y}{l^2}\left[C_2a+C_3B_y+\sqrt{(C_2a+C_3B_y)^2+\frac{I_w}{I_y}\left(1+\frac{l^2GI_t}{\pi^2EI_w}\right)}\right]$$

$$=1.13\times\frac{3.14^2\times 2.06\times 10^5\times 10^6}{3.5^2\times 10^6}\times\Bigg[-0.47\times 6+0.53\times 58.06$$

$$+\sqrt{(-0.47\times 6+0.53\times 58.06)^2+\frac{3.66\times 10^7}{1\times 10^6}\times\left(1+\frac{3.5^2\times 10^6\times 0.7\times 10^5\times 7.81\times 10^4}{3.14^2\times 2.06\times 10^5\times 3.66\times 10^7}\right)}\Bigg]$$

$$\approx 1.87\times 10^5\times(27.95+183.82)\approx 3.96\times 10^7(\text{N}\cdot\text{mm})$$

$$\lambda_b^{re}=\sqrt{\frac{\gamma_xW_{1x}f_y}{M_{cr}}}=\sqrt{\frac{1.05\times 9.86\times 10^4\times 235}{3.96\times 10^7}}\approx 0.784$$

$$\lambda_{b0}^{re}=0.3,\quad n=1.8\sqrt[3]{\frac{100}{126}}=1.67$$

$$\varphi_b=\frac{1}{[1-(\lambda_{b0}^{re})^{2n}+(\lambda_b^{re})^{2n}]^{\frac{1}{n}}}=\frac{1}{[1-0.3^{3.34}+0.784^{3.34}]^{\frac{1}{1.67}}}\approx 0.809$$

(3) 验算面外稳定，$\eta=1$

$$\frac{N}{\varphi_yA}+\eta\frac{M_x}{\varphi_bW_{1x}}=\frac{8\times 10^3}{0.247\times 2.16\times 10^3}+\frac{6.125\times 10^6}{0.809\times 9.86\times 10^4}$$

$$\approx 91.8(\text{N/mm}^2)<f=215(\text{N/mm}^2)$$

讨论：若用 2003 年规范给出的近似公式

$$\varphi_b=1-0.0022\lambda_y\sqrt{\frac{f_y}{235}}=1-0.0022\times 162.8=0.642$$

和 $\varphi_b=0.809$ 相差还是很大的！

例 6-4 如图 6-12 所示偏心受压悬臂柱，柱底与基础刚性固定，柱高 $h=6.5$m。承受压力设计值 $N=1200$kN(含自重)，偏心距为 0.5m。平面外设支撑系统，支撑点按铰接。材料为 Q235B 钢，截面尺寸如图 6-12 所示，焰切边。验算强度，面内、面外整体稳定。

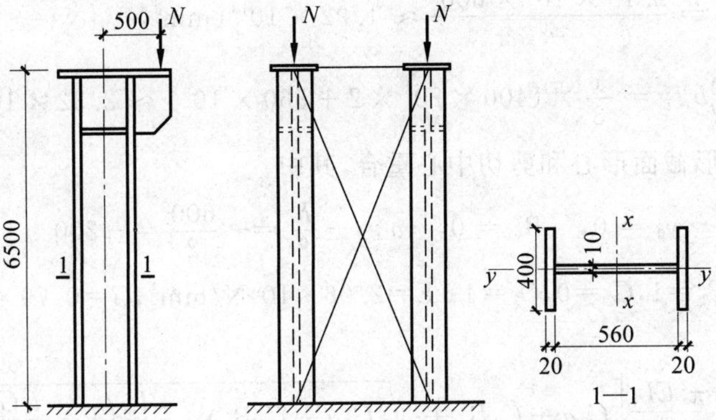

图 6-12　例 6-4 附图

解　1）截面 1—1 的几何参数和柱的计算长度：

$$A = 21\,600\text{mm}^2,\quad W_x = 4.975\times10^6\text{mm}^3$$

$$i_x = 262.9\text{mm},\quad i_y = 99.4\text{mm}$$

$$H_x = 2\times6.5 = 13(\text{m}),\quad H_y = 6.5\text{m}$$

2）强度验算

$$M_x = 1200\times0.5 = 600(\text{kN}\cdot\text{m})$$

$$\frac{N}{A_\text{n}}+\frac{M_x}{\gamma_x W_{\text{n}x}} = \frac{1200\times10^3}{21\,600}+\frac{600\times10^6}{1.05\times4.975\times10^6}$$

$$\approx 55.6+114.9 = 170.5(\text{N/mm}^2) < 215(\text{N/mm}^2)$$

3）面内稳定验算

$$\lambda_x = \frac{H_x}{i_x} = \frac{13\,000}{262.9} = 49.4,\text{由表 E-2 查得 } \varphi_x = 0.859$$

$$N'_{\text{E}x} = \frac{\pi^2 EA}{1.1\lambda_x^2} = \frac{\pi^2\times206\times10^3\times21\,600}{1.1\times49.4^2}\times10^{-3}\approx 16\,343(\text{kN})$$

$$\beta_{mx} = 1,\quad \gamma_x = 1.05$$

$$\frac{N}{\varphi_x A}+\frac{\beta_{mx}M_x}{\gamma_x W_x(1-0.8N/N'_{\text{E}x})}$$

$$= \frac{1200\times10^3}{0.859\times21\,600}+\frac{600\times10^6}{1.05\times4.975\times10^6\times\left(1-0.8\times\dfrac{1200}{16\,343}\right)}$$

$$\approx 64.7+122.2 = 186.9(\text{N/mm}^2) < f = 215(\text{N/mm}^2)$$

4）验算面外稳定

（1）相对参数

$$\lambda_y = \frac{H_y}{i_y} = \frac{6500}{99.4} = 65.4,\text{由表 E-2 查得 } \varphi_y = 0.778$$

$$I_x = i_x^2 A = 262.9^2\times21\,600 = 1.49\times10^9(\text{mm}^4)$$

$$I_y = i_y^2 A = 99.4\times21\,600 = 2.13\times10^8(\text{mm}^4)$$

$$W_x = \frac{2I_x}{h} = \frac{2\times1.49\times10^9}{600} = 4.97\times10^6(\text{mm}^3)$$

$$I_w = \frac{I_y}{4}h^2 = \frac{2.13\times10^8\times600^2}{4} \approx 1.92\times10^{13}(\mathrm{mm}^6)$$

$$I_t = \frac{1}{3}\sum_i b_i t_i^3 = \frac{1}{3}\times(400\times20^3\times2+560\times10^3)\approx 2.32\times10^6(\mathrm{mm}^4)$$

双轴对称工字形截面形心和剪切中心重合,其中

$$y_0 = 0,\quad B_y = 0,\quad a = -\frac{h}{2} = -\frac{600}{2} = -300$$

查表 5-6 得: $C_1=1, C_2=0, C_3=1$; $E=2.06\times10^5\mathrm{N/mm^2}$, $G=0.79\times10^5\mathrm{N/mm^2}$

(2) 计算 φ_b

$$M_{cr} = C_1\frac{\pi^2 EI_y}{l^2}\left[C_2 a + C_3 B_y + \sqrt{(C_2 a + C_3 B_y)^2 + \frac{I_w}{I_y}\left(1+\frac{l^2 GI_t}{\pi^2 EI_w}\right)}\right]$$

$$= \frac{3.14^2\times2.06\times10^5\times2.13\times10^8}{6.5^2\times10^6}$$

$$\times\sqrt{\frac{1.92\times10^{13}}{2.13\times10^8}\times\left(1+\frac{6.5^2\times10^6\times0.79\times10^5\times2.32\times10^6}{3.14^2\times2.05\times10^5\times1.92\times10^{13}}\right)}$$

$$\approx 3.38\times10^9(\mathrm{N\cdot mm})$$

$$\lambda_b^{re} = \sqrt{\frac{\gamma_x W_x f_y}{M_{cr}}} = \sqrt{\frac{1.05\times4.97\times10^6\times235}{3.38\times10^9}}\approx 0.602$$

$$\lambda_{b0}^{re} = 0.3,\quad n = 1.8\sqrt[3]{\frac{400}{580}}\approx 1.59$$

$$\varphi_b = \frac{1}{[1-(\lambda_{b0}^{re})^{2n}+(\lambda_b^{re})^{2n}]^{\frac{1}{n}}} = \frac{1}{[1-0.3^{3.18}+0.602^{3.18}]^{\frac{1}{1.59}}}\approx 0.982$$

(3) 验算面外稳定

$$\frac{N}{\varphi_y A}+\frac{M_x}{\varphi_b W_x} = \frac{1200\times10^3}{0.778\times2.16\times10^4}+\frac{600\times10^6}{0.982\times4.97\times10^6}$$

$$\approx 194.2(\mathrm{N/mm^2}) < f = 215(\mathrm{N/mm^2})$$

讨论: 若用 2003 年规范给出的近似公式: $\varphi_b = 1.07-\frac{\lambda_y^2}{44\,000} = 0.973$ 仅差 $0.982-0.973=0.009$,可以使用近似公式计算

计算结果说明,压弯构件在截面无削弱时,安全由稳定条件控制。

例 6-5 图 6-13 所示偏心受压柱截面为I16 轧制工字钢,N 作用在最大刚度 yz 平面内,材料为 Q235B 钢,确定偏心压力的设计值 N。

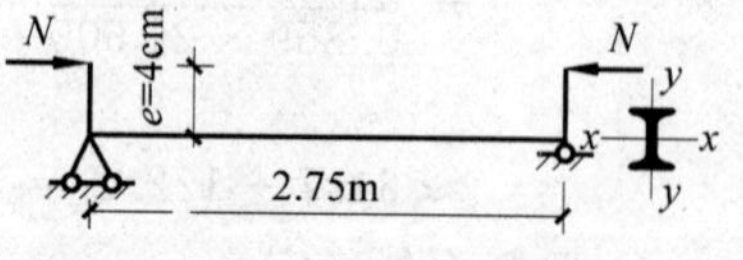

图 6-13 例 6-5 附图

解 N 由面外弯扭失稳控制。

(1) I16 几何参数及有关参数

$h=160\mathrm{mm}$, $b=88\mathrm{mm}$, $t_w=6\mathrm{mm}$, $t=9.9\mathrm{mm}$, $W_x=1.41\times10^5\mathrm{mm^3}$

$A=2.61\times10^3\mathrm{mm^2}$, $I_x=1.13\times10^7\mathrm{mm^4}$, $I_y=9.3\times10^5\mathrm{mm^4}$, $i_y=18.6\mathrm{mm}$

$$\lambda_y = \frac{l_{0y}}{i_y} = \frac{2750}{18.6} = 145.6$$

查表 E-2 得: $\varphi_y=0.324$。

双轴对称工字形截面形心和剪切中心重合:

$$y_0 = 0,\quad B_y = 0,\quad a = -\frac{h}{2} = -80\text{mm}$$

$$I_{\text{w}} = \frac{1}{5}I_y h^2 = \frac{1}{5} \times 9.3 \times 10^5 \times 160^2 \approx 4.76 \times 10^9 (\text{mm}^6)$$

$$I_{\text{t}} = \frac{1}{3}ht_{\text{w}}^3 + \frac{2}{3}bt^3\left(1 + \frac{b^2}{576t^2}\right) \approx \frac{1}{3} \times 160 \times 6^3 + \frac{2}{3}$$

$$\times 88 \times 9.9^3 \times \left(1 + \frac{88^2}{576 \times 9.9^2}\right) \approx 7.63 \times 10^4 (\text{mm}^4)$$

$$E = 2.06 \times 10^5 \text{N/mm}^2,\quad G = \frac{2.06 \times 10^5}{2(1+0.3)} \approx 0.79 \times 10^5 (\text{N/mm}^2)$$

查表 5-6 得：$C_1=1, C_2=0, C_3=1$。

(2) 计算 φ_{b}

$$M_{\text{cr}} = C_1\frac{\pi^2 EI_y}{l^2}\left[C_2 a + C_3 B_y + \sqrt{(C_2 a + C_3 B_y)^2 + \frac{I_{\text{w}}}{I_y}\left(1 + \frac{l^2 GI_{\text{t}}}{\pi^2 EI_{\text{w}}}\right)}\right]$$

$$= \frac{3.14^2 \times 2.06 \times 10^5 \times 9.3 \times 10^5}{2.75^2 \times 10^6}\sqrt{\frac{4.76 \times 10^9}{9.3 \times 10^5}\left(1 + \frac{2.75^2 \times 10^6 \times 0.79 \times 10^5 \times 7.63 \times 10^4}{3.14^2 \times 2.06 \times 10^5 \times 4.76 \times 10^9}\right)}$$

$$\approx 4.27 \times 10^7 (\text{N} \cdot \text{mm})$$

$$\lambda_{\text{b}}^{\text{re}} = \sqrt{\frac{\gamma_x W_x f_y}{M_{\text{cr}}}} = \sqrt{\frac{1.05 \times 1.41 \times 10^5 \times 235}{4.27 \times 10^7}} \approx 0.903$$

$$\lambda_{\text{b0}}^{\text{re}} = 0.4,\quad n = 2.5\sqrt[3]{\frac{88}{160 - 9.9}} \approx 2.09$$

$$\varphi_{\text{b}} = \frac{1}{[1 - (\lambda_{\text{b0}}^{\text{re}})^{2n} + (\lambda_{\text{b}}^{\text{re}})^{2n}]^{\frac{1}{n}}} = \frac{1}{[1 - 0.4^{4.18} + 0.903^{4.18}]^{\frac{1}{2.09}}} \approx 0.791$$

(3) 计算偏心压力设计值 N

$$\frac{N}{\varphi_y A} + \frac{M_x}{\varphi_{\text{b}} W_x} = f,\quad M_x = Ne$$

$$N = \frac{f}{\dfrac{1}{\varphi_y A} + \dfrac{e}{\varphi_{\text{b}} W_x}} = \frac{215 \times 10^{-3}}{\dfrac{1}{0.324 \times 2.61 \times 10^3} + \dfrac{40}{0.791 \times 1.41 \times 10^5}}$$

$$\approx 139.5(\text{kN})$$

讨论：用 2003 年规范给出的近似公式

$$\varphi_{\text{b}} = 1.07 - \frac{\lambda_y^2}{44\,000}\frac{f_y}{235} = 1.07 - \frac{145.6^2}{44\,000} = 0.588$$

和 $\varphi_{\text{b}}=0.791$ 相差很大！

6.4 实腹式压弯构件的局部稳定

6.4.1 压弯构件腹板内的受力状态

对腹板内受剪应力和不均匀的压应力情况，引进压应力分布梯度 $\alpha_0 = \frac{\sigma_{\max} - \sigma_{\min}}{\sigma_{\max}}$ 来衡量压应力的分布情况，如图 6-14 所示。α_0 越大，对腹板的稳定越有利，因为这时受拉翼缘的拉应力增大有阻止腹板屈曲作用。当$\alpha_0=0$时，表示腹板均匀受压，对腹板的稳定是最不利的。

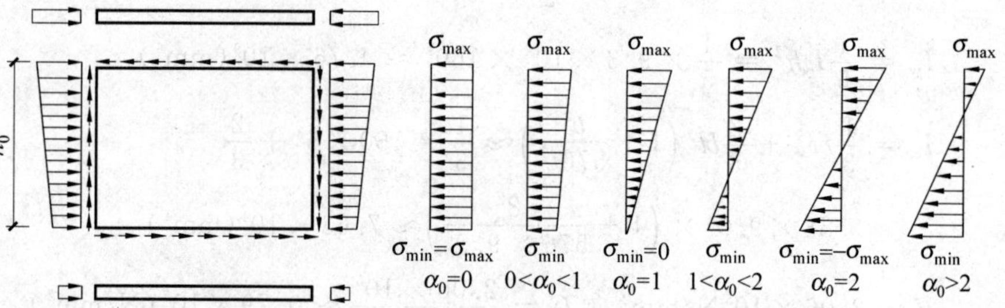

图 6-14　压弯构件腹板的应力状态

一般压弯构件的剪应力对腹板屈曲影响较小，但是剪应力的存在必然降低腹板的屈曲应力。

6.4.2　规范规定的压弯构件腹板高厚比的限值公式

压弯构件翼缘、腹板的宽(高)厚比，应满足部分塑性准则，即 S3 级截面设计等级(见表 6-1)。例如：

H 形截面

$$\text{翼缘}\ \frac{b_1}{t}\leqslant 13\varepsilon_k$$

$$\text{腹板}\ \frac{h_0}{t_w}\leqslant(42+18\alpha_0^{1.51})\varepsilon_k$$

箱形截面

$$\text{翼缘、腹板间翼缘：}\frac{b_0}{t}\leqslant 42\varepsilon_k$$

表 6-1　压弯和受弯构件的截面设计等级

构件	截面设计等级		S1 级(限值)	S2 级(限值)	S3 级(限值)	S4 级(限值)	S5 级(限值)
框架柱、压弯构件	H 形及 T 形截面	翼缘 $\frac{b}{t}$	$9\varepsilon_k$	$11\varepsilon_k$	$13\varepsilon_k$	$15\varepsilon_k$	$20\varepsilon_k$
		T 形截面腹板 $\frac{h_0}{t_w}$	$18\varepsilon_k\sqrt{\frac{t}{2t_w}}$	$20\varepsilon_k\sqrt{\frac{t}{2t_w}}$	$22\varepsilon_k\sqrt{\frac{t}{2t_w}}$	$25\varepsilon_k\sqrt{\frac{t}{2t_w}}$	$30\varepsilon_k\sqrt{\frac{t}{2t_w}}$
		H 形截面腹板 $\frac{h_0}{t_w}$	$44\varepsilon_k$	$50\varepsilon_k$	$(42+18\alpha_0^{1.51})\varepsilon_k$	$(45+25\alpha_0^{1.66})\varepsilon_k$	250
	箱形截面	壁板、腹板间翼缘 $\frac{b_0}{t}$	$30\varepsilon_k$	$35\varepsilon_k$	$42\varepsilon_k$	$45\varepsilon_k$	—
	圆钢管截面	径厚比 $\frac{D}{t}$	$50\varepsilon_k$	$70\varepsilon_k$	$90\varepsilon_k$	$100\varepsilon_k$	—
	圆钢管混凝土柱	径厚比 $\frac{D}{t}$	$70\varepsilon_k$	$85\varepsilon_k$	$90\varepsilon_k$	$100\varepsilon_k$	—
	矩形钢管混凝土截面	壁板间翼缘 $\frac{b_0}{t}$	$40\varepsilon_k$	$50\varepsilon_k$	$55\varepsilon_k$	$60\varepsilon_k$	—

注：① ε_k 为钢号修正系数，其值为 235 与钢材牌号比值的平方根。
② b、t、h_0、t_w 分别是工字形、H 形、T 形截面的翼缘外伸宽度、翼缘厚度、腹板净高和腹板厚度，对轧制型截面，不包括翼缘腹板过渡处圆弧段；对于箱形截面，b_0、t 分别为壁板间的距离和壁板厚度；D 为圆管截面外径。
③ 当箱形截面柱单向受弯时，其腹板限值应根据 H 形截面腹板采用。
④ 腹板的宽厚比，可通过设置加劲肋减小。

6.4.3　算例

例 6-6　验算例 6-2 中压弯构件的板件宽厚比是否在规范容许的范围内。

解　(1) 见例 6-2 截面参数

$$A = 151\text{cm}^2$$

$$I_x = 133\,296\text{cm}^4,\quad \lambda_x = 33.7$$

荷载设计值

$$N = 800\text{kN},\quad M = 475\text{kN}\cdot\text{m}$$

(2) 验算翼缘宽厚比

$$b_1/t = \frac{250-12}{2\times 12} \approx 9.92 < 13$$

满足弹塑性承载准则。

(3) 验算腹板高厚比

$$\frac{\sigma_{\max}}{\sigma_{\min}} = \frac{N}{A} \pm \frac{My_1}{I_x} = \frac{800\times 10^3}{151\times 10^2} \pm \frac{475\times 10^6\times 380}{133\,296\times 10^4} \approx 53 \pm 135 = \frac{188}{-82}(\text{N/mm}^2)$$

$$\alpha_0 = \frac{\sigma_{\max}-\sigma_{\min}}{\sigma_{\max}} = \frac{188-(-82)}{188} \approx 1.44 < 1.6$$

$$\frac{h_0}{t_w} = \frac{76}{1.2} \approx 63.3 < (18\alpha_0^{1.51}+42) \approx 73.2$$

满足腹板的局部稳定条件。

例 6-7　验算如图 6-15 所示压弯构件。截面为焰切边，杆两端铰接，长 15m，在杆 1/3 处有侧向支撑，截面无削弱。承受轴心压力设计值 N=980kN，中点横向荷载设计值 F=180kN，材料为 Q345B 钢。

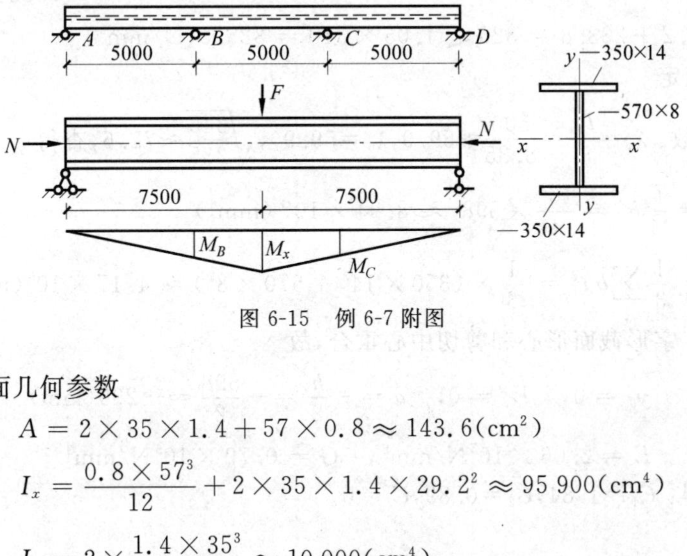

图 6-15　例 6-7 附图

解　1) 截面几何参数

$$A = 2\times 35\times 1.4 + 57\times 0.8 \approx 143.6(\text{cm}^2)$$

$$I_x = \frac{0.8\times 57^3}{12} + 2\times 35\times 1.4\times 29.2^2 \approx 95\,900(\text{cm}^4)$$

$$I_y = 2\times\frac{1.4\times 35^3}{12} \approx 10\,000(\text{cm}^4)$$

$$i_x=\sqrt{\frac{I_x}{A}}=\sqrt{\frac{95\,900}{143.6}}\approx 25.8(\text{cm})$$

$$i_y=\sqrt{\frac{I_y}{A}}=\sqrt{\frac{10\,000}{143.6}}\approx 8.35(\text{cm})$$

$$W_{1x}=\frac{I_x}{29.9}=\frac{95\,900}{29.9}\approx 3207(\text{cm}^3)$$

2）截面验算

(1) 强度

$$M_x=\frac{1}{4}\times 180\times 15=675(\text{kN}\cdot\text{m})$$

$$\frac{N}{A_n}+\frac{M_x}{\gamma_x W_{nx}}=\frac{980\times 10^3}{143.6\times 10^2}+\frac{675\times 10^6}{1.0\times 3207\times 10^3}$$

$$\approx 68.2+210.5=278.7(\text{N/mm}^2)<f=310(\text{N/mm}^2)$$

(2) 面内稳定

$$\lambda_x=\frac{l_x}{i_x}=\frac{1500}{25.8}\approx 58.1<[\lambda]=150，满足刚度要求$$

$$\lambda=\lambda_x\sqrt{\frac{345}{235}}\approx 58.1\times 1.212\approx 70.4，由表 E-2 查得 \varphi_x=0.748$$

$$N'_{Ex}=\frac{\pi^2 EA}{1.1\lambda_x^2}=\frac{\pi^2\times 206\times 10^3\times 143.6\times 10^2}{1.1\times 58.1^2}\times 10^{-3}\approx 7863(\text{kN})$$

$$\beta_{mx}=1$$

$$\frac{N}{\varphi_x A}+\frac{\beta_{mx}M_x}{\gamma_x W_{1x}(1-0.8N/N'_{Ex})}$$

$$=\frac{980\times 10^3}{0.748\times 143.6\times 10^2}+\frac{1\times 675\times 10^6}{1.0\times 3207\times 10^3\times\left(1-0.8\times\frac{980}{7863}\right)}$$

$$\approx 91.2+233.8=325\leqslant 1.05\times 310=325.5(\text{N/mm}^2)$$

(3) 面外稳定

① 相关参数：$\lambda_y=\frac{l_{0y}}{i_y}=\frac{500}{8.35}\approx 59.9$，$\lambda_0=59.9\times\sqrt{\frac{345}{235}}\approx 72.6$，查得 $\varphi_y=0.735$

$$I_w=\frac{I_y}{4}h^2=\frac{10^8}{4}\times 598^2\approx 8.94\times 10^{12}(\text{mm}^6)$$

$$I_t=\frac{1}{3}\sum_i b_i t_i^3=\frac{1}{3}\times(350\times 14^3+570\times 8^3)\approx 4.17\times 10^5(\text{mm}^4)$$

双轴对称工字形截面形心和剪切中心重合，故

$$y_0=0,\quad B_y=0,\quad a=-\frac{h}{2}=-\frac{598}{2}=-299(\text{mm})$$

$$E=2.06\times 10^5\,\text{N/mm}^2,\quad G=0.79\times 10^5\,\text{N/mm}^2$$

查表 5-6 得：$C_1=1.84$，$C_2=0.89$，$C_3=0$。

② 计算 φ_b

$$M_{cr}=C_1\frac{\pi^2 EI_y}{l^2}\left[C_2 a+C_3 B_y+\sqrt{(C_2 a+C_3 B_y)^2+\frac{I_w}{I_y}\left(1+\frac{l^2 GI_t}{\pi^2 EI_w}\right)}\right]$$

$$= 1.84 \times \frac{3.14^2 \times 2.06 \times 10^5 \times 10^8}{5^2 \times 10^6}\left[-0.89 \times 299\right.$$
$$\left. + \sqrt{(-0.89 \times 299)^2 + \frac{8.94 \times 10^{12}}{10^8}\left(1 + \frac{5^2 \times 10^6 \times 0.79 \times 10^5 \times 4.17 \times 10^5}{3.14^2 \times 2.06 \times 10^5 \times 8.94 \times 10^{12}}\right)}\right]$$
$$\approx 3.94 \times 10^{11}(\text{N} \cdot \text{mm})$$

$$\lambda_b^{re} = \sqrt{\frac{\gamma_x W_x f_y}{M_{cr}}} = \sqrt{\frac{1.05 \times 3.21 \times 10^6 \times 345}{3.94 \times 10^{11}}} \approx 0.054$$

查表 5-7 得：$\lambda_{b0}^{re} = 0.3$，$n = 1.8\sqrt[3]{\frac{350}{584}} \approx 1.52$。

$$\varphi_b = \frac{1}{[1-(\lambda_{b0}^{re})^{2n} + (\lambda_b^{re})^{2n}]^{\frac{1}{n}}} = \frac{1}{[1-0.3^{3.04} + 0.054^{3.04}]^{\frac{1}{1.52}}} \approx 1.02\text{，取 } \varphi_b = 1$$

③ 验算面外稳定

$$\frac{N}{\varphi_y A} + \frac{M_x}{\varphi_b W_x} = \frac{980 \times 10^3}{0.735 \times 143.6 \times 10^2} + \frac{675 \times 10^6}{3.21 \times 10^6} \approx 303(\text{N/mm}^2) < f = 310(\text{N/mm}^2)$$

讨论：若采用 2003 年规范的近似计算公式

$$\varphi_b = 1.07 - \frac{\lambda_y^2}{44\,000} \times \frac{f_y}{235} = 1.07 - \frac{59.9^2}{44\,000} \times \frac{345}{235} \approx 0.950$$

则 $\frac{N}{\varphi_y A} + \frac{M_x}{\varphi_b W_x} = \frac{980 \times 10^3}{0.735 \times 143.6 \times 10^2} + \frac{675 \times 10^6}{0.95 \times 3.21 \times 10^6} \approx 314.2 < 1.05 \times 310 \approx 326$

只要 $\lambda_y \leqslant 120\varepsilon_k$，近似计算公式可用。

(4) 局部稳定

翼缘板：$\frac{b_1}{t} = \frac{35-0.8}{2\times1.4} \approx 12.2 < 15\sqrt{\frac{235}{345}} \approx 12.4$（满足要求），所以 $\gamma_x = 1.0$。前面按弹性准则验算是正确的。

腹板：

$$\begin{matrix}\sigma_{max} \\ \sigma_{min}\end{matrix} = \frac{N}{A} \pm \frac{M_x}{I_x} \times \frac{h_0}{2} = \frac{980 \times 10^3}{143.6 \times 10^2} \pm \frac{675 \times 10^6}{95\,900 \times 10^4} \times \frac{570}{2}$$
$$\approx 68.2 \pm 200.6 = \begin{matrix}268.8 \\ -132.4\end{matrix}(\text{N/mm}^2)$$

$$\alpha_0 = \frac{\sigma_{max} - \sigma_{min}}{\sigma_{max}} = \frac{268.8-(-132.4)}{268.8} \approx 1.49 < 1.6$$

$$\frac{h_0}{t_w} = \frac{570}{8} \approx 71.3 > (42 + 1.49^{1.51})\sqrt{\frac{235}{345}} \approx 61.7$$

不满足腹板的局部稳定条件，整体稳定也无富余，需改选截面。如果将图 6-16 所示截面的腹板厚度改为 $t_w = 10\text{mm}$，则满足全部要求。

6.5　柱脚

铰接柱脚和第 4 章中的柱脚相同，本节着重介绍和基础刚接的柱脚。刚接柱脚有分离式柱脚与整体式柱脚，前者主要用于格构柱，当两肢件距离较大时，为省钢材而采用分离式；

后者主要用于实腹柱和分肢距离较小的格构柱。下面只介绍整体式柱脚。

1. 整体式柱脚的组成

如图6-16所示，整体式柱脚由底板、靴梁隔板、锚栓支架和锚栓等组成。底板的作用是将柱传来的压力，安全、直接、均匀地传给混凝土基础，因为混凝土的抗压强度远低于钢材，这就要求底板面积足够大。为了增加底板的刚度和传力的均匀性，柱脚上设置了靴梁和隔板，柱压力通过靴梁较均匀地扩散到底板上。柱上传来的弯矩会产生拉力，拉力将使底板和基础分离，为避免其分离，这个拉力由锚栓来承担，所以锚栓是刚接柱脚中重要的受力部件，锚栓的直径和数量应当根据受力情况由计算决定。锚栓不能直接固定在底板上，必须固定在锚栓支架上，锚栓支架由肋板和安装锚栓的平板组成，为便于安装，锚栓不宜穿过底板。

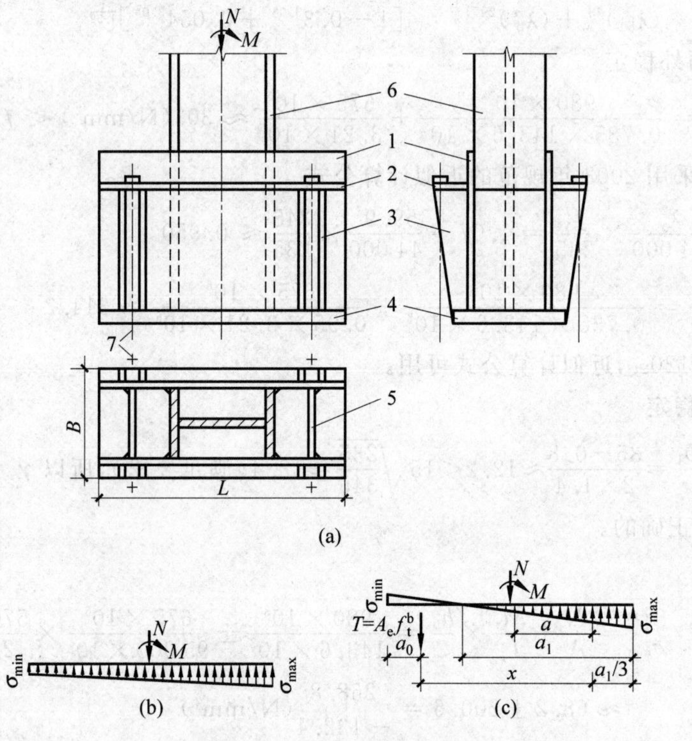

图6-16 整体式刚接柱脚

1—靴梁；2—平板；3—锚栓支架肋板；4—底板；5—竖向隔板；6—柱；7—锚栓中心线

2. 整体式柱脚的计算

刚接柱脚只传递轴心压力和弯矩，柱上传来的剪力由底板和基础之间的摩擦力或专门设置的抗剪键传递。

(1) 底板的计算。设底板和基础接触面的应力按直线分布(图6-16(b)、(c))，则根据弹性条件

$$\sigma_{\max}=\frac{N}{BL}+\frac{6M}{BL^2}\leqslant f_{ce} \tag{6-10}$$

式中，B为底板宽度，由构造决定；L为底板长度，由式(6-10)算出；M，N分别是基础承受的弯矩和轴向压力的设计值(应取使底板产生最大压应力的内力组合)；f_{ce}为混凝土的抗压

强度设计值。

当 B 和 L 选定后，由下式算出最大、最小应力：

$$\frac{\sigma_{\max}}{\sigma_{\min}}=\frac{N}{BL}\pm\frac{6M}{BL^2} \tag{6-11}$$

(2) 锚栓计算。若 $\sigma_{\min}\geqslant 0$(图 6-16(b))，说明底板全部受压，锚栓根据构造设置。若 $\sigma_{\min}<0$，说明底板部分受压，则锚栓承担全部拉力 T(图 6-16(c))为

$$T=(M-Na)/x \tag{6-12}$$

锚栓所需总的有效面积

$$A_e=\frac{T}{f_t^b} \tag{6-13}$$

式中，M,N 分别为基础承受的弯矩和轴力设计值；f_t^b 为锚栓抗拉强度设计值。

由图 6-16(c)可得

$$a=\frac{L}{2}-\frac{a_1}{3},\quad a_1=\frac{\sigma_{\max}L}{\sigma_{\max}+\sigma_{\min}}$$

$$x=L-a_0-\frac{a_1}{3},\quad a_0\text{ 由构造确定}$$

一般柱脚每侧各设置 2～4 个直径为 30～75mm 的锚栓。

(3) 其他部分计算

底板厚度根据区格最大压应力按平均分布计算，方法同第 4 章轴心受压柱脚，厚度一般不小于 20mm；靴梁根据区段最大压应力作均匀分布的外伸简支梁计算；隔板按简支梁计算；锚栓支架肋板按悬臂梁计算；锚栓支架平板按构造在 20～40mm 厚中选取。

习题

6.1　某两端铰接的拉弯构件，截面为Ⅰ45a 轧制工字形钢，钢材为 Q235。作用力如图 6-17 所示，截面无削弱，要求确定构件所能承受的最大轴线拉力。

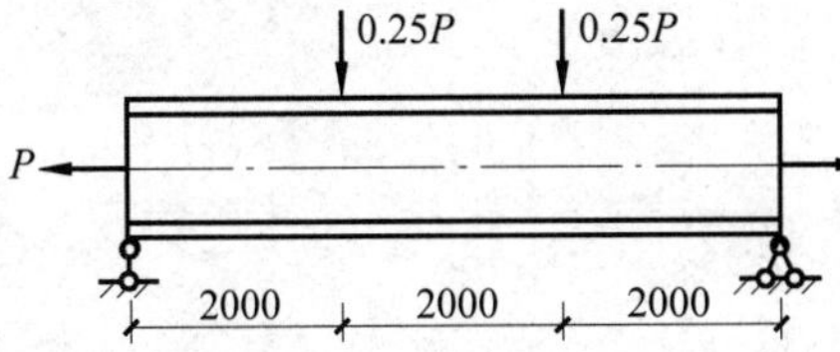

图 6-17　习题 6.1 图

6.2　如图 6-18 所示 Q235 钢焰切边工字形截面柱，两端铰接，截面无削弱，承受轴心压力设计值 $N=900$kN，跨中集中力设计值 $F=100$kN。①验算平面内稳定；②根据平面外稳定性不低于平面内稳定性的原则确定此柱需要几道侧向支撑；③验算截面板件的局部稳定。

6.3　如图 6-19 所示天窗架的端竖杆 AB 是双角钢 2∟90×56×6，长边相连，节点板厚 10mm。杆长 3.25m，承受轴心压力的设计值 $N=40$kN，风荷载设计值 $q=\pm2$kN/m(正号为压力，负号为吸力)，材料为 Q235B 钢。试验算截面是否满足要求？截面尺寸由哪个条件控制？

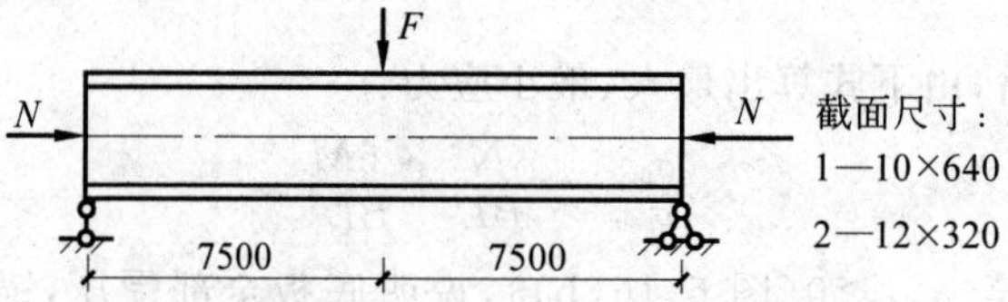

图 6-18 习题 6.2 图

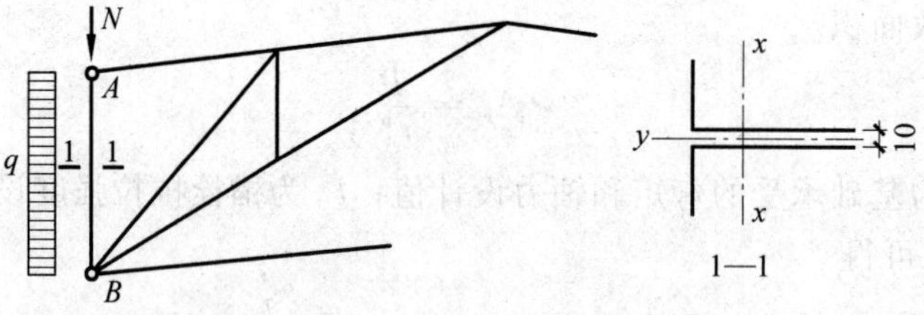

图 6-19 习题 6.3 图

6.4 验算如图 6-20 所示偏心受压柱。压力设计值 $F=1000\text{kN}$，偏心距 $e_1=150\text{mm}$，$e_2=100\text{mm}$。截面为焊接 T 形，力作用于对称轴平面内翼缘一侧。杆长 8m，两端铰接，杆中点侧向(垂直于对称轴平面)有一支撑点，钢材为 Q235B。

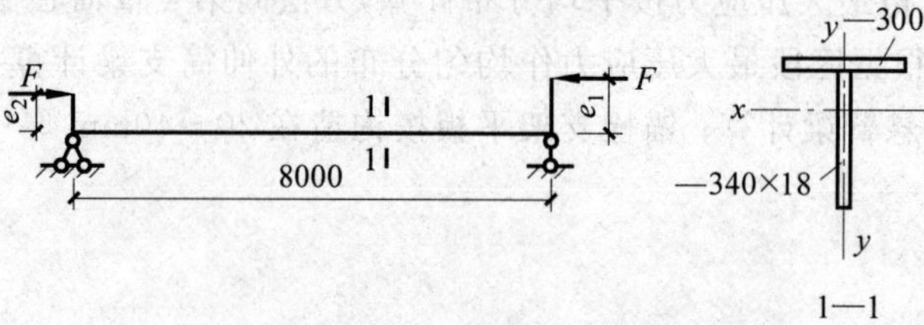

图 6-20 习题 6.4 图

第7章

课程实训

学习要点：钢结构学完之后，本科院校都要安排一个课程设计，规定题目、给出条件让学生来完成一个设计的全过程。但高职院校由于培养目标不同，这个环节用课程实训来代替。通过节点的设计，了解力的传递过程，了解哪些部位必须加强，进而读懂施工图，在照图施工中保证质量；节点是钢结构图和其他结构图的区别所在，节点图读懂了，其他部分也就清楚了。在课程实训中，也安排了一些基本构件的设计，其主要目的是让学生能够将体荷载(实际荷载)变成面荷载，由面荷载变成线荷载、点荷载，能够将标准荷载变为设计荷载，能够利用手册查找合适的构件，这些都是一线施工技术人员应具备的基本技能。

7.1 屋盖和柱间支撑体系

图 7-1 是一个空间结构图，它是由图 7-2 所示平面承重结构通过支撑体系组成的。图 7-2 所示的平面框架，在平面内是几何不变体系，可以承受平面内的荷载，如图示由檩条传给屋面的节点荷载 P；由吊车梁传来的荷载 D_1，D_2；柱的自重 G_1，G_2；风荷载 q_1，q_2；吊

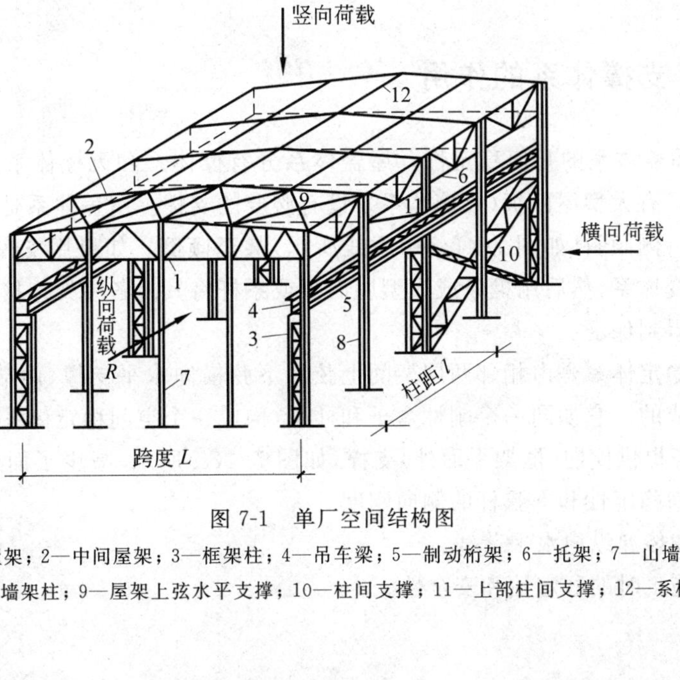

图 7-1　单厂空间结构图

1—屋架；2—中间屋架；3—框架柱；4—吊车梁；5—制动桁架；6—托架；7—山墙柱；8—墙架柱；9—屋架上弦水平支撑；10—柱间支撑；11—上部柱间支撑；12—系杆

车的横向水平制动力 T 等都传给柱子，由柱子传给基础。框架平面外的荷载，即图 7-1 所示纵向荷载 R，是由一系列支撑系统传给各柱(图 7-3)，最后传给柱基础，是支撑体系将一个个平面框架组成空间几何不变体系。下面以屋盖支撑体系为例进一步说明支撑体系的作用。

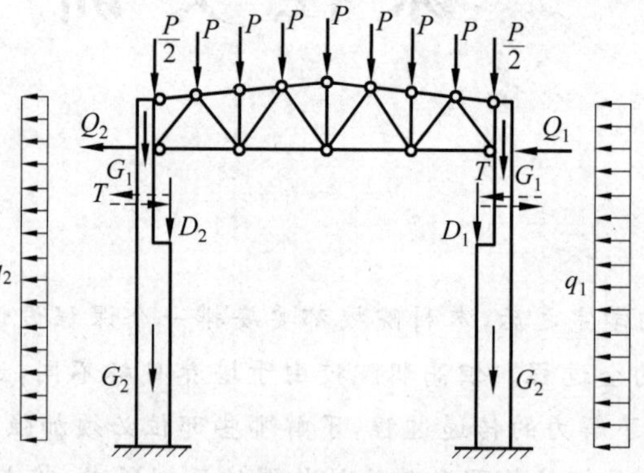

图 7-2 横向承重结构

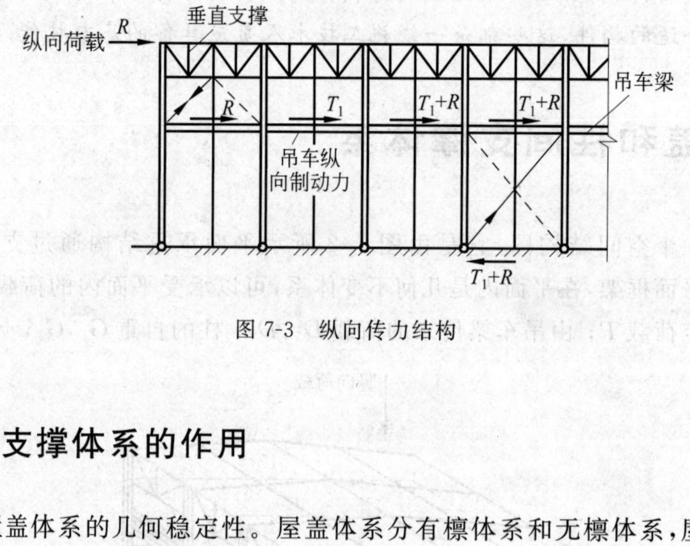

图 7-3 纵向传力结构

7.1.1 支撑体系的作用

(1) 保证屋盖体系的几何稳定性。屋盖体系分有檩体系和无檩体系，屋架间只有檩条(有檩体系)或只有大型屋面板(无檩体系)，设有必要的支撑。屋盖体系是几何可变的，在荷载作用下会向一侧倾斜(如图 7-4(a)中虚线所示)甚至倾倒。如果用支撑将相邻两屋架组成空间几何不变体系，然后用檩条或大型屋面板或系杆将其余各屋架连接，则整个屋架的几何不变性就会得到保证。

空间几何稳定体系是由相邻两屋架间上弦及下弦横向水平支撑、两端和跨中竖直面内的垂直支撑组成的。它如同一个刚性盒子和柱子，构成一个空间稳定体系，见图 7-4(c)。

(2) 为弦杆提供侧向(框架平面外)支撑，如图 7-4(c)所示，减少了面外计算长度，提高了上弦杆的侧向稳定性和下弦杆的侧向刚度。

(3) 承担和传递纵向水平荷载。

(4) 保证施工时的稳定性和安全性。

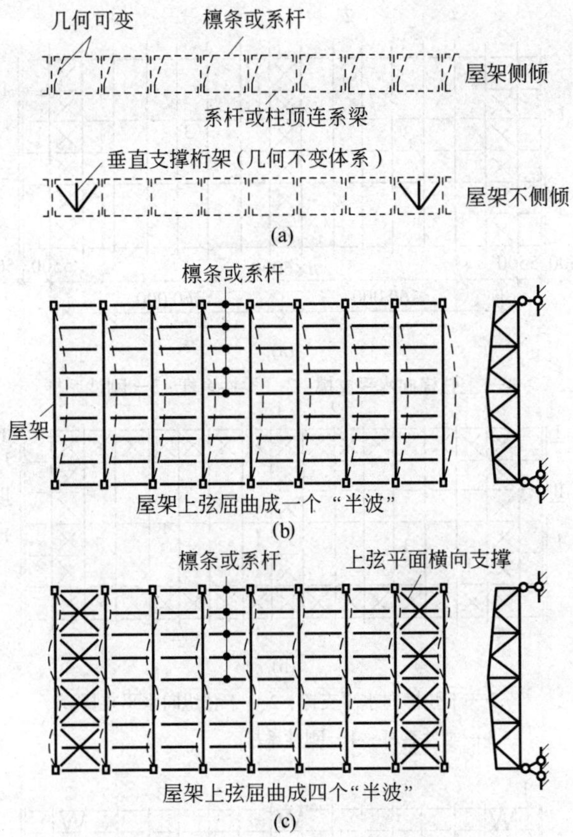

图 7-4 屋盖支撑作用示意图

7.1.2 支撑体系的布置

支撑体系按其分布可分为：上、下弦水平支撑，下弦纵向水平支撑，垂直支撑，系杆等。系杆又分为刚性系杆，能传递拉力和压力；柔性系杆，只能传递拉力。

(1) 上弦横向水平支撑一般布置在房屋两端，在屋架上弦平面，沿跨度全长布置，且两道横向水平支撑间距不应大于 60m，见图 7-5(a)。

(2) 下弦横向水平支撑布置在下弦平面，沿跨度全长布置，且和上弦横向水平支撑在同一开间内，见图 7-5(b)。

(3) 垂直支撑布置在和上、下弦横向水平支撑同一开间内的两端和跨中竖向平面内，见图 7-5(c)、(d)。

(4) 下弦纵向水平支撑由于耗钢量大，只在荷载大且设有托架时，为保证托架侧向刚度才设置。

(5) 系杆设置在无檩体系中，上弦面在两端设柔性系杆，中间设刚性系杆；有檩体系中，檩条可兼系杆。下弦面上，两端各设一道刚性系杆，中间设一道柔性系杆。

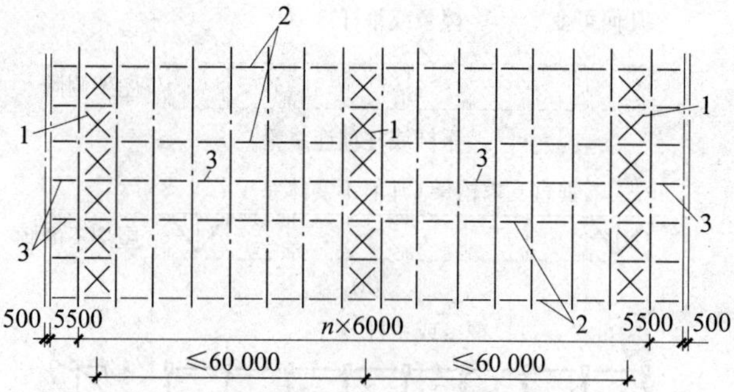

(a)

1—上弦横向水平支撑；2—柔性系杆；3—刚性系杆

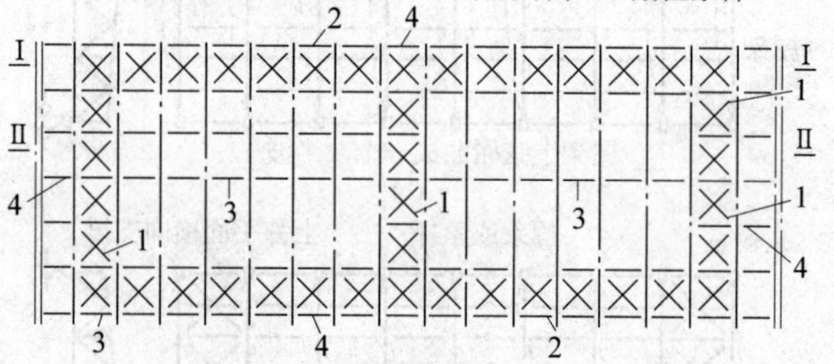

(b)

1—下弦横向水平支撑；2—下弦纵向水平支撑；

3—柔性系杆；4—刚性系杆

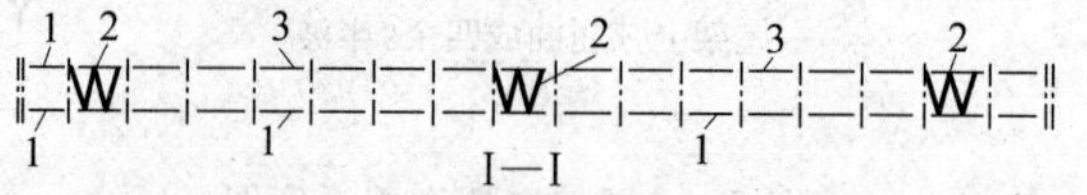

(c)

1—刚性系杆；2—垂直支撑；3—柔性系杆

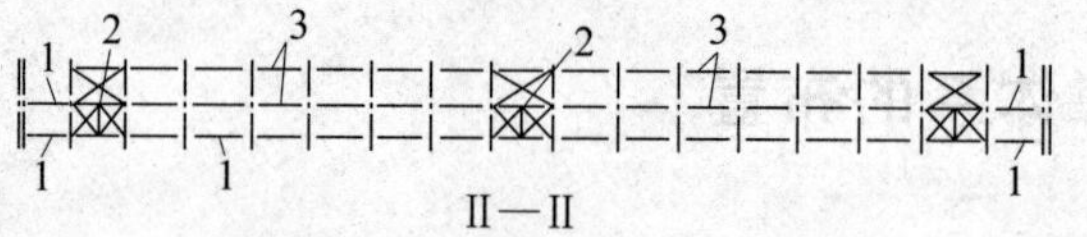

(d)

1—刚性系杆；2—垂直支撑；3—柔性系杆

图 7-5 支撑布置图

(a) 屋架上弦平面；(b) 屋架下弦平面；(c) 两端垂直支撑布置图；(d) 跨中垂直支撑布置图

7.1.3 支撑和屋架连接构造及识图

支撑和屋架连接构造见图 7-6。由图 7-6(a)可见屋架上弦水平支撑角钢肢尖朝下，以免影响檩条或屋面板的安装，因此交叉斜杆有一杆断开，用节点板相连。由图 7-6(b)可见，下弦横向水平支撑角钢肢尖可以朝上也可以朝下，所以交叉斜杆无须断开，用缀板将两肢背相连，垂直支撑也如此相连。一般屋架下弦支撑和系杆应用高强度螺栓摩擦型连接或普通螺栓加焊缝相连；上弦只需用普通螺栓相连即可。

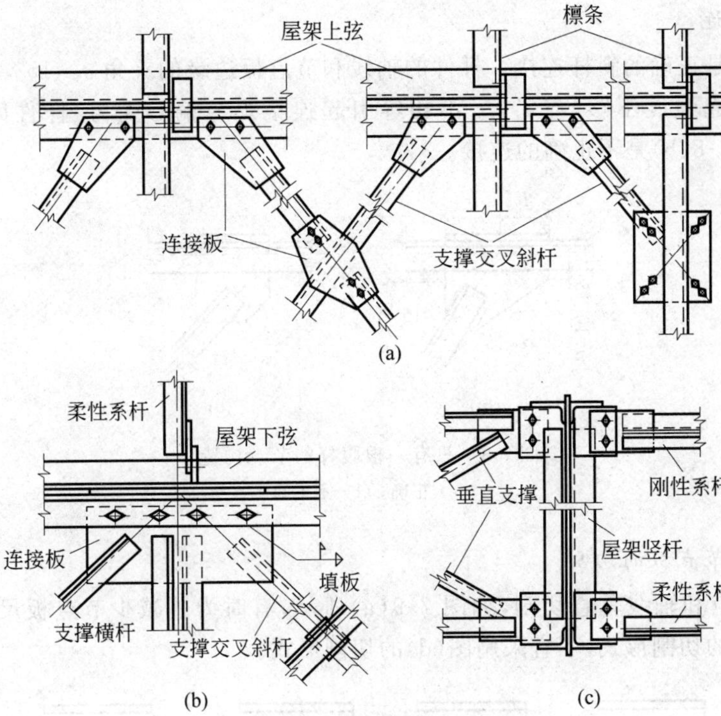

图 7-6 支撑和屋架连接构造图

(a) 上弦支撑连接；(b) 下弦支撑连接；(c) 垂直支撑连接

7.2 钢屋架节点设计和识图

7.2.1 识图和构造要求

1. 杆件和缀板

图 7-7(a)是双角钢用缀板拼成的 T 形截面；图 7-7(b)是双槽钢用缀板拼成的 I 形截面；图 7-7(c)是双角钢拼成的十字形截面，缀板长度缩进肢尖 10～15mm。缀板的作用是保证两角钢能共同工作，缀板宽度取 40～60mm，长度比所连角钢大 10～15mm，两缀板间距$l_1 \leqslant 40i_a$(或 i_b)(压杆)，$l_1 \leqslant 80i_a$(或 i_b)(拉杆)，其中 i_a 是图 7-7(a)、(b)所示对 a—a 轴的回转半径，i_b 是图 7-7(c)所示对 b—b 轴的回转半径。

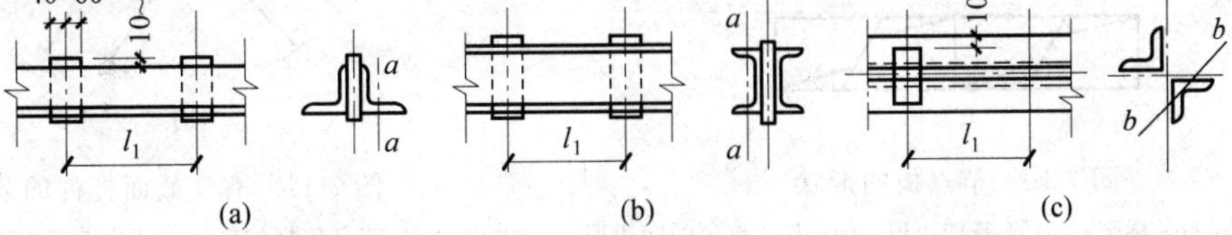

图 7-7 杆件缀板布置

2. 斜杆相连

图 7-8(a)是正确的斜杆连接。杆件的轴线和节点板边缘的夹角 $\alpha \geqslant 15°$，为防止节点板宽度不足而引起强度不够，与 l_1，l_2 不相等引起连接焊缝偏心受力，杆件间隙 e 不宜小于 20mm。图 7-8(b)是不正确的连接。

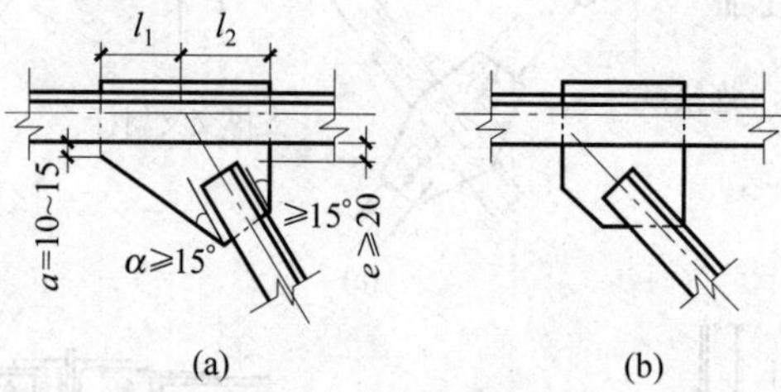

图 7-8 只有一根腹杆的节点构造

(a) 正确；(b) 不正确

3. 角钢和节点板的切割

角钢一般应和轴线垂直切割，如图 7-9(a)所示，有时为了减少节点板尺寸，也可采用图 7-9(b)、(c)的切割形式，不宜采用图(d)的切割形式。

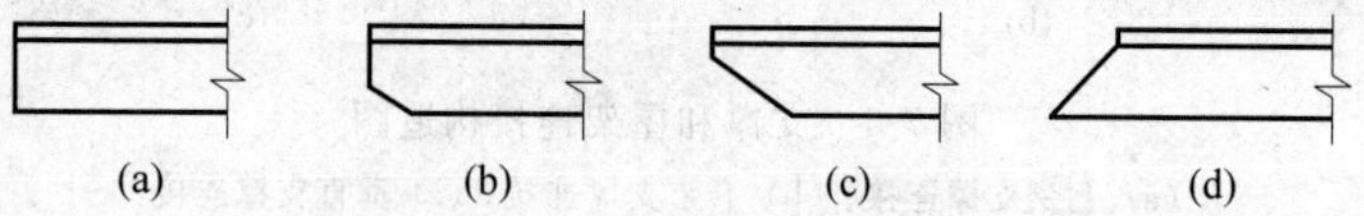

图 7-9 角钢端部的切割

(a) 一般切割形式；(b),(c) 允许；(d) 不允许

节点板形式应规整，至少有两边平行，应方便切割。图 7-10(a)、(b)、(c)是正确的形式，图 7-10(d)是不正确的形式。

4. 弦杆截面沿长度变化的拼接

截面改变应在节点上，如图 7-11 所示。一般应使角钢肢背平齐，以两段角钢形心线间的中线为拼接弦杆的轴线，以减少偏心作用，如图 7-11 所示。

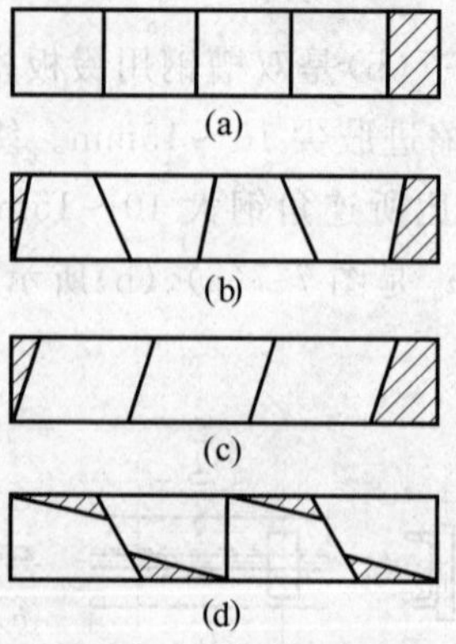

图 7-10 节点板的形状

(a) 矩形；(b) 梯形；(c) 平行四边形；(d) 有一直角的四边形

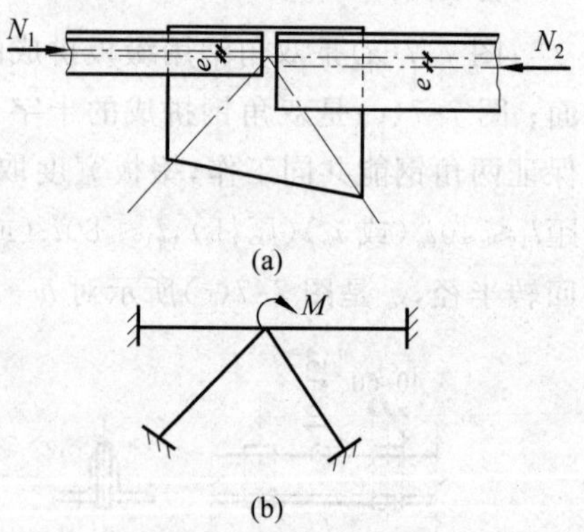

图 7-11 有变截面杆件的节点

(a) 节点各杆的轴线；(b) 节点的弯矩分配

如果偏心 e 不超过较大杆件截面高度的 5%，可以不考虑偏心对杆件产生的附加弯矩的影响。

如果偏心 e 超过较大杆件截面高度的 5%，应当考虑偏心产生的附加弯矩的影响：

$$M_i = \frac{MK_i}{\sum K_i} \tag{7-1}$$

式中，$M=e(N_1+N_2)$，为偏心弯矩；M_i 为分配到第 i 杆的弯矩；K_i 为第 i 杆的线刚度，$K_i=\frac{EI_i}{l_i}$；$\sum K_i$ 为汇交于节点各杆线刚度之和。

根据图 7-11(b)所示的力学模型，由式(7-1)计算各杆按其线刚度分配到的附加弯矩 M_i，并按照偏心受力构件计算各杆的强度、稳定性。

7.2.2 节点的构造和计算

1. 一般节点

施工图的绘制，应先画出杆件的轴线，再放角钢外形线。放角钢外形线时，原则上使角钢形心线和杆件轴线对齐，但是为了施工方便，以 5mm 为模数，即图中 y_{01}，y_{02} 等都是 5mm 的整数倍。各角钢间距不小于 20mm。由已算出的腹杆和节点板连接焊缝的长度确定图中的关键点：1，2，…，6，节点板应框进所有关键点并伸出弦杆 10～15mm，量出节点板尺寸。

要验算弦杆和节点板连接焊缝长度是否包含在节点板内。因弦杆是连续的，本身已传递了较小的力(如 N_2)，弦杆和节点板之间的连接焊缝只传递差值 $\Delta N=N_1-N_2$。

按下式计算其焊缝长度：

肢背焊缝 $$l_{背} \geqslant \frac{K_1 \Delta N}{2\times 0.7 h_{f_1} f_f^w} + 2h_{f_1} \tag{7-2}$$

肢尖焊缝 $$l_{尖} \geqslant \frac{K_2 \Delta N}{2\times 0.7 h_{f_2} f_f^w} + 2h_{f_2} \tag{7-3}$$

式中，K_1，K_2 为角钢肢背、肢尖焊缝内力分配系数；h_{f_1}，h_{f_2} 为肢背、肢尖焊缝焊脚尺寸；f_f^w 为角焊缝强度设计值。应使 $l_{背}$，$l_{尖}$ 都不小于 b_1+b_2。

标明下列尺寸：每条腹杆端部至节点中心的距离，如图 7-12 中 l_1，l_2，l_3；节点板的平面尺寸，如图中的 b_1，b_2 和 h_1，h_2；各杆轴线至角钢肢背的距离，以 5mm 为模数，如图中 y_{01}，y_{02}，…，y_{06} 等；当不等边角钢连接时，应标明连接边长 b，每条焊缝的焊脚和焊缝长度(对所有节点的尺寸都应当如此标注)。

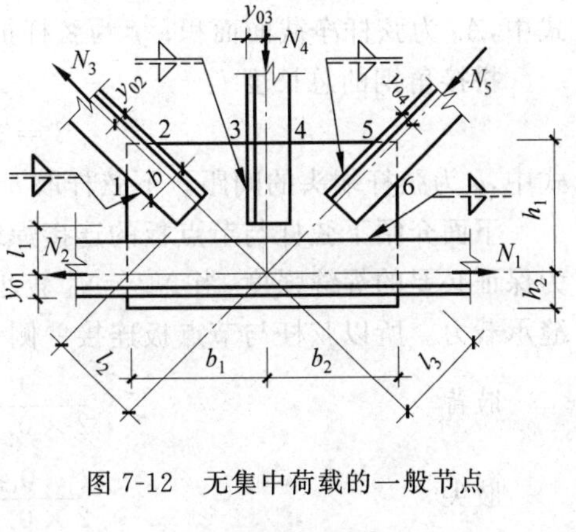

图 7-12 无集中荷载的一般节点

2. 拼接节点

因屋架要分段制造和运输，所以多为工地拼接，且拼接节点多是屋脊节点和下弦跨中节点，如图 7-13 所示。

弦杆拼接应当采用同截面的角钢拼接，为了在焊接时两角钢能贴紧，应当对拼接角钢削棱去尖，如图 7-13(d)所示。先用普通螺栓将拼接角钢定位，然后工地现场施焊。拼接角钢长度 l 偏安全地由焊缝的连接强度和弦杆强度相等来计算。

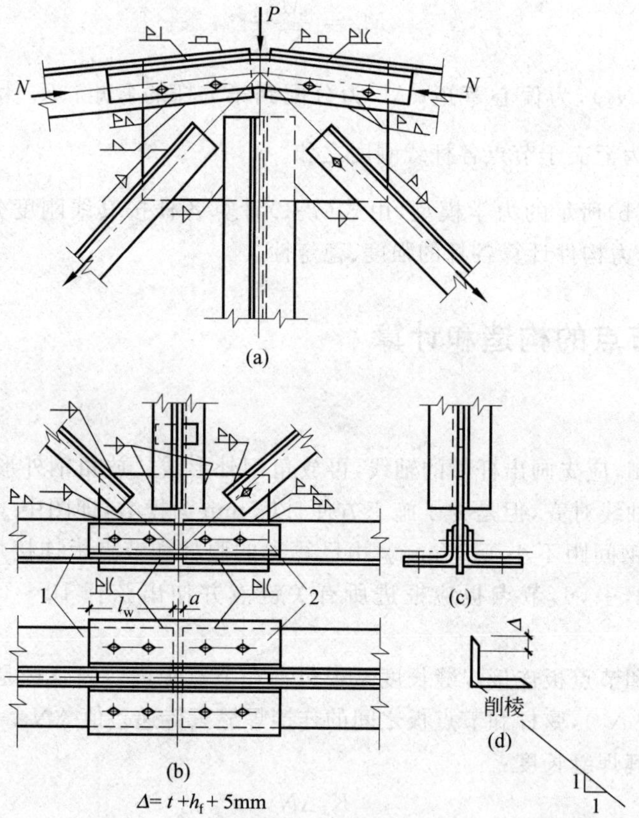

图 7-13　拼接节点图

(a) 屋脊节点；(b) 下弦跨中节点；(c) 中部竖杆十字形截面；(d) 拼接角钢的加工

一侧一条连接焊缝的长度 l_w 表示为

$$l_w = \frac{A_n f}{4 \times 0.7 h_f f_f^w} \tag{7-4}$$

式中，A_n 为弦杆净截面面积；f 为弦杆抗拉强度设计值。

拼接角钢的总长度 l：

$$l = 2(l_w + 2h_f) + a \tag{7-5}$$

式中，a 为弦杆端头的间距。下弦杆取 $a=10\sim20\text{mm}$，上弦杆取 $a=30\sim50\text{mm}$。

下面介绍下弦杆与节点板的连接焊缝的强度计算。传递 $\Delta N = N_1 - N_2 = 0$，并不传力。为保证必要的焊缝强度，当 $N_1 - N_2$ 较小时，设计习惯上取较大内力的 15% 作为最低的焊缝承载力。所以弦杆与节点板连接一侧一条焊缝强度按下式计算：

肢背
$$\frac{0.15 K_1 N_{max}}{2 \times 0.7 h_f (l_w + 2h_f)} \leqslant f_f^w$$

肢尖
$$\frac{0.15 K_2 N_{max}}{2 \times 0.7 h_f (l_w + 2h_f)} \leqslant f_f^w$$

屋脊弦杆与节点板间的连接焊缝只承担竖向力：

$$V=(N_1+N_2)\sin\alpha-P=2N\sin\alpha-P$$

其中，$N_1=N_2=N$；α 为屋面倾角。

节点每侧弦杆与节点板的焊缝按 $V_1=\dfrac{V}{2}$，即 $V_1=N\sin\alpha-\dfrac{P}{2}$ 计算。

3. 有集中荷载的节点

如图 7-14 所示承受梁中荷载的节点，在构造上要满足檩托、檩条的放置要求，故节点板无法伸出角钢背面，而采用节点板凹进角钢肢背，形成槽焊缝"K"和角焊缝"A"；在受力上要承受集中荷载 Q 和弦杆内力的差值 $\Delta N=N_1-N_2$。

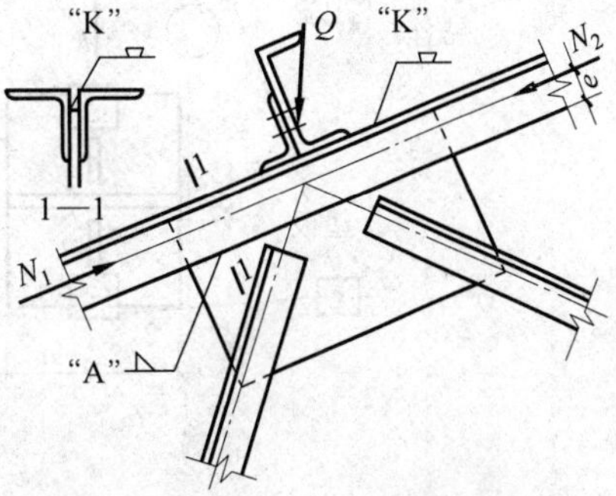

图 7-14　有檩屋架上弦节点构造

在计算上，由于槽焊缝质量不易保证，常假设槽焊缝"K"只传递力 Q，并近似按两条焊脚尺寸为 $h_{f_1}=\dfrac{t}{2}$(其中 t 为节点板厚)的角焊缝来计算所需要的焊缝计算长度 l_{w_1}，因为 Q 较小，所得 l_{w_1} 不大，因此，通常按构造要求满焊可满足要求。$\Delta N=N_1-N_2$ 只由"A"焊缝承担，"A"焊缝除承担 ΔN 外，还承担偏心力矩 $M=\Delta Ne$，应按下式计算：

$$\tau_f=\frac{\Delta N}{2\times0.7h_f l_w},\quad \sigma_f=\frac{6M}{2\times0.7h_f l_w^2}$$

$$\sqrt{(\sigma_f/\beta_f)^2+\tau_f^2}\leqslant f_f^w$$

4. 支座节点

图 7-15(a)是简支梯形屋架的支座节点；图(b)是简支三角形屋架的支座节点；图(c)是梯形屋架支座的加劲肋受力图。

屋架的竖向合力作用于底板中心，通过矩形底板以较均匀的分布力传给混凝土下部结构。加劲肋除使底板传力均匀外，还增加屋架平面外的刚度，加劲肋板的中线应和各杆的合力作用线重合。为施焊方便，屋架下弦角钢与底板的距离 s 一般不小于下弦伸出肢的宽度和 130mm。锚栓直径 $d=18\sim26$mm(常不小于 20mm)，底板上的孔为半圆带矩形的豁孔(见图 7-15)，孔径 $d_0=(2\sim2.5)d$，安装定位后，加垫板(垫板上的孔径为$d+(1\sim2)$mm)套进锚栓并现场和底板焊牢。

力的传递路线是：屋架杆件的合力(大小与 R 相等)作用在节点板上，通过焊缝"L"一部分传给加劲肋，通过焊缝"H"传给底板。

支座节点的计算有焊缝"L"，"H"，加劲肋，底板四部分。

(1) 竖向"L"焊缝和加劲肋的计算："L"焊缝同时承受剪力 V 和弯矩 M(图 7-15(c))作用

$$V\approx\frac{R}{4},\quad M=V\frac{b}{2}$$

$$\tau_f=\frac{V}{2\times0.7h_f(h-15-2h_f)},\quad \sigma_f=\frac{6M}{2\times0.7h_f(h-15-2h_f)^2}$$

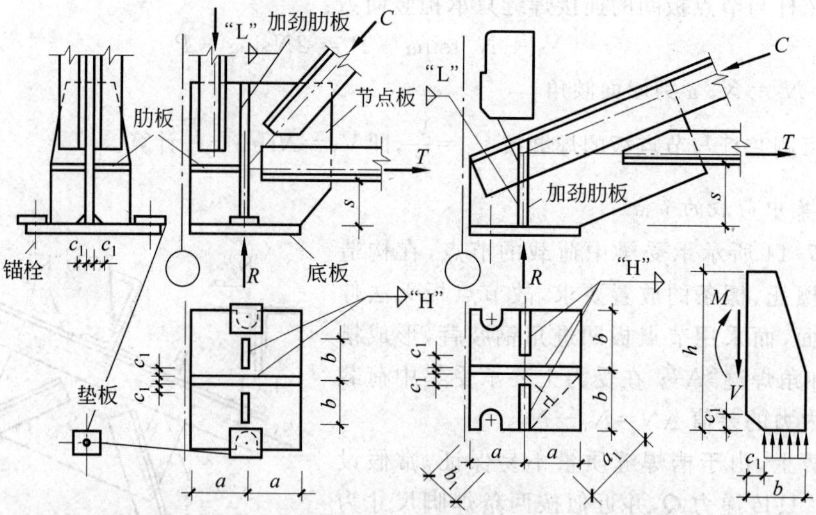

图 7-15 支座节点

(a) 梯形屋架支座节点；(b) 三角形屋架支座节点；(c) 肋板受力图

式中，h 为加劲肋板高；切角高度 $c_1=15\text{mm}$。

设定 h_f 后，可由下式确定加劲肋的高 h：

$$\sqrt{\left(\frac{\sigma_f}{\beta_f}\right)^2+\tau_f^2}\leqslant f_f^w$$

加劲肋厚度和节点板厚度的计算与此相同。

(2) 底板"H"焊缝的计算

$$\sigma_f=\frac{R}{0.7h_f\sum l_w}\leqslant\beta_f f_f^w$$

(3) 底板的计算(以图 7-15(b)为例)

底板净面积

$$A_n=2a\times 2b-2d_0\geqslant\frac{R}{f_c}$$

式中，f_c 为混凝土的抗压设计强度。

底板厚度 t

$$t\geqslant\sqrt{\frac{6M}{f}},\quad \text{且 } t \text{ 值不小于 } 20\text{mm}$$

式中，$M=\beta q a_1^2, q=\dfrac{R}{A_n}$。

5. 桁架和柱刚性连接节点(图 7-16)

图 7-16 中节点的特点是桁架端部上弦节点和下弦节点板都没有与其垂直连接的端板，因此对桁架跨度尺寸的要求不过分精确，便于工地安装。

上弦节点水平盖板及焊缝(现场施工)能传递弯矩 M 引起的较大水平力 H。因连接焊缝较长，对焊缝质量要求较严，焊缝要通过计算确定。

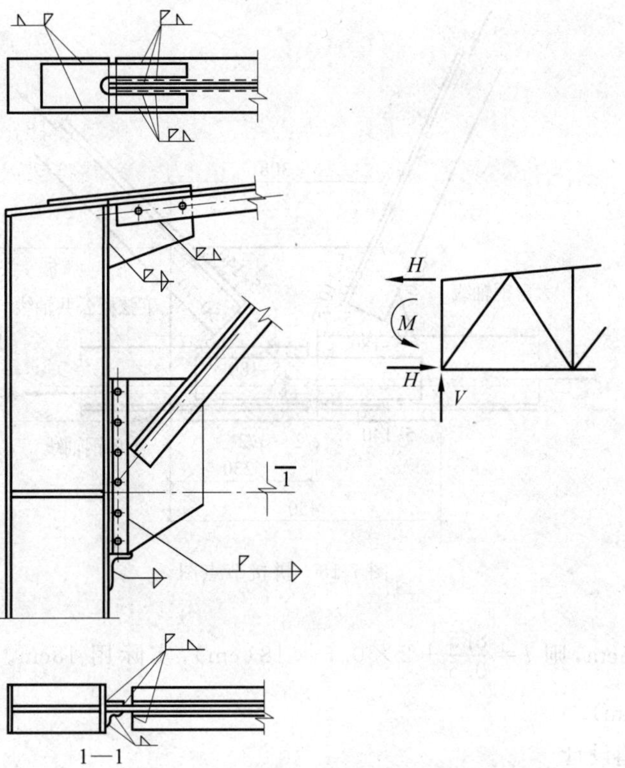

图 7-16 桁架与柱的刚性连接

此桁架为下承重式，下弦节点除了要传递屋面荷载引起的端部反力外，还要传递弯矩 M 产生的水平力 H、附加竖向反力等。由于全部由焊缝传力，螺栓只在安装时起固定作用，所以对焊缝的质量要求较严格，要由计算确定。

7.2.3 节点的设计示例

例 7-1 桁架各杆内力、截面及倾斜角如图 7-17 所示，下弦有拼接，节点板厚度 $t=12\text{mm}$，角钢及节点板钢材均为 Q235，角焊缝强度设计值 $f_f^w=160\text{N/mm}^2$，试设计此节点。

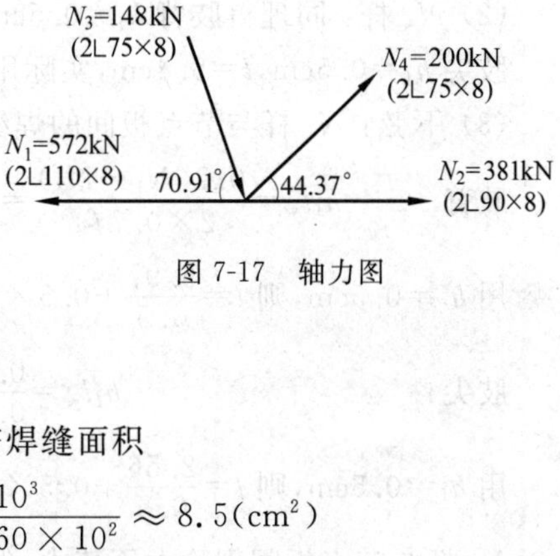

图 7-17 轴力图

解 下弦采用∟90×8 的拼接角钢，拼接角钢削棱并按 $\Delta=t+h_f+5=8+5+5=18(\text{mm})$ 切肢。

两相邻下弦角钢使肢背外表齐平以便拼接角钢能贴合(图 7-18)。两角钢形心线间有间距 e。本例中 $e=30.1-25.2=4.9(\text{mm})<0.05\times110=5.5(\text{mm})$，故计算时对偏心作用不予考虑。

1) 拼接焊缝设计 拼接角钢一侧一条焊缝所需焊缝面积

$$h_f l_w=\frac{N_2}{4\times0.7f_f^w}=\frac{381\times10^3}{4\times0.7\times160\times10^2}\approx8.5(\text{cm}^2)$$

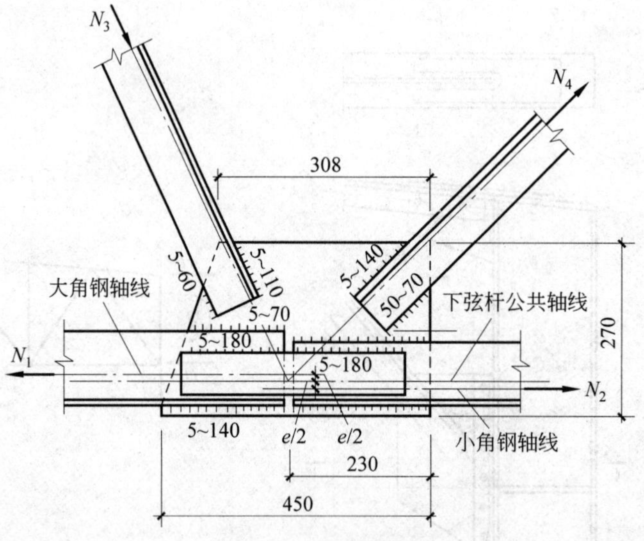

图 7-18 拼接节点图

用 $h_f=0.5\text{cm}$，则 $l=\dfrac{8.5}{0.5}+2\times0.5=18(\text{cm})$，实际用 18cm。拼接角钢长度采用 $2\times18+1=37(\text{cm})$。

2) 连接焊缝设计

(1) N_3 杆：肢背 $h_f l_w=\dfrac{0.7N_3}{2\times0.7f_f^w}=\dfrac{0.7\times148\times10^3}{2\times0.7\times160\times10^2}\approx4.7(\text{cm}^2)$

用 $h_f=0.5\text{cm}$，则 $l=\dfrac{4.7}{0.5}+0.5\times2=10.4(\text{cm})$，实际焊缝长度用 11cm。

为能看清焊缝，图 7-18 中焊缝采用图示的符号。焊缝处所注数字如 N_3 杆肢背的 5～110，表示 h_f 为 5mm，l 最少为 110mm，根据节点板的构造，焊缝长度可大于计算所需数值。

肢尖
$$h_f l_w=\frac{0.3}{0.7}\times4.7\approx2.1(\text{cm}^2)$$

用 $h_f=0.5\text{cm}$，则 $l=\dfrac{2.1}{0.5}+0.5\times2=5.2(\text{cm})$，实际用 6cm。

(2) N_4 杆：同理得肢背 $h_f=0.5\text{cm}$，$l=12.5\text{cm}$，实际用 14cm。

肢尖 $h_f=0.5\text{cm}$，$l=5.4\text{cm}$，实际用 7cm。

(3) 下弦：N_1 杆与节点板间的焊缝面积如下：

肢背
$$h_f l_w=\frac{0.7(N_1-N_2)}{2\times0.7f_f^w}=\frac{0.7\times(572-381)\times10^3}{2\times0.7\times160\times10^2}\approx5.97(\text{cm}^2)$$

用 $h_f=0.5\text{cm}$，则 $l=\dfrac{5.97}{0.5}+0.5\times2\approx12.9(\text{cm})$，实际用 14cm。

肢尖
$$h_f l_w=\frac{0.3}{0.7}\times5.97\approx2.56(\text{cm}^2)$$

用 $h_f=0.5\text{cm}$，则 $l=\dfrac{2.56}{0.5}+0.5\times2=6.12(\text{cm})$，实际用 7cm。

N_2 杆与节点板间理论上不传力，但按节点构造要求，采用与 N_1 杆所用相同的焊缝。

节点板需能包容各杆所需焊缝并且各边取较整齐数值(由作图量出),见图 7-18,节点板尺寸确定后,有些焊缝应延长满焊。

7.3　梁与梁的连接

7.3.1　主次梁的连接

1. 铰接

铰接次梁为简支梁,用得较多,在构造上可分为叠接和侧接两种。

(1) 叠接

图 7-19 为主次梁叠接,次梁直接放在主梁上,由螺栓或焊缝固定其位置。主次梁叠接的优点是构造简单、施工方便;缺点是主次梁占净空大。主梁上应设支撑加劲肋,以避免主梁腹板受过大的压力。

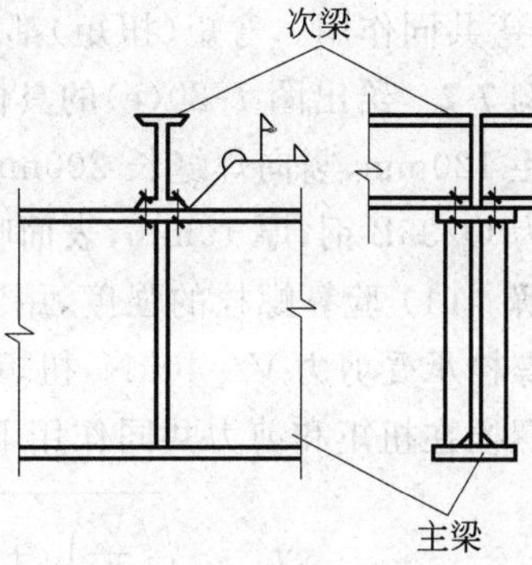

图 7-19　叠接

(2) 侧接

图 7-20(a)的主次梁用短角钢螺栓连接,上翼缘局部切除,制造费工。图 7-20(a)所示的螺栓连接顺序是先用螺栓 A 将短角钢固定在主梁腹板上,螺栓 B 现场施工;如图 7-20(c)所示采用焊缝连接,先用焊缝 2 将短角钢固定在主梁腹板上,用螺栓 B 定位后,焊缝 1 现场施焊。

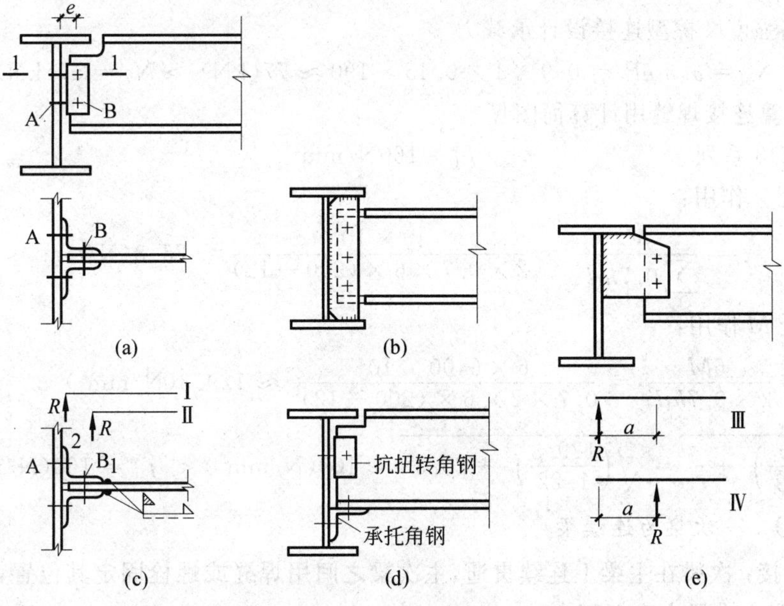

图 7-20　主次梁的侧向连接

如果将次梁和短角钢视为一个整体,其计算简图为Ⅰ。螺栓 A 受支反力 R 的作用,螺栓 B 受支反力和扭矩 $M=Re$ 的共同作用,次梁腹板受 R 引起的剪应力和 M 引起的拉应力的作用。如果将主梁和短角钢视为一体,其计算简图为Ⅱ。螺栓 B 只受支反力 R 的作用,螺栓 A 受支反力 R 和弯矩 $M=Re$ 的共同作用,螺栓 A 承受拉、剪的共同作用。

如图 7-20(b)所示为降低连接,次梁腹板和主梁加劲肋连接次梁翼缘平面,低于主梁。次梁上、下翼缘的一侧局部切除。这种连接不是理想铰接,但影响不大。

如果采用图 7-20(c)所示角焊缝连接,焊缝 1 和焊缝 2 也应按上述计算简图,按最不利组合计算。

图 7-20(d)的连接特点是承托角钢及抗扭转角钢先连接在主梁的腹板上,便于次梁安装。

图 7-20(e)所示连接,连接板较宽,次梁不需切除。按最不利组合螺栓的计算简图是Ⅲ,螺栓受剪、扭共同作用;连接板和主梁腹板的连接竖向焊缝的计算简图是Ⅳ,竖向焊缝受剪、弯共同作用。弯矩(扭矩)都较大,应引起注意。

例 7-2 给出图 7-20(e)的具体参数:次梁支座反力设计值 $R=40\text{kN}$,$a=160\text{mm}$,两螺栓间距 120mm,竖向焊缝长 200mm,$h_f=6\text{mm}$,用 M22 10.9 级高强度螺栓摩擦型连接,连接板为 Q235B 钢,厚 10mm,表面喷砂处理。验算螺栓和焊缝的连接强度。

解 (1) 验算螺栓的强度,用图 7-20(e)的计算简图Ⅲ

螺栓承受剪力 $V=40\text{kN}$,扭矩 $T=Ra=40\times160=6400(\text{kN}\cdot\text{mm})$

螺栓在扭矩和剪力共同作用下受的剪力:

$$N_v=\sqrt{\left(\frac{V}{n}\right)_y^2+\left(\frac{Ty_1}{\sum y_i^2}\right)_x^2}=\sqrt{\left(\frac{40}{2}\right)^2+\left(\frac{6400\times60}{2\times60^2}\right)^2}$$
$$=\sqrt{20^2+\left(\frac{6400}{120}\right)^2}\approx57(\text{kN})$$

一个高强度摩擦型连接设计承载力

$$N_v^b=\alpha_R n_f \mu P=0.9\times1\times0.45\times190\approx77(\text{kN})>N_v=57(\text{kN})$$

(2) 验算连接焊缝用计算简图Ⅳ

焊条 E43 系列 $f_f^w=160\text{N/mm}^2$

焊缝受 V 作用:

$$\tau_f=\frac{V}{\sum0.7h_f l_w}=\frac{40\times10^3}{2\times0.7\times6\times(200-12)}\approx25.3(\text{N/mm}^2)$$

焊缝受 M 作用:

$$\sigma_f=\frac{6M}{2\times0.7h_f l_w^2}=\frac{6\times6400\times10^3}{0.7\times2\times6\times(200-12)^2}\approx129.3(\text{N/mm}^2)$$

$$\sqrt{\left(\frac{\sigma_f}{\beta_f}\right)^2+\tau_f^2}=\sqrt{\left(\frac{129.3}{1.22}\right)^2+25.3^2}\approx109(\text{N/mm}^2)<f_f^w=160(\text{N/mm}^2)$$

2. 刚接——次梁为连续梁

(1) 叠接:次梁在主梁上连续贯通,主次梁之间用焊缝或螺栓固定其位置,优点是施工方便,缺点是主次梁占净空间大。

(2) 侧接，见图 7-21。连接要领是，将次梁支座压力传给主梁，次梁端弯矩传给邻跨次梁。

图 7-21(a)中次梁腹板由螺栓连在主梁的加劲肋上，传递支座压力 R，也就是连续次梁在连接处的剪力。下翼缘由螺栓连在连接板上；上翼缘通过盖板由螺栓和相邻次梁翼缘相连，弯矩 M 分解为水平力 $N=\frac{M}{h}$，由螺栓在相邻次梁间传递。

图 7-21(b)是焊缝连接方案。次梁支座反力 R 由支托传给主梁，R 的作用点可视为离支托外翼 $\frac{a}{3}$ 处。弯矩 M 分解为水平力 $N=\frac{M}{h}$，由连接焊缝传递，因此上、下翼缘的连接焊缝必须满足传递水平力 N 的要求。

图 7-21(c)方案中，次梁腹板由螺栓连接在固定于主梁腹板的短角钢上，传递次梁支反力；相邻次梁的上、下翼缘分别由一块盖板和两块连接板用螺栓相连，相互传递弯矩。

图 7-21(d)方案中，两翼缘都用对接焊缝传力，次梁翼缘要开坡口，梁端切割要很精确，施焊时下面要设小垫板，以保证焊缝焊透。

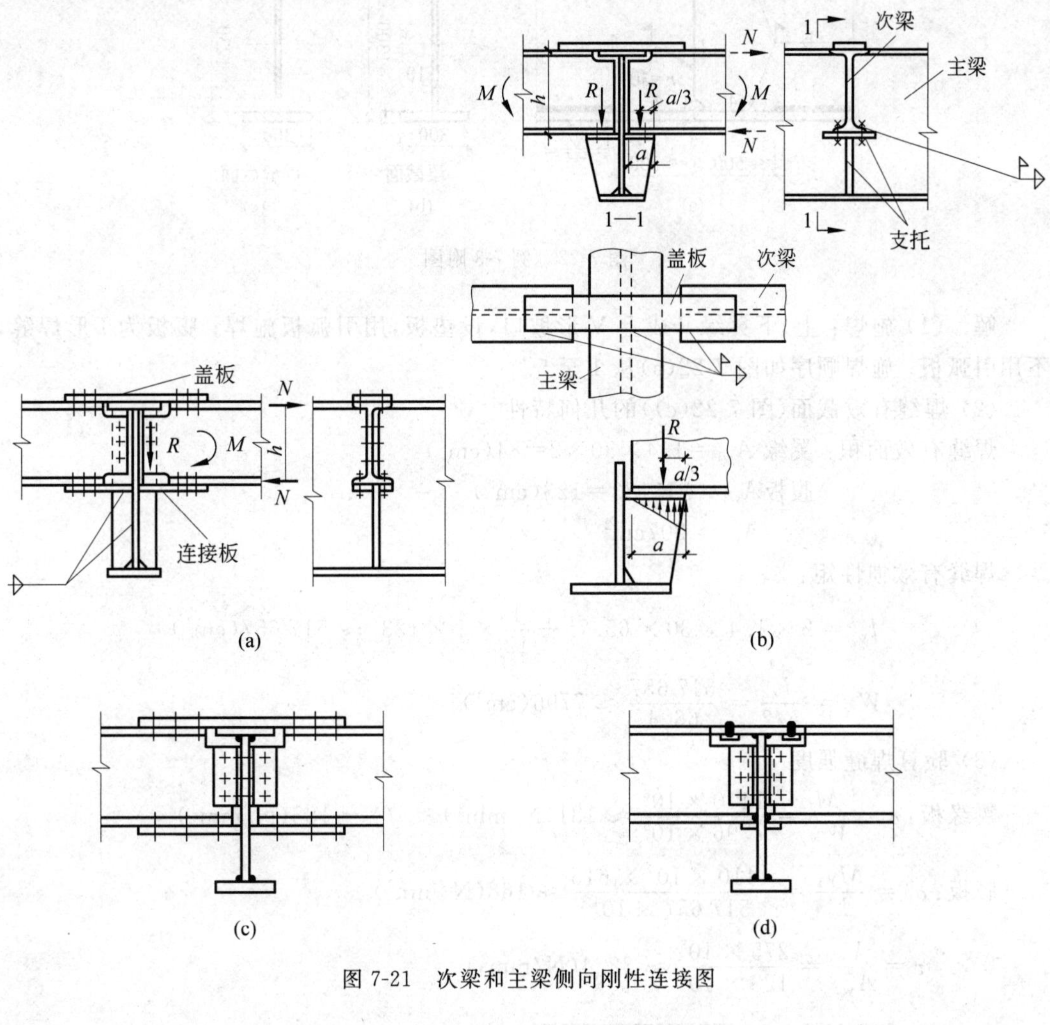

图 7-21　次梁和主梁侧向刚性连接图

7.3.2 梁的拼接

由于运输和安装条件的限制,梁需要在工地拼接。工地拼接应集中在同一截面处或接近同一截面处,就是说应当使梁的翼缘和腹板在同一截面处或接近同一截面处断开。工地拼接包括全部对接焊缝拼接和高强度螺栓拼接。

1. 全部对接焊缝拼接

在工厂预先将翼缘切割成上 V 形坡口,为减少残余应力,将翼缘板靠近拼接截面处预留出 500mm 的长度不焊,留待工地施焊。

例 7-3 图 7-22 为梁焊接工地拼接。拼接截面上弯矩设计值 $M=1410\text{kN}\cdot\text{m}$,剪力设计值 $V=275\text{kN}$,材料为 Q235B 钢,E43 型焊条,三级焊缝。验算焊缝强度。

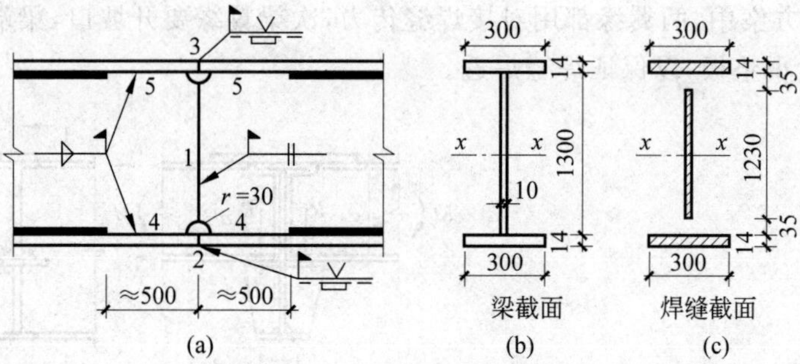

图 7-22 例 7-3 附图

解 (1) 施焊:上、下翼缘开成上 V 形坡口,设垫板,用引弧板施焊;腹板为 I 形焊缝,不用引弧板;施焊顺序如图 7-22(a)从 1 至 5。

(2) 焊缝有效截面(图 7-22(c))的几何特性

焊缝有效面积:翼缘 $A_{w1}=1.4\times30\times2=84(\text{cm}^2)$

$$腹板A_{w2}=1\times123=123(\text{cm}^2)$$

$$A_w=207\text{cm}^2$$

焊缝有效惯性矩:

$$I_w=2\times1.4\times30\times65.7^2+\frac{1}{12}\times1\times123^3\approx517\,657(\text{cm}^4)$$

$$W_w=\frac{I_w}{h/2}=\frac{517\,657}{66.4}\approx7796(\text{cm}^3)$$

(3) 验算焊缝强度

$$翼缘板:\sigma=\frac{M}{W_w}=\frac{1410\times10^6}{7796\times10^3}\approx181(\text{N/mm}^2)<f_t^w=185(\text{N/mm}^2)$$

$$腹板:\sigma_1=\frac{My_1}{I_w}=\frac{1410\times10^6\times615}{517\,657\times10^4}\approx168(\text{N/mm}^2)$$

$$\tau=\frac{V}{A_{w_2}}=\frac{275\times10^3}{123\times10^2}\approx22.4(\text{N/mm}^2)$$

$$\sqrt{\sigma_1^2+3\tau^2}=\sqrt{168^2+3\times22.4^2}\approx172(\text{N/mm}^2)<f_t^w=185(\text{N/mm}^2)$$

满足要求。

2. 用高强度螺栓拼接

梁受动力荷载或由于施焊不方便，常采用高强度螺栓拼接。用高强度螺栓拼接时，梁的各部分板件如翼缘、腹板，都必须有各自的拼接件和拼接连接，使传力均匀、直接。

梁翼缘板的拼接，通常采用等强度原则设计，即拼接板的净截面面积不小于翼缘板的净截面面积。一侧高强度螺栓数 n_1 由翼缘板净截面面积 A_n 所能承受的轴力 $N=A_n f$ 决定（f 为翼缘板钢材的强度设计值）。即

$$n_1 = \frac{N}{N_v^b} \tag{7-6}$$

腹板的拼接，常用先布置螺栓后验算的办法。计算时，假设剪力 V 全部由腹板承担，弯矩 M 由腹板和翼缘共同承担，按其毛截面惯性矩分配。这样腹板每个高强度螺栓所受垂直方向的剪力是

$$V_1 = V/n \tag{7-7}$$

式中，n 为腹板拼接一侧的螺栓数。

腹板分担的弯矩 M_w 为

$$M_w = \frac{I_w}{I}M \tag{7-8}$$

式中，I 为梁的毛截面惯性矩；I_w 为梁腹板的毛截面惯性矩；$M=W_n f$ 为拼接截面处按等强度原则设计时的弯矩值，其中 W_n 是拼接截面处梁的净截面系数。如果按所在截面实际最大内力设计，M 就是该截面弯矩的设计值。

腹板螺栓在扭矩 M_w 作用下受力最大的螺栓所受水平力是

$$T_1 = \frac{M_w y_1}{\sum y_i^2} \tag{7-9}$$

式中，T_1 为一个螺栓所承担的最大水平力；y_i 为各螺栓到螺栓群形心的 y 向距离；M_w 还应当加上附加弯矩(扭矩)Ve，即

$$M_w = \frac{I_w}{I}M + Ve \tag{7-10}$$

式中，e 为腹板螺栓群形心到拼接缝中线的距离。T_1 应当符合直线变化，即不超过$\frac{2y_1}{h}N_v^b$。

腹板上受力最大的螺栓所受合力应满足

$$N_1 = \sqrt{T_1^2 + V_1^2} \leqslant N_v^b \tag{7-11}$$

N_v^b 为一个高强度螺栓摩擦型连接时的抗剪设计承载力。

例 7-4 设计例 7-3，用高强度螺栓拼接，如图 7-23 所示。拼接截面上弯矩的设计值 $M=1410\text{kN}\cdot\text{m}$，剪力设计值 $V=275\text{kN}$，材料为 Q235B 钢。用 8.8 级、M22 高强度螺栓摩擦型连接。接触面喷砂后生赤锈，$d_0=23.5\text{mm}$。

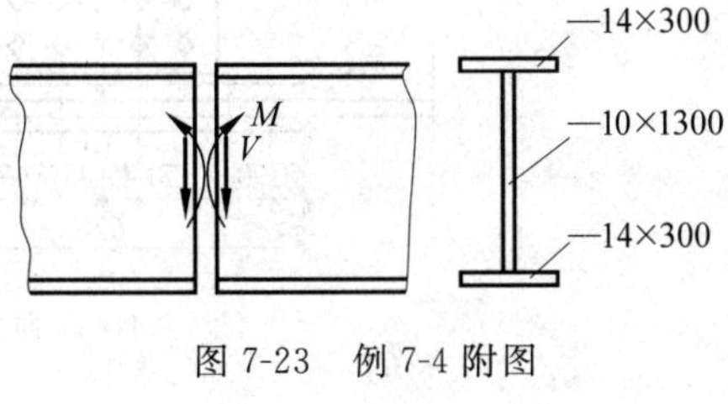

图 7-23 例 7-4 附图

解 (1) 翼缘板的拼接

翼缘板净截面面积

$$A_n = 1.4 \times (30 - 2 \times 2.35) = 35.42(\text{cm}^2)$$

翼缘板的强度

$$N = A_n f = 35.42 \times 10^2 \times 215 \times 10^{-3} \approx 761.5(\text{kN})$$

一个高强度螺栓抗剪设计承载力

$$N_v^b = 0.9 n_f \mu P = 0.9 \times 2 \times 0.45 \times 150 = 121.5(\text{kN})$$

一侧所需螺栓数 n_1

$$n_1 = \frac{N}{N_v^b} = \frac{761.5}{121.5} \approx 6.3, \quad 取\ n_1 = 8\ 个$$

翼缘拼接板采用:

1—8×300×620

2—8×120×620

(2) 腹板的拼接

梁的毛截面惯性矩

$$I = I_f + I_w = 2 \times 1.4 \times 30 \times 65.7^2 + \frac{1}{12} \times 1 \times 130^3$$

$$\approx 362\,585 + 183\,083 = 545\,668(\text{cm}^4)$$

腹板分担的弯矩(按实际最大内力设计)

$$M_w = \frac{I_w}{I} M = \frac{183\,083}{545\,668} \times 1410 \approx 473.1(\text{kN} \cdot \text{m})$$

腹板拼接板选用 2—8×340×1270,按构造要求排列螺栓见图 7-24。

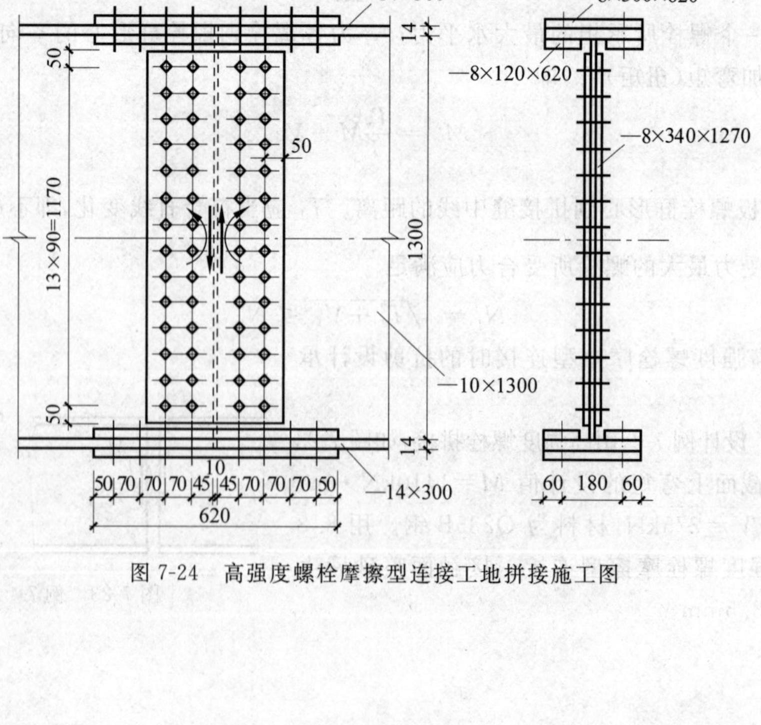

图 7-24 高强度螺栓摩擦型连接工地拼接施工图

验算腹板的高强度螺栓：

每个高强度螺栓承受的竖向剪力

$$V_1 = \frac{V}{n} = \frac{275}{28} \approx 9.82(\text{kN})$$

在弯矩(扭矩)作用下，受力最大螺栓所受水平剪力

$$M_w = \frac{I_w}{I}M + Ve = 473.1 + 275 \times (50 + 35) \times 10^{-3}$$

$$\approx 473.1 + 23.4 = 496.5(\text{kN} \cdot \text{m})$$

$$T_1 = \frac{M_w y_1}{\sum y_i} = \frac{496.5 \times 10^2 \times 117/2}{4 \times (4.5^2 + 13.5^2 + 22.5^2 + 31.5^2 + 40.5^2 + 49.5^2 + 58.5^2)}$$

$$\approx 78.8(\text{kN}) < \frac{2y_1}{h}N_v^b = \frac{58.5}{66.4} \times 121.5 \approx 107(\text{kN})$$

受力最大螺栓所受合力

$$N_1 = \sqrt{T_1^2 + V_1^2} = \sqrt{78.8^2 + 9.82^2} \approx 79.4(\text{kN}) < N_v^b = 121.5(\text{kN})$$

7.4　多层框架梁柱的连接

7.4.1　梁柱的连接

梁和柱的侧向连接，按其转动刚度的不同，可分为铰接(柔性连接)、半刚性连接和刚性连接三种。转动刚度由连接方式决定。图 7-25 所示为铰接(柔性连接)。

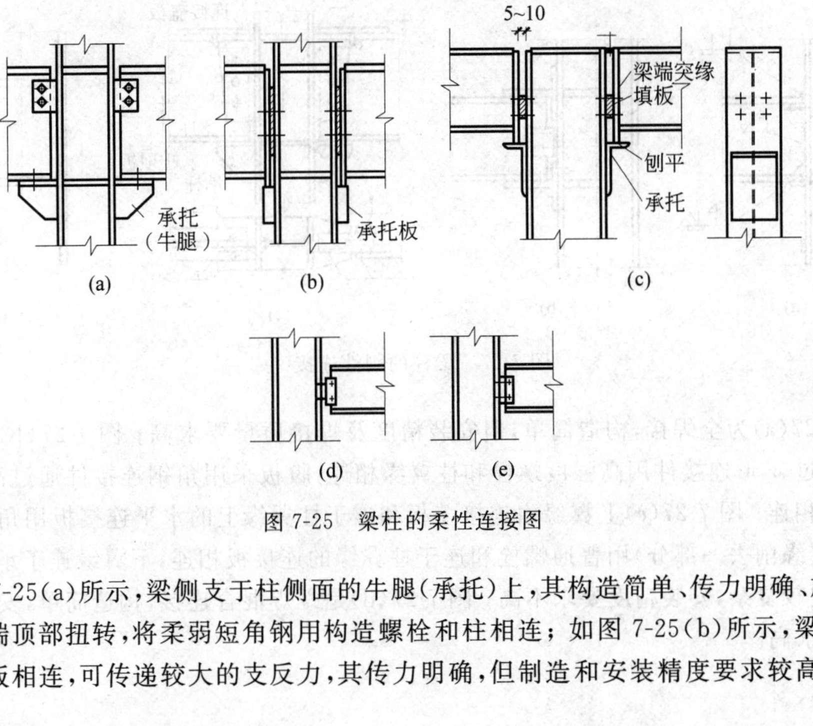

图 7-25　梁柱的柔性连接图

如图 7-25(a)所示，梁侧支于柱侧面的牛腿(承托)上，其构造简单、传力明确、施工方便，为防止梁端顶部扭转，将柔弱短角钢用构造螺栓和柱相连；如图 7-25(b)所示，梁的突缘和承托厚钢板相连，可传递较大的支反力，其传力明确，但制造和安装精度要求较高。梁端板

和柱翼缘由构造螺栓相连，不影响梁端在梁平面内的转动，符合铰接要求。图 7-25(c)、(b)相同，只是用短角钢代替厚钢板做承托，梁的制造精度较图 7-25(b)低些。考虑到荷载偏心的不利影响，图 7-25(b)、(c)的承托和柱的连接焊缝，通常将梁的支反力乘以 1.25 来计算。图 7-25(d)、(e)用短角钢将梁腹板连于柱翼缘，其转动刚度很小，属于铰接。铰接的共同点是只传递竖向反力，不传递弯矩。

图 7-26 所示为半刚性连接。半刚性连接的特点是除传递梁端剪力外，只能传递部分弯矩。图 7-26(a)、(b)是梁端板较少的高强度螺栓和柱翼缘相连；图 7-26(c)、(d)是梁的翼缘通过连接件和柱翼缘相连。这几种连接构造都较简单，便于安装。但试验证明，这样的连接构造对梁端的约束刚度达不到刚性连接的要求，只能是半刚性连接。目前还没有统一的计算方法，具体问题，结合试验计算。

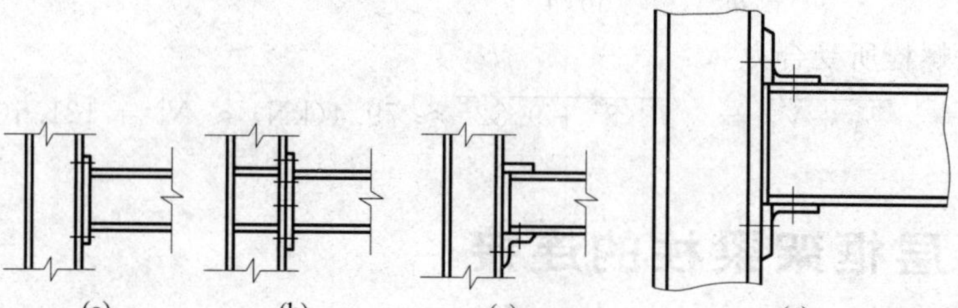

图 7-26 梁柱的半刚性连接

如图 7-27 所示为刚性连接，和主次梁刚性连接相仿，由腹板传递剪力，翼缘连接传递弯矩。

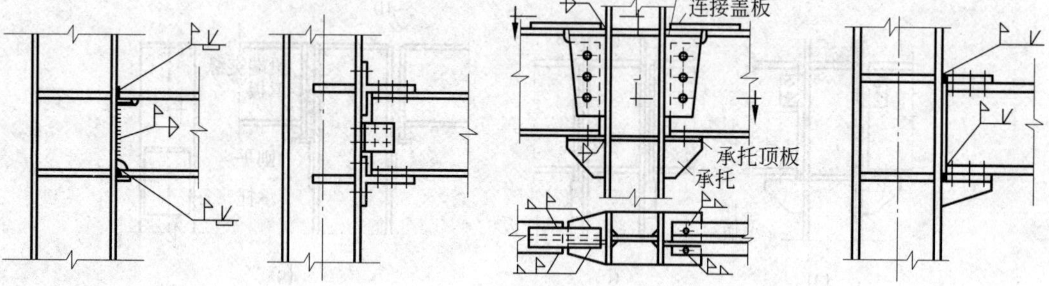

图 7-27 梁柱的刚性连接(一)

图 7-27(a)为全焊接，构造简单，但安装精度及焊接质量要求高；图 7-27(b)为全螺接，梁翼缘通过 T 形连接件用高强度螺栓和柱翼缘相连，腹板采用角钢连接件通过高强度螺栓和柱翼缘相连；图 7-27(c)上翼缘由连接盖板和连于柱翼缘上的水平连接板用角焊缝相连，腹板(上翼缘削去一部分)用普通螺栓和连于柱翼缘的连接板相连，下翼缘连于承托，传递支反力，构造较复杂，安装精度要求不高；图 7-27(d)是螺焊混合连接，构造简单，安装方便，焊缝质量要求高。

7.4.2　梁柱节点的受力

多层框架梁柱连接，多数都做成刚性节点，使梁端剪力和弯矩可靠、简捷地传给柱子。通常认为剪力由腹板连接传给柱子，弯矩由翼缘连接传给柱子。

梁端弯矩 M_1 或 M_2 转化为一对力偶 $N_{f1}=\dfrac{M_1}{h_1}$，或 $N_{f2}=\dfrac{M_2}{h_2}$，如图 7-28(a)、(b)所示。梁上翼缘的拉力使柱翼缘拉弯或与腹板拉脱；梁下翼缘的压力使腹板受挤压，可能使柱腹板屈曲。应当采取图 7-28(c)的构造措施，来增强节点的刚性和抗弯能力。

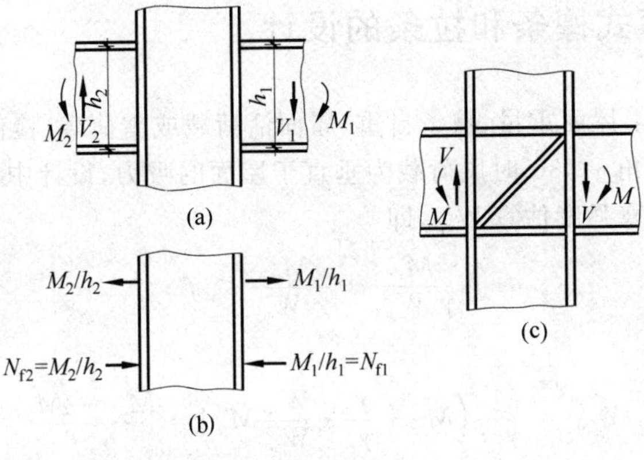

图 7-28　梁柱的刚性连接(二)

(a) 梁端内力；(b) 柱翼缘受力图；(c) 节点域增强

7.5　实腹式檩条、拉条的设计

7.5.1　实腹式檩条的截面形式和放置

檩条沿屋面倾斜放置，竖向力 q 对檩条截面两主轴分解为 $q_y=q\cos\varphi$，$q_x=q\sin\varphi$ 两个分力，引起双向弯曲。檩条支撑于屋架处用短角钢设置的檩托上，用焊接或至少两个普通螺栓相连，如图 7-29 所示。

实腹式檩条常用热轧槽钢，通常把槽口朝上放置(图 7-29(a))，这样可使因荷载不通过剪切中心而引起的扭矩减小；冷弯 Z 形檩条把上翼缘槽口朝上放置(图 7-29(b))，除减少扭转偏心距外，还使竖向荷载下的受力更接近于强轴单向弯曲；角钢檩条是角尖朝下并朝向屋脊放置(图 7-29(c))，使角钢尖受拉，有利于整体稳定，也便于放置屋面板。

檩条的侧向刚度较小，通常当其跨度 $l\leqslant 6\text{m}$ 时，跨中设一道拉条(图 7-29(d))，$l>6\text{m}$ 时在三分点设两道拉条。拉条常用 ϕ16mm 的圆钢(最小 $\phi8\sim\phi12$)，设于檩条截面顶部 30～40mm 处(图 7-29(e))。

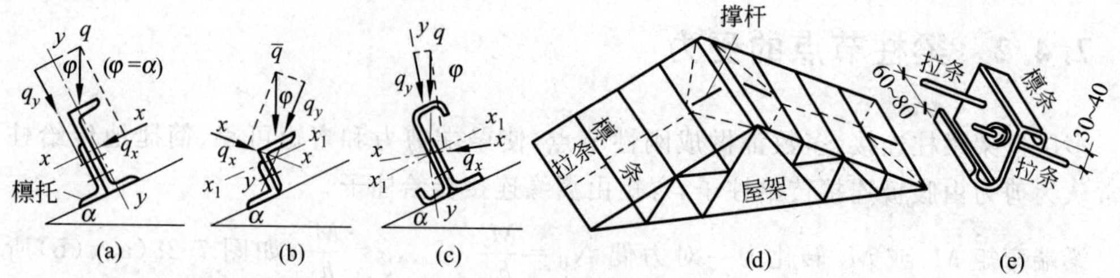

图 7-29 檩条截面及其拉条、撑杆

7.5.2 实腹式檩条和拉条的设计

檩条所受荷载有：屋面重量、檩条自重、屋面活荷载或雪荷载、检修荷载等，所有荷载都垂直于地面。屋面倾角 $\alpha \leqslant 30°$ 时风荷载为垂直于屋面的吸力，设计中常不予考虑。

檩条设计常按抗弯强度估算 W_{nx}，即

$$\frac{M_x}{\gamma_x W_{nx}} + \frac{M_y}{\gamma_y W_{ny}} \leqslant f$$

可推出：

$$W_{nx} = \frac{1}{\gamma_x f}\left(M_x + \frac{\gamma_x}{\gamma_y} \cdot \frac{W_{nx}}{W_{ny}} M_y\right) = \frac{M_x + \alpha M_y}{\gamma_x f} \tag{7-12}$$

式中，对于普通槽钢，$\alpha \approx 7$；对工字钢，$\alpha \approx 9$。

然后对强度、刚度进行验算，一般整体稳定条件能予以保证，可不验算。

例 7-5 某普通钢屋架热轧槽钢檩条，两端铰支，跨度 $l=6\text{m}$，跨中设一道坡向拉条，如图 7-30 所示。檩条水平间距 1.5m，钢屋架跨度 $L=12\text{m}$，屋面坡度 $i=1/2.5$。屋面材料是钢丝网水泥波形瓦，重量 0.6kN/m^2，下铺木丝板保温层，重量 0.25kN/m^2，水平投影面上的屋面均布活荷载为 0.5kN/m^2 或为检修集中荷载 0.8kN，材料是 Q235B 钢。设计檩条截面和拉条直径。

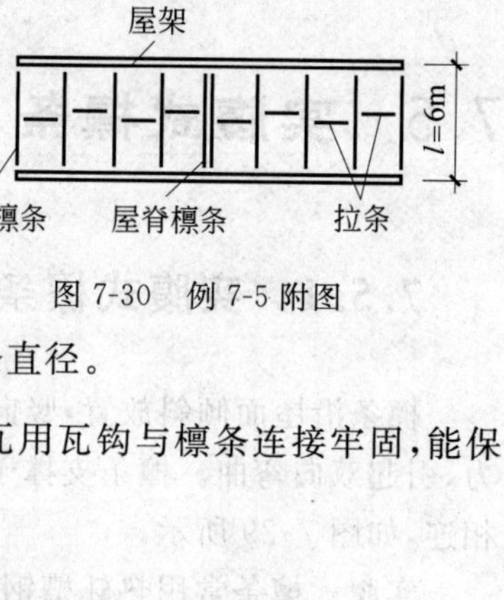

图 7-30 例 7-5 附图

解 屋面坡度 $\tan\alpha = \dfrac{1}{2.5}$，$\alpha = 21.8°$。钢丝网水泥波形瓦用瓦钩与檩条连接牢固，能保证檩条的整体稳定，故按强度条件设计。

1）荷载及内力计算

$$\cos 21.8° = 0.9285$$
$$\sin 21.8° = 0.3714$$

(1) 恒荷载	标准值	设计值
钢丝网水泥波形瓦	$0.6/\cos 21.8° \approx 0.646(\text{kN/m}^2)$	
木丝板	$0.25/\cos 21.8° \approx 0.269(\text{kN/m}^2)$	
	$0.915(\text{kN/m}^2)$	$0.915 \times 1.2 = 1.098(\text{kN/m}^2)$

(2) 活荷载

均布活载在水平投影面上	0.5kN/m²	0.5×1.4=0.7(kN/m²)
或检修集中荷载	0.8kN	0.8×1.4=1.12(kN)

(3) 荷载组合

① 恒荷载+均布活荷载：

$$q = 1.05 \times (1.098 + 0.7) \times 1.5 = 1.05 \times 2.70 \approx 2.84(\text{kN/m})$$

② 恒荷载+集中活荷载

$$q = 1.05 \times 1.098 \times 1.5 \approx 1.73(\text{kN/m}),\quad F = 1.12\text{kN}$$

式中，1.05 是估算檩条自重引起的增大系数。

(4) 檩条在荷载组合①下的弯矩(图 7-31)

$$q_y = q\cos 21.8° = 2.84 \times 0.9285 \approx 2.637(\text{kN/m})$$

$$q_x = q\sin 21.8° = 2.84 \times 0.3711 \approx 1.055(\text{kN/m})$$

$$M_x = \frac{1}{8}q_y l^2 = \frac{1}{8} \times 2.637 \times 6^2 \approx 11.87(\text{kN}\cdot\text{m})$$

$$M_y = \frac{1}{8}q_x\left(\frac{l}{2}\right)^2 = \frac{1}{8} \times 1.054 \times 3^2 \approx 1.186(\text{kN}\cdot\text{m})\quad(\text{绝对值})$$

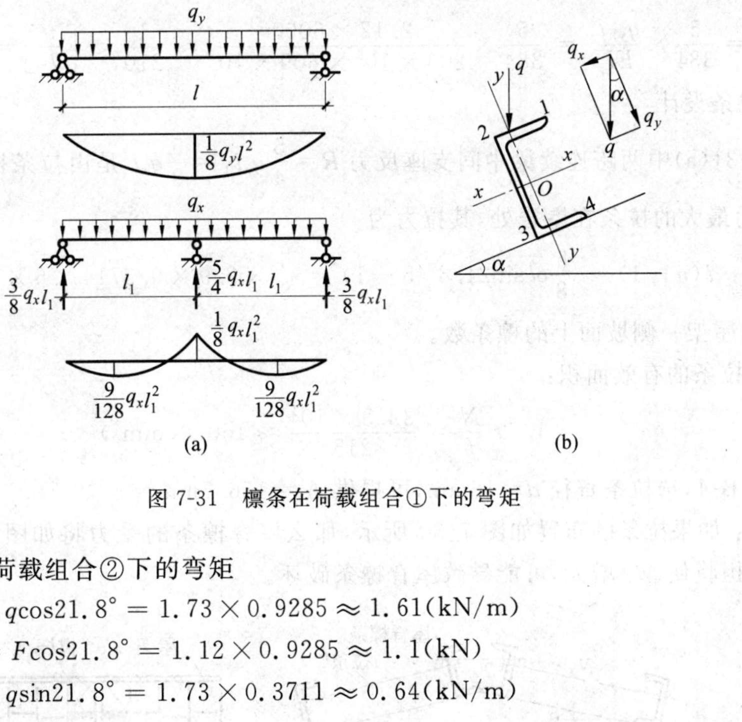

图 7-31　檩条在荷载组合①下的弯矩

(5) 檩条在荷载组合②下的弯矩

$$q_y = q\cos 21.8° = 1.73 \times 0.9285 \approx 1.61(\text{kN/m})$$

$$F_y = F\cos 21.8° = 1.12 \times 0.9285 \approx 1.1(\text{kN})$$

$$q_x = q\sin 21.8° = 1.73 \times 0.3711 \approx 0.64(\text{kN/m})$$

$$M_x = \frac{q_y l^2}{8} + \frac{F_y l}{4} = \frac{1}{8} \times 1.61 \times 6^2 + \frac{1}{4} \times 1.1 \times 6 \approx 8.9(\text{kN}\cdot\text{m})$$

$$M_y = \frac{q_x}{8}\left(\frac{l}{2}\right)^2 = \frac{1}{8} \times 0.64 \times 3^2 \approx 0.72(\text{kN}\cdot\text{m})$$

两相比较，组合①最不利，以后只按组合①计算。

2) 选择槽钢型号

根据抗弯强度条件初选截面型号：

$$W_{nx}=\frac{M_x+\alpha M_y}{\gamma_x f}=\frac{(11.87+7\times 1.187)\times 10^6}{1.05\times 215}\approx 89\,386(\text{mm}^3)\approx 89.39(\text{cm}^3)$$

查表 A-2 选[14b:

$$W_x=87.1\text{cm}^3,\quad W_y=14.1\text{cm}^3$$

$$I_x=609\text{cm}^4,\quad i_x=5.35\text{cm},\quad i_y=1.69\text{cm}$$

自重　　$16.7\times 9.8\times 10^{-3}\approx 0.164(\text{kN/m})$　(标准值)

自重设计值　　$1.2\times 0.164\approx 0.197(\text{kN/m})$

实际均布线荷载　$q=2.70+0.197\approx 2.9(\text{kN/m})$,为前面采用值的 2.90/2.84≈1.021 倍

3) 验算

(1) 抗弯强度

$$\frac{M_x}{\gamma_x W_{nx}}+\frac{M_y}{\gamma_y W_{ny}}=1.021\times\left(\frac{11.87\times 10^6}{1.05\times 87.1\times 10^3}+\frac{1.187\times 10^6}{1.2\times 14.1\times 10^3}\right)$$

$$\approx 1.021\times 200\approx 204(\text{N/mm}^2)<f=215(\text{N/mm}^2)$$

(2) 验算刚度

只验算 q_y 作用下垂直于屋面的挠度:

$$q_{yk}=q_k\cos 21.8°=[(0.915+0.5)\times 1.5+0.164]\times 0.9285\approx 2.12(\text{kN/m})$$

$$\frac{v}{l}=\frac{5}{384}\times\frac{q_{yk}l^3}{EI_x}=\frac{5}{384}\times\frac{2.12\times 6000^3}{206\times 10^3\times 609\times 10^4}\approx\frac{1}{210}<\left[\frac{v}{l}\right]=\frac{1}{200}$$

4) 拉条设计

图 7-31(a)中两跨连续梁中间支座反力 $R=\frac{5}{4}q_x l_1=\frac{5}{8}q_x l$ 是由拉条提供的,按图 7-32 布置,受力最大的拉条在屋脊处,其拉力为

$$N=\frac{5}{8}q_x l(n-1)=\frac{5}{8}ql\sin 21.8°(5-1)=\frac{5}{8}\times 2.9\times 0.3714\times 6\times 4\approx 32.3(\text{kN})$$

式中,n 为屋架一侧坡面上的檩条数。

需要拉条的有效面积:

$$A_e\geqslant\frac{N}{f}=\frac{32.3\times 10^3}{215}\approx 150.3(\text{mm}^2)$$

查表 B-1,选拉条直径 $d=16\text{mm}$,可提供 $A_e=156.7\text{mm}^2$。

讨论:如果拉条的布置如图 7-30 所示,那么屋脊檩条的受力将如图 7-32(a)所示,F_3 由檩条承担将使 M_x 增大,可能导致屋脊檩条破坏。

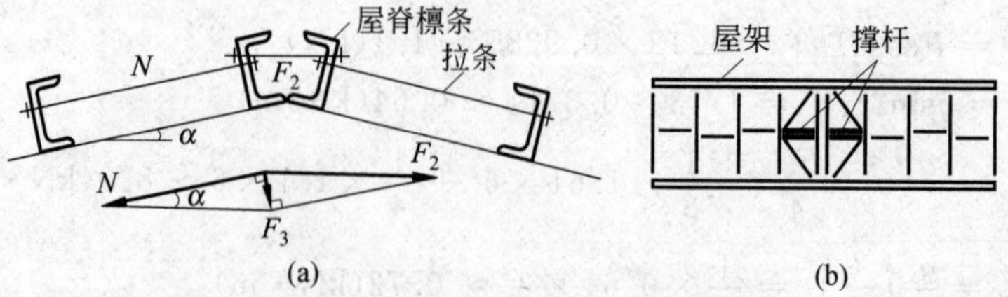

图 7-32　屋脊檩条受力图(a)与檩条布置图(b)

应改为图 7-32(b)的布置,用两根斜拉条把拉条内力传给两屋架的屋脊节点,同时设一撑杆,其截面尺寸由长细比决定。

7.6　平台设计

工作平台如图 7-33 所示，面板为 30mm 厚豆石混凝土面，重度 $\gamma_1 = 25\text{kN/m}^3$，100mm 厚大型预制钢筋混凝土板，重度 $\gamma_2 = 30\text{kN/m}^3$；平台活荷载 12kN/m^2，平台标高 9m，台下净高 7m，材料为 Q345B 钢。试选择次梁热轧工字钢型号；设计主梁焊接工字形截面；选择宽翼缘 H 型钢柱的截面型号。

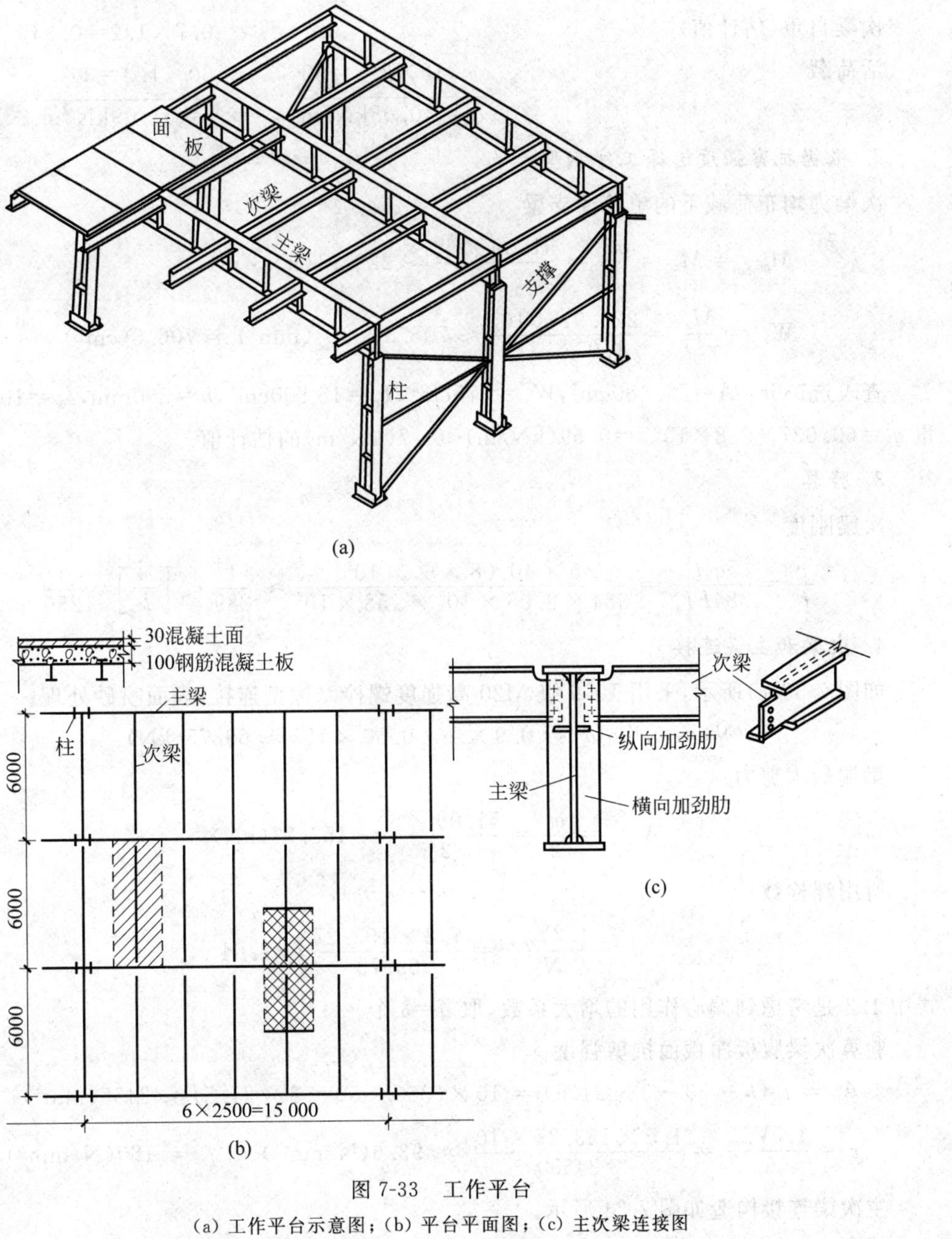

图 7-33　工作平台

(a) 工作平台示意图；(b) 平台平面图；(c) 主次梁连接图

7.6.1 次梁热轧工字钢型号的选择

次梁上密铺刚性板且和次梁受压翼缘牢固连接，所以整体稳定有保证，热轧型钢梁局部稳定也有保证。故只需根据强度条件来选择型号，由刚度条件来验算即可。

1. 荷载组合

恒荷载		标准值(kN/m)	设计值(kN/m)
台面自重	(25×0.03+30×0.1)×2.5≈9.375		9.375×1.2≈11.25
次梁自重(估计值)		0.7	0.7×1.2=0.84
活荷载		12×2.5=30	30×1.3=39
		q_k=40.08kN/m	q=51.09kN/m

2. 根据抗弯强度选择工字钢型号

次梁为均布荷载下的单跨简支梁

$$M_{\max} = M_x = \frac{ql^2}{8} = \frac{51.09 \times 6^2}{8} \approx 229.91(\mathrm{kN \cdot m})$$

$$W_x = \frac{M_x}{\gamma_x f} = \frac{229.91 \times 10^6}{1.05 \times 310} \approx 706.3 \times 10^3(\mathrm{mm}^3) = 706.3(\mathrm{cm}^3)$$

查表选I36a：$A=76.480\mathrm{cm}^2$，$W_x=875\mathrm{cm}^3$，$I_x=15\ 800\mathrm{cm}^4$，$h=360\mathrm{mm}$，$t_w=10\mathrm{mm}$，自重 $q_k=60.037\times9.8\times10^{-3}=0.59(\mathrm{kN/m})<0.7(\mathrm{kN/m})$的估计值。

3. 验算

次梁刚度

$$\frac{v}{l} = \frac{5q_k l^3}{384EI_x} = \frac{5 \times 40.08 \times 6^3 \times 10^9}{384 \times 2.06 \times 10^5 \times 158 \times 10^6} \approx \frac{1}{289} < \left[\frac{v}{l}\right] = \frac{1}{250}$$

4. 次梁和主梁连接

如图7-33(c)所示，采用10.9级M20高强度螺栓摩擦型连接，表面喷砂处理。

$$N_v^b = 0.9 n_f \mu P = 0.9 \times 1 \times 0.50 \times 155 \approx 69.75(\mathrm{kN})$$

梁端最大剪力

$$V_{\max} = \frac{ql}{2} = \frac{51.09 \times 6}{2} \approx 153.27(\mathrm{kN})$$

所用螺栓数

$$n = \frac{1.2V_{\max}}{N_v^b} = \frac{1.2 \times 153.27}{69.75} \approx 2.64$$

式中1.2是考虑到偏心作用的增大系数，取$n=3$个。

验算次梁腹板净截面抗剪强度

$$A_n = t_w(h - 50 - 3 \times 21.5) = 10 \times (360 - 50 - 3 \times 21.5) \approx 2455(\mathrm{mm}^2)$$

$$\tau = \frac{1.5V_{\max}}{A_n} = \frac{1.5 \times 153.27 \times 10^3}{2455} \approx 93.6(\mathrm{N/mm}^2) < f_v = 180(\mathrm{N/mm}^2)$$

主次梁连接构造如图7-34所示。

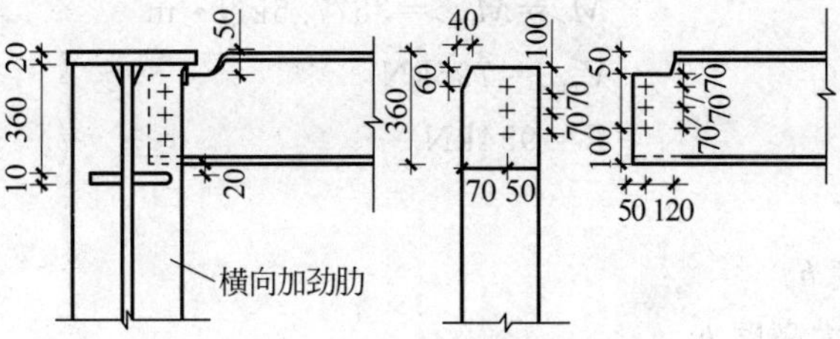

图 7-34 主次梁连接图

5. 讨论

若用 Q235B 钢，则

$$W_x = \frac{M_x}{\gamma_x f} = \frac{229.91 \times 10^6}{1.05 \times 215} \approx 1018 \times 10^3 (\text{mm}^3) = 1018 (\text{cm}^3)$$

查表选I40a：$A = 86.112\text{cm}^2$，$W_x = 1090\text{cm}^3$，$I_x = 21\ 700\text{cm}^4$，$h = 400\text{mm}$，因为 $I_x = 21\ 700 > 15\ 800$，$h = 400 > 360$，所以刚度及连接都满足要求。但用钢量增加 12.6%，次梁的自重也增大 12.6%。所以用 Q345B 钢是较好的选择。

7.6.2 设计焊接工字形主梁截面

1. 荷载组合及内力图

恒荷载

	标准值(kN)	设计值(kN)
台面和次梁自重		
	(9.375+0.59)×6≈59.79	59.79×1.2≈71.75
主梁自重(估计值)	4×2.5=10	10×1.2=12
活荷载	30×6=180	180×1.3=234
	P_k=250kN	P=318kN

主梁计算简图及内力图如图 7-35 所示。

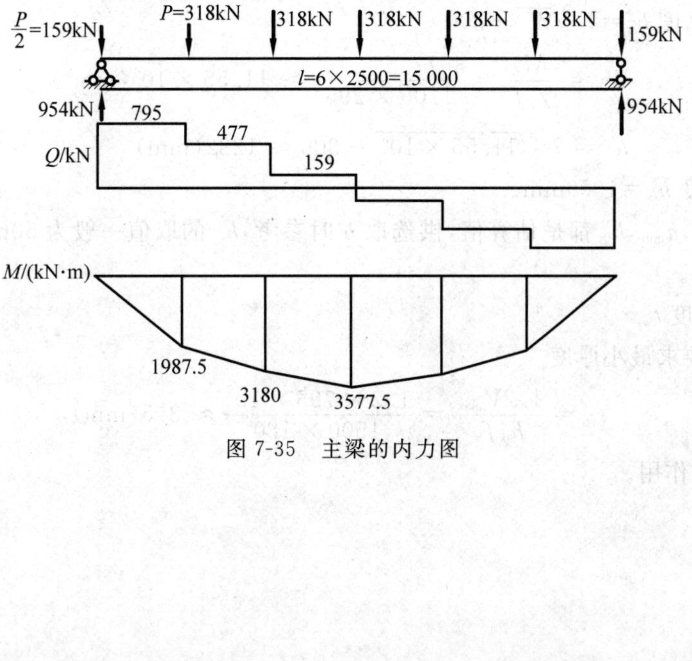

图 7-35 主梁的内力图

$$M_x = M_{max} = 3577.5\text{kN} \cdot \text{m}$$
$$V_{max} = 795\text{kN}$$
$$R = 954\text{kN}$$

2. 主梁截面设计

1）梁截面的高度 h

(1) 建筑允许最大高度 h_{max}

平台标高 9m，台下净高 7m，台板高 130mm，安装误差 100mm，预留空间 200mm。梁截面最大高度

$$h_{max} = 9000 - 7000 - 130 - 100 - 200 = 1570(\text{mm})$$

(2) 刚度允许最小高度 h_{min}

对于均布荷载为 q_k 的简支梁的最大挠度为

$$\frac{v}{l} = \frac{5q_k l^3}{384EI_x} = \frac{5M_{xk}l}{48EI_x}$$

所以简支梁最大挠度一般近似取

$$\frac{v}{l} = \frac{M_{xk}l}{10EI_x} \leqslant \left[\frac{v}{l}\right]$$

荷载平均分项系数近似取 1.3，则

$$M_{xk} = \frac{M_x}{1.3} = \frac{\gamma_x W_x f}{1.3} = \frac{2\gamma_x I_x f}{1.3h} = \frac{2.1 I_x f}{1.3h}$$

则得刚度允许的梁截面最小高度公式为

$$h_{min} = \frac{lf}{1.275 \times 10^6 [v/l]} \tag{7-13}$$

考虑到变截面挠度影响增大系数取 1.05，主梁的允许挠度 $\left[\frac{v}{l}\right] = \frac{1}{400}$，翼缘板厚度一般大于 16mm，所以 $f = 295\text{N/mm}^2$。因此

$$h_{min} = \frac{1.05 \times 15 \times 10^3 \times 295}{1.275 \times 10^6 \times 1/400} \approx 1458(\text{mm})$$

(3) 经济高度 $h_0 = 7\sqrt[3]{W_x} - 300$

$$W_x = \frac{M_x}{\gamma_x f} = \frac{3577.5 \times 10^6}{1.05 \times 295} \approx 11.55 \times 10^6(\text{mm}^3)$$

$$h_0 = 7\sqrt[3]{11.55 \times 10^6} - 300 \approx 1282(\text{mm})$$

采用梁腹板高度 $h_0 = 1500\text{mm}$。

注意：h_{max}，h_{min}，h_0 都是估算值，供选取 h 时参考，h_0 的取值一般为 50mm 或 100mm 的倍数，便于备料。

2）腹板厚度 t_w

(1) 抗剪要求最小厚度

$$t_w = \frac{1.2V_{max}}{h_0 f_v} = \frac{1.2 \times 795 \times 10^3}{1500 \times 180} \approx 3.5(\text{mm})$$

很小，不起控制作用。

（2）经验厚度

$$t_w = \frac{2}{7}\sqrt{h_0} = \frac{2}{7}\sqrt{1500} \approx 11.1(\text{mm})$$

取 $t_w=12\text{mm}$，因腹板厚度不宜过小。

3）翼缘尺寸 $A_f=b_f t_f=bt$

梁的 $I_x=\frac{t_w h_0^3}{12}+2A_f\left(\frac{h_1}{2}\right)^2$，$W_x=\frac{2I_x}{h}$，若近似取 $h=h_1=h_0$，则

$$A_f = \frac{W_x}{h_0} - \frac{h_0 t_w}{6}$$

进一步有

$$bt = \frac{W_x}{h_0} - \frac{h_0 t_w}{6} = \frac{11.55\times10^6}{1500} - \frac{1500\times12}{6} \approx 4700(\text{mm}^2)$$

这就是为抵抗弯曲正应力，翼缘板所需最小面积。

梁翼缘宽度 b 的取值要求：

局部稳定要求　$\frac{b}{t}\leqslant 26\sqrt{\frac{235}{f_y}}=26\sqrt{\frac{235}{345}}\approx 21.46(\text{mm})$

不需计算整体稳定要求　$b\geqslant\frac{l_1}{13}=\frac{2500}{13}\approx 193(\text{mm})$

通常梁翼缘宽度 b 和梁高 $h(h_0)$ 有如下关系：

$$b = \left(\frac{1}{6}\sim\frac{1}{2.5}\right)h_0 = \left(\frac{1}{6}\sim\frac{1}{2.5}\right)\times1500 = 250\sim600(\text{mm})$$

综上所述取 $bt=260\times20=5200(\text{mm}^2)>4700(\text{mm}^2)$。

梁的截面尺寸如图 7-36(a)所示。

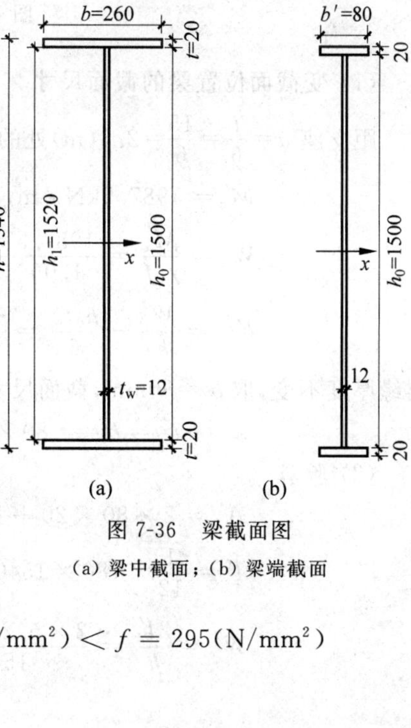

图 7-36　梁截面图

(a) 梁中截面；(b) 梁端截面

4）对所选截面进行验算

截面几何参数

$$A = 2\times260\times20+12\times1500 = 28\,400(\text{mm}^2)$$

$$I_x = \frac{1}{12}\times(260\times1540^3-248\times1500^3)$$

$$\approx 9.38\times10^9(\text{mm}^4)$$

$$W_x = \frac{2I_x}{h} = \frac{2\times9.38\times10^9}{1540} \approx 12.19\times10^6(\text{mm}^3)$$

$$S_1 = bt\left(\frac{h_1}{2}\right) = 260\times20\times\left(\frac{1520}{2}\right)$$

$$\approx 3.95\times10^6(\text{mm}^3)$$

主梁自重标准值：$q_k=7.86\times10^3\times2.84\times10^{-2}\times9.8\times10^{-3}\approx2.19(\text{kN/m})<4(\text{kN/m})$（估计值）。

验算：

$$\sigma = \frac{M_x}{\gamma_x W_x} = \frac{3577.5\times10^6}{1.05\times12.19\times10^6} \approx 280(\text{N/mm}^2) < f = 295(\text{N/mm}^2)$$

$$\sigma_1 = \frac{M_x h_0}{2I_x} = \frac{3577.5 \times 10^6 \times 1500}{2 \times 9.38 \times 10^9} \approx 286(\text{N/mm}^2)$$

$$\tau_1 = \frac{S_1 V_1}{I_x t_w} = \frac{3.95 \times 10^6 \times 159 \times 10^3}{9.38 \times 10^9 \times 12} \approx 5.6(\text{N/mm}^2)$$

$$\sqrt{\sigma_1^2 + 3\tau_1^2} = \sqrt{286^2 + 3 \times 5.6^2} \approx 286.2(\text{N/mm}^2) < f = 295(\text{N/mm}^2)$$

3. 变截面设计

对跨度大的简支梁,为节省钢材,常采用变截面设计,常用方法是改变翼缘宽度不改变腹板的高度,以节省翼缘钢材,最多为理论变截面点。对承受均布荷载的简支梁理论,变截面点为距支座 $l/6$ 处;对其他荷载梁,变截面点也取距支座 $l/6$ 处。为避免截面突变而产生严重应力集中,规范规定在宽度方向从两侧做成不大于 1∶2.5 的斜坡,逐渐由 b 过渡到 b',翼缘截面改变见图 7-37。

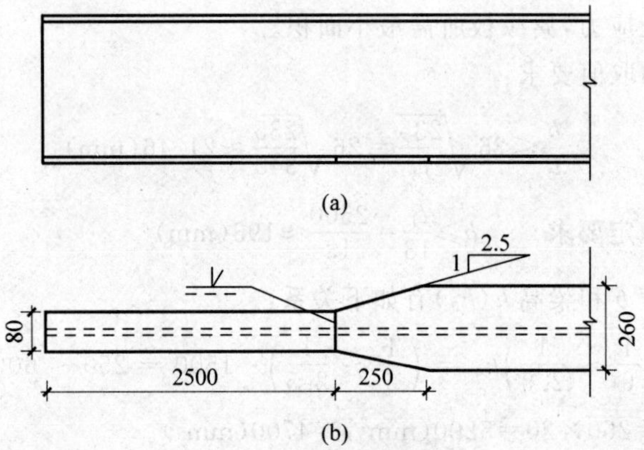

图 7-37 翼缘截面变化图

(1) 变截面位置梁的截面尺寸

距支座 $a=\frac{l}{6}=\frac{15}{6}=2.5(\text{m})$处的内力为

$$M'_x = 1987.5\text{kN} \cdot \text{m}, \quad V' = 795\text{kN}$$

$$W'_x = \frac{M'_x}{\gamma_x f} = \frac{1987.5 \times 10^6}{1.05 \times 295} \approx 6.42 \times 10^6(\text{mm}^3)$$

$$b't' = \frac{W'_x}{h_0} - \frac{h_0 t_w}{6} = \frac{6.42 \times 10^6}{1500} - \frac{1500 \times 12}{6} \approx 1280(\text{mm}^2)$$

翼缘厚度不变,取 $b'=80\text{mm}$,截面尺寸见图 7-36(b)。

$$b't' = b't = 80 \times 20 = 1600(\text{mm}^2) > 1280(\text{mm}^2)$$

(2) 验算

$$A' = 2 \times 80 \times 20 + 1500 \times 12 = 21\,200(\text{mm}^2)$$

$$I'_x = \frac{1}{12} \times (80 \times 1540^3 - 68 \times 1500^3) \approx 5.22 \times 10^9(\text{mm}^4)$$

$$W'_x = \frac{2I'_x}{h} = \frac{2 \times 5.22 \times 10^9}{1540} \approx 6.78 \times 10^6(\text{mm}^3)$$

$$S_1'=b't'\left(\frac{h_1}{2}\right)=80\times20\times\frac{1520}{2}=1.216\times10^6(\text{mm}^3)$$

$$S_x=S_1'+\frac{1}{8}t_w h_0^2=1.216\times10^6+\frac{12\times1500^2}{8}\approx4.59\times10^6(\text{mm}^3)$$

$$\frac{M_x'}{\gamma_x W_x'}=\frac{1987.5\times10^6}{1.05\times6.78\times10^6}\approx279(\text{N/mm}^2)<f=295(\text{N/mm}^2)$$

$$\sigma_1'=\frac{M_x'h_0}{2I_x'}=\frac{1987.5\times10^6\times1500}{2\times5.22\times10^9}\approx286(\text{N/mm}^2)$$

$$\tau_1'=\frac{S_1'V_1}{I_x't_w}=\frac{1.216\times10^6\times795\times10^3}{5.22\times10^9\times12}\approx15.4(\text{N/mm}^2)$$

$$\sqrt{(\sigma_1')^2+3(\tau_1')^2}=\sqrt{286^2+3\times15.4^2}\approx287(\text{N/mm}^2)<f=295(\text{N/mm}^2)$$

$$\tau_{\max}=\frac{S_xV_1}{I_x't_w}=\frac{4.59\times10^6\times795\times10^3}{5.22\times10^9\times12}\approx58.3(\text{N/mm}^2)<f_v=180(\text{N/mm}^2)$$

(3) 验算刚度

将 5 个等间距集中荷载化为均布荷载 $q_k=\frac{P_k}{2.5}=\frac{250}{2.5}=100(\text{kN/m})$，按均布荷载计算变截面梁的最大挠度，然后再乘以刚度改变而引起挠度增大系数 β

$$\beta=1+3.2\left(\frac{I_x}{I_x'}-1\right)\alpha^3(4-3\alpha)\quad\left(式中\ \alpha=\frac{a}{l}=\frac{2.5}{15}=\frac{1}{6}\right)$$

$$=1+3.2\times\left(\frac{9.38}{5.22}-1\right)\times\left(\frac{1}{6}\right)^3\times\left(4-3\times\frac{1}{6}\right)\approx1.041$$

$$\frac{v}{l}=\beta\frac{5q_kl^3}{384EI_x}=\frac{1.041\times5\times100\times15^3\times10^9}{384\times2.06\times10^5\times9.38\times10^9}\approx\frac{1}{422}\leqslant\left[\frac{v}{l}\right]=\frac{1}{400}$$

(4) 省钢估算

改变翼缘节省体积 $2\times(0.26-0.08)\times(2.5+2.75)\times0.02\approx0.039(\text{m}^3)$

翼缘没变时梁体积 $Al=0.0284\times15=0.426(\text{m}^3)$

节省钢材 $\frac{0.039}{0.426}\times100\%\approx9.2\%$

4. 验算局部稳定配置加劲肋

(1) 受压翼缘的局部稳定

$$\frac{b_1}{t}=\frac{260-12}{2\times20}=6.2<13\sqrt{\frac{235}{f_y}}=13\sqrt{\frac{235}{345}}\approx10.7$$

满足有限塑性强度准则。

(2) 腹板的局部稳定

$$\frac{h_0}{t_w}=\frac{1500}{12}=125>150\sqrt{\frac{235}{345}}\approx124$$

应根据计算配置横向加劲肋和纵向加劲肋。横向加劲肋的间距 a 应满足

$$750\text{mm}=0.5h_0\leqslant a\leqslant2.5h_0=3750\text{mm}$$

取 $a=2500\text{mm}$，等间距配置见图 7-38，加劲肋作为次梁的支承；纵向加劲肋距受压翼缘的高度 $h_1=0.24h_0=0.24\times1500=360(\text{mm})$，验算各区格的局部稳定。

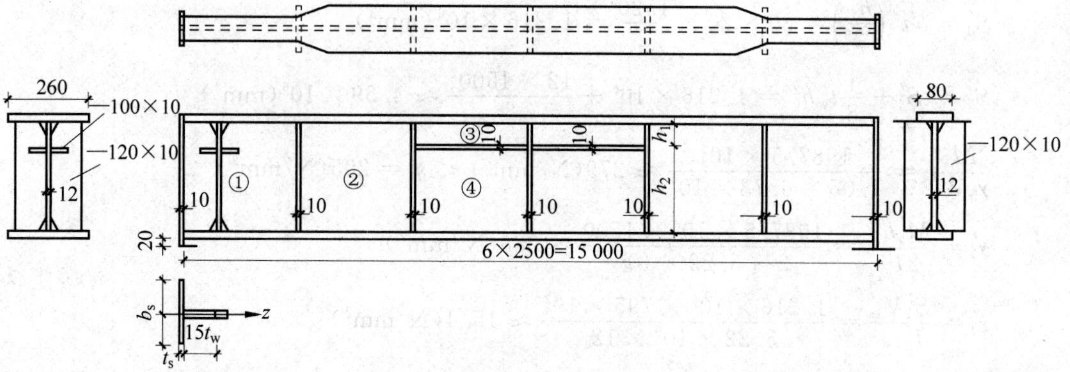

图 7-38 主梁构造图

(3) 验算区格的局部稳定

$$1.25 \geqslant \lambda_b^{re} = \frac{h_0}{138t_w}\sqrt{\frac{f_y}{235}} = \frac{1500}{138 \times 12}\sqrt{\frac{345}{235}} \approx 1.10 > 0.85$$

$$\sigma_{cr} = [1 - 0.75(\lambda_b^{re} - 0.85)]f = [1 - 0.75 \times (1.10 - 0.85)] \times 310 \approx 251.9(\text{N/mm}^2)$$

$$\lambda_s = \frac{h_0/t_w}{37\eta\sqrt{5.34 + 4(h_0/a)^2}}\sqrt{\frac{f_y}{235}} = \frac{1500/12}{37 \times 1.11\sqrt{5.34 + 4 \times \left(\frac{1500}{2500}\right)^2}}\sqrt{\frac{345}{235}}$$

$$\approx 1.42 > 1.2$$

$$\tau_{cr} = 1.1f_v/(\lambda_s^{re})^2 = \frac{1.1 \times 180}{1.42^2} \approx 98.2(\text{N/mm}^2)$$

区格①

$$\sigma_1 = \frac{(M_x' + M_1)h_0}{2 \times 2I_x'} = \frac{1987.5 \times 10^6 \times 1500}{2 \times 2 \times 5.22 \times 10^9} = 142.8(\text{N/mm}^2)$$

$$\tau_1 = \frac{V_1}{h_0 t_w} = \frac{795 \times 10^3}{1500 \times 12} \approx 44.2(\text{N/mm}^2)$$

$$\left(\frac{\sigma_1}{\sigma_{cr}}\right)^2 + \left(\frac{\tau_1}{\tau_{cr}}\right)^2 = \left(\frac{142.8}{251.9}\right)^2 + \left(\frac{44.2}{98.2}\right)^2 \approx 0.52 < 1$$

区格②

$$\sigma_2 = \frac{(M_x' + M_1)h_0}{2 \times 2I_x} = \frac{(1987.5 + 3180) \times 10^6 \times 1500}{2 \times 2 \times 9.38 \times 10^9} \approx 206.6(\text{N/mm}^2)$$

$$\tau_2 = \frac{V_2}{h_0 t_w} = \frac{477 \times 10^3}{1500 \times 12} \approx 26.5(\text{N/mm}^2)$$

$$\left(\frac{\sigma_2}{\sigma_{cr}}\right)^2 + \left(\frac{\tau_2}{\tau_{cr}}\right)^2 = \left(\frac{206.6}{251.9}\right)^2 + \left(\frac{26.5}{98.2}\right)^2 \approx 0.75 < 1$$

区格③

$$\lambda_{b1}^{re} = \frac{h_1/t_w}{64}\sqrt{\frac{f_y}{235}} = \frac{360/12}{64}\sqrt{\frac{345}{235}} \approx 0.57 \leqslant 0.85$$

$$\sigma_{cr} = f = 310\text{N/mm}^2$$

$$\lambda_s^{re} = \frac{h_1/t_w}{37\eta\sqrt{5.32+4(h_1/a)^2}}\sqrt{\frac{f_y}{235}} = \frac{360/12}{37\times1.11\sqrt{5.32+4\times\left(\frac{360}{2500}\right)^2}}\sqrt{\frac{345}{235}} \approx 0.38 < 0.8$$

$$\tau_{cr} = f_v = 180\text{N/mm}^2$$

$$\sigma_3 = \frac{(M_x+M_1)h_0}{2\times2\times I_x} = \frac{(3577.5+3180)\times10^6\times1500}{2\times2\times9.38\times10^9} \approx 270.2(\text{N/mm}^2)$$

$$\tau_3 = \frac{159\times10^3}{1500\times12} \approx 8.8(\text{N/mm}^2)$$

$$\frac{\sigma_3}{\sigma_{cr}} + \left(\frac{\tau_3}{\tau_{cr}}\right)^2 = \frac{270.2}{310} + \left(\frac{8.8}{180}\right)^2 \approx 0.87 < 1$$

区格④

$$\lambda_{b2}^{re} = \frac{h_2/t_w}{194}\sqrt{\frac{f_y}{235}} = \frac{(1500-360)/12}{194}\sqrt{\frac{345}{235}} \approx 0.59 \leqslant 0.85$$

$$\sigma_{cr} = f = 310\text{N/mm}^2$$

$$\lambda_s^{re} = \frac{h_2/t_w}{37\eta\sqrt{5.32+4(h_2/a)^2}}\sqrt{\frac{f_y}{235}} = \frac{1140/12}{37\times1.11\sqrt{5.35+4\times\left(\frac{1140}{2500}\right)^2}}\sqrt{\frac{f_y}{235}} \approx 1.13 < 1.2$$

$$\tau_{cr} = [1-0.59(\lambda_s^{re}-0.8)]f_v = [1-0.5\times(1.13-0.8)]\times180 \approx 150.3(\text{N/mm}^2)$$

$$\sigma_4 = \frac{(M_x+M_1)\times\left(\frac{h_0}{2}-h_1\right)}{2I_x} = \frac{(3577.5+3180)\times10^6\times\left(\frac{1500}{2}-360\right)}{2\times9.38\times10^9} \approx 140.5(\text{N/mm}^2)$$

$$\tau_4 = \frac{159\times10^3}{1500\times12} \approx 8.8(\text{N/mm}^2)$$

$$\frac{\sigma_4}{\sigma_{cr}} + \left(\frac{\tau_4}{\tau_{cr}}\right)^2 = \frac{140.5}{310} + \left(\frac{8.8}{150.3}\right)^2 \approx 0.46 < 1$$

5. **加劲肋和支承加劲肋的设计**

用钢板成对配置的横向加劲肋，规范规定加劲肋的宽度

$$b_s = \frac{h_0}{30}+40 = \frac{1500}{30}+40 = 90(\text{mm})$$

为便于和次梁连接，取 $b_s=120$mm，加劲肋的厚度 t_s 应满足局部稳定条件，即

$$t_s \geqslant \frac{b_s}{15}\sqrt{\frac{f_y}{235}} = \frac{120}{15}\sqrt{\frac{345}{235}} \approx 9.7(\text{mm}),\quad 取\ t_s = 10\text{mm}$$

横向加劲肋取为：$b_s\times t_s=120\text{mm}\times10\text{mm}$。

横向加劲肋承担次梁的支反力，应验算其抗压强度和面外稳定，计算简图如图 7-39 所示。

抗压强度：$\sigma=\dfrac{F}{A_n}=\dfrac{318\times10^3}{10\times2\times(120-40)}\approx198.8(\text{N/mm}^2)<f_{ce}=400(\text{N/mm}^2)$

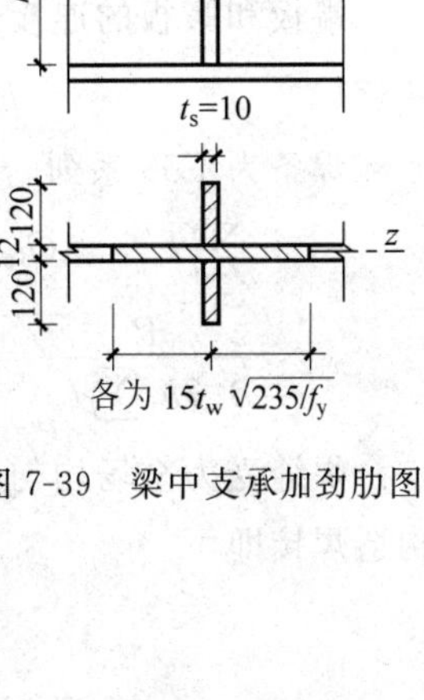

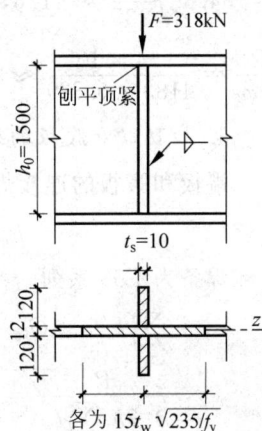

图 7-39　梁中支承加劲肋图

面外稳定：

$$A_s = 2b_s t_s + 2 \times 15 t_w^2 \sqrt{\frac{235}{f_y}} = 2 \times 120 \times 10 + 2 \times 15 \times 12^2 \sqrt{\frac{235}{345}} \approx 5965(\text{mm}^2)$$

$$I_z = \frac{1}{12} t_s (2b_s + t_w)^3 = \frac{1}{12} \times 10 \times (2 \times 120 + 12)^3 \approx 13.3 \times 10^6 (\text{mm}^4)$$

$$i_2 = \sqrt{\frac{I_2}{A_s}} = \sqrt{\frac{13.3 \times 10^6}{5965}} \approx 42.3(\text{mm})$$

$\lambda_z = h_0 / i_2 = \dfrac{1500}{42.3} \approx 35.5$，为双轴对称截面，属 b 类截面

$\lambda = 35.5 \sqrt{\dfrac{345}{235}} \approx 43$，由表 E-2 查得 $\varphi_2 = 0.887$

$$\frac{F}{A_s \varphi_2} = \frac{318 \times 10^3}{5965 \times 0.887} \approx 60.1(\text{N/mm}^2) < f = 310(\text{N/mm}^2)$$

梁端板宽度取 $b_3 = 200\text{mm}$，厚度 t_3 由承压强度决定，即

$$t_s \geqslant \frac{R}{b_s f_{ce}} = \frac{954 \times 10^3}{200 \times 400} \approx 11.9(\text{mm}), \quad \text{取 } t_s = 12\text{mm}$$

计算简图如图 7-40 所示，验算梁端板面外稳定。

$$A_s = b_s t_s + 15 t_w^2 \sqrt{\frac{235}{f_y}} = 200 \times 12 + 15 \times 12^2 \sqrt{\frac{235}{345}}$$

$$\approx 4183(\text{mm}^2)$$

$$I_z = \frac{t_s b_s^3}{12} = \frac{1}{12} \times 12 \times 200^3 = 8 \times 10^6 (\text{mm}^4)$$

$$i_z = \sqrt{\frac{I_2}{A_s}} = \sqrt{\frac{8 \times 10^6}{4183}} \approx 43.7(\text{mm})$$

$\lambda_z = \dfrac{h_0}{i_2} = \dfrac{1500}{43.7} \approx 34.3$，为单轴对称截面，属 c 类截面

$\lambda = 34.3 \sqrt{\dfrac{345}{235}} \approx 41.6$，由表 E-3 查得 $\varphi_2 = 0.829$

$$\frac{R}{A_s \varphi_2} = \frac{954 \times 10^3}{4183 \times 0.829} \approx 275(\text{N/mm}^2) < f = 310(\text{N/mm}^2)$$

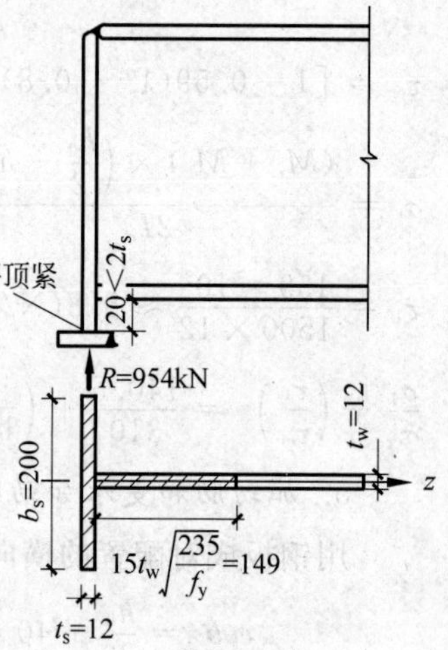

图 7-40 梁端支承端板图

6. 加劲肋和腹板的连接焊缝

端板和腹板的连接焊缝

$$h_{f\min} \geqslant 1.5\sqrt{12} \approx 5.2(\text{mm}), \quad \text{取 } h_f = 6\text{mm}$$

焊条为 E50 系列，$f_f^w = 200\text{N/mm}^2$

$$\sum l_w = 2(h_0 - 2h_f - 2 \times 60) = 2 \times (1500 - 12 - 120) \approx 2736(\text{mm})$$

$$\frac{R}{0.7 h_f \sum l_w} = \frac{955.5 \times 10^3}{0.7 \times 6 \times 2736} \approx 83(\text{N/mm}^2) < f_f^w = 200(\text{N/mm}^2)$$

焊缝受力全场均匀分布，l_w 不受 $60h_f$ 限制。加劲肋和腹板的连接焊缝，取 $h_f = 6\text{mm}$，按构造焊接即可。

7.6.3 设计柱子

1. 柱截面设计

柱高 7m,承受荷载的设计值 $N=2R=2\times955.5=1911(\text{kN})$。柱上下铰接,材料为 Q345B。选宽翼缘 H 型钢为柱,弱轴中点有一侧支,使 $l_{0y}=3.5\text{m}$。

假设 $\lambda=80$

$$\text{相当长细比}\ \lambda=80\sqrt{\frac{345}{235}}\approx96.9,\quad \varphi=0.575$$

$$A=\frac{N}{\varphi f}=\frac{1911\times10^3}{0.575\times310}\approx10\,721(\text{mm}^2)=107.21(\text{cm}^2)$$

$$i_x=\frac{l_{0x}}{\lambda}=\frac{700}{80}=8.75(\text{cm})$$

$$i_y=\frac{l_{0y}}{\lambda}=\frac{350}{80}=4.375(\text{cm})$$

则由表 A-5 查得 HW250×250:

$$A=92.18\text{cm}^2$$

$$i_x=10.8\text{cm}$$

$$i_y=6.29\text{cm}$$

验算:

$$\lambda_x=\frac{l_{0x}}{i_x}=\frac{700}{10.8}\approx64.8<[\lambda]=150$$

$$\lambda_y=\frac{l_{0y}}{i_y}=\frac{350}{6.29}\approx55.6,\quad \lambda=\lambda_y\sqrt{\frac{f_y}{235}}=55.6\sqrt{\frac{345}{235}}\approx67.4,\text{属 c 类截面}$$

由表 E-3 查得 $\varphi_y=0.659$

$$\lambda=\lambda_x\sqrt{\frac{f_y}{235}}=64.8\sqrt{\frac{345}{235}}\approx78.5,\text{属 b 类截面,由表 E-2 查得}\ \varphi_x=0.698$$

由弱轴控制

$$\frac{N}{A\varphi_y}=\frac{1911\times10^3}{92.18\times10^2\times0.659}\approx314.6(\text{N/mm}^2)<1.05f=1.05\times310=325.5(\text{N/mm}^2)$$

H 型钢局部稳定有保证,不需验算。

讨论:

(1) 若采用 Q235B　HW250×250

$$\lambda_y=55.6\qquad \varphi_y=0.738$$

$$\lambda_x=64.8\qquad \varphi_x=0.781$$

$$\frac{N}{A\varphi_y}=\frac{1911\times10^3}{92.18\times10^2\times0.738}\approx280.9(\text{N/mm}^2)>1.05f=1.05\times215\approx225.8(\text{N/mm}^2)$$

说明用同样型的 H 型钢不能安全承载。因为柱工作在长细比较小的弹塑性状态,钢材的强度对稳定承载力有显著的影响。

(2) 若采用 Q345B 工字型钢

假设 $\lambda=100$

$$\lambda = 100\sqrt{\frac{345}{235}} \approx 121.2$$，由表 E-1 查得 $\varphi_x = 0.487$，由表 E-2 查得 $\varphi_y = 0.431$

$$A = \frac{N}{\varphi_y f} = \frac{1911 \times 10^3}{0.431 \times 310} \approx 14\,303(\text{mm}^2) = 143.03(\text{cm}^2)$$

$$i_x = \frac{l_{0x}}{\lambda} = \frac{700}{100} = 7(\text{cm})$$

$$i_y = \frac{l_{0y}}{\lambda} = \frac{350}{100} = 3.5(\text{cm})$$

由热轧工字型钢表中，不可能找到同时满足 A, i_x, i_y 的型号，只能由 A, i_y 来选I63c：

$$A = 179.858\text{cm}^2,\quad i_y = 3.27\text{cm},\quad i_x = 23.8\text{cm}$$

验算：

$$\lambda_y = \frac{l_{0y}}{i_y} = \frac{350}{3.27} \approx 107 < [\lambda] = 150$$

$$\lambda_x = \frac{l_{0x}}{i_x} = \frac{700}{23.8} \approx 29.4$$，表明强轴方向富余较多

$$\lambda = \lambda_y\sqrt{\frac{f_y}{235}} = 107\sqrt{\frac{345}{235}} \approx 129.6$$，由表 E-2 查得 $\varphi_y = 0.389$

$$\frac{N}{\varphi_y A} = \frac{1911 \times 10^3}{0.389 \times 179.858 \times 10^2} \approx 273(\text{N/mm}^2) < f = 310(\text{N/mm}^2)$$

(3) 若采用 Q235B I63c 热轧工字钢

则 $\lambda_y = 107$，由表 E-2 查得 $\varphi_y = 0.511$，则

$$\frac{N}{\varphi_y A} = \frac{1911 \times 10^3}{0.511 \times 179.858 \times 10^2} \approx 208(\text{N/mm}^2) < f = 215(\text{N/mm}^2)$$

也能满足要求。说明钢材的强度对稳定承载力影响不大，这是因为柱工作在长细比较大的弹性状态的原因。

工字钢柱的用钢量几乎是 H 型钢柱的用钢的 2 倍，说明工字钢由弱轴控制，强轴方向富余较多没有发挥作用，说明工字钢做轴心受压柱不如宽翼缘 H 型钢合理。

2. 柱头设计

(1) 顶接柱头(图 7-41)

传力路线：梁支反力经梁端板突缘传给垫板，再传给柱顶板，经过加劲肋承压面传给加劲肋，再由焊缝①传给柱子。

垫板、顶板面积比突缘面积大很多，不需计算。为改善焊缝①的受力，将柱腹板前后两块加劲肋做成一个整体，在柱腹板上开槽，将加劲肋插入后和腹板焊接。

柱子为宽翼缘 H 型钢，型号 HW250×250，柱顶板取—300×300×20 的 Q345B 钢板。取加劲肋宽度和柱顶板相同，即 $b_1 = 300\text{mm}$，加劲肋的厚度为

$$t_1 = \frac{2R}{b_1 f_{ce}} = \frac{1911 \times 10^3}{300 \times 400} \approx 15.9(\text{mm})$$

取 $t_1 = 16\text{mm}$，加劲肋高度 h_1 由焊缝①的计算长度 l_{w1} 决定。Q345B 钢板配 E50 系列焊条，$f_f^w = 200\text{N/mm}^2$。根据构造要求 $h_{f\min} \geqslant 1.5\sqrt{16} = 6(\text{mm})$，取 $h_f = 7\text{mm}$，

$$l_{w1} = \frac{2R}{4 \times 0.7 h_f f_f^w} = \frac{1911 \times 10^3}{4 \times 0.7 \times 7 \times 200} \approx 488(\text{mm})$$

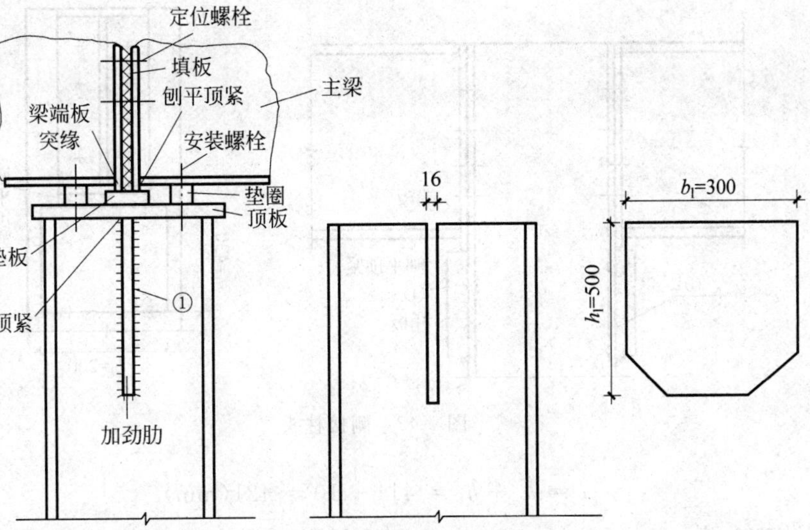

图 7-41　顶接柱头

加劲肋高 $h_1=500\text{mm}(l_{w1}+2h_f=488+14=502(\text{mm}))$。

加劲肋焊在腹板上，可视为双向悬臂梁，应验算其抗弯、抗剪强度。

抗弯强度

$$\sigma=\frac{M}{W}=\frac{R\,\dfrac{b}{4}}{\dfrac{t_1h_1^2}{6}}=\frac{3\times 955.5\times 10^3\times 300}{2\times 16\times 500^2}\approx 107.5(\text{N/mm}^2)<f=310(\text{N/mm}^2)$$

抗剪强度

$$\tau=\frac{1.5V}{h_1t_1}=\frac{1.5\times 955.5\times 10^3}{500\times 16}\approx 179.2(\text{N/mm}^2)<f_v=180(\text{N/mm}^2)$$

柱顶板为 300mm×300mm×20mm 的 Q345B 钢板，柱顶用角焊缝连接，此焊缝可以传力，因为大部分荷载都由加劲肋传递，在计算时可认为此焊缝不受力，所以以上计算偏于安全。垫板为 50mm×300mm×20mm Q345B 钢板，和顶板焊接。左右两梁端板间设填板，用来调节梁跨制造的偏差，用普通螺栓相连。梁下翼缘用普通螺栓和柱顶板相连，用垫圈调整梁的高度，固定梁的位置。

(2) 侧接柱头(图 7-42)

传力路线：梁支反力经梁端突缘刨平顶紧，由承压形式传给承托板，由焊缝①传给柱。梁端板和柱翼缘用普通螺栓相连，只起固定梁位置作用，按构造设置。

梁翼缘宽为 250mm，取托板宽 $b_1=200\text{mm}$，厚为 30mm，长由连接焊缝确定，材料为 Q235B 钢。

连接焊缝 $h_{f\min}\geqslant 1.5\sqrt{30}\approx 8.2(\text{mm})$，取 $h_f=10\text{mm}$。焊条为 E43 系列，$f_f^w=160\text{N/mm}^2$。

$$N_3=0.7h_fb_1\beta_ff_f^w=0.7\times 10\times 200\times 1.22\times 160\times 10^{-3}\approx 273.3(\text{kN})$$

考虑焊缝受力的偏心影响，将反力增大 25%，连接焊缝长

$$l_w=\frac{1.25R-N_3}{2\times 0.7h_ff_f^w}=\frac{(1.25\times 955.5-273.3)\times 10^3}{2\times 0.7\times 10\times 160}\approx 411.2(\text{mm})$$

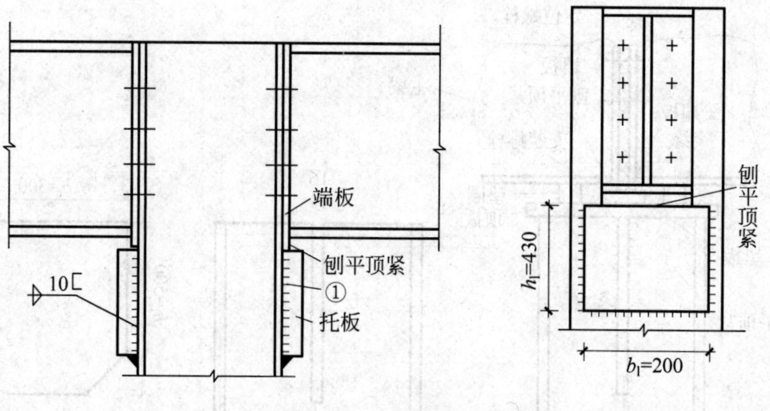

图 7-42 侧接柱头

$$l = l_w + h_f = 411 + 10 = 421(\text{mm})$$

取 $h_1 = 430\text{mm}$。

这种柱头使平台整体刚度增大，但对梁的跨度尺寸要求较高，当两侧梁荷载不对称时，柱子应按压弯构件验算。

3. 柱脚设计

如图 7-43 所示柱脚由两块靴梁、一块底板和两个锚栓组成。锚栓只起安装作用，不受力，根据构造选取 $d = 24\text{mm}$，锚栓孔径 $d_0 = 2d = 48\text{mm}$，在底板采用开口形式。锚栓预埋在钢筋混凝土的基础中，混凝土为 C20，$f_c = 10\text{N/mm}^2$，力的传递路线：$N \xrightarrow{\text{焊缝①}}$ 靴梁 $\xrightarrow{\text{焊缝②}}$ 底板 $\xrightarrow{\text{承压}}$ 基础。

(1) 底板的设计

宽度 B 由构造确定

$$B = 250 + 2 \times 71 + 2 \times 14 = 420(\text{mm})$$

长度 L 由基础的承压强度确定

$$L = \frac{N}{Bf_c} = \frac{1911 \times 10^3}{420 \times 10} \approx 455(\text{mm}), \quad 取\ L = 460\text{mm}$$

底板净面积 $A_n = BL - 30 \times 48 \times 2 - \pi \times 24^2 \approx 188\,511(\text{mm}^2)$

基础反力 $p = \dfrac{N}{A_n} = \dfrac{1911 \times 10^3}{188\,511} \approx 10.2(\text{N/mm}^2)$

单位宽度(1mm)荷载集度

$$q = p \times 1 = 10.2(\text{N/mm}) = 10.2(\text{kN/m})$$

下面求底板厚度 t

$$M_1 = \frac{qc^2}{2} = \frac{10.2 \times 71^2}{2} \approx 25\,709(\text{N} \cdot \text{mm})$$

$$\frac{b_1}{a_1} = \frac{105}{250} = 0.42, \quad \beta = 0.045$$

$$M_3 = \beta q a_1^2 = 0.045 \times 10.2 \times 250^2 = 28\,687.5(\text{N} \cdot \text{mm})$$

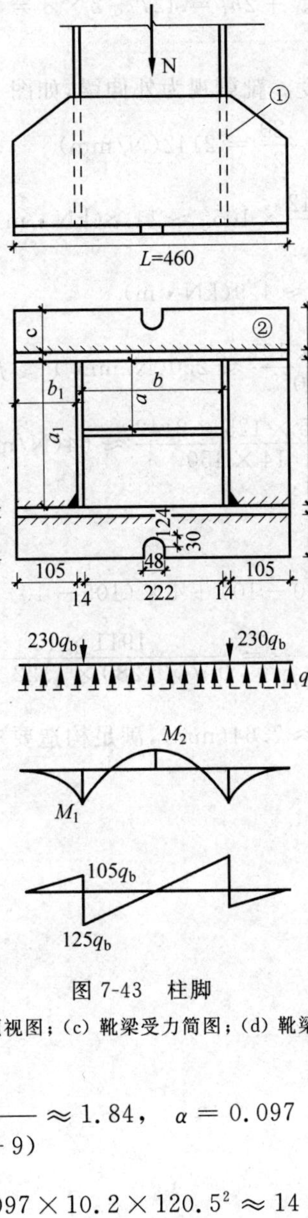

图 7-43　柱脚

(a) 带靴梁柱脚；(b) 柱脚顶视图；(c) 靴梁受力简图；(d) 靴梁弯矩图；(e) 靴梁剪力图

$$\frac{b}{a}=\frac{222}{\frac{1}{2}\times(250-9)}\approx 1.84,\quad \alpha=0.097$$

$$M_4=\alpha qa^2=0.097\times 10.2\times 120.5^2\approx 14\ 366.3(\mathrm{N\cdot mm})$$

底板厚度

$$t=\sqrt{\frac{6M_3}{f}}=\sqrt{\frac{6\times 28\ 687.5}{295}}\approx 24.2(\mathrm{mm})$$

取 $t=26\mathrm{mm}$。

(2) 靴梁的设计

靴梁厚度取 $t_{\mathrm{b}}=14\mathrm{mm}$，长度 $l_{\mathrm{b}}=L=460\mathrm{mm}$，靴梁高 h_{b} 由焊缝①计算长度 l_{w1} 确定。根据构造要求 $h_{\mathrm{fmin}}\geqslant 1.5\sqrt{14}\approx 5.6(\mathrm{mm})$，选取 $h_{\mathrm{f}}=8\mathrm{mm}$，

$$l_{\mathrm{w1}}=\frac{N}{4\times 0.7h_{\mathrm{f}}f_{\mathrm{f}}^{\mathrm{w}}}=\frac{1911\times 10^3}{4\times 0.7\times 8\times 200}\approx 426.6(\mathrm{mm})$$

$$l = l_{w1} + 2h_f = 427 + 2 \times 8 = 443(\text{mm})$$

取 $h_b = 450\text{mm}$。

验算靴梁的抗弯、抗剪强度。靴梁视为外伸梁，如图 7-43(c)所示。

$$q_b = p \times \frac{B}{2} = 10.2 \times \frac{420}{2} = 2142(\text{N/mm})$$

$$M_1 = \frac{q_b}{2} \times 105^2 = \frac{2142}{2} \times 105^2 \approx 11.8(\text{kN} \cdot \text{m})$$

$$M_2 = \frac{q_b}{8} \times 250^2 - M_1 \approx 4.9(\text{kN} \cdot \text{m})$$

$$\sigma = \frac{6M_1}{t_b\, h_b^2} = \frac{6 \times 11.8 \times 10^6}{14 \times 450^2} \approx 250(\text{N/mm}^2) < f = 310(\text{N/mm}^2)$$

$$\tau = \frac{1.5 \times 125 q_b}{t_b\, h_b} = \frac{1.5 \times 125 \times 2142}{14 \times 450} \approx 64(\text{N/mm}^2) < f = 180(\text{N/mm}^2)$$

(3) 设计焊缝②

焊缝②总长度

$$\sum l_w = 2 \times (460 - 10) + 4 \times (105 - 10) = 1280(\text{mm})$$

$$h_{f2} = \frac{N}{0.7 \sum l_w \beta_f f_f^w} = \frac{1911 \times 10^3}{0.7 \times 1280 \times 1.22 \times 200} \approx 8.74(\text{mm})$$

取 $h_{f2} = 10\text{mm} > h_{f\min} \geqslant 1.5\sqrt{26} \approx 7.64(\text{mm})$，满足构造要求。

第8章

本门课程求职面试可能遇到的典型问题应对

衡量一所职业院校水平的最主要的标准之一是学生毕业后的就业率。现在，求职时一个重要的环节就是面试，面试的表现成为是否被录用的主要标准。本章试图通过对一些典型问题的研讨，加深学生对本门课程的理解和消化，使学生能够较好地应对求职过程中的面试，过好就业第一关。

8.1 常识性问题

1. 型钢符号的含义

下面举例说明一些常用型钢表示法：

(1) ∟100×10——等肢角钢型号，“∟”表示角钢，“100”表示两肢宽都是100mm，“10”表示平均厚度是10mm。

∟100×80×10——不等肢角钢型号，“100”表示长肢宽为100mm，“80”表示短肢宽为80mm，“10”表示角钢的平均厚度。

(2) I32a——普通工字钢型号，“I”表示工字钢，“32”表示工字钢高为32cm，“a”表示工字钢腹板厚度较薄。

(3) [25b——槽钢型号，“[”表示槽钢，“25”表示槽高是25cm，“b”表示槽钢腹板厚度居中。

(4) HW300×300——宽翼缘H型钢的型号，“HW”表示宽翼缘H型钢，第一个“300”表示截面高为300mm，第二个“300”表示翼缘宽度为300mm。

HM400×300——中翼缘H型钢的型号，“HM”表示中翼缘H型钢，“400”表示截面高度为360～400mm，“300”表示翼缘宽度是300mm。

HN350×175——窄翼缘H型钢的型号，“HN”表示窄翼缘H型钢，“350”表示截面高度为346mm或350mm，“175”表示翼缘宽度为174mm或175mm。

(5) TW50×100——剖分宽翼缘T型钢型号，“TW”表示剖分宽翼缘T型钢，“50”表示截面高度为50mm，“100”表示翼缘宽度为100mm。

TM170×250——剖分中翼缘T型钢型号，“TM”表示剖分中翼缘T型钢，“170”表示截面高度为170mm,“250”表示翼缘宽度为250mm。

TN100×100——剖分窄翼缘T型钢型号,“TN”表示剖分窄翼缘T型钢,第一个“100”表示截面高度为99mm或100mm,第二个“100”表示翼缘宽度为99mm或100mm。

(6) —10×360×2000——钢板或扁钢型号,“—”表示钢板或扁钢,“10”表示钢板厚为10mm,“360”表示钢板或扁钢宽为360mm,“2000”表示钢板或扁钢长为2000mm。

2. 承重结构钢应当满足哪些条件?为什么?

承重结构钢应当满足强度高的要求,即屈服强度 f_y 高,可以节约钢材;抗拉强度 f_u 要高,可增加安全储备;塑性和韧性要好,塑性好可减少脆性破坏的危险,韧性好则在动荷载作用下可吸收较多的能量,减少脆性破坏的危险;有良好的冷、热加工性和可焊性,即不因这些加工对强度、塑性、韧性带来较大的不利影响。

3. 结构钢的牌号(简称钢号)表示法和含义。

碳素结构钢的钢号:Q215A及B,Q235A,B,C及D,Q255A,B等。Q215,Q235,Q255分别表示其屈服强度的代表值 f_y 是215N/mm²,235N/mm²,255N/mm²。屈服强度越高,表示碳的质量分数越高,塑性和可焊性越低。A,B,C,D表示按质量由低到高划分的级别。低合金钢的钢号有Q345,Q390,Q420,分别表示其屈服强度的代表值 f_y 是345N/mm²,390N/mm²,420N/mm²,它们有A,B,C,D,E五个质量由低到高的等级,A级无冲击功要求。

4. 不同钢号的两种钢焊接时应选择哪种焊条?

同种钢号焊接时,应选择和钢号强度相适应的焊条,例如Q235选E43系列焊条,Q345选E50系列焊条;不同钢号的两种钢焊接时,应选择低强度钢所适用的焊条,例如Q235和Q345焊接时,选E43系列焊条。

5. 钢材的强度设计值按什么分组?

钢材的力学性能和钢材的加工次数有关,加工次数越多,力学性能越好,所以同种钢号薄钢板比厚钢板的强度设计值高。钢材的强度设计值是按板材的厚度,或圆钢的直径分组的(见表C-1)。

6. 高层钢结构和高层钢筋混凝土结构相比较,哪种结构抗震性能好?

震害和建筑物的自重(质量)有关。钢结构属于轻质高强结构。据统计,百米左右的高层建筑,钢结构比钢筋混凝土结构自重低1/3,因而地震反应可减少30%左右,同时对地基压力可减少25%以上。所以钢结构的抗震性能高于钢筋混凝土结构。

7. 高强度螺栓分为摩擦型连接和承压型连接,其区别是什么?

高强度螺栓摩擦型连接的承载极限状态是外力等于摩擦力,即以不发生滑动为其承载准则;承压型连接是以螺栓或钢板破坏为其承载能力的极限状态,所以承压型连接比摩擦型连接承载力高,但变形大。

8. 普通轴心受压钢构件承载力的极限状态取决于整体稳定,而不取决于强度,为什么?

普通轴心受压钢构件截面上都存在残余应力,而残余应力是自相平衡的,当截面塑性变形充分发展时,残余应力不影响强度极限,但残余应力的存在,使截面过早进入塑性状态,使其抗变形刚度减少,所以构件常常在其强度有足够保证时,突然丧失整体稳定。

9. 什么叫分支点失稳?其特征是什么?

失稳传统上分为两类:分支点失稳和极值点失稳。分支点失稳的特征是,在临界状态时，构件从初始的平衡位形，突然变到了与其邻近的另一个平衡位形，出现平衡位形的分支现象。

10. 由表 C-3 发现普通螺栓抗拉强度设计值 $f_t^b=170\text{N/mm}^2$，而其材料的抗拉强度的设计值 $f=215\text{N/mm}^2$，为什么有这样的区别？

螺栓的抗拉连接必须借助附件才能实现，而附件的刚度不大，受拉后发生变形，起到杠杆的作用，使螺栓受到的实际拉力比外力大，为此规范规定普通螺栓的抗拉强度设计值 f_t^b 取其同样钢号抗拉强度的 0.8 倍。即

$$f_t^b=170\approx 0.8f=0.8\times 215$$

8.2 概念性问题

1. 低温地区焊接结构如何选择钢材？

钢材中硫、磷含量超标，将使钢材脆性增加；碳的质量分数高会降低钢材的可焊性；厚钢板较薄钢板冶金缺陷多，会产生微裂缝；冷加工使钢材硬化；沸腾钢较镇静钢韧性差；钢材的冲击韧性随温度的降低而减小。因此，应选择质量等级较高的镇静钢或特殊镇静钢，并对碳、磷、硫的含量提出控制指标，尽量选择较薄钢板，如果有冷加工，应将冷加工硬化部分的钢材刨去。

2. 分析如图 8-1(a)所示普通螺栓接头的危险截面在何处？其承载力是多少(拼接板和钢板等强度)？

如图 8-1(b)所示，钢板通过第一排 3 个螺栓将 $\frac{1}{4}N$ 的力传给上下拼板；到第 2 截面，通过 5 个螺栓又将 $\frac{5}{12}N$ 的力传给拼板，这时拼板共得到 $\frac{2}{3}N$ 的力；到第 3 截面，钢板通过 4 个螺栓将 $\frac{1}{3}N$ 的力又传给了拼板，这时拼板共得到全部 N 力，右边钢板已将力传完。因第 3 截面有 4 个螺栓孔(直线截面)，折线截面有 5 个螺栓孔，所以拼板在第 3 截面最危险，其承载力是 N。

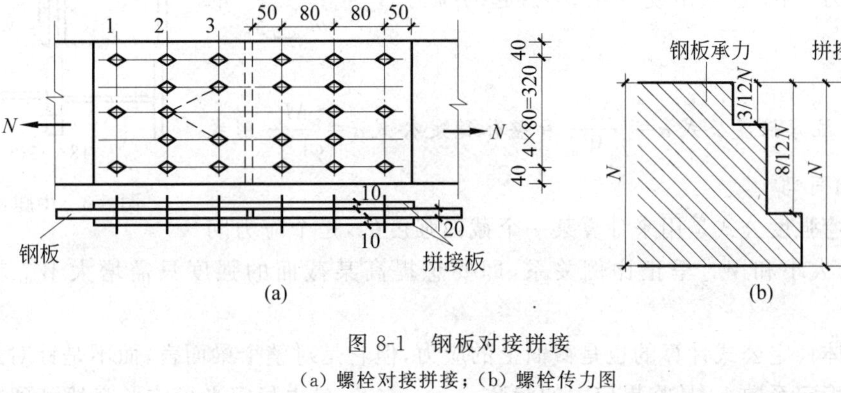

图 8-1　钢板对接拼接

(a) 螺栓对接拼接；(b) 螺栓传力图

3. 图 8-2(a)所示结构中两端铰接的轴心受压柱 AB,在强轴平面(xz 平面)内有支撑系统以阻止柱的中点在 $ABCD$ 的平面(xz 平面)内产生侧向位移。柱的截面是 HW100×100,其截面回转(惯性)半径 $i_x=4.18\text{cm}$,$i_y=2.47\text{cm}$。分析 AB 柱的截面是先绕强轴(x 轴)失稳还是先绕弱轴(y 轴)失稳。

由图 8-2(a)可得 AB 柱的计算简图如图 8-2(c)所示,其计算长度 $l_{0x}=2l_{0y}$;由截面回转半径 $i_x/i_y=\dfrac{4.18}{2.47}=1.7$,其长细比的比值是

$$\frac{\lambda_x}{\lambda_y}=\frac{l_{0x}i_y}{l_{0y}i_x}=\frac{2}{1.7}\approx 1.2$$

如果截面稳定系数属于同类,则先绕强轴失稳;但对于 H 型钢,截面的强轴属 b 类,截面的弱轴属 c 类,因此此截面非常接近 $\varphi_x=\varphi_y$,属于对两主轴等稳的轴心压杆,所以是最经济的截面形式。

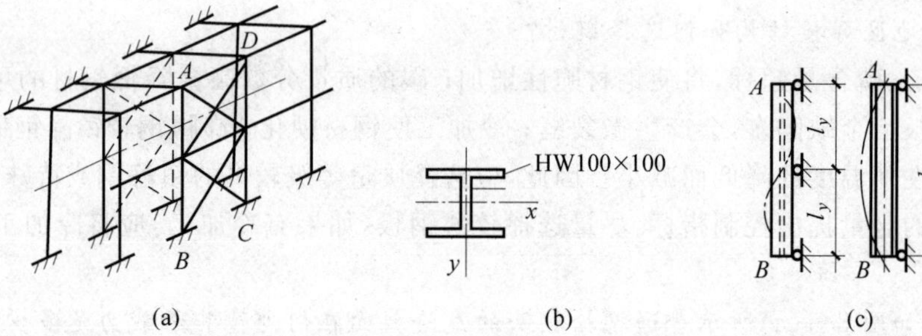

图 8-2 轴心受压柱

(a) 轴心受压柱结构;(b) 轴心受压柱截面;(c) 轴心受压柱计算简图

4. 试分析图 8-3 所示连接中螺栓的受力情况。①支托板不承力;②支托板承力。

图 8-3 是牛腿用螺栓和柱连接图。如果支托不承力,则螺栓承受剪力 $V=P$ 和弯矩 $M=Pe$ 所引起拉力 $N=\dfrac{My_1}{m\sum y_i^2}$ 的共同作用;如果支托受力,则螺栓只承受弯矩 M 引起的拉力 $N=\dfrac{My_1}{m\sum y_i^2}$ 的作用。

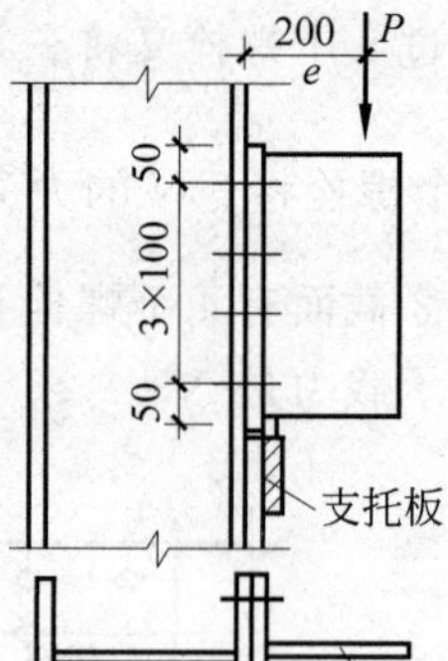

图 8-3 牛腿柱

5. 梁的抗弯强度公式 $\sigma=\dfrac{M_x}{\gamma_x W_{nx}}$ 和整体稳定公式 $\sigma=\dfrac{M_x}{\varphi_b W_x}$ 形式相似,本质相同吗?

梁的抗弯强度公式是用来计算某一个截面强度的,是个应力问题,应力 σ 的大小和 W_{nx} 呈正比例关系,即要想提高某截面的强度只需增大 W_{nx} 就可以做到。

梁的整体稳定公式计算的也是截面上的应力,但它是对整个梁而言,而不是针对某一个具体截面。稳定系数 φ_b 是临界应力的函数,$\varphi_b=\sigma_{cr}/f_y$,是由稳定平衡位形突然跳到相邻的另一个平衡位形,变形急剧增大,考虑变形的影响(属二阶分析)而得到的。梁的稳定计算必

须根据其变形状态来进行，变形和梁的刚度有关，在公式 $\sigma=\dfrac{M_x}{\varphi_b W_x}$ 中，应力 σ 和 W_x 不呈正比例关系。

因此梁的强度计算公式和整体稳定计算公式是形似而本质不相同的。

6. 简述如图 8-4 所示三铰拱钢拉条的设计步骤。

钢拉条的设计步骤：

(1) 求出支反力 R_A，R_B；

(2) 取半拱为脱离体，求出钢拉条的拉力 H；

(3) 由轴心受拉构件的强度公式 $A_e \geqslant \dfrac{H}{f}$ 算出必需的有效截面尺寸；

(4) 查规范选择拉条的直径 D；

(5) 验算拉条的刚度：

$$\lambda=\frac{L}{i}=\frac{4L}{D}\leqslant[\lambda]$$

7. 如图 8-5 所示槽钢檩条，槽钢的槽口为什么要朝向屋脊放置？

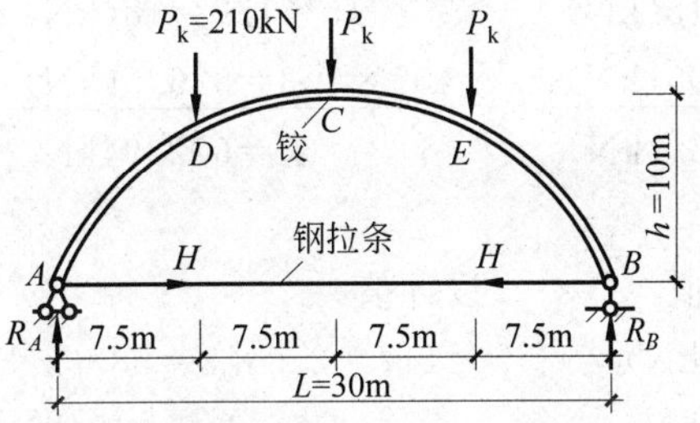

图 8-4 三铰拱中的钢拉条

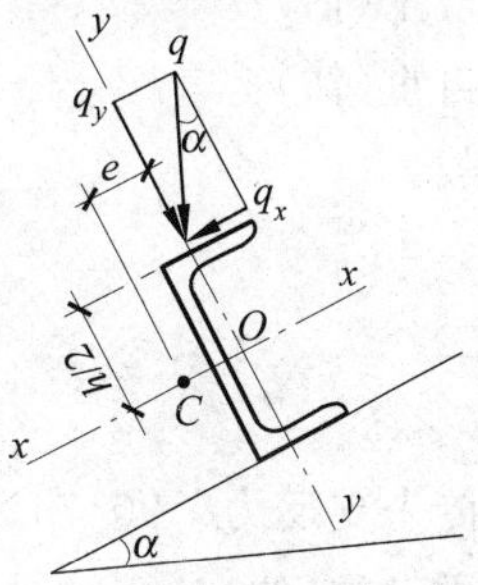

图 8-5 槽钢檩条在屋架上放置图

槽钢的剪切中心 C 位于腹板外侧一定距离的对称轴(x 轴)上。如果荷载不通过剪切中心 C，檩条除受弯曲变形外还受扭转变形。为了在计算中不考虑扭转变形，尽量使荷载接近剪切中心 C。如图所示槽钢的槽口朝向屋脊放置，屋面荷载 q 在截面主轴上的两个分力 q_x，q_y 对剪切中心 C 的扭矩方向相反，可相互抵消一部分。所以，在槽钢檩条的计算中只考虑抗弯强度、刚度，整体稳定性在构造上给予保证。

8. 写出如图 8-6 所示平台次梁和主梁所承载的荷载的设计值。平台活荷载为 27kN/m²。

(1) 次梁荷载 q

	标准值	设计值
平台恒荷载：(24×0.02+25×0.1)×3=8.94(kN/m)		8.94×1.2≈10.73(kN/m)
次梁自重(估)	0.8kN/m	0.8×1.2=0.96(kN/m)
平台活荷载：	27×3=81(kN/m)	81×1.3=105.3(kN/m)
	q_k=90.74kN/m	q=117kN/m

次梁受力简图如图 8-7 所示。

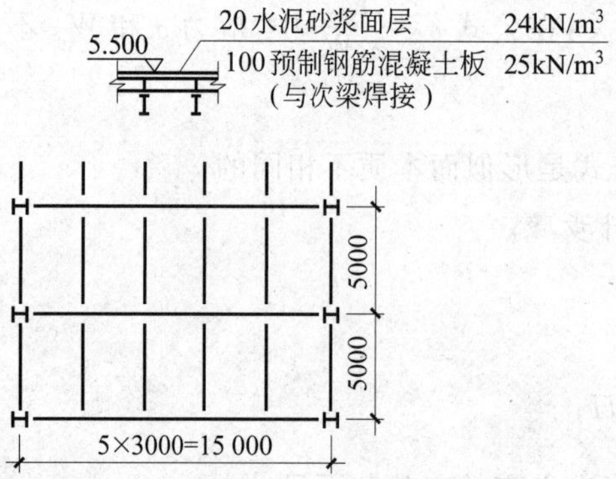

图 8-6 平台布置图

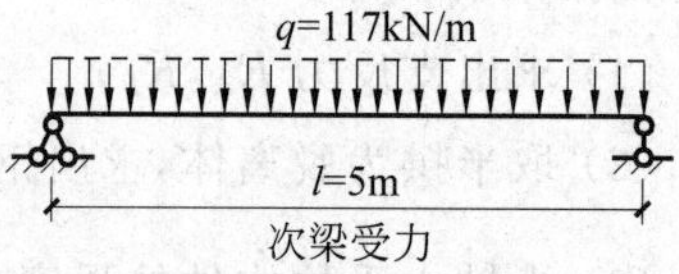

图 8-7 次梁受力图

(2) 主梁荷载

方法一

	标准值	设计值
平台恒荷载：(24×0.02+25×0.1)×3×5=44.7(kN)		44.7×1.2=53.64(kN)
次梁自重(估)	0.8×5=4(kN)	4×1.2=4.8(kN)
主梁自重(估)	5×3=15(kN)	15×1.2=18(kN)
平台活荷载：	27×3×5=405(kN)	405×1.3=526.5(kN)
	P_k=468.7kN	P=602.94kN

方法二

	标准值	设计值
两边次梁传来支反力	90.74×2.5×2=453.7(kN)	117×2.5×2=585(kN)
主梁自重(估)	5×3=15(kN)	15×1.2=18(kN)
	P_k=468.7kN	P=603kN

主梁受力简图如图 8-8 所示。

9. 有两种 H 型钢截面(图 8-9)：HW100×100 和 HN150×75，试分析哪种截面形式适合做梁。哪种截面形式适合做轴心受压柱。

HW100×100 截面几何参数：

$$A_1 = 21.90\text{cm}^2,\quad I_{x_1} = 383\text{cm}^4,\quad I_{y_1} = 134\text{cm}^4$$

$$i_{x_1} = 4.18\text{cm},\quad i_{y_1} = 2.47\text{cm}$$

$$W_{x_1} = 76.5\text{cm}^3,\quad W_{y_1} = 26.7\text{cm}^3$$

HN150×75 截面几何参数：

$$A = 18.16\text{cm}^2,\quad I_x = 679\text{cm}^4,\quad I_y = 49.6\text{cm}^4$$

$$i_x = 6.12\text{cm},\quad i_y = 1.65\text{cm}$$

$$W_x = 90.6\text{cm}^3,\quad W_y = 13.2\text{cm}^3$$

(1) 从梁方面比较

梁的整体稳定在构造上都能得到保证，所以从抗弯强度和刚度两方面来比较(HW100×100 所有的量右下角都加下标 1 以示和 HN150×75 的区别)：

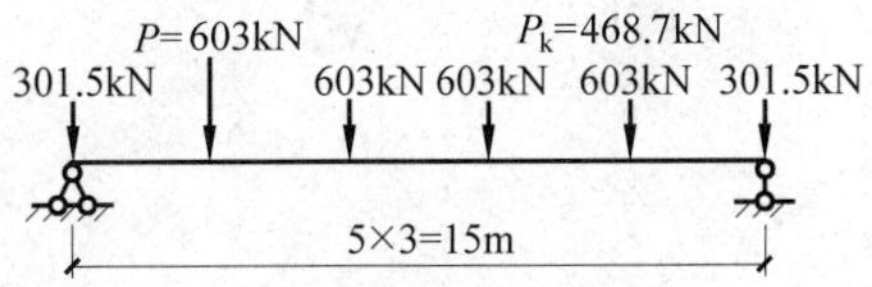

图 8-8　主梁受力图

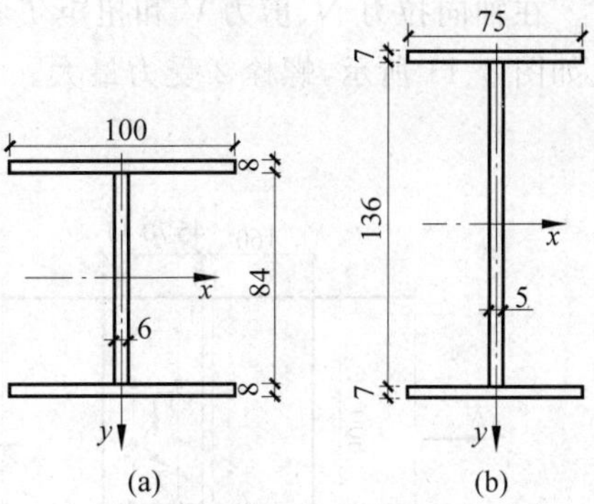

图 8-9　H 型钢截面图

(a) 宽翼缘 H 型钢截面；(b) 窄翼缘 H 型钢截面

从抗弯强度比较：$\frac{M_x}{M_{x_1}}=\frac{W_x}{W_{x_1}}=\frac{90.6}{76.5}\approx 1.18$，HN150×75 的承载能力比 HW100×100 高 18%。

从刚度(抗变形能力)比较：$\frac{v}{v_1}=\frac{I_{x_1}}{I_x}=\frac{383}{679}\approx 0.56$

HN150×75 的挠度近似于 HW100×100 的挠度的$\frac{1}{2}$，即 HN150×75 的抗变形能力几乎比 HW100×100 的抗变形能力大 1 倍。而 HN150×75 的用钢量比 HW100×100 的用钢量少，计算如下：

$$\frac{A_1-A}{A}\times 100\%=\frac{21.9-18.16}{18.16}\times 100\%\approx 21\%$$

结论：窄翼缘高腹板的截面形式即 HN 型钢适合做梁。

(2) 从轴心受压柱方面比较

由$\frac{i_{x_1}}{i_{y_1}}=\frac{4.18}{2.47}=1.69$，如果在强轴平面内中点加一支撑，则 $l_{y_1}=\frac{1}{2}l_{x_1}$，$\frac{\lambda_{x_1}}{\lambda_{y_1}}=\frac{l_{x_1}i_{y_1}}{i_{x_1}l_{y_1}}=\frac{2}{1\times 1.69}\approx 1.18$。对 H 型钢，绕强轴失稳属 b 类截面，绕弱轴失稳属 c 类截面。所以，这样处理后接近等稳定，从自身比较来说是合理的轴心受压柱的截面形式。

由$\frac{i_x}{i_y}=\frac{6.12}{1.65}\approx 3.7$，即在强轴平面内$\frac{1}{3}$点加两道侧向支撑，仍然由弱轴控制，做轴心受压轴是很不经济的，即弱轴太弱，强轴方面太富余，发挥不了作用。

如果侧向中点都加一道支撑，两种截面比较：

$$\frac{\lambda_y}{\lambda_{y_1}}=\frac{i_{y_1}}{i_y}=\frac{2.47}{1.65}\approx 1.5$$

即 HN150×75 的轴心受压稳定承载能力比 HW100×100 低得多。

结论：翼缘宽度和截面高度接近相等的截面形式，即 HW 型钢适合做轴心受压柱。

10. 试分析如图 8-10 所示接头四角有 1,2,3,4 四个螺栓的受力情况，并分别画出其受力图示。

在轴向拉力 N、剪力 V 和扭矩 T 的共同作用下，螺栓承受剪切作用。四角螺栓受力情况如图 8-11 所示，螺栓 2 受力最大。

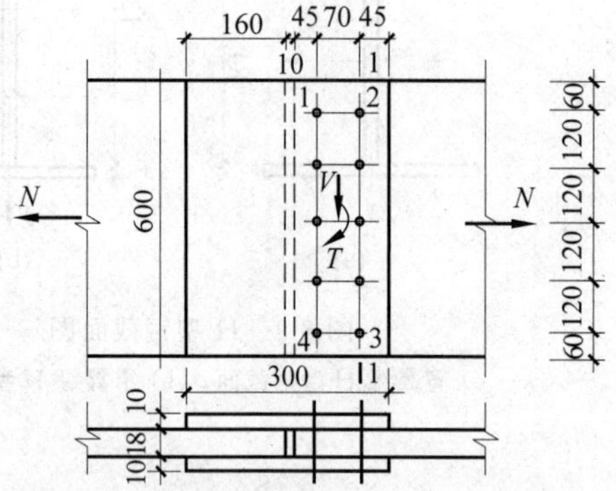

图 8-10 承受扭矩剪力的螺栓连接接头

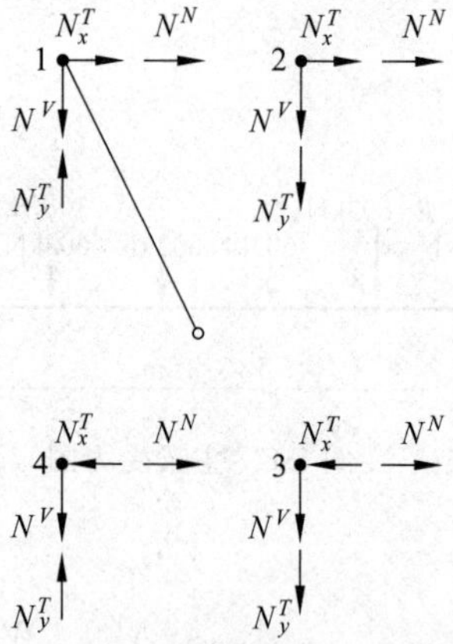

图 8-11 四角螺栓受力图

8.3 识图

1. 上弦节点图

如图 8-12 所示为承受集中荷载 Q 的钢屋架上弦节点图。上弦杆截面是 2∟100×7，通过节点板连成 T 形截面，肢背朝上，肢尖朝下。为保持上弦截面平整，便于放置檩条支托、檩条或屋面板，上弦杆的肢背和节点板用槽焊缝相连，肢尖用 $h_f=5$ 的角焊缝相连，按构造满焊。节点轴线(也即角钢重心线)到肢背的尺寸为角钢在节点上的定位尺寸，为 30mm (∟100×7 的重心距 27.1mm，以 5mm 为模数，取 30mm)。腹杆①截面是 2∟45×4 组成 T 形截面，定位尺寸为 15mm，杆端截面到节点中心的间距为 260mm。肢背和节点板连接焊缝的 $h_{f_1}=5$mm，连接长度 $l_1=80$mm，肢尖焊缝的 $h_{f_2}=4$mm，$l_2=50$mm。腹杆③和①相同。腹杆②截面是 2∟50×4，组成 T 形截面，定位尺寸为 15mm，肢背、肢尖和节点板的连接焊缝

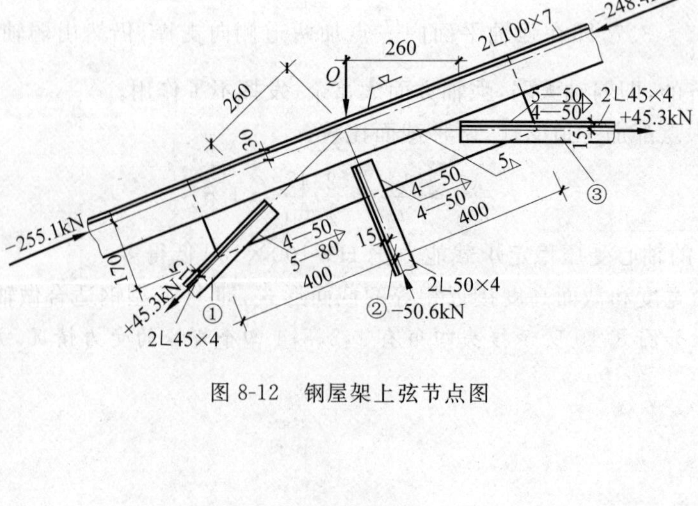

图 8-12 钢屋架上弦节点图

的 $h_f=4$，焊接长度 50mm，杆端面和节点中心的间距尺寸漏标。节点板是长为 400＋400＝800(mm)、宽 170＋30－7＝193(mm)的矩形板。

2. 支座节点图

图 8-13 所示为三角形屋架铰支座节点图。上弦杆截面是 2∟100×7 组成的 T 形截面，肢背平面朝上，肢尖朝下，肢背和节点板用槽焊相连，肢尖用 $h_f=5$mm 的角焊缝相连，按构造尺寸满焊。加劲肋是两块—10×119×160 钢板，用 $h_f=6$mm 的角焊缝分别焊在节点板和底板上。底板是一块—20×250×250 的方钢板，两个锚栓孔为直径 $d_0=50$mm 的半圆带矩形豁孔。下弦杆截面是 2∟75×50×5 由短肢相连成 T 形截面，定位尺寸是 10mm，杆端面到节点中心的间距是 150＋125＝275(mm)，肢背用 6—150 角焊缝和节点板相连，肢尖用 4—80 角焊缝和节点板相连，下弦角钢边缘到底板的间距 $S=160\text{mm}>2\times75$。节点板厚度为 12mm 的平行四边形板。

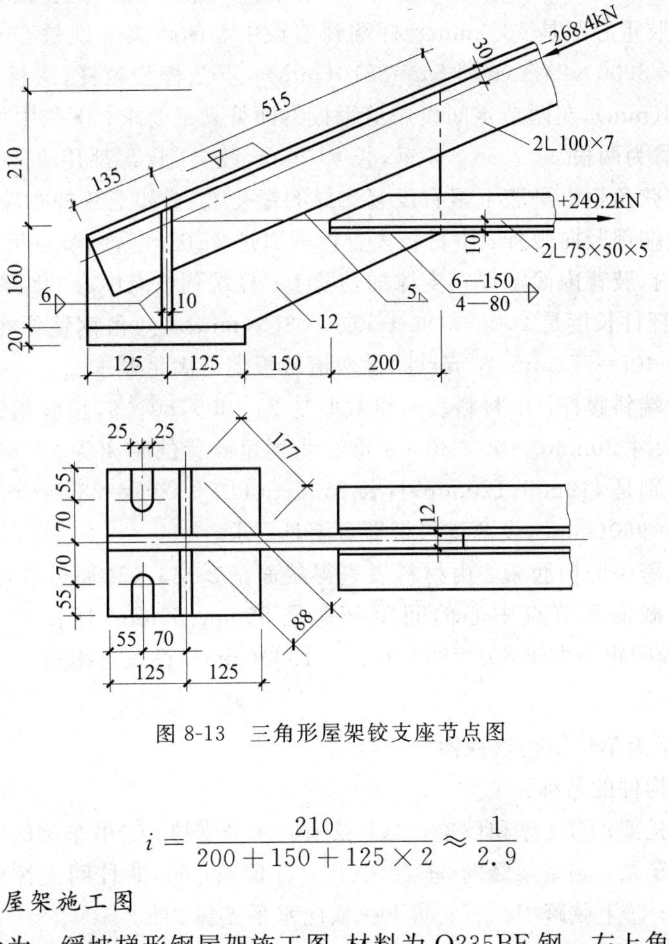

图 8-13　三角形屋架铰支座节点图

屋面坡度

$$i=\frac{210}{200+150+125\times2}\approx\frac{1}{2.9}$$

3. 缓坡梯形屋架施工图

图 8-14 所示为一缓坡梯形钢屋架施工图，材料为 Q235BF 钢。左上角附图是屋架几何尺寸和杆件内力设计值图。由图知屋架的跨度 $L=18\,000$mm，计算跨度 $L_0=L-300=17\,700$(mm)，端部高度 $H_0=2005$mm，跨中高度 $H=2890$mm，起拱高度 $\frac{L}{500}=36$mm，屋面坡度 $i_0=\frac{H+36-H_0}{L_0/2}=\frac{2890+36-2005}{8850}\approx\frac{1}{10}$。

屋架主视图的轴线和节点采用两个不同的比例尺。屋架构件的编号规则是先主后次、先上后下、从左到右编排。

①号构件是上弦杆：截面由材料表查出是 2∟100×80×7，短肢由节点板拼接成 T 形截面，肢背朝上，肢尖朝下；两角钢镜像相同，因有螺孔不能互换，所以在两角钢上编号，注明正、反以示区别；尺寸标注，定位尺寸 20mm(∟100×80×7 短肢重心距 20.1mm，以 5mm 为模数)，杆端到节点中心间距分别为 11mm、4mm，上弦杆的长度是(1507＋1508)×3－(11＋4)＝9030(mm)；上弦杆为受压构件，缀板间距不大于 $40i=40\times31.6=1264$(mm)，在两节点间设一道缀板㉜可满足要求；左右两片屋架在脊节点工地拼接，拼接角钢⑭为两根∟100×80×7 钢，长 440mm，肢背用槽焊缝，肢尖用 $h_f=6$mm 角焊缝连接；由俯视图可见在节点处分别设置支撑加劲肋㉛，㊲，㉟，并留有设置支撑的螺孔。

②号构件是下弦杆：截面由材料表查出是 2∟90×56×7，短肢通过节点板连成 T 形截面，肢背朝下，肢尖朝上，和上弦杆同理，二角钢用一个编号，注明正、反；定位尺寸 15mm(∟90×56×7 短肢重心距是 13.3mm)，杆端到节点中心的距离分别是 35mm、5mm，下弦杆的长度是(2850＋3000×2)－(35＋5)＝8810(mm)；下弦杆为拉杆，缀板间距不大于 $80i=80\times28.6=2288$(mm)，在两节点间设一道缀板㉝即可满足要求；下弦中央节点为工地拼接节点，拼接角钢⑮为两根∟90×56×7 钢，长 410mm，肢尖、肢背都用 $h_f=6$ 的角焊缝连接；由俯视图可见下弦角钢水平肢上留有设置支撑的螺孔，位置和上弦杆对应。

③号构件是端部竖向腹杆：由材料表查得截面是 2∟63×5，和节点板连成 T 形截面，肢尖朝外，肢背朝内，肢背内面贴焊在支撑加劲肋上；杆端到节点中心的距离分别是(75mm＋15mm)、50mm，杆件长度是 2005－(90＋50)＝1865(mm)；两角钢镜像相同，用一个编号；缀板间距不大于 $40i=772$mm，在节点间设两道缀板即可满足要求。

④号构件为端斜腹杆：由材料表查得截面是 2∟100×80×6，长肢相连组成 T 形截面；尺寸标注，定位尺寸 30mm(∟100×80×6 重心线到短肢背的距离为 29.5mm)，杆两端到节点中心的间距分别是 110mm、120mm，杆长 2530－(110＋120)＝2300(mm)；缀板间距不大于 $40i=40\times24=960$(mm)，设两道缀板即可满足要求。

⑬号构件是跨中竖向腹板：由材料表查得截面是 2∟63×5，通过节点板两角钢连成十字形截面；杆端截面和节点中心的间距分别是 85mm、55mm，杆长 2890－(85＋55)＝2750(mm)；缀板间距不大于 $80i=80\times12.5=1000$(mm)，设三道缀板，一横一竖交替放置。

4. *厂房结构图*

图 8-15 所示为单厂结构透视图。

(1) 各部分构件的名称

①屋架；②托架；③支撑和檩条；④上弦横向水平支撑；⑤吊车梁的制动桁架；⑥横向平面框架；⑦吊车梁；⑧屋架竖向(垂直)支撑；⑨檩条；⑩，⑪柱间支撑；⑫框架柱；⑬墙架柱；⑭墙架梁；⑮下弦跨中系杆；⑯下弦横向水平支撑。

(2) 各部分构件的作用

横向平面框架——由横梁(屋架)和柱组成，是厂房的基本承重结构，承受横向水平荷载和竖向荷载，并将其传递给基础。

纵向平面框架——由柱、托架、吊车梁(制动桁架)及柱间支撑组成。其作用是保证厂房骨架的纵向几何不变性和刚度，承受纵向水平荷载，并将其传给基础。

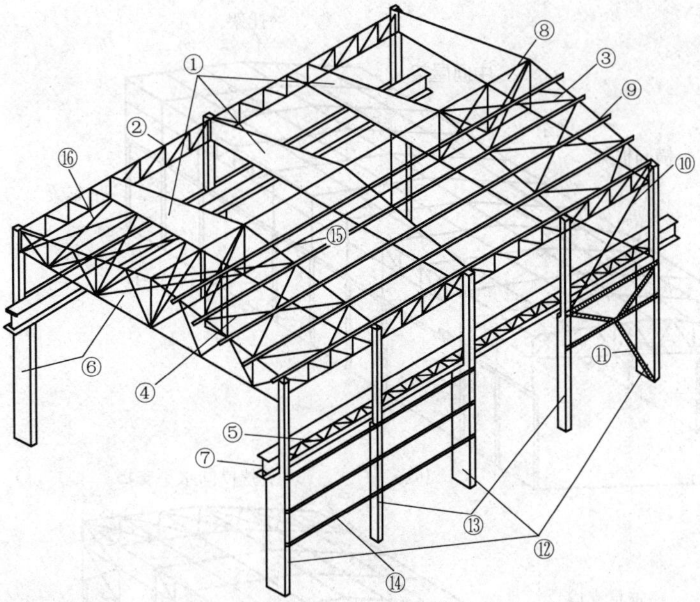

图 8-15　单厂结构透视图

屋盖结构——由屋架、檩条、支撑、托架等组成，承受横向和纵向荷载，并将其传给柱。

吊车梁系统——由吊车梁和水平制动梁(桁架)组成，承受吊车的竖向荷载和水平制动荷载，并将其传给横向框架和纵向框架。

支撑系统——有屋盖支撑、柱间支撑等。其作用是将单独的平面框架连成空间体系，保证结构必要的刚度和几何稳定性。

墙架系统——由墙架梁和墙架柱组成，承受墙体的重量和墙体承受的风力。

5. 支撑体系作用图

图 8-16(a)是未设支撑体系的单跨厂房结构透视图。它由横向框架(屋架和柱)、檩条、托架和吊车梁系统组成，存在如下问题：

(1) 檩条对屋架弦杆不能起侧向固定支撑作用。上弦杆受压，其平面外计算长度等于屋架的跨度，受力极不合理；下弦杆受拉，其平面外计算长度太大，刚度难以保证。

(2) 纵向山墙上传来水平风力及吊车产生的纵向水平制动力，因这时相邻屋架弦杆之间没有组成承重的水平桁架，仅仅一个屋架弦杆是难以承受此力的，柱沿纵向刚度很小，在纵向力作用下，将产生很大的纵向变形或振动，甚至使厂房倾倒。

(3) 当某一横向框架受到横向水平荷载作用时(风力或吊车横向水平制动力)，不能将荷载分散到邻近横向框架去共同承担，其横向刚度会不足，侧移和横向振动较大，将影响框架的正常使用和寿命。

(4) 在安装(施工)过程中，容易倾倒。

图 8-16(b)是设置了上、下弦横向水平支撑、垂直支撑及柱间支撑的厂房结构透视图。它将各平面结构连成一个空间整体，保证结构具有足够的强度、刚度和稳定性来承担各方向的荷载，保证结构的正常使用。

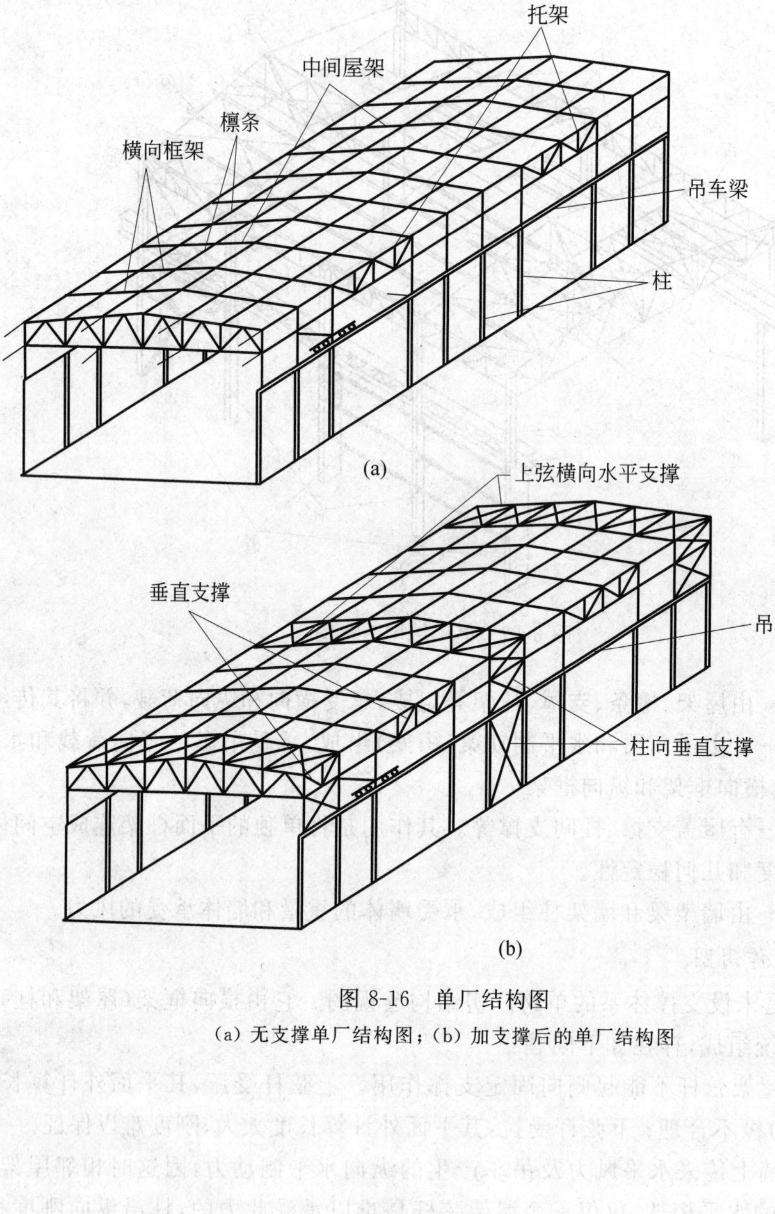

图 8-16 单厂结构图

(a) 无支撑单厂结构图；(b) 加支撑后的单厂结构图

附 录

附录 A 型钢规格表

表 A-1 普通工字钢

符号：h——高度；

b——翼缘宽度；

d——腹板厚；

t——翼缘平均厚度；

I——惯性矩；

W——截面抵抗矩；

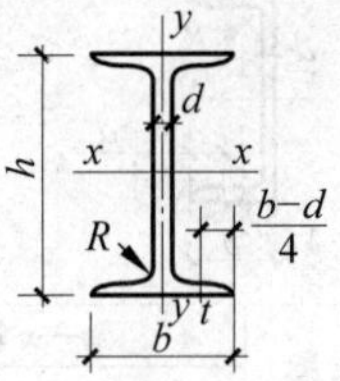

i——回转半径；

S_x——半截面的面积矩；

长度：型号 10～18，长 5～19m；

型号 20～63，长 6～19m。

型号	尺寸/mm					截面积	质量	x—x 轴				y—y 轴		
	h	b	d	t	R	/cm²	/(kg/m)	I_x /cm⁴	W_x /cm³	i_x /cm	I_x/S_x /cm	I_y /cm⁴	W_y /cm³	i_y /cm
10	100	68	4.5	7.6	6.5	14.3	11.2	245	49	4.14	8.59	33	9.7	1.52
12.6	126	74	5.0	8.4	7.0	18.1	14.2	488	77	5.19	16.8	47	12.7	1.61
14	140	80	5.5	9.1	7.5	21.5	16.9	712	102	5.79	12.0	64	16.1	1.73
16	160	88	6.0	9.9	8.0	26.1	20.5	1130	141	6.58	13.8	93	21.2	1.89
18	180	94	6.5	10.7	8.5	30.6	24.1	1660	185	7.36	15.4	122	26.0	2.00
20a	200	100	7.0	11.4	9.0	35.5	27.9	2370	237	8.15	17.2	158	31.5	2.12
20b	200	102	9.0	11.4	9.0	39.5	31.1	2500	250	7.96	16.9	169	33.1	2.06
22a	220	110	7.5	12.3	9.5	42.0	33.0	3400	309	8.99	18.9	225	40.9	2.31
22b	220	112	9.5	12.3	9.5	46.4	36.4	3570	325	8.78	18.7	239	42.7	2.27
25a	250	116	8.0	13.0	10.0	48.5	38.1	5020	402	10.18	21.6	280	48.3	2.40
25b	250	118	10.0	13.0	10.0	53.5	42.0	5280	423	9.94	21.3	309	52.4	2.40
28a	280	122	8.5	13.7	10.5	65.4	43.4	7110	508	11.3	24.6	345	56.6	2.49
28b	280	124	10.0	13.7	10.5	61.0	47.9	7480	534	11.1	24.2	379	61.2	2.49
32a	320	130	9.5	15.0	11.5	67.0	52.7	11 080	692	12.8	27.5	460	70.8	2.62
32b	320	132	11.5	15.0	11.5	73.4	57.7	11 620	726	12.6	27.1	502	76.0	2.61
32c	320	134	13.5	15.0	11.5	79.9	62.8	12 170	760	12.3	26.8	544	81.2	2.61
36a	360	136	10.0	15.8	12.0	76.3	59.9	15 760	875	14.4	30.7	552	81.2	2.69
36b	360	138	12.0	15.8	12.0	83.5	65.6	16 530	919	14.1	30.3	582	84.3	2.64
36c	360	140	14.0	15.8	12.0	90.7	71.2	17 310	962	13.8	29.9	612	87.4	2.60
40a	400	142	10.5	16.5	12.5	86.1	67.6	21 720	1090	15.9	34.1	660	93.2	2.77
40b	400	144	12.5	16.5	12.5	94.1	73.8	22 780	1140	15.6	33.6	692	96.2	2.71
40c	400	146	14.5	16.5	12.5	102	80.1	23 850	1190	15.2	33.2	727	99.6	2.65
45a	450	150	11.5	18.0	13.5	102	80.4	32 240	1430	17.7	38.6	855	114	2.89
45b	450	152	13.5	18.0	13.5	111	87.4	33 760	1500	17.4	38.0	894	118	2.84
45c	450	154	15.5	18.0	13.5	120	94.5	35 280	1570	17.1	37.6	938	122	2.79

续表

型号	尺寸/mm					截面积/cm²	质量/(kg/m)	x—x 轴				y—y 轴		
	h	b	d	t	R			I_x/cm⁴	W_x/cm³	i_x/cm	I_x/S_x/cm	I_y/cm⁴	W_y/cm³	i_y/cm
50a	500	158	12.0	20	14	119	93.6	46 470	1860	19.7	42.8	1120	142	3.07
50b	500	160	14.0	20	14	129	101	48 560	1940	19.4	42.4	1170	146	3.01
50c	500	162	16.0	20	14	139	109	50 640	2080	19.0	41.8	1220	151	2.96
56a	560	166	12.5	21	14.5	135	106	65 590	2342	22.0	47.7	1370	165	3.18
56b	560	168	14.5	21	14.5	146	115	68 510	2447	21.6	47.2	1487	174	3.16
56c	560	170	16.5	21	14.5	158	124	71 440	2551	21.3	46.7	1558	183	3.16
63a	630	176	13.0	22	15	155	122	93 920	2981	24.6	54.2	1701	193	3.31
63b	630	178	15.0	22	15	167	131	98 080	3164	24.2	53.5	1812	204	3.29
63c	630	180	17.0	22	15	180	141	102 250	3298	23.8	52.9	1925	214	3.27

表 A-2　普通槽钢

符号：同普通工字型钢

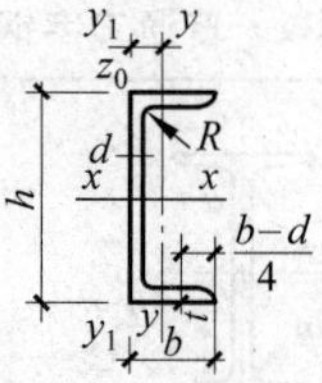

长度：型号 5～8，长 5～12m；
型号 10～18，长 5～19m；
型号 20～40，长 6～19m。

型号	尺寸/mm					截面积/cm²	质量/(kg/m)	x—x 轴			y—y 轴			y_1-y_1 轴	z_0/cm
	h	b	d	t	R			I_x/cm⁴	W_x/cm³	i_x/cm	I_y/cm⁴	W_y/cm³	i_y/cm	I_{y1}/cm⁴	
5	50	37	4.5	7.0	7.0	6.9	5.4	26	10.4	1.94	8.3	3.55	1.10	20.9	1.35
6.3	63	40	4.8	7.5	7.5	8.4	6.6	51	16.1	2.45	11.9	4.50	1.18	28.4	1.36
8	80	43	5.0	8.0	8.0	10.2	8.0	101	25.3	3.15	16.6	5.79	1.27	37.4	1.43
10	100	48	5.3	8.5	8.5	12.7	10.0	198	39.7	3.95	25.6	7.8	1.41	55	1.52
12.6	126	53	5.5	9.0	9.0	15.7	12.4	391	62.1	4.95	38.0	10.2	1.57	77	1.59
14a	140	58	6.0	9.5	9.5	18.5	14.5	564	80.5	5.52	53.2	13.0	1.70	107	1.71
14b	140	60	8.0	9.5	9.5	21.3	16.7	609	87.1	5.35	61.1	14.1	1.69	121	1.67
16a	160	63	6.5	10.0	10.0	21.9	17.2	866	108	6.28	73.3	16.3	1.83	144	1.80
16b	160	65	8.5	10.0	10.0	25.1	19.7	934	117	6.10	83.4	17.5	1.82	161	1.75
18a	180	68	7.0	10.5	10.5	25.7	20.2	1273	141	7.04	98.6	20.0	1.96	190	1.88
18b	180	70	9.0	10.5	10.5	29.3	23.0	1370	152	6.84	111	21.5	1.95	210	1.84
20a	200	73	7.0	11.0	11.0	28.8	22.6	1780	178	7.86	128	24.2	2.11	244	2.01
20b	200	75	9.0	11.0	11.0	32.8	25.8	1914	191	7.64	144	25.9	2.09	268	1.95
22a	220	77	7.0	11.5	11.5	31.8	25.0	2394	218	8.67	158	28.2	2.23	298	2.10
22b	220	79	9.0	11.5	11.5	36.2	28.4	2571	234	8.42	176	30.0	2.21	326	2.03
25a	250	78	7.0	12.0	12.0	34.9	27.5	3370	270	9.82	175	30.5	2.24	322	2.07
25b	250	80	9.0	12.0	12.0	39.9	31.4	3530	282	9.40	196	32.7	2.22	353	1.98
25c	250	82	11.0	12.0	12.0	44.9	35.3	3696	295	9.07	218	35.9	2.21	384	1.92
28a	280	82	7.5	12.5	12.5	40.0	31.4	4765	340	10.9	218	35.7	2.33	388	2.10
28b	280	84	9.5	12.5	12.5	45.6	35.8	5130	366	10.6	242	37.9	2.30	428	2.02
28c	280	86	11.5	12.5	12.5	51.2	40.2	5495	393	10.3	268	40.3	2.29	463	1.95
32a	320	88	8.0	14.0	14.0	48.7	38.2	7598	475	12.5	305	46.5	2.50	552	2.24
32b	320	90	10.0	14.0	14.0	55.1	43.2	8144	509	12.1	336	49.2	2.47	593	2.16
32c	320	92	12.0	14.0	14.0	61.5	48.3	8690	543	11.9	374	52.6	2.47	643	2.09
36a	360	96	9.0	16.0	16.0	60.9	47.8	11 870	660	14.0	455	63.5	2.73	818	2.44
36b	360	98	11.0	16.0	16.0	68.1	53.4	12 650	703	13.6	497	66.8	2.70	880	2.37
36c	360	100	13.0	16.0	16.0	75.3	59.1	13 430	746	13.4	536	70.0	2.67	948	2.34

续表

型号	尺寸/mm h	b	d	t	R	截面积 /cm²	质量 /(kg/m)	x—x 轴 I_x /cm⁴	W_x /cm³	i_x /cm	y—y 轴 I_y /cm⁴	W_y /cm³	i_y /cm	y_1-y_1 轴 I_{y1} /cm⁴	z_0 /cm
40a	400	100	10.5	18.0	18.0	75.0	58.9	17 580	879	15.3	592	78.8	2.81	1068	2.49
40b	400	102	12.5	18.0	18.0	83.0	65.2	18 640	932	15.0	640	82.5	2.78	1136	2.44
40c	400	104	14.5	18.0	18.0	91.0	71.5	19 710	986	14.7	688	86.2	2.75	1221	2.42

表 A-3 等肢角钢

单角钢

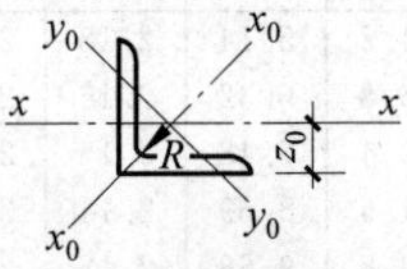

双角钢

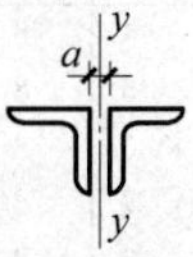

角钢型号		圆角半径 R /mm	重心距 z_0 /mm	截面积 /cm²	质量 /(kg/m)	惯性矩 I_x /cm⁴	截面抵抗矩/cm³ W_x^{max}	W_x^{min}	回转半径/cm i_x	i_{x0}	i_{y0}	a/mm 6 (i_y/cm)	8	10	12
∟20×	3	3.5	6.0	1.13	0.89	0.4	0.67	0.29	0.59	0.75	0.39	1.08	1.16	1.25	1.34
	4	3.5	6.4	1.46	1.14	0.5	0.78	0.36	0.58	0.73	0.38	1.11	1.19	1.28	1.37
∟25×	3	3.5	7.3	1.43	1.12	0.81	1.12	0.46	0.76	0.95	0.49	1.28	1.36	1.44	1.53
	4	3.5	7.6	1.86	1.46	1.03	1.36	0.59	0.74	0.93	0.48	1.30	1.38	1.46	1.55
∟30×	3	4.5	8.5	1.75	1.37	1.46	1.72	0.68	0.91	1.15	0.59	1.47	1.55	1.63	1.71
	4	4.5	8.9	2.28	1.79	1.84	2.05	0.87	0.90	1.13	0.58	1.49	1.57	1.66	1.74
∟36×	3	4.5	10.0	2.11	1.65	2.58	2.58	0.99	1.11	1.39	0.71	1.71	1.75	1.86	1.95
	4	4.5	10.4	2.76	2.16	3.29	3.16	1.28	1.09	1.38	0.70	1.73	1.81	1.89	1.97
	5	4.5	10.7	3.38	2.65	3.95	3.70	1.56	1.08	1.36	0.70	1.74	1.82	1.91	1.99
∟40×	3	5	10.9	2.36	1.85	3.59	3.3	1.23	1.23	1.55	0.79	1.85	1.93	2.01	2.09
	4	5	11.3	3.09	2.42	4.60	4.07	1.60	1.22	1.54	0.79	1.88	1.96	2.04	2.12
	5	5	11.7	3.79	2.98	5.53	4.73	1.96	1.21	1.52	0.78	1.90	1.98	2.06	2.14
∟45×	3	5	12.2	2.66	2.09	5.17	4.24	1.58	1.40	1.76	0.90	2.06	2.14	2.21	2.20
	4	5	12.6	3.49	2.74	6.65	5.28	2.05	1.38	1.74	0.89	2.08	2.16	2.24	2.32
	5	5	13.0	4.29	3.37	8.04	6.19	2.51	1.37	1.72	0.88	2.11	2.18	2.26	2.34
	6	5	13.3	5.08	3.98	9.33	7.0	2.95	1.36	1.70	0.88	2.12	2.20	2.28	2.36
∟50×	3	5.5	13.4	2.27	2.33	7.18	5.36	1.96	1.55	1.96	1.00	2.26	2.33	2.41	2.49
	4	5.5	13.8	3.90	3.06	9.26	6.71	2.56	1.54	1.94	0.99	2.28	2.35	2.43	2.51
	5	5.5	14.2	4.80	3.77	11.21	7.89	3.13	1.53	1.92	0.98	2.30	2.38	2.45	2.53
	6	5.5	14.6	5.69	4.46	13.05	8.94	3.68	1.52	1.91	0.98	2.32	2.40	2.48	2.56
∟56×	3	6	14.8	3.34	2.62	10.2	6.89	2.48	1.75	2.20	1.13	2.49	2.57	2.64	2.71
	4	6	15.3	4.39	3.45	13.2	8.63	3.24	1.73	2.18	1.11	2.52	2.59	2.67	2.75
	5	6	15.7	5.41	4.25	16.0	10.2	3.97	1.72	2.17	1.10	2.54	2.62	2.69	2.77
	8	6	16.8	8.37	6.57	23.6	14.0	6.03	1.68	2.11	1.09	2.60	2.67	2.75	2.83
∟63×	4	7	17.0	4.98	3.91	19.0	11.2	4.13	1.96	2.46	1.26	2.80	2.87	2.94	3.02
	5	7	17.4	6.14	4.82	23.2	13.3	5.08	1.94	2.45	1.25	2.82	2.89	2.97	3.04
	6	7	17.8	7.29	5.72	27.1	15.2	6.0	1.93	2.43	1.24	2.84	2.91	2.99	3.06
	8	7	18.5	9.51	7.47	34.5	18.6	7.75	1.90	2.40	1.23	2.87	2.95	3.02	3.10
	10	7	19.3	11.66	9.15	41.1	21.3	9.39	1.88	2.36	1.22	2.91	2.99	3.07	3.15

续表

角钢型号	单角钢 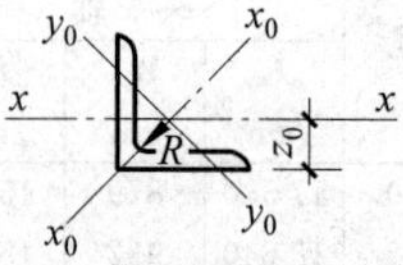										双角钢 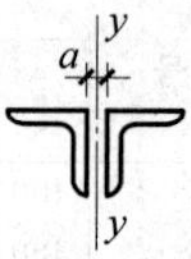			
	圆角半径 R	重心距 z_0	截面积 /cm²	质量 /(kg/m)	惯性矩 I_x /cm⁴	截面抵抗矩/cm³ W_x^{max}	W_x^{min}	回转半径/cm i_x	i_{x0}	i_{y0}	a/mm 6	8	10	12
	/mm										i_y/cm			
4	8	18.6	5.57	4.37	26.4	14.2	5.14	2.18	2.74	1.40	3.07	3.14	3.21	3.28
5	8	19.1	6.87	5.40	32.2	16.8	6.32	2.16	2.73	1.39	3.09	3.17	3.24	3.31
∟70× 6	8	19.5	8.16	6.41	37.8	19.4	7.48	2.15	2.71	1.38	3.11	3.19	3.26	3.34
7	8	19.9	9.42	7.40	43.1	21.6	8.59	2.14	2.69	1.38	3.13	3.21	3.28	3.36
8	8	20.3	10.7	8.37	48.2	23.8	9.68	2.12	2.68	1.37	3.15	3.23	3.30	3.38
5	9	20.4	7.38	5.82	40.0	19.6	7.32	2.33	2.92	1.50	3.30	3.37	3.45	3.52
6	9	20.7	8.80	6.90	47.0	22.7	8.64	2.31	2.90	1.49	3.31	3.38	3.46	3.53
∟75× 7	9	21.1	10.2	7.98	53.0	25.4	9.93	2.30	2.89	1.48	3.33	3.40	3.48	3.55
8	9	21.5	11.5	9.03	60.0	27.9	11.2	2.28	2.88	1.47	3.35	3.42	3.50	3.57
10	9	22.2	14.1	11.1	72.0	32.4	13.6	2.26	2.84	1.46	3.38	3.46	3.53	3.61
5	9	21.5	7.91	6.21	48.8	22.7	8.34	2.48	3.13	1.60	3.49	3.56	3.63	3.71
6	9	21.9	9.40	7.38	57.3	26.1	9.87	2.47	3.11	1.59	3.51	3.58	3.65	3.72
∟80× 7	9	22.3	10.9	8.52	65.6	29.4	11.4	2.46	3.10	1.58	3.53	3.60	3.67	3.75
8	9	22.7	12.3	9.66	73.5	32.4	12.8	2.44	3.08	1.57	3.55	3.62	3.69	3.77
10	9	23.5	15.1	11.9	88.4	37.6	15.6	2.42	3.04	1.56	3.59	3.66	3.74	3.81
6	10	24.4	10.6	8.35	82.8	33.9	12.6	2.79	3.51	1.80	3.91	3.98	4.05	4.13
7	10	24.8	12.3	9.66	94.8	38.2	14.5	2.78	3.50	1.78	3.93	4.00	4.07	4.15
∟90× 8	10	25.2	13.9	10.9	106	42.1	16.4	2.76	3.48	1.78	3.95	4.02	4.09	4.17
10	10	25.9	17.2	13.5	129	49.7	20.1	2.74	3.45	1.76	3.98	4.05	4.13	4.20
12	10	26.7	20.3	15.9	149	56.0	23.0	2.71	3.41	1.75	4.02	4.10	4.17	4.25
6	12	26.7	11.9	9.37	115	43.1	15.7	3.10	3.90	2.00	4.30	4.37	4.44	4.51
7	12	27.1	13.8	10.8	132	48.6	18.1	3.09	3.89	1.99	4.31	4.39	4.46	4.53
8	12	27.6	15.6	12.3	148	53.7	20.5	3.08	3.88	1.98	4.34	4.41	4.48	4.56
∟100×10	12	28.4	19.3	15.1	179	63.2	25.1	3.05	3.84	1.96	4.38	4.45	4.52	4.60
12	12	29.1	22.8	17.9	209	71.9	29.5	3.03	3.81	1.95	4.41	4.49	4.56	4.63
14	12	29.9	26.3	20.6	236	79.1	33.7	3.00	3.77	1.94	4.45	4.53	4.60	4.68
16	12	30.6	29.6	23.3	262	89.6	37.8	2.98	3.74	1.94	4.49	4.56	4.64	4.72
7	12	29.6	15.2	11.9	177	59.9	22.0	3.41	4.30	2.20	4.72	4.79	4.86	4.92
8	12	30.1	17.2	13.5	199	64.7	25.0	3.40	4.28	2.19	4.75	4.82	4.89	4.96
∟110×10	12	30.9	21.3	16.7	242	78.4	30.6	3.38	4.25	2.17	4.78	4.86	4.93	5.00
12	12	32.6	25.2	19.8	283	89.4	36.0	3.35	4.22	2.15	4.81	4.89	4.96	5.03
14	12	31.4	29.1	22.8	321	99.2	41.3	3.32	4.18	2.14	4.85	4.93	5.00	5.07
8	14	33.7	19.7	15.5	297	88.1	32.5	3.88	4.88	2.50	5.34	5.41	5.48	5.55
10	14	34.5	24.4	19.1	362	105	40.0	3.85	4.85	2.49	5.38	5.45	5.52	5.59
∟125× 12	14	35.3	28.9	22.7	423	120	41.2	3.83	4.82	2.46	5.41	5.48	5.56	5.63
14	14	36.1	33.4	26.2	482	133	54.2	3.80	4.78	2.45	5.45	5.52	5.60	5.67
10	14	38.2	27.4	21.5	515	135	50.6	4.34	5.46	2.78	5.98	6.05	6.12	6.19
12	14	39.0	32.5	25.5	604	155	59.8	4.31	5.43	2.76	6.02	6.09	6.16	6.23
∟140× 14	14	39.8	37.6	29.5	689	173	68.7	4.28	5.40	2.75	6.05	6.12	6.20	6.27
16	14	40.6	42.5	33.4	770	190	77.5	4.26	5.36	2.74	6.09	6.16	6.24	6.31

续表

角钢型号	单角钢 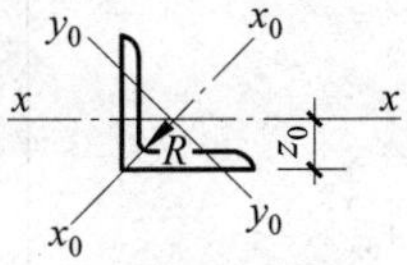										双角钢 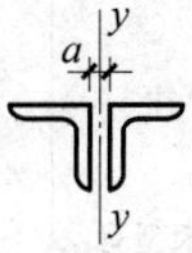			
	圆角半径 R /mm	重心距 z_0 /mm	截面积 /cm²	质量 /(kg/m)	惯性矩 I_x /cm⁴	截面抵抗矩/cm³ W_x^{max}	截面抵抗矩/cm³ W_x^{min}	回转半径/cm i_x	回转半径/cm i_{x0}	回转半径/cm i_{y0}	a/mm 6 (i_y/cm)	8	10	12
└160×10	16	43.1	31.5	24.7	779	180	66.7	4.98	6.27	3.20	6.78	6.85	6.92	6.99
└160×12	16	43.9	37.4	29.4	917	208	79.0	4.95	6.24	3.18	6.82	6.89	6.96	7.02
└160×14	16	44.7	43.3	34.0	1048	234	90.9	4.92	6.20	3.16	6.85	6.92	6.99	7.07
└160×16	16	45.5	49.1	38.5	1175	258	103	4.89	6.17	3.14	6.89	6.96	7.03	7.10
└180×12	16	48.9	42.2	33.2	1321	271	101	5.59	7.05	3.58	7.63	7.70	7.77	7.84
└180×14	16	49.7	48.9	38.4	1514	305	116	5.56	7.02	3.56	7.66	7.73	7.81	7.87
└180×16	16	50.5	55.5	43.5	1701	338	131	5.54	6.98	3.55	7.70	7.77	7.84	7.91
└180×18	16	51.3	62.0	48.6	1875	365	146	5.50	6.94	3.51	7.73	7.80	7.87	7.94
└200×14	18	54.6	54.6	42.9	2104	387	145	6.20	7.82	3.98	8.47	8.53	8.60	8.67
└200×16	18	55.4	62.0	48.7	2366	428	164	6.18	7.79	3.96	8.50	8.57	8.04	8.71
└200×18	18	56.2	69.3	54.4	2621	467	182	6.15	7.75	3.94	8.54	8.61	8.67	8.75
└200×20	18	56.9	76.5	60.1	2867	503	200	6.12	7.72	3.93	8.56	8.64	8.71	8.78
└200×24	18	58.7	90.7	71.2	3338	570	236	6.07	7.64	3.90	8.65	8.73	8.80	8.87

表 A-4 不等肢角钢

角钢型号	单角钢 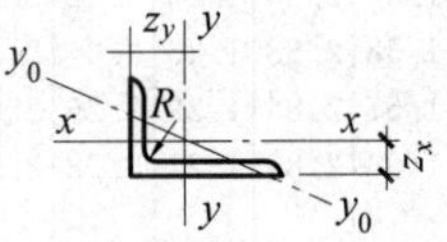										双角钢 							
	圆角半径R /mm	重心距 z_x /mm	重心距 z_y /mm	截面积 /cm²	质量 /(kg/m)	惯性矩/cm⁴ I_x	惯性矩/cm⁴ I_y	回转半径/cm i_x	回转半径/cm i_y	回转半径/cm i_{y0}	a/mm 6 (y_1/cm)	8	10	12	6 (y_2/cm)	8	10	12
└25×16×3	3.5	4.2	8.6	1.16	0.91	0.22	0.70	0.44	0.78	0.34	0.84	0.93	1.02	1.11	1.40	1.48	1.57	1.65
└25×16×4	3.5	4.6	9.0	1.50	1.18	0.27	0.88	0.43	0.77	0.34	0.87	0.96	1.05	1.14	1.42	1.51	1.60	1.68
└32×20×3	3.5	4.9	10.8	1.49	1.17	0.46	1.53	0.55	1.01	0.43	0.97	1.05	1.14	1.22	1.71	1.79	1.88	1.96
└32×20×4	3.5	5.3	11.2	1.94	1.52	0.57	1.93	0.54	1.00	0.42	0.99	1.08	1.16	1.25	1.74	1.82	1.90	1.99
└40×25×3	4	5.9	13.2	1.89	1.48	0.93	3.03	0.70	1.28	0.54	1.13	1.21	1.30	1.38	2.06	2.14	2.22	2.31
└40×25×4	4	6.3	13.7	1.47	1.94	1.18	3.93	0.69	1.26	0.54	1.16	1.24	1.32	1.41	2.09	2.17	2.26	2.34
└45×28×3	5	6.4	14.7	2.15	1.69	1.34	4.45	0.79	1.44	0.61	1.23	1.31	1.39	1.47	2.28	2.36	2.44	2.52
└45×28×4	5	6.8	15.1	2.81	2.20	1.70	4.69	0.78	1.42	0.60	1.25	1.33	1.41	1.50	2.30	2.38	2.49	2.55
└50×32×3	5.5	7.3	16.0	2.43	1.91	2.02	6.24	0.91	1.60	0.70	1.38	1.45	1.53	1.61	2.49	2.56	2.64	2.72
└50×32×4	5.5	7.7	16.5	3.18	2.49	2.58	8.02	0.90	1.59	0.69	1.40	1.48	1.56	1.64	2.52	2.59	2.67	2.75
└56×36×3	6	8.0	17.8	2.74	2.15	2.92	8.88	1.03	1.80	0.79	1.51	1.58	1.66	1.74	2.75	2.83	2.90	2.98
└56×36×4	6	8.5	18.2	3.59	2.82	3.76	11.4	1.02	1.79	0.79	1.54	1.62	1.69	1.77	2.77	2.85	2.93	3.01
└56×36×5	6	8.8	18.7	4.41	3.47	4.49	13.9	1.01	1.77	0.78	1.55	1.63	1.71	1.79	2.80	2.87	2.96	3.04

续表

角钢型号		单角钢 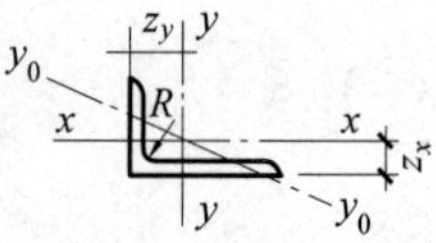										双角钢 				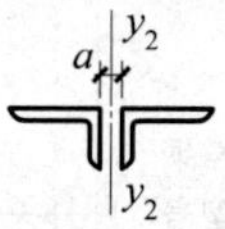			
		圆角半径R	重心距 z_x	重心距 z_y	截面积/cm^2	质量/(kg/m)	惯性矩/cm^4 I_x	惯性矩/cm^4 I_y	回转半径/cm i_x	回转半径/cm i_y	回转半径/cm i_{y0}	a/mm 6	8	10	12	6	8	10	12
		/mm	/mm	/mm								y_1/cm				y_2/cm			
∟63×40×	4	7	9.2	20.4	4.06	3.18	5.23	16.5	1.14	2.02	0.88	1.67	1.74	1.82	1.90	3.09	3.16	3.24	3.32
	5	7	9.5	20.8	4.99	3.92	6.31	20.0	1.12	2.00	0.87	1.68	1.76	1.83	1.91	3.11	3.19	3.27	3.35
	6	7	9.9	21.2	5.91	4.64	7.29	23.4	1.11	1.98	0.86	1.70	1.78	1.86	1.94	3.13	3.21	3.29	3.37
	7	7	10.3	21.5	6.80	5.34	8.24	26.5	1.10	1.96	0.86	1.73	1.80	1.88	1.97	3.15	3.23	3.30	3.39
∟70×45×	4	7.5	10.2	22.4	4.55	3.57	7.55	23.2	1.29	2.26	0.98	1.84	1.92	1.99	2.07	3.40	3.48	3.56	3.62
	5	7.5	10.6	22.8	5.61	4.40	9.13	27.9	1.28	2.23	0.98	1.86	1.94	2.01	2.09	3.41	3.49	3.57	3.64
	6	7.5	10.9	23.2	6.65	5.22	10.6	32.5	1.26	2.21	0.98	1.88	1.95	2.03	2.11	3.43	3.51	3.58	3.66
	7	7.5	11.3	23.6	7.66	6.01	12.0	37.2	1.25	2.20	0.97	1.90	1.98	2.06	2.14	3.45	3.53	3.61	3.69
∟75×50×	5	8	11.7	24.0	6.12	4.81	12.6	34.9	1.44	2.39	1.10	2.05	2.13	2.20	2.28	3.60	3.68	3.76	3.83
	6	8	12.1	24.4	7.26	5.70	14.7	41.1	1.42	2.38	1.08	2.07	2.15	2.22	2.30	3.63	3.71	3.78	3.86
	8	8	12.9	25.2	9.47	7.43	18.5	52.4	1.40	2.35	1.07	2.12	2.19	2.27	2.35	3.67	3.75	3.83	3.91
	10	8	13.6	26.0	11.6	9.10	22.0	62.7	1.38	2.33	1.06	2.16	2.23	2.31	2.40	3.72	3.80	3.88	3.98
∟80×50×	5	8	11.4	26.0	6.37	5.00	12.8	42.0	1.42	2.56	1.10	2.02	2.09	2.17	2.24	3.87	3.95	4.02	4.10
	6	8	11.8	26.5	7.56	5.93	14.9	49.5	1.41	2.55	1.08	2.04	2.12	2.19	2.27	3.90	3.98	4.06	4.14
	7	8	12.1	26.9	8.72	6.86	17.0	56.2	1.39	2.54	1.08	2.06	2.13	2.21	2.28	3.92	4.00	4.08	4.15
	8	8	12.5	27.3	9.87	7.74	18.8	62.8	1.38	2.52	1.07	2.08	2.15	2.23	2.31	3.94	4.02	4.10	4.18
∟90×56×	5	9	12.5	29.1	7.21	5.66	18.3	60.4	1.59	2.90	1.23	2.22	2.29	2.37	2.44	4.32	4.40	4.47	4.55
	6	9	12.9	29.5	8.56	6.72	21.4	71.0	1.58	2.88	1.23	2.24	2.32	2.39	2.46	4.34	4.42	4.49	4.57
	7	9	13.3	30.0	9.83	7.76	24.4	81.0	1.57	2.86	1.22	2.26	2.34	2.41	2.49	4.37	4.45	4.52	4.60
	8	9	13.6	30.4	11.2	8.78	27.1	91.0	1.56	2.85	1.21	2.28	2.35	2.43	2.50	4.39	4.47	4.55	4.62
∟100×63×	6	10	14.3	32.4	9.62	7.55	30.9	99.1	1.79	3.21	1.38	2.49	2.56	2.63	2.71	4.78	4.85	4.93	5.00
	7	10	14.7	32.8	11.1	8.72	35.8	113	1.78	3.20	1.38	2.51	2.58	2.66	2.73	4.80	4.87	4.95	5.03
	8	10	15.0	33.2	12.6	9.88	39.4	127	1.77	3.18	1.37	2.52	2.60	2.67	2.75	4.82	4.89	4.97	5.05
	10	10	15.8	34.0	15.5	12.1	47.1	154	1.74	3.15	1.35	2.57	2.64	2.72	2.79	4.86	4.94	5.02	5.09
∟100×80×	6	10	19.7	29.5	10.6	8.35	61.2	107	2.40	3.17	1.72	3.30	3.37	3.44	3.52	4.54	4.61	4.69	4.76
	7	10	20.1	30.0	12.3	9.66	70.1	123	2.39	3.16	1.72	3.32	3.39	3.46	3.54	4.57	4.64	4.71	4.79
	8	10	20.5	30.4	13.9	10.9	78.6	138	2.37	3.14	1.71	3.34	3.41	3.48	3.56	4.59	4.66	4.74	4.81
	10	10	21.3	31.2	17.2	13.5	94.6	167	2.35	3.12	1.69	3.38	3.45	3.53	3.60	4.63	4.70	4.78	4.85
∟110×70×	6	10	15.7	35.3	10.6	8.35	42.9	133	2.01	3.54	1.54	2.74	2.81	2.88	2.97	5.22	5.29	5.36	5.44
	7	10	16.1	35.7	12.3	9.66	49.0	153	2.00	3.53	1.53	2.76	2.83	2.90	2.98	5.24	5.31	5.39	5.46
	8	10	16.5	36.2	13.9	10.9	54.9	172	1.98	3.51	1.53	2.78	2.85	2.93	3.00	5.26	5.34	5.41	5.49
	10	10	17.2	37.0	17.2	13.5	65.9	208	1.9	3.48	1.51	2.81	2.89	2.96	3.04	5.30	5.38	5.46	5.53
∟125×80×	7	11	18.0	40.1	14.1	11.1	74.4	228	2.30	4.02	1.76	3.11	3.18	3.26	3.32	5.89	5.97	6.04	6.12
	8	11	18.4	40.6	16.0	12.6	83.5	257	2.28	4.01	1.75	3.13	3.20	3.27	3.34	5.92	6.00	6.07	6.15
	10	11	19.2	41.4	19.7	15.5	101	312	2.26	3.98	1.74	3.17	3.24	3.31	3.38	5.96	6.04	6.11	6.19
	12	11	20.0	42.2	23.4	18.3	117	364	2.24	3.95	1.72	3.21	3.28	3.35	3.43	6.00	6.08	6.15	6.23
∟140×90×	8	12	20.4	45.0	18.0	14.2	121	366	2.59	4.50	1.98	3.49	3.56	3.63	3.70	6.58	6.65	6.72	6.79
	10	12	21.2	45.8	22.3	17.5	146	445	2.56	4.47	1.96	3.52	3.59	3.66	3.74	6.62	6.69	6.77	6.84
	12	12	21.9	46.6	26.4	20.7	170	522	2.54	4.44	1.95	3.55	3.62	3.70	3.77	6.66	6.74	6.81	6.89
	14	12	22.7	47.4	30.5	23.9	192	594	2.51	4.42	1.94	3.59	3.67	3.74	3.81	6.70	6.78	6.85	6.93

续表

角钢型号	单角钢 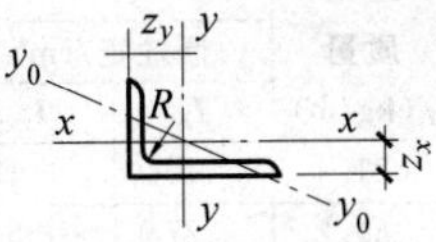										双角钢 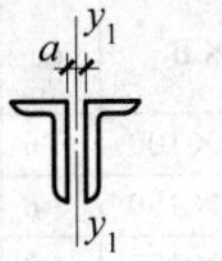 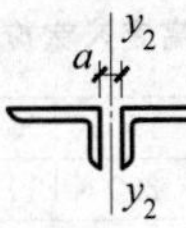							
	圆角半径R	重心距		截面积	质量	惯性矩/cm^4		回转半径/cm			a/mm							
		z_x	z_y								6	8	10	12	6	8	10	12
	/mm			/cm^2	/(kg/m)	I_x	I_y	i_x	i_y	i_{y0}	y_1/cm				y_2/cm			
∟160×100×10	13	22.8	52.4	25.3	19.9	205	669	2.85	5.14	2.19	3.84	3.91	3.98	4.05	7.56	7.63	7.70	7.78
∟160×100×12	13	23.6	53.2	30.1	23.6	239	785	2.82	5.11	2.17	3.88	3.95	4.02	4.09	7.60	7.67	7.75	7.82
∟160×100×14	13	24.3	54.0	34.7	27.2	271	896	2.80	5.08	2.16	3.91	3.98	4.05	4.12	7.64	7.71	7.79	7.86
∟160×100×16	13	25.1	54.8	39.3	30.8	302	1003	2.77	5.05	2.16	3.95	4.02	4.09	4.17	7.68	7.75	7.83	7.91
∟180×110×10	14	24.4	58.9	28.4	22.3	278	956	3.13	5.80	2.42	4.16	4.23	4.29	4.36	8.47	8.56	8.63	8.71
∟180×110×12	14	25.2	59.8	33.7	26.5	325	1125	3.10	5.78	2.40	4.19	4.26	4.33	4.40	8.53	8.61	8.68	8.76
∟180×110×14	14	25.9	60.6	39.0	30.6	370	1287	3.08	5.75	2.39	4.22	4.29	4.36	4.43	8.57	8.65	8.72	8.80
∟180×110×16	14	26.7	61.4	44.1	34.6	412	1443	3.06	5.72	2.38	4.26	4.33	4.40	4.47	8.61	8.69	8.76	8.84
∟200×125×12	14	28.3	65.4	37.9	29.8	483	1571	3.57	6.44	2.74	4.75	4.81	4.88	4.95	9.39	9.47	9.54	9.61
∟200×125×14	14	29.1	66.2	43.9	34.4	551	1801	3.54	6.41	2.73	4.78	4.85	4.92	4.99	9.43	9.50	9.58	9.65
∟200×125×16	14	29.9	67.0	49.7	39.0	615	2023	3.52	6.38	2.71	4.82	4.89	4.96	5.03	9.47	9.54	9.62	9.69
∟200×125×18	14	30.6	67.8	55.5	43.6	677	2238	3.49	6.35	2.70	4.85	4.92	4.99	5.07	9.51	9.58	9.66	9.74

表 A-5 宽、中、窄翼缘 H 型钢

类别	型号（高度×宽度）	截面尺寸/mm				截面面积	理论质量	截面特性参数					
								惯性矩/cm^4		惯性半径/cm		截面系数/cm^3	
		H×B	t_1	t_2	r	/cm^2	/(kg/m)	I_x	I_y	i_x	i_y	W_x	W_y
HW	100×100	100×100	6	8	10	21.90	17.2	383	134	4.18	2.47	76.5	26.7
	125×125	125×125	6.5	9	10	30.31	23.8	847	294	5.29	3.11	136	47.0
	150×150	150×150	7	10	13	40.55	31.9	1660	564	6.39	3.73	221	75.1
	175×175	175×175	7.5	11	13	51.43	40.3	2900	984	7.50	4.37	331	112
	200×200	200×200	8	12	16	64.28	50.5	4770	1600	8.61	4.99	477	160
		#200×204	12	12	16	72.28	56.7	5030	1700	8.35	4.85	503	167
	250×250	250×250	9	14	16	92.18	72.4	10 800	3650	10.8	6.29	867	292
		#250×255	14	14	16	104.7	82.2	11 500	3880	10.5	6.09	919	304
	300×300	#294×302	12	12	20	108.3	85.0	17 000	5520	12.5	7.14	1160	365
		300×300	10	15	20	120.4	94.5	20 500	6760	13.1	7.49	1370	450
		300×305	15	15	20	135.4	106	21 600	7100	12.6	7.24	1440	466
	350×350	#344×348	10	16	20	146.0	115	33 300	11 200	15.1	8.78	1940	646
		350×350	12	19	20	173.9	137	40 300	13 600	15.2	8.84	2300	776
	400×400	#388×402	15	15	24	179.2	141	49 200	16 300	16.6	9.52	2540	809
		#394×398	11	18	24	187.6	147	56 400	18 900	17.3	10.0	2860	951
		400×400	13	21	24	219.5	172	66 900	22 400	17.5	10.1	3340	1120
		#400×408	21	21	24	251.5	197	71 100	23 800	16.8	9.73	3560	1170
		#414×405	18	28	24	296.2	233	93 000	31 000	17.7	10.2	4490	1530
		#428×407	20	35	24	361.4	284	119 000	39 400	18.2	10.4	5580	1930
		*458×417	30	50	24	529.3	415	187 000	60 500	18.8	10.7	8180	2900
		*498×432	45	70	24	770.8	605	298 000	94 400	19.7	11.1	12 000	4370

续表

类别	型号(高度×宽度)	截面尺寸/mm				截面面积/cm²	理论质量/(kg/m)	截面特性参数					
		$H\times B$	t_1	t_2	r			惯性矩/cm⁴		惯性半径/cm		截面系数/cm³	
								I_x	I_y	i_x	i_y	W_x	W_y
HM	150×100	148×100	6	9	13	27.25	21.4	1040	151	6.17	2.35	140	30.2
	200×150	194×150	6	9	16	39.76	31.2	2740	508	8.30	3.57	283	67.7
	250×175	244×175	7	11	16	56.24	44.1	6120	985	10.4	4.18	502	113
	300×200	294×200	8	12	20	73.03	57.3	11 400	1600	12.5	4.69	779	160
	350×250	340×250	9	14	20	101.5	79.7	21 700	3650	14.6	6.00	1280	292
	400×300	390×300	10	16	24	136.7	107	38 900	7210	16.9	7.26	2000	481
	450×300	440×300	11	18	24	157.4	124	56 100	8110	18.9	7.18	2550	541
	500×300	482×300	11	15	28	146.4	115	60 800	6770	20.4	6.80	2520	451
		488×300	11	18	28	164.4	129	71 400	8120	20.8	7.03	2930	541
	600×300	582×300	12	17	28	174.5	137	103 000	7670	24.3	6.63	3530	511
		588×300	12	20	28	192.5	151	118 000	9020	24.8	6.85	4020	601
		#594×302	14	23	28	222.4	175	137 000	10 600	24.9	6.90	4620	701
HN	100×50	100×50	5	7	10	12.16	9.54	192	14.9	3.98	1.11	38.5	5.96
	126×60	125×60	6	8	10	17.01	13.3	417	29.3	4.95	1.31	66.8	9.75
	150×75	150×75	5	7	10	18.16	14.3	679	49.6	6.12	1.65	90.6	13.2
	175×90	175×90	5	8	10	23.21	18.2	1220	97.6	7.26	2.05	140	21.7
	200×100	198×99	4.5	7	13	23.59	18.5	1610	114	8.27	2.20	163	23.0
		200×100	5.5	8	13	27.57	21.7	1880	134	8.25	2.21	188	26.8
	250×125	248×124	5	8	13	32.89	25.8	3560	255	10.4	2.78	287	41.1
		250×125	6	9	13	37.87	29.7	4080	294	10.4	2.79	326	47.0
	300×150	298×149	5.5	8	16	41.55	32.6	6460	443	12.4	3.26	433	59.4
		300×150	6.5	9	16	47.53	37.3	7350	508	12.4	3.27	490	67.7
	350×175	346×174	6	9	16	53.19	41.8	11 200	792	14.5	3.86	649	91.0
		350×175	7	11	16	63.66	50.0	13 700	985	14.7	3.93	782	113
	#400×150	#400×150	8	13	16	71.12	55.8	18 800	734	16.3	3.21	942	97.9
	400×200	396×199	7	11	16	72.16	56.7	20 000	1450	16.7	4.48	1010	145
		400×200	8	13	16	84.12	66.0	23 700	1740	16.8	4.54	1190	174
	#450×150	#450×150	9	14	20	83.41	65.5	27 100	793	18.0	3.08	1200	106
	450×200	446×199	8	12	20	84.95	66.7	29 000	1580	18.5	4.31	1300	159
		450×200	9	14	20	97.41	76.5	33 700	1870	18.6	4.38	1500	187
	#500×150	#500×150	10	16	20	98.23	77.1	38 500	907	19.8	3.04	1540	121
	500×200	496×199	9	14	20	101.3	79.5	41 900	1840	20.3	4.27	1690	185
		500×200	10	16	20	114.2	89.6	47 800	2140	20.5	4.33	1910	214
		#506×201	11	19	20	131.3	103	56 500	2580	20.8	4.43	2230	257
	600×200	596×199	10	15	24	121.2	95.1	69 300	1980	23.9	4.04	2330	199
		600×200	11	17	24	135.2	106	78 200	2280	24.1	4.11	2610	228
		#606×201	12	20	24	153.3	120	91 000	2720	24.4	4.21	3000	271
	700×300	#692×300	13	20	28	211.5	166	172 000	9020	28.6	6.53	4980	602
		700×300	13	24	28	235.5	185	201 000	10 800	29.3	6.78	5760	722
	*800×300	*729×300	14	22	28	243.4	191	254 000	9930	32.3	6.39	6400	662
		*800×300	14	26	28	267.4	210	292 000	11 700	33.0	6.62	7290	782
	*900×300	*890×299	15	23	28	270.9	213	345 000	10 300	35.7	6.16	7760	688
		*900×300	16	28	28	309.8	243	411 000	12 600	36.4	6.39	9140	843
		*912×302	18	34	28	364.0	286	498 000	15 700	37.0	6.56	10 900	1040

注：①“#”表示的规格为非常用规格；

②“*”表示的规格目前国内尚未生产；

③ 型号属同一范围的产品，其内侧尺寸高度是一致的；

④ 截面面积计算公式为 $t_1(H-2t_2)+2Bt_2+0.858r^2$。

表 A-6 部分 T 型钢

类别	型号（高度×宽度）	截面尺寸/mm					截面面积/cm^2	理论质量/(kg/m)	截面特性参数							对应 H 型钢系列
		h	B	t_1	t_2	r			惯性矩/cm^4 I_x	惯性矩/cm^4 I_y	惯性半径/cm i_x	惯性半径/cm i_y	截面系数/cm^3 W_x	截面系数/cm^3 W_y	重心/cm C_x	型号
TW	50×100	50	100	6	8	10	10.95	8.56	16.1	66.9	1.21	2.47	4.03	13.4	1.00	100×100
	62.5×125	62.5	125	6.5	9	10	15.16	11.9	35.0	147	1.52	3.11	6.91	23.5	1.19	125×125
	75×150	75	150	7	10	13	20.28	15.9	66.4	282	1.81	3.73	10.8	37.6	1.37	150×150
	87.5×175	87.5	175	7.5	11	13	25.71	20.2	115	492	2.11	4.37	15.9	56.2	1.55	175×175
	100×200	100	200	8	12	16	32.14	25.2	185	801	2.40	4.99	22.3	80.1	1.73	200×200
		#100	204	12	12	16	36.14	28.3	256	851	2.66	4.85	32.4	83.5	2.09	
	125×250	125	250	9	14	16	46.09	36.2	412	1820	2.99	6.29	39.5	146	2.08	250×250
		#125	255	14	14	16	52.34	41.1	589	1940	3.36	6.09	59.4	152	2.58	
	150×300	#147	302	12	12	20	54.16	42.5	858	2760	3.98	7.14	72.3	183	2.83	300×300
		150	300	10	15	20	60.22	47.3	798	3380	3.64	7.49	63.7	225	2.47	
		150	305	15	15	20	67.72	53.1	1110	3550	4.05	7.24	92.5	233	3.02	
	175×350	#172	348	10	16	20	73.00	57.3	1230	5620	4.11	8.78	84.7	323	2.67	350×350
		175	350	12	19	20	86.94	68.2	1520	6790	4.18	8.84	104	388	2.86	
	200×400	#194	402	15	15	24	89.62	70.3	2480	8130	5.26	9.52	158	405	3.69	400×400
		#197	398	11	18	24	93.80	73.6	2050	9460	4.67	10.0	123	476	3.01	
		200	400	13	21	24	109.7	86.1	2480	11 200	4.75	10.1	147	560	3.21	
		#200	408	21	21	24	125.7	98.7	3650	11 900	5.39	9.73	229	584	4.07	
		#207	405	18	28	24	148.1	116	3620	15 500	4.95	10.2	213	766	3.68	
		#214	407	20	35	24	180.7	142	4380	19 700	4.92	10.4	250	967	3.90	
TM	74×100	74	100	6	9	13	13.63	10.7	51.7	75.4	1.95	2.35	8.80	15.1	1.55	150×100
	97×150	97	150	6	9	16	19.88	15.6	125	254	2.50	3.57	15.8	33.9	1.78	200×150
	122×175	122	175	7	11	16	28.12	22.1	289	492	3.20	4.18	29.1	56.3	2.27	250×175
	147×200	147	200	8	12	20	36.52	28.7	572	802	3.96	4.69	48.2	80.2	2.82	300×200
	170×250	170	250	9	14	20	50.76	39.9	1020	1830	4.48	6.00	73.1	146	3.09	350×250
	200×300	195	300	10	16	24	68.37	53.7	1730	3600	5.03	7.26	108	240	3.40	400×300
	220×300	220	300	11	18	24	78.69	61.8	2680	4060	5.84	7.18	150	270	4.05	450×300
	250×300	241	300	11	15	28	73.23	57.5	3420	3380	6.83	6.80	178	226	4.90	500×300
		244	300	11	18	28	82.23	64.5	3620	4060	6.64	7.03	184	271	4.65	
	300×300	291	300	12	17	28	87.25	68.5	6360	3830	8.54	6.63	280	256	6.39	600×300
		294	300	12	20	28	96.25	75.5	6710	4510	8.35	6.85	288	301	6.08	
		#297	302	14	23	28	111.2	87.3	7920	5290	8.44	6.90	339	351	6.33	
TN	50×50	50	50	5	7	10	6.079	4.79	11.9	7.45	1.40	1.11	3.18	2.98	1.27	100×50
	62.5×60	62.5	60	6	8	10	8.499	6.67	27.5	14.6	1.80	1.31	5.96	4.88	1.63	125×60
	75×75	75	75	5	7	10	9.079	7.11	42.7	24.8	2.17	1.65	7.46	6.61	1.78	150×75
	87.5×90	87.5	90	5	8	10	11.60	9.11	70.7	48.8	2.47	2.05	10.4	10.8	1.92	175×90
	100×100	99	99	4.5	7	13	11.80	9.26	94.0	56.9	2.82	2.20	12.1	11.5	2.13	200×100
		100	100	5.5	8	13	13.79	10.8	115	67.1	2.88	2.21	14.8	13.4	2.27	
	125×125	124	124	5	8	13	16.45	12.9	208	128	3.56	2.78	21.3	20.6	2.62	250×125
		125	125	6	9	13	18.94	14.8	249	147	3.62	2.79	25.6	23.5	2.78	
	150×150	149	149	5.5	8	16	20.77	16.3	395	221	4.36	3.26	33.8	29.7	3.22	300×150
		150	150	6.5	9	16	23.76	18.7	465	254	4.42	3.27	40.0	33.9	3.38	
	175×175	173	174	6	9	16	26.60	20.9	681	396	5.06	3.86	50.0	45.5	3.68	350×175
		175	175	7	11	16	31.83	25.0	816	492	5.06	3.93	59.3	56.3	3.74	
	200×200	198	199	7	11	16	36.08	28.3	1190	724	5.76	4.48	76.4	72.7	4.17	400×200
		200	200	8	13	16	42.06	33.0	1400	868	5.76	4.54	88.6	86.8	4.23	
	225×200	223	199	8	12	20	42.54	33.4	1880	790	6.65	4.31	109	79.4	5.07	450×200
		225	200	9	14	20	48.71	38.2	2160	936	6.66	4.38	124	93.6	5.13	
	250×200	248	199	9	14	20	50.64	39.7	2840	922	7.49	4.27	150	92.7	5.90	500×200
		250	200	10	16	20	57.12	44.8	3210	1070	7.50	4.33	169	107	5.96	
		#253	201	11	19	20	65.65	51.5	3670	1290	7.48	4.43	190	128	5.95	
	300×200	298	199	10	15	24	60.62	47.6	5200	991	9.27	4.04	236	100	7.76	600×200
		300	200	11	17	24	67.60	53.1	5820	1140	9.28	4.11	262	114	7.81	
		#303	201	12	20	24	76.63	60.1	6580	1360	9.26	4.21	292	135	7.76	

注："#"表示的规格为非常用规格。

附录B 螺栓和锚栓规格

表 B-1 普通螺栓规格

螺栓直径 d/mm	螺距 p/mm	螺栓有效直径 d_e/mm	螺栓有效面积 A_e/mm²	备注
16	2	14.12	156.7	
18	2.5	15.65	192.5	
20	2.5	17.65	244.8	
22	2.5	19.65	303.4	
24	3	21.19	352.5	
27	3	24.19	459.4	
30	3.5	26.72	560.6	
33	3.5	29.72	693.6	螺栓有效面积 A_e 按下式算得：$A_e=\frac{\pi}{4}\left(d-\frac{13}{24}\sqrt{3}\,p\right)^2$
36	4	32.25	816.7	
39	4	35.25	975.8	
42	4.5	37.78	1121.0	
45	4.5	40.78	1306.0	
48	5	43.31	1473.0	
52	5	47.31	1758.0	
56	5.5	50.84	2030.0	
60	5.5	54.84	2362.0	

表 B-2 锚栓规格

	Ⅰ				Ⅱ			Ⅲ			
形式	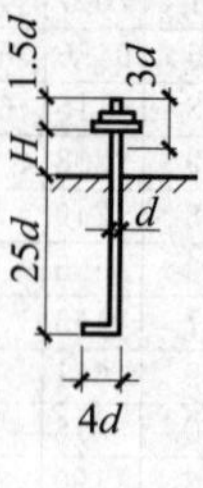				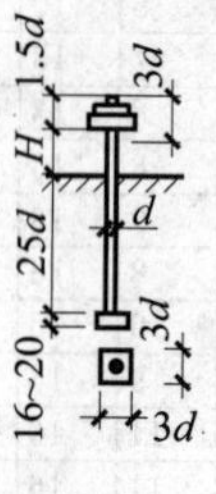			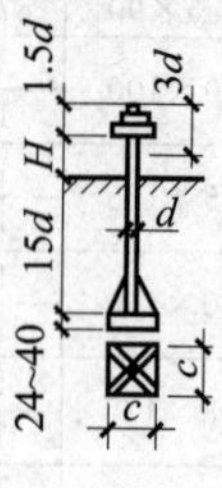			
锚栓直径 d/mm	20	24	30	36	42	48	56	64	72	80	90
计算净截面积/cm²	2.45	3.53	5.61	8.17	11.20	14.70	20.30	26.80	34.60	44.44	55.91
Ⅲ型锚栓 锚板宽度 c/mm					140	200	200	240	280	350	400
Ⅲ型锚栓 锚板厚度 δ/mm					20	20	20	25	30	40	40

附录C 钢材、焊缝和螺栓连接的强度设计值

表 C-1 钢材的强度设计值

钢材 牌号	钢材 厚度或直径/mm	抗拉、抗压和抗弯 f/(N/mm²)	抗剪 f_v/(N/mm²)	端面承压(刨平顶紧) f_{ce}/(N/mm²)
Q235 钢	≤16	215	125	325
	>16～40	205	120	
	>40～60	200	115	
	>60～100	190	110	
Q345 钢	≤16	310	180	400
	>16～35	295	170	
	>35～50	265	155	
	>50～100	250	145	
Q390 钢	≤16	350	205	415
	>16～35	335	190	
	>35～50	315	180	
	>50～100	295	170	
Q420 钢	≤16	380	220	440
	>16～35	360	210	
	>35～50	340	195	
	>50～100	325	185	

注：表中厚度系指计算点的厚度，对轴心受力构件系指截面中较厚板件的厚度。

表 C-2 焊缝的强度设计值

焊接方法和焊条型号	构件钢材 牌号	构件钢材 厚度或直径/mm	对接焊缝 抗压 f_c^w/(N/mm²)	对接焊缝 焊缝质量为下列等级时，抗拉 f_t^w/(N/mm²) 一级、二级	对接焊缝 焊缝质量为下列等级时，抗拉 f_t^w/(N/mm²) 三级	对接焊缝 抗剪 f_v^w/(N/mm²)	角焊缝 抗拉、抗压和抗剪 f_f^w/(N/mm²)
自动焊、半自动焊和 E43 型焊条的手工焊	Q235 钢	≤16	215	215	185	125	160
		>16～40	205	205	175	120	
		>40～60	200	200	170	115	
		>60～100	190	190	160	110	
自动焊、半自动焊和 E50 型焊条的手工焊	Q345 钢	≤16	310	310	265	180	200
		>16～35	295	295	250	170	
		>35～50	265	265	225	155	
		>50～100	250	250	210	145	
自动焊、半自动焊和 E55 型焊条的手工焊	Q390 钢	≤16	350	350	300	205	220
		>16～35	335	335	285	190	
		>35～50	315	315	270	180	
		>50～100	295	295	250	170	
自动焊、半自动焊和 E55 型焊条的手工焊	Q420 钢	≤16	380	380	320	220	220
		>16～35	360	360	305	210	
		>35～50	340	340	290	195	
		>50～100	325	325	275	185	

注：① 自动焊和半自动焊所采用的焊丝和焊剂，应保证其熔敷金属的力学性能不低于埋弧焊用焊剂国家标准中的有关规定；

② 表中一级、二级、三级均指焊缝质量等级，质量等级应符合现行国家标准《钢结构工程施工质量验收规范》(GB 50205—2001)的要求；

③ 对接焊缝抗弯受压区强度设计值取 f_c^w，抗弯受拉区强度设计值取 f_t^w。

表 C-3　螺栓的强度设计值　　N/mm²

螺栓的钢材牌号（或性能等级）和构件的钢材牌号		普通螺栓 C级螺栓 抗拉 f_t^b	普通螺栓 C级螺栓 抗剪 f_v^b	普通螺栓 C级螺栓 承压 f_c^b	普通螺栓 A级、B级螺栓 抗拉 f_t^b	普通螺栓 A级、B级螺栓 抗剪 f_v^b	普通螺栓 A级、B级螺栓 承压 f_c^b	锚栓 抗拉 f_t^a	承压型连接高强度螺栓 抗拉 f_t^b	承压型连接高强度螺栓 抗剪 f_v^b	承压型连接高强度螺栓 承压 f_c^b
普通螺栓	4.6级、4.8级	170	140	—	—	—	—	—	—	—	—
	8.8级	—	—	—	400	320	—	—	—	—	—
锚栓	Q235钢	—	—	—	—	—	—	140	—	—	—
	Q345钢	—	—	—	—	—	—	180	—	—	—
承压型连接高强度螺栓	8.8级	—	—	—	—	—	—	—	400	250	—
	10.9级	—	—	—	—	—	—	—	500	310	—
构件	Q235钢	—	—	305	—	—	405	—	—	—	470
	Q345钢	—	—	385	—	—	510	—	—	—	590
	Q390钢	—	—	400	—	—	530	—	—	—	615
	Q420钢	—	—	425	—	—	560	—	—	—	655

注：① A级螺栓用于 $d\leqslant 24$mm 和 $l\leqslant 10d$ 或 $l\leqslant 150$mm(按较小值)的螺栓；B级螺栓用于 $d>24$mm 和 $l>10d$ 或 $l>150$mm(按较小值)的螺栓。d 为公称直径，l 为螺杆公称长度。

② A,B级螺栓孔的精度和孔壁表面粗糙度，C级螺栓孔的允许偏差和孔壁表面粗糙度，均应符合现行国家标准《钢结构工程施工质量验收规范》(GB 50205—2001)的要求。

附录D　工字形截面简支梁等效弯矩系数和轧制工字钢梁的稳定系数

表 D-1　工字形截面简支梁的等效弯矩系数 β_b

项次	侧向支撑	荷载	$\xi=\frac{l_1 t_1}{b_1 h}$	$\xi\leqslant 2.0$	$\xi>2.0$	适用范围
1	跨中无侧向支撑	均布荷载作用在	上翼缘	$0.69+0.13\xi$	0.95	双轴对称及加强受压翼缘的单轴对称工字形截面
2			下翼缘	$1.73-0.20\xi$	1.33	
3		集中荷载作用在	上翼缘	$0.73+0.18\xi$	1.09	
4			下翼缘	$2.23-0.28\xi$	1.67	
5	跨度中点有一个侧向支撑点	均布荷载作用在	上翼缘	1.15		双轴及单轴对称的工字形截面
6			下翼缘	1.40		
7		集中荷载作用在截面高度上任意位置		1.75		
8	跨中有不少于两个等距离侧向支撑点	均布荷载或侧向支撑点间的集中荷载作用在	上翼缘	1.20		
9			下翼缘	1.40		
10	梁端有弯矩，但跨中无横向荷载		$1.75-1.05\left(\frac{M_2}{M_1}\right)+0.3\left(\frac{M_2}{M_1}\right)^2$ 但$\leqslant 2.3$			

注：① M_1，M_2 为梁的端弯矩，使梁产生同向曲率时 M_1 和 M_2 取同号，产生反向曲率时取异号，$|M_1|\geqslant|M_2|$。

② 表中项次3,4和7的集中荷载是指一个或少数几个集中荷载位于跨度中央附近的情况；对其他情况的集中荷载，应按表中项次1,2,5和6内的数值采用。

③ 表中项次8,9的 β_b，当集中荷载作用在侧向支撑点处时，取 $\beta_b=1.20$。

④ 荷载作用在上翼缘系指荷载作用点在翼缘表面，方向指向截面形心；荷载作用在下翼缘系指荷载作用点在翼缘表面，方向背向截面形心。

⑤ 对 $\alpha_b>0.8$ 的加强受压翼缘工字形截面，下列情况的 β_b 值应乘以相应的系数：项次1，当 $\xi\leqslant 1.0$ 时，乘以0.95；项次3，当 $\xi\leqslant 0.5$ 时，乘以0.90，当 $0.5<\xi\leqslant 1.0$ 时，乘以0.95。

表 D-2 轧制普通工字钢简支梁的 φ_b 值

荷载情况			工字钢型号	自由长度 l_1/m								
				2	3	4	5	6	7	8	9	10
跨中无侧向支撑点的梁	集中荷载作用于	上翼缘	10～20	2.0	1.30	0.99	0.80	0.68	0.58	0.53	0.48	0.43
			22～32	2.4	1.48	1.09	0.86	0.72	0.62	0.54	0.49	0.45
			36～63	2.8	1.60	1.07	0.83	0.68	0.56	0.50	0.45	0.40
		下翼缘	10～20	3.1	1.95	1.34	1.01	0.82	0.69	0.63	0.57	0.52
			22～40	5.5	2.80	1.84	1.37	1.07	0.86	0.73	0.64	0.56
			45～63	7.3	3.60	2.30	1.62	1.20	0.96	0.80	0.69	0.60
	均布荷载作用于	上翼缘	10～20	1.7	1.12	0.84	0.68	0.57	0.50	0.45	0.41	0.37
			22～40	2.1	1.30	0.93	0.73	0.60	0.51	0.45	0.40	0.36
			45～63	2.6	1.45	0.97	0.73	0.59	0.50	0.44	0.38	0.35
		下翼缘	10～20	2.5	1.55	1.08	0.83	0.68	0.50	0.52	0.47	0.42
			22～40	4.0	2.20	1.45	1.10	0.85	0.70	0.60	0.52	0.40
			45～63	5.6	2.80	1.80	1.25	0.95	0.78	0.65	0.55	0.49
跨中有侧向支撑点的梁(不论荷载作用点在截面高度上的位置如何)			10～20	2.2	1.39	1.01	0.79	0.66	0.57	0.52	0.47	0.42
			22～40	3.0	1.80	1.24	0.96	0.76	0.65	0.56	0.49	0.43
			45～63	4.0	2.20	1.38	1.01	0.80	0.66	0.56	0.49	0.43

注：① 集中荷载是指一个或几个集中荷载位于跨度中央附近的情况，对于其他情况可按均布荷载考虑；

② 表中的 φ_b 值适用于 Q235 钢，对于其他钢号，表中数值应乘以 $235/f_y$。

附录 E 轴心受压构件的稳定系数

表 E-1 a类截面轴心受压构件的稳定系数 φ

$\lambda\sqrt{\frac{f_y}{235}}$	0	1	2	3	4	5	6	7	8	9
0	1.000	1.000	1.000	1.000	0.999	0.999	0.998	0.998	0.997	0.996
10	0.995	0.994	0.993	0.992	0.991	0.989	0.988	0.986	0.985	0.983
20	0.981	0.979	0.977	0.976	0.974	0.972	0.970	0.968	0.966	0.964
30	0.963	0.961	0.959	0.957	0.955	0.952	0.950	0.948	0.946	0.944
40	0.941	0.939	0.937	0.934	0.932	0.929	0.927	0.924	0.921	0.919
50	0.916	0.913	0.910	0.907	0.904	0.900	0.897	0.894	0.890	0.886
60	0.883	0.879	0.875	0.871	0.867	0.863	0.858	0.854	0.849	0.844
70	0.839	0.834	0.829	0.824	0.818	0.813	0.807	0.801	0.795	0.789
80	0.783	0.776	0.770	0.763	0.757	0.750	0.743	0.736	0.728	0.721
90	0.714	0.706	0.699	0.691	0.684	0.676	0.668	0.661	0.653	0.645
100	0.638	0.630	0.622	0.615	0.607	0.600	0.592	0.585	0.577	0.570
110	0.563	0.555	0.548	0.541	0.534	0.527	0.520	0.514	0.507	0.500
120	0.494	0.488	0.481	0.475	0.469	0.463	0.457	0.451	0.445	0.440
130	0.434	0.429	0.423	0.418	0.412	0.407	0.402	0.397	0.392	0.387
140	0.383	0.378	0.373	0.369	0.364	0.360	0.356	0.351	0.347	0.343

续表

$\lambda\sqrt{\frac{f_y}{235}}$	0	1	2	3	4	5	6	7	8	9
150	0.339	0.335	0.331	0.327	0.323	0.320	0.316	0.312	0.309	0.305
160	0.302	0.298	0.295	0.292	0.289	0.285	0.282	0.279	0.276	0.273
170	0.270	0.267	0.264	0.262	0.259	0.256	0.253	0.251	0.248	0.246
180	0.243	0.241	0.238	0.236	0.233	0.231	0.229	0.226	0.224	0.222
190	0.220	0.218	0.215	0.213	0.211	0.209	0.207	0.205	0.203	0.201
200	0.199	0.198	0.196	0.194	0.192	0.190	0.189	0.187	0.185	0.183
210	0.182	0.180	0.179	0.177	0.175	0.174	0.172	0.171	0.169	0.168
220	0.166	0.165	0.164	0.162	0.161	0.159	0.158	0.157	0.155	0.154
230	0.153	0.152	0.150	0.149	0.148	0.147	0.146	0.144	0.143	0.142
240	0.141	0.140	0.139	0.138	0.136	0.135	0.134	0.133	0.132	0.131
250	0.130									

表 E-2 b类截面轴心受压构件的稳定系数φ

$\lambda\sqrt{\frac{f_y}{235}}$	0	1	2	3	4	5	6	7	8	9
0	1.000	1.000	1.000	0.999	0.999	0.998	0.997	0.996	0.995	0.994
10	0.992	0.991	0.989	0.987	0.985	0.983	0.981	0.978	0.976	0.973
20	0.970	0.967	0.963	0.960	0.957	0.953	0.950	0.946	0.943	0.939
30	0.936	0.932	0.929	0.925	0.922	0.918	0.914	0.910	0.906	0.903
40	0.899	0.895	0.891	0.887	0.882	0.878	0.874	0.870	0.865	0.861
50	0.856	0.852	0.847	0.842	0.838	0.833	0.828	0.823	0.818	0.813
60	0.807	0.802	0.797	0.791	0.786	0.780	0.774	0.769	0.763	0.757
70	0.751	0.745	0.739	0.732	0.726	0.720	0.714	0.707	0.701	0.694
80	0.688	0.681	0.675	0.668	0.661	0.655	0.648	0.641	0.635	0.628
90	0.621	0.614	0.608	0.601	0.594	0.588	0.581	0.575	0.568	0.561
100	0.555	0.549	0.542	0.536	0.529	0.523	0.517	0.511	0.505	0.499
110	0.493	0.487	0.481	0.475	0.470	0.464	0.458	0.453	0.447	0.442
120	0.437	0.432	0.426	0.421	0.416	0.411	0.406	0.402	0.397	0.392
130	0.387	0.383	0.378	0.374	0.370	0.365	0.361	0.357	0.353	0.349
140	0.345	0.341	0.337	0.333	0.329	0.326	0.322	0.318	0.315	0.311
150	0.308	0.304	0.301	0.298	0.295	0.291	0.288	0.285	0.282	0.279
160	0.276	0.273	0.270	0.267	0.265	0.262	0.259	0.256	0.254	0.251
170	0.249	0.246	0.244	0.241	0.239	0.236	0.234	0.232	0.229	0.227
180	0.225	0.223	0.220	0.218	0.216	0.214	0.212	0.210	0.208	0.206
190	0.204	0.202	0.200	0.198	0.197	0.195	0.193	0.191	0.190	0.188
200	0.186	0.184	0.183	0.181	0.180	0.178	0.176	0.175	0.173	0.172
210	0.170	0.169	0.167	0.166	0.165	0.163	0.162	0.160	0.159	0.158
220	0.156	0.155	0.154	0.153	0.151	0.150	0.149	0.148	0.146	0.145
230	0.144	0.143	0.142	0.141	0.140	0.138	0.137	0.136	0.135	0.134
240	0.133	0.132	0.131	0.130	0.129	0.128	0.127	0.126	0.125	0.124
250	0.123									

表 E-3　c 类截面轴心受压构件的稳定系数φ

$\lambda\sqrt{\frac{f_y}{235}}$	0	1	2	3	4	5	6	7	8	9
0	1.000	1.000	1.000	0.999	0.999	0.998	0.997	0.996	0.995	0.993
10	0.992	0.990	0.988	0.986	0.983	0.981	0.978	0.976	0.973	0.970
20	0.966	0.959	0.953	0.947	0.940	0.934	0.928	0.921	0.915	0.909
30	0.902	0.896	0.890	0.884	0.877	0.871	0.865	0.858	0.852	0.846
40	0.839	0.833	0.826	0.820	0.814	0.807	0.801	0.794	0.788	0.781
50	0.775	0.768	0.762	0.755	0.748	0.742	0.735	0.729	0.722	0.715
60	0.709	0.702	0.695	0.689	0.682	0.676	0.669	0.662	0.656	0.649
70	0.643	0.636	0.629	0.623	0.616	0.610	0.604	0.597	0.591	0.584
80	0.578	0.572	0.566	0.559	0.553	0.547	0.541	0.535	0.529	0.523
90	0.517	0.511	0.505	0.500	0.494	0.488	0.483	0.477	0.472	0.467
100	0.463	0.458	0.454	0.449	0.445	0.441	0.436	0.432	0.428	0.423
110	0.419	0.415	0.411	0.407	0.403	0.399	0.395	0.391	0.387	0.383
120	0.379	0.375	0.371	0.367	0.364	0.360	0.356	0.353	0.349	0.346
130	0.342	0.339	0.335	0.332	0.328	0.325	0.322	0.319	0.315	0.312
140	0.309	0.306	0.303	0.300	0.297	0.294	0.291	0.288	0.285	0.282
150	0.280	0.277	0.274	0.271	0.269	0.266	0.264	0.261	0.258	0.256
160	0.254	0.251	0.249	0.246	0.244	0.242	0.239	0.237	0.235	0.233
170	0.230	0.228	0.226	0.224	0.222	0.220	0.218	0.216	0.214	0.212
180	0.210	0.208	0.206	0.205	0.203	0.201	0.199	0.197	0.196	0.194
190	0.192	0.190	0.189	0.187	0.186	0.184	0.182	0.181	0.179	0.178
200	0.176	0.175	0.173	0.172	0.170	0.169	0.168	0.166	0.165	0.163
210	0.162	0.161	0.159	0.158	0.157	0.156	0.154	0.153	0.152	0.151
220	0.150	0.148	0.147	0.146	0.145	0.144	0.143	0.142	0.140	0.139
230	0.138	0.137	0.136	0.135	0.134	0.133	0.132	0.131	0.130	0.129
240	0.128	0.127	0.126	0.125	0.124	0.124	0.123	0.122	0.121	0.120
250	0.119									

表 E-4　d 类截面轴心受压构件的稳定系数φ

$\lambda\sqrt{\frac{f_y}{235}}$	0	1	2	3	4	5	6	7	8	9
0	1.000	1.000	0.999	0.999	0.998	0.996	0.994	0.992	0.990	0.987
10	0.984	0.981	0.978	0.974	0.969	0.965	0.960	0.955	0.949	0.944
20	0.937	0.927	0.918	0.909	0.900	0.891	0.883	0.874	0.865	0.857
30	0.848	0.840	0.831	0.823	0.815	0.807	0.799	0.790	0.782	0.774
40	0.766	0.759	0.751	0.743	0.735	0.728	0.720	0.712	0.705	0.697
50	0.690	0.683	0.675	0.668	0.661	0.654	0.646	0.639	0.632	0.625
60	0.618	0.612	0.605	0.598	0.591	0.585	0.578	0.572	0.565	0.559
70	0.552	0.546	0.540	0.534	0.528	0.522	0.516	0.510	0.504	0.498
80	0.493	0.487	0.481	0.476	0.470	0.465	0.460	0.454	0.449	0.444
90	0.439	0.434	0.429	0.424	0.419	0.414	0.410	0.405	0.401	0.397
100	0.394	0.390	0.387	0.383	0.380	0.376	0.373	0.370	0.366	0.363
110	0.359	0.356	0.353	0.350	0.346	0.343	0.340	0.337	0.334	0.331
120	0.328	0.325	0.322	0.319	0.316	0.313	0.310	0.307	0.304	0.301
130	0.299	0.296	0.293	0.290	0.288	0.285	0.282	0.280	0.277	0.275
140	0.272	0.270	0.267	0.265	0.262	0.260	0.258	0.255	0.253	0.251
150	0.248	0.246	0.244	0.242	0.240	0.237	0.235	0.233	0.231	0.229
160	0.227	0.225	0.223	0.221	0.219	0.217	0.215	0.213	0.212	0.210
170	0.208	0.206	0.204	0.203	0.201	0.199	0.197	0.196	0.194	0.192
180	0.191	0.189	0.188	0.186	0.184	0.183	0.181	0.180	0.178	0.177
190	0.176	0.174	0.173	0.171	0.170	0.168	0.167	0.166	0.164	0.163
200	0.162									

附录F 各种截面回转半径的近似值

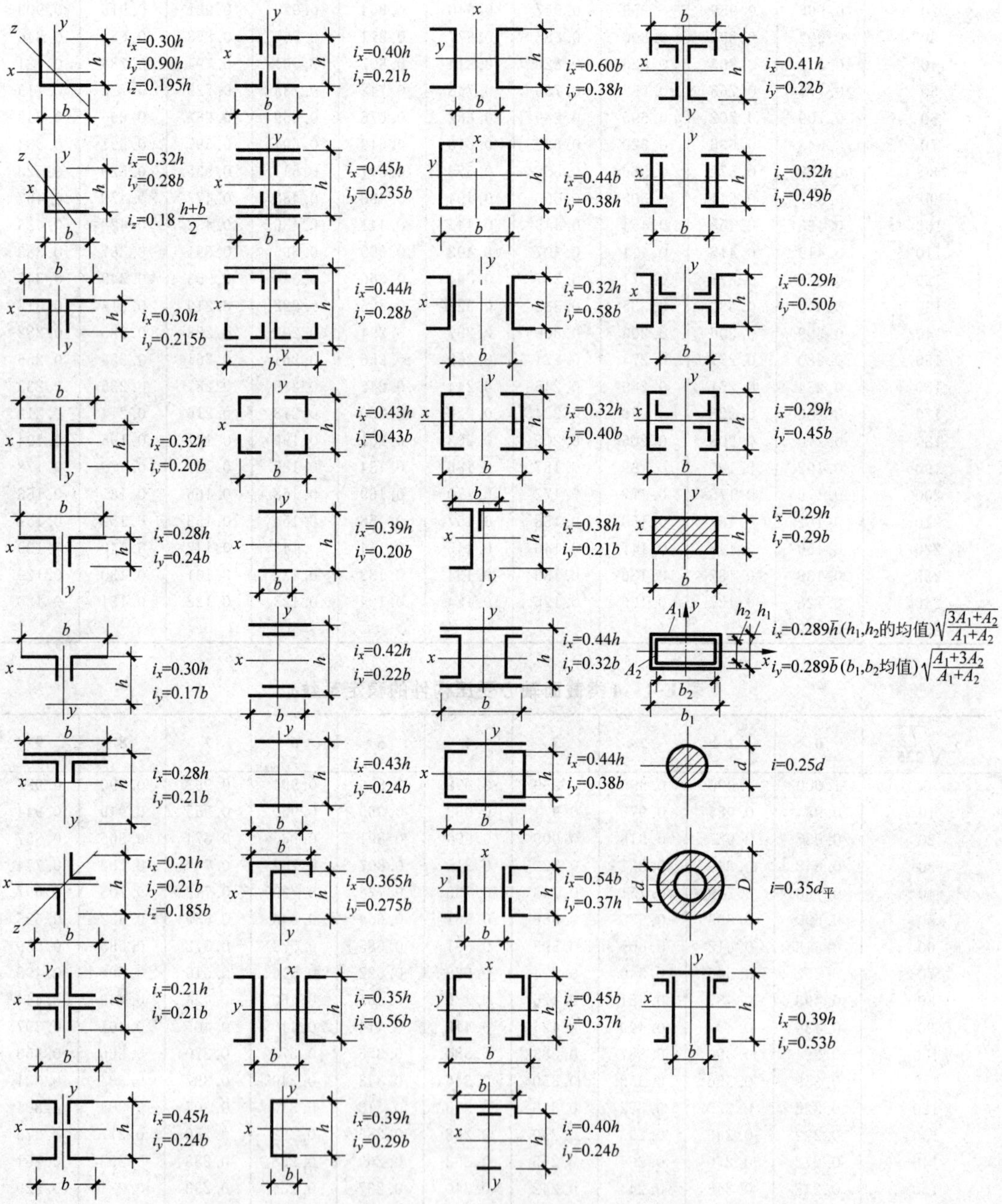

参 考 文 献

[1] 中华人民共和国建设部. GB 50017—2003 钢结构设计规范[S]. 北京：中国计划出版社，2003.

[2] 陈绍蕃，顾强. 钢结构(上册)[M]. 北京：中国建筑工业出版社，2003.

[3] 陈绍蕃. 钢结构[M]. 北京：中国建筑工业出版社，1992.

[4] 王国周，瞿履谦. 钢结构[M]. 北京：清华大学出版社，1993.

[5] 夏志斌，姚谏. 钢结构[M]. 杭州：浙江大学出版社，1996.

[6] 刘声扬. 钢结构[M]. 北京：中国建筑工业出版社，1997.

[7] 钟善桐. 钢结构[M]. 武汉：武汉大学出版社，2001.

[8] 董卫华. 钢结构[M]. 北京：高等教育出版社，2003.

[9] 欧阳可庆. 钢结构[M]. 北京：中国建筑工业出版社，1991.

[10] 殷有泉，励争，邓成光. 材料力学[M]. 北京：北京大学出版社，2006.

[11] 刘古岷，张若晞，张田申. 应用结构稳定计算[M]. 北京：科学出版社，2004.